Ingenieurwissenschaftliche Bibliothek

Herausgegeben von István Szabó, Berlin

Propellertheorie

Hydrodynamische Probleme

Von **W.-H. Isay**

Dr.-Ing., apl. Professor für Angewandte Mechanik
an der Universität Hamburg

Mit 125 Abbildungen

Springer-Verlag
Berlin Heidelberg GmbH

1964

ISBN 978-3-662-12830-5   ISBN 978-3-662-12829-9 (eBook)
DOI 10.1007/978-3-662-12829-9

Library of Congress Catalog Card Number 64-23059

Titel Nr. 4248

Meiner Mutter

Lilly Elisabeth Isay geb. v. Baur

in Dankbarkeit gewidmet

Vorwort

Gern bin ich der von meinem verehrten früheren Lehrer Herrn Professor Dr. I. Szabó ausgesprochenen Bitte gefolgt, ein Buch über moderne Probleme meines Fachgebietes im Rahmen der von ihm herausgegebenen Sammlung „Ingenieurwissenschaftliche Bibliothek" zu schreiben.

In den letzten zehn bis fünfzehn Jahren ist die Tragflügeltheorie für die theoretische Behandlung der bei Propellern auftretenden hydrodynamischen Probleme sehr erfolgreich angewendet worden; das gleiche gilt für andere Strömungsmaschinen und ihre Bauteile, wie z. B. Schaufelgitter[1]. Die normale Theorie des Einzeltragflügels hat dadurch eine wesentliche und interessante Ausdehnung und Bereicherung erfahren; denn die Behandlung eines Tragflügels im Feld einer speziellen Propellerströmung erfordert die Anpassung der Lösung an die verschiedenartigsten zusätzlichen Bedingungen; zu diesen gehört in manchen Fällen auch die Berücksichtigung des Einflusses der freien Wasseroberfläche.

In dem vorliegenden Buch wird dem Leser in einheitlicher Darstellung eine Übersicht über die Anwendung der Tragflügeltheorie auf hydrodynamische Probleme bei Propellern und verwandten Gebieten, wie z. B. Unterwassertragflügeln und Ringflügeln, gegeben. Dabei wird (von gewissen Ausnahmen abgesehen) im allgemeinen die ideale Potentialströmung zugrunde gelegt. Probleme, die stark von Effekten abhängen, die einer strömungsmechanischen Behandlung nur unvollkommen zugänglich sind, werden nicht behandelt. Hierzu gehört z. B. die Profilkavitation mit ihren Maßstabseffekten, die von der Oberflächenspannung, Profilrauhigkeit, Wärmediffusion usw. abhängen.

Die in dem Buch verarbeiteten Ergebnisse sind ausschließlich Originalarbeiten entnommen, die meist innerhalb der letzten zehn Jahre

---

[1] Um den Umfang des Buches nicht zu stark anwachsen zu lassen, werden Turbomaschinen und Schaufelgitter hier nicht behandelt. Dieses erscheint auch in Anbetracht der Tatsache gerechtfertigt, daß auf diesem Gebiet schon einige moderne zusammenfassende Darstellungen in deutscher Sprache vorliegen. Man vergleiche: TRAUPEL, W.: Thermische Turbomaschinen I, ber. Neudruck, Berlin/ Göttingen/Heidelberg: Springer 1962. — TRAUPEL, W.: Die Theorie der Strömung durch Radialmaschinen, Karlsruhe: Braun 1962. — SCHOLZ, N.: Aerodynamik der Schaufelgitter, Karlsruhe: Braun 1964. — HORLOCK, J. H.: Axialkompressoren, erweiterte Übersetzung von H. MARCINOWSKI, M. STRSCHELETZKY u. E. HOLZHÜTER, Karlsruhe: Braun 1964.

erschienen sind. Der Verfasser hat dabei bewußt auf eine Darstellung der historischen Entwicklung des Gebietes verzichtet und ist allein von dem derzeitigen Stand (Ende 1963) der wissenschaftlichen Forschung ausgegangen. So stehen die neuesten und theoretisch am weitesten entwickelten Methoden im Vordergrund, während ältere Arbeiten oft nur am Rande erwähnt werden. Eine absolute Vollständigkeit der mitgeteilten Literatur wurde nicht angestrebt; jedoch glaubt der Verfasser, die wichtigsten modernen Arbeiten der internationalen Literatur berücksichtigt zu haben, und zwar außer den deutschen vor allem die in den nationalen und internationalen Zeitschriften des amerikanisch-englischen Sprachbereiches erschienenen Veröffentlichungen.

Vom Leser des Buches wird vorausgesetzt, daß ihm die Grundlagen der allgemeinen Theorie inkompressibler Strömungen und insbesondere die Theorie des Einzeltragflügels[1] und die dabei verwendeten Singularitätenverfahren vollständig bekannt sind.

Außerdem ist eine gewisse Vertrautheit mit den beim Singularitätenverfahren verwendeten Methoden der Mathematik, insbesondere mit der Theorie der linearen Integralgleichungen erforderlich. Um hier das Verständnis zu erleichtern, ist die Auflösungstheorie für den am häufigsten vorkommenden Integralgleichungstyp im Anhang dieses Buches in einfacher Form dargestellt, ohne dabei auf Fragen einzugehen, die hauptsächlich Mathematiker interessieren[2].

Das vorliegende Buch ist kein eigentliches Lehrbuch für Studenten; es wendet sich vielmehr an Wissenschaftler, die auf benachbarten Gebieten in der Grundlagenforschung tätig sind, sowie an Ingenieure der industriellen Forschung, um diesem Interessentenkreis einen Überblick zu vermitteln. Schließlich dürfte das Buch dazu geeignet sein, jungen Nachwuchswissenschaftlern die Einarbeitung in die moderne Propellertheorie zu erleichtern und sie zu neuen Arbeiten auf diesem Gebiet anzuregen.

Abschließend möchte ich dem Springer-Verlag danken für sein freundliches Eingehen auf meine Wünsche, für die gute Zusammenarbeit bei der Herstellung und für die vorzügliche Ausstattung des Buches.

Hamburg, im Mai 1964

W.-H. Isay

---

[1] Wir verweisen für das Studium der Tragflügeltheorie auf: SCHLICHTING, H., u. E. TRUCKENBRODT: Aerodynamik des Flugzeuges, Bd. I u. II, Berlin/Göttingen/Heidelberg: Springer 1959/60.

[2] Wir verweisen auf das Buch: SCHMEIDLER, W.: Integralgleichungen mit Anwendungen in Physik und Technik, Leipzig 1950.

Inhaltsverzeichnis

Kapitel I

Schraubenpropeller

A. Grundlagen der Theorie des Schraubenpropellers

1. Das Geschwindigkeitsfeld eines Schraubenpropellers

Die Wirkungsweise eines Schraubenpropellers, d. h. die Schuberzeugung durch seine Flügelblätter, beruht auf dem Prinzip des Tragflügels, also auf der zirkulationsbehafteten und mit einer resultierenden Kraftwirkung verbundenen Strömung um tragflügelähnliche Körper (Schraubenflügel).

Infolgedessen ist es einleuchtend, daß für die theoretische Behandlung der Propellerströmung genau wie in der normalen Tragflügeltheorie die Wirbelmethode die am meisten geeignete ist. Es werden also die Propellerflügel durch gebundene Wirbellinien (tragende Stabwirbel) oder auch gebundene Wirbelflächen ersetzt, von denen freie Querwirbel (Kantenwirbel) und bei instationären Problemen auch freie Längswirbel abgehen[1].

Die Berechnung des von den gebundenen und freien Wirbeln des Propellers induzierten Geschwindigkeitsfeldes erfolgt mit Hilfe des Biot-Savartschen Gesetzes.

Wir betrachten einen mit der Winkelgeschwindigkeit ω rotierenden Schraubenpropeller mit N Flügeln. Der Ursprung unseres Koordinatensystems falle mit dem Mittelpunkt des Propelles zusammen[2] (Abb. 1).

---

[1] Wir verstehen hier genau wie in der Tragflügeltheorie unter freien Querwirbeln solche, deren Wirbelachsen senkrecht zum zugehörigen gebundenen (tragenden) Wirbel stehen; unter freien Längswirbeln solche Wirbel, deren Achsen parallel zur Achse des gebundenen Wirbels stehen.

[2] Als Koordinaten verwenden wir kartesische x, y, z oder Zylinderkoordinaten x, $y = r\cos\varphi$, $z = r\sin\varphi$; als Integrationsvariable für Wirbelpunkte in gleicher Bedeutung ξ, $\eta = s\cos\psi$, $\zeta = s\sin\psi$. Wir bezeichnen ferner mit u, v, w die x, y, z-Komponente der Absolutgeschwindigkeit $\mathfrak{v}$, und mit V und W die Umfangs- und die Radialkomponente der Geschwindigkeit $\mathfrak{v}$; es gilt also mit den zugehörigen Einheitsvektoren

$$\mathfrak{v} = u\,\mathfrak{e}_x + v\,\mathfrak{e}_y + w\,\mathfrak{e}_z = u\,\mathfrak{e}_x + V\,\mathfrak{e}_\varphi + W\,\mathfrak{e}_r.$$

Es sei R_a der Außenradius der Propellerflügel und R_i der Radius der Nabe. Der Propeller liege in einer Anströmung $\mathfrak{v}_0$, deren Hauptkomponente in die Richtung der positiven x-Achse falle; weitere Einzelheiten über die Eigenschaften der Anströmung $\mathfrak{v}_0$ sollen zunächst nicht vorausgesetzt werden.

In Anlehnung an die bei Tragflügeln bewährte Theorie der tragenden Linie werden die N Flügel des Schraubenpropellers durch N tragende

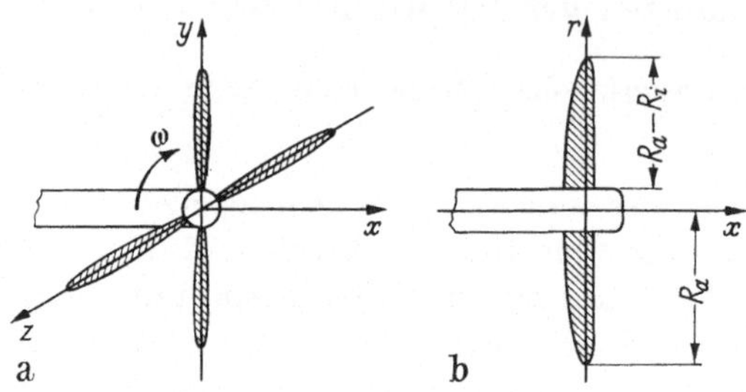

Abb. 1a u. b. Schraubenpropeller.

Stabwirbel der Zirkulation $\Gamma\left(r, \varphi_0 + \dfrac{2\pi n}{N}\right)$ $(n = 0, 1, \ldots, N-1)$ ersetzt[1], die in der $y - z$-Ebene $(x = 0)$ liegen sollen. Das von ihnen induzierte Geschwindigkeitsfeld ist nach dem Biot-Savartschen Gesetz gegeben durch

$$\mathfrak{v}_\Gamma = -\frac{1}{4\pi} \sum_{n=0}^{N-1} \int_{R_i}^{R_a} \Gamma\left(s, \varphi_0 + \frac{2\pi n}{N}\right) \frac{\mathfrak{r}_\Gamma \times d\mathfrak{s}_\Gamma}{|\mathfrak{r}_\Gamma|^3}$$

mit

$$d\mathfrak{s}_\Gamma = \left[\mathfrak{e}_y \cos\left(\varphi_0 + \frac{2\pi n}{N}\right) + \mathfrak{e}_z \sin\left(\varphi_0 + \frac{2\pi n}{N}\right)\right] ds,$$

$$\mathfrak{r}_\Gamma = \mathfrak{e}_x x + \mathfrak{e}_y \left(y - s \cos\left(\varphi_0 + \frac{2\pi n}{N}\right)\right) + \mathfrak{e}_z \left(z - s \sin\left(\varphi_0 + \frac{2\pi n}{N}\right)\right);$$

damit folgt

$$\mathfrak{v}_\Gamma = -\frac{1}{4\pi} \sum_{n=0}^{N-1} \int_{R_i}^{R_a} \Gamma\left(s, \varphi_0 + \frac{2\pi n}{N}\right) \left[x^2 + \left(y - s \cos\left(\varphi_0 + \frac{2\pi n}{N}\right)\right)^2 + \right.$$

$$\left. + \left(z - s \sin\left(\varphi_0 + \frac{2\pi n}{N}\right)\right)^2\right]^{-3/2} \left[\mathfrak{e}_x\left(y \sin\left(\varphi_0 + \frac{2\pi n}{N}\right) - z \cos\left(\varphi_0 + \frac{2\pi n}{N}\right)\right) - \right.$$

$$\left. - \mathfrak{e}_y x \sin\left(\varphi_0 + \frac{2\pi n}{N}\right) + \mathfrak{e}_z x \cos\left(\varphi_0 + \frac{2\pi n}{N}\right)\right] ds; \tag{1}$$

---

[1] Die Flügelzirkulation Γ ist natürlich eine Funktion des Radius r und im allgemeinen auch des Umfangswinkels φ_0, an dem sich der Flügel gerade befindet. Dabei setzen wir voraus, daß jedem Umfangswinkel φ_0 ein eindeutig definierter, zeitunabhängiger Strömungszustand entspricht; diese Voraussetzung ist in der Praxis fast immer erfüllt, insbesondere im Nachstromfeld eines Schiffsrumpfes (vgl. Abschn. C). Für Abweichungen von dieser Voraussetzung vgl. Abschn. C, Ziff. 5.

oder ausgedrückt in Zylinderkoordinaten

$$\mathfrak{v}_{\Gamma} = + \frac{1}{4\pi} \sum_{n=0}^{N-1} \int_{R_i}^{R_a} \Gamma\left(s, \varphi_0 + \frac{2\pi n}{N}\right) \times$$

$$\times \left[x^2 + r^2 + s^2 - 2rs\cos\left(\varphi - \varphi_0 - \frac{2\pi n}{N}\right)\right]^{-3/2} \left[\mathfrak{e}_x\, r \sin\left(\varphi - \varphi_0 - \frac{2\pi n}{N}\right) - \right.$$

$$\left. - \mathfrak{e}_\varphi\, x \cos\left(\varphi - \varphi_0 - \frac{2\pi n}{N}\right) - \mathfrak{e}_r\, x \sin\left(\varphi - \varphi_0 - \frac{2\pi n}{N}\right)\right] ds. \tag{2}$$

Da die Flügelzirkulation sich sowohl in radialer Richtung (d. h. quasi Spannweitenrichtung) als auch bei der Rotation der Flügel in Umfangsrichtung (d. h. also zeitlich) ändert, werden nach den bekannten Helmholtz-Thomsonschen Erhaltungssätzen für die Zirkulation $\Gamma(s, \psi)$ in idealer Flüssigkeit freie Querwirbel der Stärke $-\dfrac{\partial \Gamma}{\partial s}\, ds$ und freie Längswirbel der Stärke $+\dfrac{\partial \Gamma}{\partial \psi}\, d\psi$[1] induziert; diese freien Wirbel bleiben ähnlich wie bei einem Tragflügel in der Strömung hinter dem Propeller zurück, bzw. relativ zum Propeller werden sie mit dem Strömungsfeld fortgetragen. Dabei wollen wir hier (jedenfalls vorläufig, vgl. Abschn. D) annehmen, daß die freien Wirbel bis weit hinter dem Propeller in unveränderter Stärke erhalten bleiben; diese Annahme entspricht der Voraussetzung einer idealen, reibungsfreien Strömung.

Denken wir jetzt einmal an das stationäre (in Abschn. B eingehend behandelte) Problem eines nur mit der konstanten Geschwindigkeit u_0 in x-Richtung angeströmten Propellers, so ist es klar, daß die dann allein vorhandenen freien Querwirbel hinter dem Propeller auf regulären Schraubenflächen angeordnet sind. Denn die Abströmrichtung der freien Wirbel relativ zu den Propellerflügeln wird nur durch die Umfangsgeschwindigkeit ωr und die Anströmgeschwindigkeit u_0 bestimmt, und dadurch ergeben sich Schraubenflächen mit dem Steigungswinkel $\tan\beta = u_0/\omega r$; dieses ist der einfachste idealisierte Fall. In Wirklichkeit treten zusätzlich noch gewisse Störgeschwindigkeiten auf, durch die dieses einfache Bild wieder komplizierter wird. Dennoch hat es sich gezeigt, daß es im allgemeinen (Abweichungen werden wir in Abschn. C kennenlernen) vom physikalischen Standpunkt ausreichend genau und vom theoretischen Standpunkt aus zweckmäßig ist, die freien Wirbel auf Schraubenflächen angeordnet anzunehmen; die Steigungswinkel dieser Schraubenflächen werden jedoch in der allgemeinen Form angesetzt

$$\tan\beta = \frac{k_0}{r}, \qquad r \tan\beta = k_0 = \text{const.} \tag{3}$$

---

[1] Das $(+)$-Zeichen gilt, wenn wie bei uns die φ-Koordinate umgekehrt wie die Zeitkoordinate orientiert ist und somit $\dfrac{\partial \Gamma}{\partial \psi}\, d\psi = -\dfrac{\partial \Gamma}{\partial t}\, dt$ wird.

Die Wirbelachsen der freien Querwirbel sind dann tangential zu den die Schraubenflächen erzeugenden Schraubenlinien, während die Wirbelachsen der freien Längswirbel radial gerichtet sind, wie die Achsen der tragenden Stabwirbel.

Das von den freien Querwirbeln aller N Propellerflügel induzierte Geschwindigkeitsfeld ist nach dem Biot-Savartschen Gesetz gegeben durch

$$\mathfrak{v}_Q = \frac{1}{4\pi} \sum_{n=0}^{N-1} \int_{R_i}^{R_a} \int_0^\infty \frac{\partial \Gamma}{\partial s} \frac{\mathfrak{r}_Q \times d\mathfrak{s}_Q}{|\mathfrak{r}_Q|^3} ds$$

mit

$$d\mathfrak{s}_Q = \left[\mathfrak{e}_x \frac{k_0}{s} - \mathfrak{e}_y \sin\left(\varphi_0 + \frac{2\pi n}{N} + \psi\right) + \mathfrak{e}_z \cos\left(\varphi_0 + \frac{2\pi n}{N} + \psi\right)\right] s\, d\psi,$$

$$\mathfrak{r}_Q = \mathfrak{e}_x (x - k_0 \psi) + \mathfrak{e}_y \left(y - s\cos\left(\varphi_0 + \frac{2\pi n}{N} + \psi\right)\right) +$$

$$+ \mathfrak{e}_z\left(z - s\sin\left(\varphi_0 + \frac{2\pi n}{N} + \psi\right)\right);$$

damit folgt

$$\mathfrak{v}_Q = \frac{1}{4\pi} \sum_{n=0}^{N-1} \int_{s=R_i}^{R_a} \int_{\psi=0}^\infty \frac{\partial \Gamma\left(s,\, \varphi_0 + \dfrac{2\pi n}{N} + \psi\right)}{\partial s} \left[(x - k_0 \psi)^2 + \right.$$

$$+ \left(y - s\cos\left(\varphi_0 + \frac{2\pi n}{N} + \psi\right)\right)^2 + \left(z - s\sin\left(\varphi_0 + \frac{2\pi n}{N} + \psi\right)\right)^2\Big]^{-3/2} \times$$

$$\times \left\{ \mathfrak{e}_x \left(y\cos\left(\varphi_0 + \frac{2\pi n}{N} + \psi\right) + z\sin\left(\varphi_0 + \frac{2\pi n}{N} + \psi\right) - s\right) + \right.$$

$$+ \mathfrak{e}_y \left(\frac{k_0}{s} z - k_0 \sin\left(\varphi_0 + \frac{2\pi n}{N} + \psi\right) - (x - k_0 \psi)\cos\left(\varphi_0 + \frac{2\pi n}{N} + \psi\right)\right) +$$

$$+ \mathfrak{e}_z \left(k_0 \cos\left(\varphi_0 + \frac{2\pi n}{N} + \psi\right) - \frac{k_0}{s} y - (x - k_0 \psi)\sin\left(\varphi_0 + \frac{2\pi n}{N} + \psi\right)\right)\right\} \times$$

$$\times s\, ds\, d\psi \tag{4}$$

oder ausgedrückt in Zylinderkoordinaten

$$\mathfrak{v}_Q = \frac{1}{4\pi} \sum_{n=0}^{N-1} \int_{s=R_i}^{R_a} \int_{\psi=0}^\infty \frac{\partial \Gamma\left(s,\, \varphi_0 + \dfrac{2\pi n}{N} + \psi\right)}{\partial s} \left[(x - k_0 \psi)^2 + r^2 + s^2 - \right.$$

$$- 2rs\cos\left(\varphi - \varphi_0 - \frac{2\pi n}{N} - \psi\right)\Big]^{-3/2} \left\{ \mathfrak{e}_x \left(r\cos\left(\varphi - \varphi_0 - \frac{2\pi n}{N} - \psi\right) - s\right) + \right.$$

$$+ \mathfrak{e}_\varphi \left(k_0 \cos\left(\varphi - \varphi_0 - \frac{2\pi n}{N} - \psi\right) - k_0 \frac{r}{s} + \right.$$

$$+ (x - k_0 \psi)\sin\left(\varphi - \varphi_0 - \frac{2\pi n}{N} - \psi\right)\right) + \mathfrak{e}_r \left(k_0 \sin\left(\varphi - \varphi_0 - \frac{2\pi n}{N} - \psi\right) - \right.$$

$$- (x - k_0 \psi)\cos\left(\varphi - \varphi_0 - \frac{2\pi n}{N} - \psi\right)\right)\right\} s\, ds\, d\psi. \tag{5}$$

Entsprechend ergibt sich für das von den freien Längswirbeln aller N Propellerflügel induzierte Geschwindigkeitsfeld

$$\mathfrak{v}_L = -\frac{1}{4\pi} \sum_{n=0}^{N-1} \int_{R_i}^{R_a} \int_0^\infty \frac{\partial \Gamma}{\partial \psi} \frac{\mathfrak{r}_L \times d\mathfrak{s}_L}{|\mathfrak{r}_L|^3} \, d\psi$$

mit

$$d\mathfrak{s}_L = \left[\mathfrak{e}_y \cos\left(\varphi_0 + \frac{2\pi n}{N} + \psi\right) + \mathfrak{e}_z \sin\left(\varphi_0 + \frac{2\pi n}{N} + \psi\right) \right] ds;$$

$$\mathfrak{r}_L = \mathfrak{e}_x (x - k_0 \psi) + \mathfrak{e}_y \left(y - s \cos\left(\varphi_0 + \frac{2\pi n}{N} + \psi\right) \right) +$$

$$+ \mathfrak{e}_z \left(z - s \sin\left(\varphi_0 + \frac{2\pi n}{N} + \psi\right) \right);$$

damit folgt

$$\mathfrak{v}_L = -\frac{1}{4\pi} \sum_{n=0}^{N-1} \int_{s=R_i}^{R_a} \int_{\psi=0}^\infty \frac{\partial \Gamma\left(s, \varphi_0 + \dfrac{2\pi n}{N} + \psi\right)}{\partial \psi} \left[(x - k_0 \psi)^2 + \right.$$

$$+ \left(y - s \cos\left(\varphi_0 + \frac{2\pi n}{N} + \psi\right) \right)^2 + \left(z - s \sin\left(\varphi_0 + \frac{2\pi n}{N} + \psi\right) \right)^2 \right]^{-3/2} \times$$

$$\times \left\{ \mathfrak{e}_x \left(y \sin\left(\varphi_0 + \frac{2\pi n}{N} + \psi\right) - z \cos\left(\varphi_0 + \frac{2\pi n}{N} + \psi\right) \right) - \mathfrak{e}_y (x - k_0 \psi) \times \right.$$

$$\times \sin\left(\varphi_0 + \frac{2\pi n}{N} + \psi\right) + \mathfrak{e}_z (x - k_0 \psi) \cos\left(\varphi_0 + \frac{2\pi n}{N} + \psi\right) \right\} ds \, d\psi, \quad (6)$$

oder ausgedrückt in Zylinderkoordinaten

$$\mathfrak{v}_L = +\frac{1}{4\pi} \sum_{n=0}^{N-1} \int_{s=R_i}^{R_a} \int_{\psi=0}^\infty \frac{\partial \Gamma\left(s, \varphi_0 + \dfrac{2\pi n}{N} + \psi\right)}{\partial \psi} \times$$

$$\times \left[(x - k_0 \psi)^2 + r^2 + s^2 - 2rs \cos\left(\varphi - \varphi_0 - \frac{2\pi n}{N} - \psi\right) \right]^{-3/2} \times$$

$$\times \left\{ \mathfrak{e}_x r \sin\left(\varphi - \varphi_0 - \frac{2\pi n}{N} - \psi\right) - \mathfrak{e}_\varphi (x - k_0 \psi) \cos\left(\varphi - \varphi_0 - \frac{2\pi n}{N} - \psi\right) - \right.$$

$$- \mathfrak{e}_r (x - k_0 \psi) \sin\left(\varphi - \varphi_0 - \frac{2\pi n}{N} - \psi\right) \right\} ds \, d\psi. \quad (7)$$

Damit ist nach den Formeln der tragenden Linie das vollständige von dem Wirbelsystem eines Schraubenpropellers induzierte Geschwindigkeitsfeld $\mathfrak{v}_\Gamma(x, y, z) + \mathfrak{v}_Q(x, y, z) + \mathfrak{v}_L(x, y, z)$ bzw. $\mathfrak{v}_\Gamma(x, r, \varphi) + \mathfrak{v}_Q(x, r, \varphi) + \mathfrak{v}_L(x, r, \varphi)$ bestimmt.

Es ist dabei noch zu beachten, daß wir bei der Ableitung der Formeln (1), (4), (6) bzw. (2), (5), (7) neben der selbstverständlichen Bedingung

$$\Gamma\left(R_a, \varphi_0 + \frac{2\pi n}{N}\right) = 0 \quad (8)$$

auch noch vorausgesetzt haben, daß

$$\Gamma\left(R_i,\ \varphi_0 + \frac{2\pi n}{N}\right) = 0 \tag{9}$$

ist, d. h., wir haben den Einfluß der Propellernabe vernachlässigt. Denn da ein gebundener Wirbel ja nicht in der Flüssigkeit einfach mit einem von Null verschiedenen Wert enden kann, gibt es nur zwei in sich konsequente Möglichkeiten, eine Theorie aufzubauen: Entweder man vernachlässigt den Einfluß der Nabe und hat dann die Bedingung (9) anzusetzen; oder man berücksichtigt den Einfluß der Nabe und ihre Randbedingung durch zusätzliche Singularitäten, z. B. Nabenwirbel, Spiegelung u. ä.

Da bei den normalen bei Schiffspropellern auftretenden Naben mit $R_i/R_a \approx 0{,}2$ der Unterschied zwischen beiden Methoden nicht sehr wesentlich ist (vgl. Abschn. B,1), wird meist die einfachere Methode der Vernachlässigung des Nabenflusses angewendet, wie wir es hier getan haben.

Das von uns aus dem Biot-Savartschen Gesetz unter Beachtung der Helmholtz-Thomsonschen Erhaltungssätze für die Zirkulation abgeleitete Geschwindigkeitsfeld stellt eine Lösung der Laplaceschen Potentialgleichung für die ideale inkompressible Strömung dar. Das Geschwindigkeitspotential eines Schraubenpropellers lautet[1]

$$\Phi(x, r, \varphi) = \frac{1}{4\pi} \sum_{n=0}^{N-1} \int_{s=R_i}^{R_a} \int_{\psi=0}^{\infty} \Gamma\left(s, \varphi_0 + \frac{2\pi n}{N} + \psi\right)\left(s\frac{\partial}{\partial x} - \frac{k_0}{s}\frac{\partial}{\partial \varphi}\right) \times$$

$$\times \frac{ds\, d\psi}{\sqrt{(x - k_0\psi)^2 + r^2 + s^2 - 2rs\cos\left(\varphi - \varphi_0 - \frac{2\pi n}{N} - \psi\right)}}$$

$$= -\frac{1}{4\pi} \sum_{n=0}^{N-1} \int_{s=R_i}^{R_a} \int_{\psi=0}^{\infty} \Gamma\left(s, \varphi_0 + \frac{2\pi n}{N} + \psi\right) \times$$

$$\times \frac{\left(x - k_0\psi - k_0\frac{r}{s}\sin\left(\varphi - \varphi_0 - \frac{2\pi n}{N} - \psi\right)\right)s\, ds\, d\psi}{\sqrt{(x - k_0\psi)^2 + r^2 + s^2 - 2rs\cos\left(\varphi - \varphi_0 - \frac{2\pi n}{N} - \psi\right)}^{\,3}}, \tag{10}$$

und man überzeugt sich ohne Schwierigkeiten, daß sich aus (10) durch Differentiation tatsächlich wieder das Geschwindigkeitsfeld (2), (5), (7) ergibt. Wir führen den Beweis am Beispiel der Axialkomponente vor; für die Radial- und Umfangskomponente verläuft er ganz analog.

---

[1] In diesem Zusammenhang verweisen wir auf die eingehende Arbeit von R. YAMAZAKI: On the theory of screw propellers; 4th symposium on naval hydrodynamics, Washington 1962.

Beachtet man die Bedingungen (8) und (9), so läßt sich mit Hilfe partieller Integration die Axialkomponente des Geschwindigkeitsfeldes (2), (5), (7) folgendermaßen umformen:

$$u_\Gamma + u_Q + u_L = -\frac{1}{4\pi} \sum_{n=0}^{N-1} \int_{R_i}^{R_a} \int_0^\infty \Gamma\left(s, \varphi_0 + \frac{2\pi n}{N} + \psi\right) \frac{\partial}{\partial \psi} \times$$

$$\times \left(\frac{r \sin\left(\varphi - \varphi_0 - \frac{2\pi n}{N} - \psi\right)}{\sqrt{(x - k_0\psi)^2 + r^2 + s^2 - 2rs\cos(\cdots)}^{\,3}}\right) d\psi\, ds + \frac{1}{4\pi} \sum_{n=0}^{N-1} \int_{R_i}^{R_a} \int_0^\infty \times$$

$$\times \Gamma\left(s, \varphi_0 + \frac{2\pi n}{N} + \psi\right) \frac{\partial}{\partial s} \left(\frac{s^2 - rs\cos\left(\varphi - \varphi_0 - \frac{2\pi n}{N} - \psi\right)}{\sqrt{(x - k_0\psi)^2 + r^2 + s^2 - 2rs\cos(\cdots)}^{\,3}}\right) d\psi\, ds$$

$$= \frac{1}{4\pi} \sum_{n=0}^{N-1} \int_{R_i}^{R_a} \int_0^\infty \Gamma\left(s, \varphi_0 + \frac{2\pi n}{N} + \psi\right) \times$$

$$\times \left[(x - k_0\psi)^2 + r^2 + s^2 - 2rs\cos\left(\varphi - \varphi_0 - \frac{2\pi n}{N} - \psi\right)\right]^{-5/2} \times$$

$$\times \left\{2s(x - k_0\psi)^2 - 3k_0 r(x - k_0\psi)\sin\left(\varphi - \varphi_0 - \frac{2\pi n}{N} - \psi\right) - r^2 s - \right.$$

$$\left. - s^3 + 2rs^2\cos\left(\varphi - \varphi_0 - \frac{2\pi n}{N} - \psi\right)\right\} ds\, d\psi.$$

Genau das gleiche Ergebnis erhält man aber auch durch Differentiation des Potentials (10) nach der Variablen x.

Daß der Ausdruck (10) der Laplaceschen Gleichung genügt, ist unmittelbar zu erkennen.

2. Die Flügelkräfte und der Wirkungsgrad

Wie in der normalen Tragflügeltheorie werden die von der Strömung in den einzelnen Schnitten $r = $ const (wie bereits gesagt entspricht die radiale Richtung des Schraubenflügels der Spannweitenrichtung des Tragflügels) auf die Flügelprofile ausgeübten Kräfte pro Längeneinheit mit Hilfe des bekannten Satzes von KUTTA und JOUKOWSKI berechnet.

Dieser Satz gilt auch bei instationär angeströmten und beschleunigt bewegten Flügelprofilen mäßiger Dicke noch in guter Näherung zur Berechnung der momentanen Flügelkräfte, wie von JAECKEL[1] in einer ausführlichen Analyse (allerdings unter Zugrundelegung ebener Strömung) gezeigt wurde.

In dieser allgemeinen Form besagt der Satz von KUTTA und JOUKOWSKI: Die auf das Profil des Flügelschnittes $r = $ const mit der Zirku-

---

[1] JAECKEL, K.: Kräfte auf beschleunigt bewegte Tragflügelprofile. Ing.-Arch. 9 (1938) 371.

lation Γ von der Strömung ausgeübte momentane Kraft $\mathfrak{K}$ (pro Längeneinheit der Richtung senkrecht zum Flügelschnitt) steht senkrecht auf der am Profil herrschenden Geschwindigkeit $\mathfrak{w}^*$ (relativ zum Profil) und hat die Absolutgröße $|\mathfrak{K}| = \varrho\,|\mathfrak{w}^*|\cdot\Gamma$. ϱ ist die Wasserdichte. In der Geschwindigkeit $\mathfrak{w}^*$ sind sämtliche relativ zum Flügelprofil auftretenden Anteile enthalten, in denen das betrachtete Profil liegt oder „arbeitet" (z .B. Anströmung $\mathfrak{v}_0$ Umfangsgeschwindigkeit $\omega\,r$, induzierte Geschwindigkeiten der freien Wirbel sowie sonstige durch zusätzliche Randbedingungen, Nachbarflügel usw. bedingte Geschwindigkeiten). $\mathfrak{w}^*$ enthält dagegen nicht die von dem betrachteten Flügelprofil bzw. seinen gebundenen Wirbeln selbst induzierten Geschwindigkeiten.

Meist wird der Wert des Strömungsfeldes $\mathfrak{w}^*$ längs der Profiltiefe nach Größe und Richtung nicht konstant sein. Für die Kraftberechnung ist dann in guter Näherung der dem Druckmittelpunkt[1] entsprechende Wert von $\mathfrak{w}^*$ zu verwenden. Bei der von uns in Ziff. 1 entwickelten Theorie der tragenden Linie ist $\mathfrak{w}^*$ einfach der am Ort des tragenden Wirbels Γ geltende Wert.

Der von uns betrachtete Flügel (d. h. der ihn ersetzende Stabwirbel) befinde sich an der Stelle $x = 0$ und $\varphi = \varphi_0$ ($n = 0$). Das Geschwindigkeitsfeld an diesem Punkte kann jedenfalls formal direkt aus den Gln. (2), (5) und (7) abgelesen werden; auf die effektive Berechnung werden wir später noch zurückkommen.

Damit ergeben sich folgende Formeln für die momentanen Flügelkräfte (pro Längeneinheit in radialer Richtung) K_x in x-Richtung und K_φ in Umfangsrichtung:

$$K_x = -\varrho\,[\omega\,r + V_0(0, r, \varphi_0) + V_\Gamma^*(0, r, \varphi_0) + V_Q(0, r, \varphi_0) +$$
$$+ V_L(0, r, \varphi_0)]\,\Gamma(r, \varphi_0), \qquad (11)$$

$$K_\varphi = +\varrho\,[u_0(0, r, \varphi_0) + u_\Gamma^*(0, r, \varphi_0) + u_Q(0, r, \varphi_0) +$$
$$+ u_L(0, r, \varphi_0)]\,\Gamma(r, \varphi_0). \qquad (12)$$

Dabei ist u_0 die x-Komponente und V_0 die Umfangskomponente der Anströmgeschwindigkeit $\mathfrak{v}_0$. Der Stern bei u_Γ^* und V_Γ^* bedeutet, daß nicht die vollen Werte gemäß Formel (2) zu nehmen sind, sondern es ist der Summand $n = 0$ wegzulassen, denn dieser stellt ja die vom gebundenen Wirbel des betrachteten Profils selbst induzierte Geschwindigkeit dar.

Das Drehmoment im Zylinderschnitt $r =$ const ist für den einzelnen Flügel gleich $r\,K_\varphi$; damit erhalten wir durch Mittelwertbildung bzw.

---

[1] Diese Näherung ist genau richtig, wenn das Geschwindigkeitsfeld eine lineare Funktion der Profilsehnenkoordinate ist. Der Begriff des Druckmittelpunktes oder Auftriebsschwerpunktes wird hier genau wie in der gewöhnlichen Tragflügeltheorie verwendet.

Integration über alle Flügel den im Schnitt $r = \text{const}$ induzierten Wirkungsgrad des Propellers in der Form

$$\eta_i = \left| \frac{\int\limits_0^{2\pi} u_0(0, r, \varphi_0)\, K_x(r, \varphi_0)\, d\varphi_0}{\omega\, r \int\limits_0^{2\pi} K_\varphi(r, \varphi_0)\, d\varphi_0} \right|. \tag{13}$$

In der praktischen Rechnung wird man die Integrale in Formel (13) natürlich durch Summen über endlich viele φ_0-Werte (z. B. zwölf) ersetzen. Ferner werden der Gesamtschub S und das Gesamtmoment M des N-flügeligen Propellers in der Form erhalten

$$S = \sum_{n=0}^{N-1} \int\limits_{R_i}^{R_a} K_x\left(r, \varphi_0 + \frac{2\pi n}{N}\right) dr; \tag{14}$$

$$M = \sum_{n=0}^{N-1} \int\limits_{R_i}^{R_a} K_\varphi\left(r, \varphi_0 + \frac{2\pi n}{N}\right) r\, dr. \tag{15}$$

Die S- und M-Werte nach Formel (15) und (14) sind offensichtlich vom Winkel φ_0 abhängig, der die momentane Stellung der Propellerflügel angibt. Diese Abhängigkeit gibt die Schub- und Drehmomentenschwankungen eines Schiffspropellers in einem bestimmten Anströmfeld (Nachstromfeld eines Schiffsrumpfes!) wieder und ist meist von ganz besonderem technischen Interesse.

Natürlich kann man aus (14) und (15) auch die Mittelwerte über die φ_0-Abhängigkeit bilden.

B. Stationäre Propellertheorie

In diesem Abschnitt wenden wir uns dem Spezialfall der stationären Propellertheorie zu, wir untersuchen sog. „frei fahrende" Propeller; darunter versteht man Propeller, die in einer homogenen Anströmung nur in Richtung der positiven x-Achse liegen. $\mathfrak{v}_0 = u_0\, \mathfrak{e}_x$; $u_0 = \text{const}$.

Eine solche Propellerströmung kommt natürlich in Wirklichkeit kaum vor; denn in der Regel befindet sich der Schraubenpropeller am Schiffsheck in einer Anströmung, die infolge des Störeinflusses des Schiffsrumpfes keineswegs homogen ist, und bei der auch Komponenten in Umfangs- und in radialer Richtung auftreten. Auf diese Probleme kommen wir in Abschn. C dieses Kapitels und in Kap. III noch eingehend zurück.

Ein frei fahrender Propeller kann experimentell gut im Meßtank einer Schiffbauversuchsanstalt realisiert werden; außerdem ist er theoretisch natürlich wesentlich einfacher zu behandeln als der Propeller im Nachstrom eines Schiffsrumpfes. Somit ist es einleuchtend, daß die theoretischen Untersuchungen sich zuerst und lange Zeit hindurch ausschließlich auf die stationäre Propellertheorie beschränkten; erst in neuerer Zeit hat man damit begonnen, auch die instationäre Theorie des Nachstrompropellers systematisch zu entwickeln.

Trotzdem ist auch heute die stationäre Propellertheorie noch von großer Bedeutung. Für den mittleren Gesamtschub und für den Wirkungsgrad liefert sie befriedigend mit der Wirklichkeit übereinstimmende Ergebnisse. Außerdem gibt die stationäre Theorie wenigstens grundsätzliche Einblicke in manche Einzelfragen, die so kompliziert sind, daß ihre Behandlung mit der instationären Theorie fast aussichtslos erscheint. (Darunter fallen z. B. die Behandlung des Einflusses der freien Wasseroberfläche auf die Propellerströmung, auf die wir in Kap. V eingehen werden, oder die Theorien der tragenden Fläche.)

1. Die von den freien Querwirbeln am Ort der gebundenen Wirbel (tragenden Linie) induzierten Geschwindigkeiten

Beim frei fahrenden Propeller ist die Flügelzirkulation Γ unabhängig von der Winkelkoordinate φ. Infolgedessen treten keine freien Längswirbel auf. Da alle Flügel des Propellers dauernd die gleiche Zirkulation

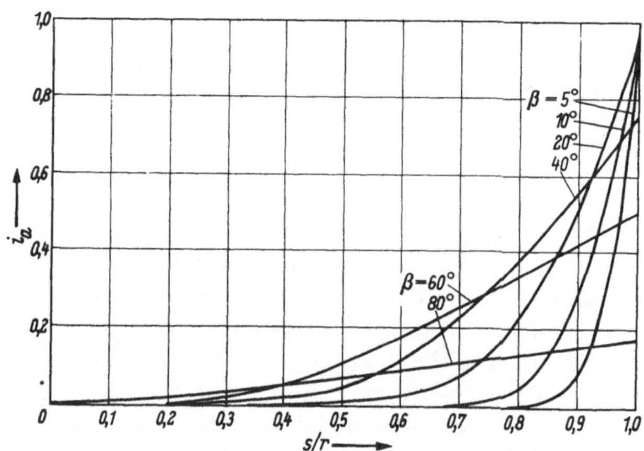

Abb. 2. Axialer Induktionsfaktor für $N = 3$, $s/r < 1$ und verschiedene β-Werte; $(\tan\beta = k_0/s)$; nach LERBS.

haben, hebt sich der Einfluß der gebundenen Wirbel der Nachbarflügel am Ort des betrachteten Flügels annähernd auf, so daß man in der Theorie des frei fahrenden Propellers das von den gebundenen Wirbeln der Nachbarflügel induzierte Geschwindigkeitsfeld meist vernachlässigen kann (für eine Berücksichtigung vgl. Ziff. 2 b). Es bleibt also das Feld der freien Querwirbel zu berechnen, und von diesem interessiert für die spätere Randbedingung am Flügel sowie für die Kraft- und Wirkungsgradberechnung hauptsächlich die Axial- und die Umfangskomponente. Im einfachsten Fall beschränkt man sich darauf, diese Geschwindig-

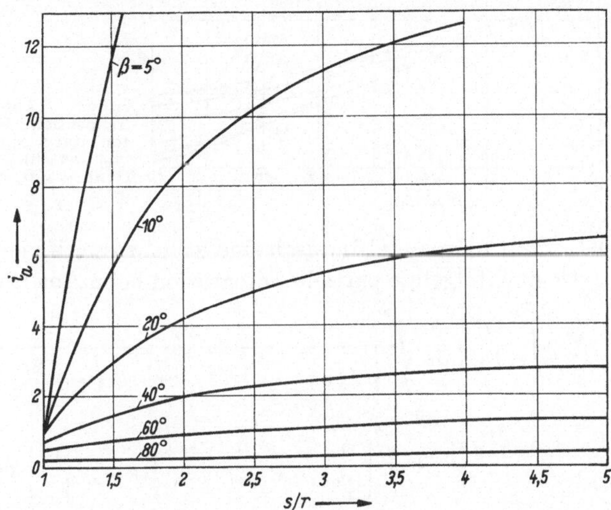

Abb. 3. Axialer Induktionsfaktor für $N = 3$, $s/r > 1$ und verschiedene β-Werte; $(\tan\beta = k_0/s)$; nach LERBS.

keiten nur am Ort der tragenden Linie des Aufpunktflügels, d. h. für $\varphi = \varphi_0$ und $x = 0$ zu bestimmen. Nach (5) ergibt sich für diesen Fall[1]

$$u_Q = \frac{1}{4\pi} \sum_{n=0}^{N-1} \int_{R_i}^{R_a} \frac{d\Gamma(s)}{ds} \int_0^\infty \frac{r\cos\left(\psi + \frac{2\pi n}{N}\right) - s}{\sqrt{k_0^2\psi^2 + r^2 + s^2 - 2rs\cos\left(\psi + \frac{2\pi n}{N}\right)}^{\,3}} \times$$

$$\times\, s\, d\psi\, ds;$$

$$V_Q = \frac{1}{4\pi} \sum_{n=0}^{N-1} \int_{R_i}^{R_a} \frac{d\Gamma(s)}{ds} \int_0^\infty \frac{s\cos\left(\psi + \frac{2\pi n}{N}\right) - r + s\psi\sin\left(\psi + \frac{2\pi n}{N}\right)}{\sqrt{k_0^2\psi^2 + r^2 + s^2 - 2rs\cos\left(\psi + \frac{2\pi n}{N}\right)}^{\,3}} \times$$

$$\times\, k_0\, d\psi\, ds.$$

(16)

---

[1] Für Aufpunkte sehr weit hinter dem Propellerflügel ($x \to \infty$) ist

$$u_{Q\,|\,x=\infty} = 2u_{Q\,|\,x=0}; \qquad V_{Q\,|\,x=\infty} = 2V_{Q\,|\,x=0}.$$

Denn vom Standpunkt eines Beobachters weit hinter dem Flügel aus befinden sich ja auch stromaufwärts noch unendlich viele Schraubenflächen mit freien Wirbeln. Infolgedessen tritt zu u_Q und V_Q gemäß (16) noch jeweils ein gleicher Ausdruck hinzu, bei dem nur über ψ von $-\infty$ bis 0 zu integrieren ist; mit der Substitution $\psi = -\vartheta$ folgt dann leicht die obige Behauptung.

a) LERBS ist es gelungen[1], die Darstellungen (16) in eine für die numerische Auswertung geeignete Form zu bringen.

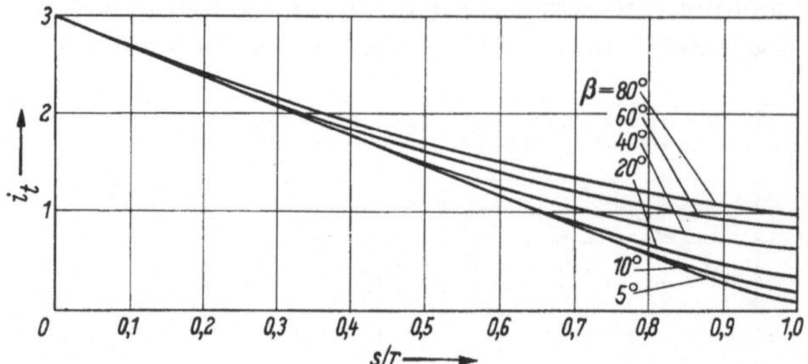

Abb. 4.
Tangentialer Induktionsfaktor für $N = 3$, $s/r < 1$ und verschiedene β-Werte; ($\tan\beta = k_0/s$); nach LERBS.

Zunächst erhält man aus (16) durch eine leicht zu verifizierende Umrechnung sowie nachfolgende partielle Integration beim Ausdruck für V_Q:

$$u_Q = \frac{1}{4\pi} \sum_{n=0}^{N-1} \int_{R_i}^{R_a} \frac{d\Gamma}{ds} s \frac{\partial}{\partial s} \int_0^\infty \frac{d\psi}{\sqrt{k_0^2 \psi^2 + r^2 + s^2 - 2rs\cos\left(\psi + \frac{2\pi n}{N}\right)}} ds;$$

$$V_Q = -\frac{1}{4\pi} \sum_{n=0}^{N-1} \int_{R_i}^{R_a} \frac{d\Gamma}{ds} \frac{k_0}{r} \int_0^\infty \left[\frac{1}{\sqrt{''}} + \psi \frac{\partial}{\partial\psi} \frac{1}{\sqrt{''}} + s \frac{\partial}{\partial s} \frac{1}{\sqrt{''}}\right] d\psi\, ds$$

$$= -\frac{1}{4\pi} \sum_{n=0}^{N-1} \int_{R_i}^{R_a} \frac{d\Gamma}{ds} \frac{k_0}{r} \times$$

$$\times \left[\frac{1}{k_0} + s \frac{\partial}{\partial s} \int_0^\infty \frac{d\psi}{\sqrt{k_0^2 \psi^2 + r^2 + s^2 - 2rs\cos\left(\psi + \frac{2\pi n}{N}\right)}}\right].$$

$$(17)$$

Für die Auswertung des in (17) enthaltenen Integrals $\sum\limits_{n=0}^{N-1} \int\limits_0^\infty \frac{d\psi}{\sqrt{''}}$ wird

die aus der Theorie der Besselschen Funktionen bekannte Formel[2]

$$\frac{1}{\sqrt{k_0^2 \psi^2 + r^2 + s^2 - 2rs\cos\left(\psi + \frac{2\pi n}{N}\right)}}$$

$$= \sum_{m=0}^\infty \varepsilon_m \cos m\left(\psi + \frac{2\pi n}{N}\right) \int_0^\infty e^{-k_0\psi\lambda} J_m(\lambda r) J_m(\lambda s)\, d\lambda \qquad (18)$$

---

[1] LERBS, H.: Moderately loaded propellers with a finite number of blades and arbitrary distribution of circulation. Trans. Soc. Nav. Arch. Marine Engin. 60 (1952) 73. — LERBS, H.: Ergebnisse der angewandten Theorie des Schiffspropellers, Jb. Schiffbautechn. Ges., Bd. 49, 1955, Berlin/Göttingen/Heidelberg: Springer 1955, S. 163.

[2] Man vergleiche hierfür die einschlägigen Lehrbücher über Besselsche Funktionen sowie die genannten Arbeiten von LERBS.

($\varepsilon_0 = 1$, $\varepsilon_m = 2$ für $m \geqq 1$) herangezogen. Die J_m sind Besselsche Funktionen erster Art. Berücksichtigt man, daß

$$\sum_{n=0}^{N-1} e^{i\frac{2\pi n}{N}m} = N(\delta_{0,m} + \delta_{N,m} + \delta_{2N,m} + \cdots) \qquad \delta_{N,m} = \begin{cases} 1 & \text{für } m = N \\ 0 & \text{für } m \neq N \end{cases}$$

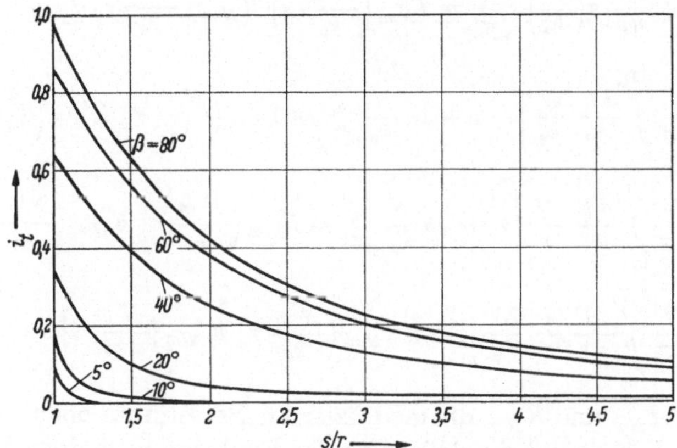

Abb. 5. Tangentialer Induktionsfaktor für $N = 3$, $s/r > 1$ und verschieden β-Werte; $(\tan\beta = k_0/s)$; nach LERBS.

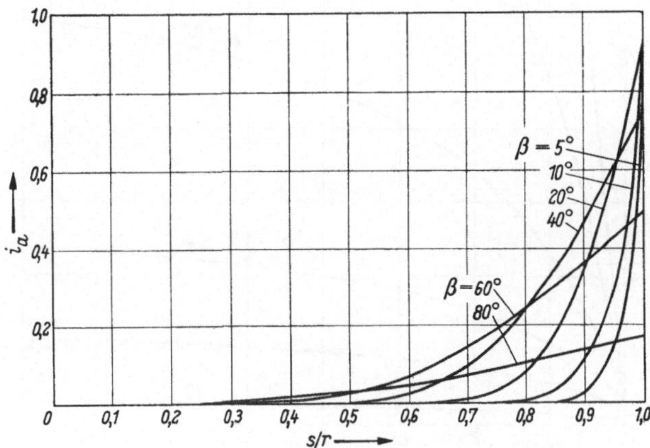

Abb. 6. Axialer Induktionsfaktor für $N = 5$, $s/r < 1$ und verschiedene β-Werte; $(\tan\beta = k_0/s)$; nach LERBS.

ist, so liefert eine elementare Rechnung

$$\sum_{n=0}^{N-1} \int_0^\infty \frac{d\psi}{\sqrt{k_0^2 \psi^2 + r^2 + s^2 - 2rs\cos\left(\psi + \frac{2\pi n}{N}\right)}}$$

$$= \sum_{m=0}^\infty \varepsilon_{Nm} \int_0^\infty J_{Nm}(\lambda r)\, J_{Nm}(\lambda s)\, \frac{N k_0 \lambda\, d\lambda}{(Nm)^2 + k_0^2 \lambda^2}\,.$$

Unter Verwendung dieses Ergebnisses erhält man aus (17) nach einigen weiteren Zwischenrechnungen (für deren Einzelheiten wir auf die Originalarbeiten von LERBS verweisen):

$$u_Q = \frac{1}{2\pi} \int\limits_{R_i}^{r} \frac{d\Gamma}{ds}\, s \left(\frac{N}{k_0}\right)^2 \sum\limits_{m=1}^{\infty} m\, I'_{Nm}\left(\frac{Nm}{k_0}\,s\right) K_{Nm}\left(\frac{Nm}{k_0}\,r\right) ds\ +$$

$$+\, \frac{1}{4\pi} \int\limits_{r}^{R_a} \frac{d\Gamma}{ds}\, \frac{N}{k_0} \left[-1 + 2s\,\frac{N}{k_0} \sum\limits_{m=1}^{\infty} m\, I_{Nm}\left(\frac{Nm}{k_0}\,r\right) K'_{Nm}\left(\frac{Nm}{k_0}\,s\right)\right] ds;$$

$$V_Q = -\frac{1}{4\pi} \int\limits_{R_i}^{r} \frac{d\Gamma}{ds}\, \frac{N}{r} \left[1 + 2s\,\frac{N}{k_0} \sum\limits_{m=1}^{\infty} m\, I'_{Nm}\left(\frac{Nm}{k_0}\,s\right) K_{Nm}\left(\frac{Nm}{k_0}\,r\right)\right] ds\ -$$

$$-\, \frac{1}{2\pi} \int\limits_{r}^{R_a} \frac{d\Gamma}{ds}\, \frac{s}{r}\, \frac{N^2}{k_0} \sum\limits_{m=1}^{\infty} m\, I_{Nm}\left(\frac{Nm}{k_0}\,r\right) K'_{Nm}\left(\frac{Nm}{k_0}\,s\right) ds.$$

$$(19)$$

Dabei sind I_{Nm} und K_{Nm} die modifizierten Besselfunktionen; ein Strich am I oder K bedeutet die Ableitung der Funktion nach dem Argument.

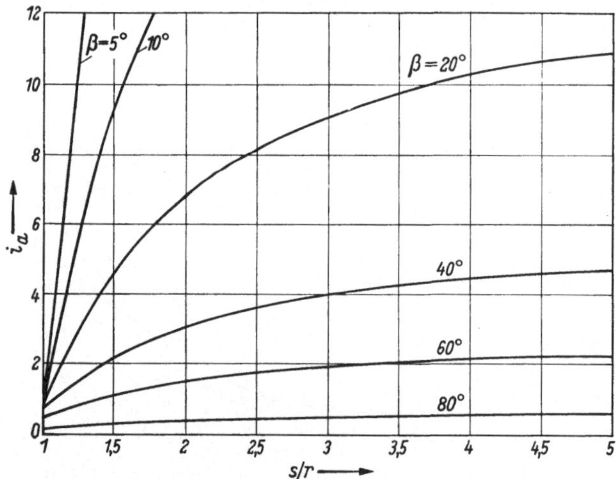

Abb. 7. Axialer Induktionsfaktor für $N=5$, $s/r > 1$ und verschiedene β-Werte; $(\tan\beta = k_0/s)$; nach LERBS.

Wie man erkennt, zerfallen die Integranden der Formel (19) in zwei Anteile, für $s < r$ und $s > r$. Für $s = r$ werden die Integranden von erster Ordnung singulär, wie sich noch zeigen wird. Diese Tatsache ist für manche Untersuchungen unbequem; es hat sich deshalb (nach einer bereits auf KAWADA[1] zurückgehenden Anregung) als zweckmäßig er-

---

[1] KAWADA, S.: Induced velocity by helical vortices. J. Aeron. Sci. 3 (1936) 112.

wiesen, zwei neue stetige Funktionen einzuführen, den sog. axialen bzw. tangentialen Induktionsfaktor i_a bzw. i_t.

Sie sind definiert durch den Ansatz

$$u_Q = \frac{1}{4\pi} \int\limits_{R_i}^{R_a} \frac{d\Gamma}{ds} \frac{i_a\,ds}{r-s} \; ; \qquad V_Q = -\frac{1}{4\pi} \int\limits_{R_i}^{R_a} \frac{d\Gamma}{ds} \frac{i_t\,ds}{r-s} \, , \qquad (20)$$

bei dem die Singularität der Integranden bei $s = r$ explizit ausgedrückt wird. Durch Vergleich der Relation (20) mit den natürlich absolut

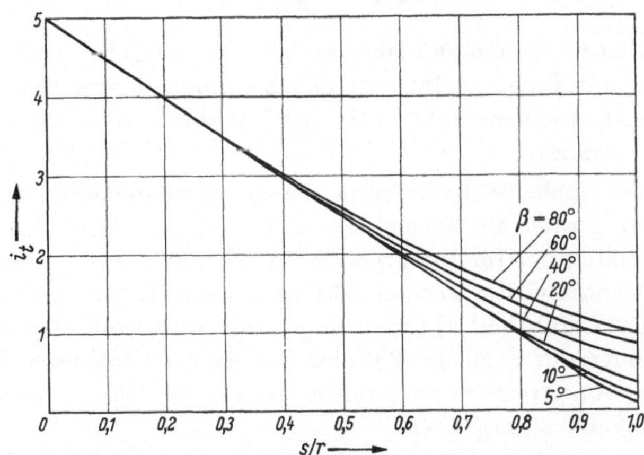

Abb. 8. Tangentialer Induktionsfaktor für $N = 5$, $s/r < 1$ und verschiedene β-Werte; $(\tan\beta = k_0/s)$; nach LERBS.

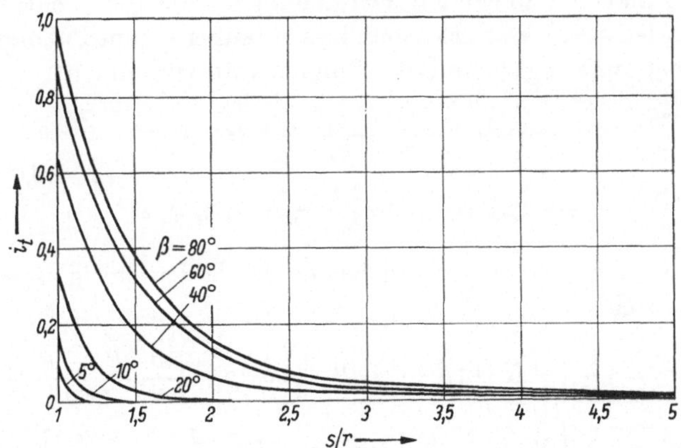

Abb. 9. Tangentialer Induktionsfaktor für $N = 5$, $s/r > 1$ und verschiedene β-Werte; $(\tan\beta = k_0/s)$; nach LERBS.

gleichwertigen Formeln (19) und (16) lassen sich dann die formelmäßigen Ausdrücke für i_a und i_t unmittelbar ablesen. Wir verzichten deshalb hier darauf, diese noch extra aufzuschreiben. LERBS hat i_a und i_t unter

Verwendung von Formel (19) für verschiedene N- und k_0-Werte numerisch in Abhängigkeit von s/r berechnet, und zwar getrennt für $s/r < 1$ und $s/r > 1$. In den Abb. 2 bis 9 haben wir einen Teil der Lerbsschen Ergebnisse wiedergegeben.

Aus Gl. (19) läßt sich noch eine wichtige Beziehung zwischen den Geschwindigkeiten u_Q und V_Q entnehmen. Unter Berücksichtigung der Bedingungen (8) und (9) ergibt sich nämlich unmittelbar

$$V_Q = -\frac{k_0}{r}\, u_Q, \tag{21}$$

und diese Gleichung besagt nichts anderes, als daß die von den freien Querwirbeln am Flügel induzierte Geschwindigkeit senkrecht auf den Schraubenwirbelflächen steht. (21) wird deshalb auch die „Normalbedingung" genannt.

b) Für die effektive Berechnung der Geschwindigkeiten u_Q und V_Q ist, wie schon gesagt, die Formel (19) nicht sehr geeignet, weil sie keine klare Darstellung der im Integranden an der Stelle $s = r$ auftretenden Singularität enthält; die Formel (19) wird vielmehr vor allem zur Berechnung der Induktionsfaktoren eingesetzt. Eine eingehende Analyse der Integranden der Formeln (20) bzw. (16) in der Umgebung der Stelle $s = r$ wurde von ALEF[1] durchgeführt, um die Gl. (19) in der oben angedeuteten Weise zu ergänzen.

Dabei ist es zweckmäßig, die Größe k_0 gemäß Gl. (3) wieder durch den Steigungswinkel β der Schraubenflächen auszudrücken; es gelten dann nach ALEF die folgenden Darstellungen, die den Charakter der Integranden bei $s = r$ klar erkennen lassen (außer einem Pol erster Ordnung ist noch eine logarithmische Singularität vorhanden):

$$\frac{i_a}{r-s} = \frac{\cos\beta}{r-s} + \frac{1}{2r}\cos^3\beta \ln\frac{2|r-s|}{R_a - R_i} + h_a(r,s);$$
$$\frac{i_t}{r-s} = \frac{\sin\beta}{r-s} + \frac{1}{2r}\sin\beta\cos^2\beta \ln\frac{2|r-s|}{R_a - R_i} + h_t(r,s) \qquad \big(\beta = \beta(r)\big). \tag{22}$$

Die Funktionen h_a und h_t sind in beiden Variablen stetig; speziell für $s = r$ ergibt sich:

$$h_a(r,r) = \frac{1}{2r}\left[-N\cot\beta - \cos\beta + \cos^3\beta \ln\left(\frac{N}{2}\frac{R_a - R_i}{r\sin\beta}\right) \right];$$
$$h_t(r,r) = \frac{1}{2r}\left[N - \sin\beta + \sin\beta\cos^2\beta \ln\left(\frac{N}{2}\frac{R_a - R_i}{r\sin\beta}\right) \right]. \tag{23}$$

Für $s \neq r$ können h_a und h_t über Formel (22) mit Hilfe der von LERBS angegebenen Werte für i_a und i_t leicht berechnet werden.

---

[1] ALEF, W.: Über die numerische Berechnung der induzierten Geschwindigkeit an Propellerflügeln. Schiffstechnik 6 (1959) 42.

Der Beweis der Formel (22) sei am Beispiel der Axialkomponente kurz skizziert: Es ist

$$i_a = \sum_{n=0}^{N-1} \int\limits_0^\infty \frac{(r-s)\,s\left[r\cos\left(\psi + \dfrac{2\pi n}{N}\right) - s\right] d\psi}{\sqrt{s^2\,\psi^2\tan^2\beta + r^2 + s^2 - 2\,r\,s\cos\left(\psi + \dfrac{2\pi n}{N}\right)}^{\,3}} \; ;$$

der Nenner des Integranden kann nur singulär werden, wenn der Aufpunkt (der am gebundenen Wirbel für $n = 0$ liegt) mit dem Wirbelpunkt zusammenfällt. Bei der Untersuchung des Grenzüberganges $s \to r$ gibt nur die Umgebung dieser Singularität einen Beitrag, sonst verschwindet der Integrand für $s \to r$. Für die Behandlung des Grenzüberganges $s \to r$ können also die Anteile der Nachbarflügel ($n \geq 1$) außer Betracht bleiben, und von dem Anteil des Aufpunktflügels ($n = 0$) ist nur das Verhalten in der Umgebung der Propellerebene $x = 0$ (d. h. also $\psi \ll 1$) zu untersuchen. Setzen wir noch $s/r = \chi$ und $\cos\psi \approx 1 - \dfrac{\psi^2}{2}$, so folgt mit $\psi \leq \varepsilon$:

$$\lim_{s \to r} i_a = \lim_{s \to r} \int\limits_0^\varepsilon \frac{s\,(r-s)^2 - r\,s\,(r-s)\,\tfrac{1}{2}\psi^2}{\sqrt{s^2\,\psi^2\tan^2\beta + (r-s)^2 + r\,s\,\psi^2}^{\,3}}$$

$$= \lim_{\chi \to 1} \frac{\tfrac{1}{2}(\chi - 1)}{\sqrt{1 + \tan^2\beta}^{\,3}} \int\limits_0^\varepsilon \frac{(\psi^2 + 2\chi - 2)\,d\psi}{\sqrt{\psi^2 + (\chi - 1)^2\cos^2\beta}^{\,3}}$$

$$= \lim_{\chi \to 1} \cos\beta\,(1 - \tfrac{1}{2}(\chi - 1)\cos^2\beta)\left[\frac{\psi^2}{\sqrt{\psi^2 + (\chi - 1)^2\cos^2\beta}}\right]_0^\varepsilon +$$

$$+ \lim_{\chi \to 1} \tfrac{1}{2}\cos^3\beta\,(\chi - 1)\left[\ln\left(\psi + \sqrt{\psi^2 + (\chi - 1)^2\cos^2\beta}\right)\right]_0^\varepsilon$$

$$= \lim_{\chi \to 1} \cos\beta\,(1 - \tfrac{1}{2}(\chi - 1)\cos^2\beta) +$$

$$+ \lim_{\chi \to 1} \cos^3\beta\,\frac{\chi - 1}{2}\left[\ln 2\varepsilon - \ln|\chi - 1| - \ln\cos\beta\right];$$

hieraus folgt nach Division durch $(r - s)$ und geeigneter Normierung des log-Gliedes

$$\lim_{s \to r} \frac{i_a}{r - s} = \lim_{s \to r} \left[\frac{\cos\beta}{r - s} + \frac{1}{2\,r}\cos^3\beta \ln\frac{2\,|r - s|}{R_a - R_i}\right.$$

$$\left. + \text{Glieder, die für } s \to r \text{ stetig bleiben}\right].$$

Dieses ist aber genau die Aussage der Gl. (22). Für den mehr Rechenaufwand erfordernden Beweis der Formeln (23) verweisen wir auf die Arbeit von ALEF.

ALEF verwendet die Darstellungen (22) und (23) zur Berechnung der Geschwindigkeiten u_Q und V_Q. Nach der in der Tragflügeltheorie bewährten Methode wird dabei mit der Substitution

$$r = \tfrac{1}{2}\,(R_a + R_i) - \tfrac{1}{2}\,(R_a - R_i)\,\cos\tau\,;$$
$$s = \tfrac{1}{2}\,(R_a + R_i) - \tfrac{1}{2}\,(R_a - R_i)\,\cos\sigma \tag{24}$$

zu den neuen Variablen τ und σ im Bereich von 0 bis π übergegangen; die Zirkulation $\varGamma$ wird als Fouriersinuspolynom angesetzt, und die stetigen Funktionen h_a und h_t werden durch Fourierpolynome approximiert. Dieses von ALEF für die induzierten Geschwindigkeiten u_Q und V_Q angegebene Berechnungsverfahren lehnt sich eng an die aus der Tragflügeltheorie bekannte Methode von MULTHOPP[1] an. Für die Einzelheiten verweisen wir auf die Arbeit von ALEF.

Eine direkte numerische Berechnung [ohne Verwendung der analytischen Darstellung (19)] der induzierten Geschwindigkeiten bzw. der Induktionsfaktoren wurde von STRSCHELETZKY[2] durchgeführt und die Ergebnisse in Kurvenblättern dargestellt. STRSCHELETZKY beschränkt sich zwar auf den Fall des dreiflügeligen Propellers, berücksichtigt dabei aber auch die radiale Geschwindigkeitskomponente. Ausgehend von diesen Werten, die (genau wie bei LERBS) nur für Aufpunkte in der Propellerebene $x = 0$ und am Ort des tragenden Wirbels $\varphi = \varphi_0$ gültig sind, hat STRSCHELETZKY ein Näherungsverfahren angegeben, um auch die Werte der induzierten Geschwindigkeiten für Aufpunkte außerhalb der Propellerebene zu berechnen. Diese Näherungsberechnung wird rein numerisch durchgeführt, die betreffenden Integrale werden stückweise ausgewertet. Dabei kann sogar eine Veränderlichkeit des Winkels β in x-Richtung zugelassen werden; außerdem ist es möglich, die durch die induzierten Radialgeschwindigkeiten bedingte Deformation (Einschnürung) der Schraubenflächen zu ermitteln (die sog. „Strahlkontraktion"). Als Basis für diese Untersuchungen dienen die von STRSCHELETZKY in Kurvenblättern dargestellten Induktionsfaktoren, die durch approximativ berechnete Zusatzintegrale ergänzt werden.

c) Bisher sind wir von der Annahme ausgegangen, daß die freien Wirbel hinter dem Propeller auf Schraubenflächen angeordnet sind. In Wirklichkeit ist dieses wegen der gegenseitigen Beeinflussung und turbulenten Vermischung sowie wegen des Aufrollvorganges der Wirbel (ähnlich wie bei einem normalen Tragflügel) auch bei einem frei fahrenden Propeller nur näherungsweise zutreffend. Eine genaue theoretische Erfassung der Deformation der freien Wirbelflächen ist kaum möglich

---

[1] Vgl. z. B. H. SCHLICHTING u. E. TRUCKENBRODT: Aerodynamik des Flugzeuges, Bd. II, Berlin/Göttingen/Heidelberg: Springer 1960.

[2] STRSCHELETZKY, M.: Hydrodynamische Grundlagen zur Berechnung der Schiffsschrauben, Karlsruhe: Braun 1950. — Berechnungskurven für dreiflügelige Schiffsschrauben, Karlsruhe: Braun 1955.

und erscheint überdies auch wenig sinnvoll, da ja der frei fahrende Propeller ohnehin eine Idealisierung darstellt. In Wirklichkeit wird durch den Einfluß des vorausfahrenden Schiffsrumpfes die Zuströmung zum Propeller ganz unregelmäßig und bewirkt eine weitgehende Zerstörung der schraubenförmigen Wirbelflächen. Im Hinblick auf verschiedene spätere Anwendungen (vgl. Abschn. C dieses Kapitels und Abschn. C des Kap. V) ist es zweckmäßig, eine weitere Darstellung für die von den freien Querwirbeln induzierten Geschwindigkeiten u_Q und V_Q abzuleiten.

Für die Gewinnung dieser Darstellung gehen wir von den freien Wirbelflächen zu einer äquivalenten räumlich kontinuierlichen Verteilung der freien Wirbel über. Es ist dieses gleichbedeutend mit der Annahme eines Propellers der gleichen Gesamtzirkulation $N\,\Gamma$, wie der eingangs betrachtete, aber unendlicher Flügelzahl.

Wir deuten diese Umformung kurz an[1]; dabei betrachten wir den allgemeinen Ausdruck

$$\sum_{n=0}^{N-1} \int_0^\infty F\!\left(x - k_0\,\psi,\; e^{i\left(\varphi_0 + \frac{2\pi n}{N} + \psi\right)}\right) d\psi \approx$$

$$\approx \sum_{\nu=0}^{\infty} \sum_{n=0}^{N-1} \int_{\frac{2\pi\nu}{N}}^{\frac{2\pi}{N}(\nu+1)} F\!\left(x - k_0\,\frac{2\pi\nu}{N},\; e^{i\left(\varphi_0 + \frac{2\pi n}{N} + \psi\right)}\right) d\psi$$

$$= \sum_{\nu=0}^{\infty} \sum_{n=0}^{N-1} \int_{\frac{2\pi\nu}{N}+\frac{2\pi n}{N}}^{\frac{2\pi\nu}{N}+\frac{2\pi}{N}(n+1)} F\!\left(x - k_0\,\frac{2\pi\nu}{N},\; e^{i(\varphi_0 + \vartheta)}\right) d\vartheta$$

$$= \sum_{\nu=0}^{\infty} \int_{\frac{2\pi\nu}{N}}^{\frac{2\pi\nu}{N}+2\pi} F\!\left(x - k_0\,\frac{2\pi\nu}{N},\; e^{i(\varphi_0 + \vartheta)}\right) d\vartheta$$

$$= \frac{N}{2\pi k_0} \sum_{\nu=0}^{\infty} \int_0^{2\pi} F\!\left(x - \xi_\nu,\; e^{i\vartheta}\right) d\vartheta\,\Delta\xi_\nu \approx$$

$$\approx \frac{N}{2\pi k_0} \int_{\vartheta=0}^{2\pi} \int_{\xi=0}^{\infty} F\!\left(x - \xi,\; e^{i\vartheta}\right) d\vartheta\, d\xi .$$

Dabei ist

$$\xi_\nu = k_0\,\frac{2\pi\nu}{N}, \qquad \Delta\xi_\nu = k_0\,\frac{2\pi}{N} .$$

---

[1] Vgl. W. H. Isay: Ing.-Arch. 31 (1962) 194.

Wendet man die obige Umformung auf Gl. (16) an, so folgt

$$u_Q = \frac{N}{8\pi^2}\,\frac{1}{k_0}\int\limits_{R_i}^{R_a}\frac{d\,\Gamma(s)}{ds}\int\limits_0^{2\pi}\int\limits_0^{\infty}\frac{(r\,s\cos\vartheta - s^2)\,d\xi\,d\vartheta}{\sqrt{\xi^2 + r^2 + s^2 - 2\,r\,s\cos\vartheta}^{\,3}}\,ds;$$

$$V_Q = \frac{N}{8\pi^2}\int\limits_{R_i}^{R_a}\frac{d\,\Gamma(s)}{ds}\int\limits_0^{2\pi}\int\limits_0^{\infty}\frac{s\cos\vartheta - r + \dfrac{1}{k_0}\,s\,\xi\sin\vartheta}{\sqrt{\xi^2 + r^2 + s^2 - 2\,r\,s\cos\vartheta}^{\,3}}\,d\xi\,d\vartheta\,ds.$$

Die zur Auswertung dieser Formeln notwendigen Integrationen können mit Hilfe einiger elementarer Integralformeln[1] exakt ausgeführt werden, und es ergibt sich unter Berücksichtigung von Formel (8) und (9) das einfache Resultat

$$u_Q = \frac{r}{k_0}\,\frac{N\,\Gamma}{4\pi\,r}\,;\qquad V_Q = -\,\frac{N\,\Gamma}{4\pi\,r}\,. \tag{25}$$

Dieses genügt ebenfalls der Normalbedingung (21).

d) Wir wollen nun kurz auf den Einfluß der Propellernabe eingehen. Würde man die Bedingung (9) fallenlassen und der Wirklichkeit entsprechend einen endlichen, von Null verschiedenen Γ-Wert an der Nabe ansetzen, so wäre es notwendig, einen zusätzlichen axialen Nabenwirbel der Stärke $N\,\Gamma(R_i)$ auf der x-Achse $(0 \leq x < \infty)$ anzubringen. Denn die gebundenen Flügelwirbel können ja nicht im Endlichen plötzlich mit einem von Null verschiedenen Wert enden.

Nach dem Biot-Savartschen Gesetz induziert ein solcher Nabenwirbel in der Ebene $x = 0$ nur eine Umfangsgeschwindigkeit

$$V_N = -\,\frac{N\,\Gamma(R_i)}{4\pi\,r}\,;$$

diese kompensiert gerade den durch den endlichen Nabenwert bedingten Anteil $+\dfrac{N\,\Gamma(R_i)}{4\pi\,r}$ bei V_Q, so daß

$$V_Q + V_N = -\,\frac{N\,\Gamma(r)}{4\pi\,r}$$

---

[1] Es gilt:

$$\int\limits_0^{\infty}\frac{d\xi}{\sqrt{\xi^2 + c}^{\,3}} = \frac{1}{c}\,;\qquad \int\limits_0^{\infty}\frac{\xi\,d\xi}{\sqrt{\xi^2 + c}^{\,3}} = \frac{1}{\sqrt{c}}\,;$$

$$\frac{1}{2\pi}\int\frac{(s - r\cos\vartheta)\,d\vartheta}{r^2 + s^2 - 2\,r\,s\cos\vartheta} = \begin{cases}\dfrac{1}{s} & \text{für } s > r \quad \text{(analog für } r \text{ und } s \text{ vertauscht)} \\[2mm] 0 & \text{für } s < r \quad \text{(Beweis Residuenmethode!)}\end{cases}$$

$$\frac{1}{2\pi}\int\limits_0^{2\pi}\frac{\sin\vartheta\,d\vartheta}{(r^2 + s^2 - 2\,r\,s\cos\vartheta)^{1,1/2}} = 0.$$

ist. Man erkennt somit, daß im Rahmen der in c) angegebenen Darstellung des Geschwindigkeitsfeldes der freien Wirbel eine Berücksichtigung der Nabe mit $\Gamma(R_i) \neq 0$ und einem Nabenwirbel exakt das gleiche Ergebnis liefert wie die Vernachlässigung der Nabe mit $\Gamma(R_i) = 0$ (vgl. Abschn. A).

Von LERBS[1] wurde im Anschluß an seine Berechnung der von den freien Wirbeln induzierten Geschwindigkeiten gemäß a) untersucht, welchen Einfluß eine Berücksichtigung der Nabe auf die Geschwindigkeiten u_Q und V_Q hätte. Für diese Untersuchung wurde die Nabe als halbunendlicher Zylinder von konstantem Radius R_i angenommen, auf dem die Radialkomponente der induzierten Geschwindigkeit Null sein muß. Um dieses zu erreichen, hat LERBS ein zusätzliches Geschwindigkeitspotential $\Phi_Q^{\wedge}$ überlagert, derart, daß an der Nabe

$$\left(W_Q + \frac{\partial}{\partial r}\, \Phi_Q^{\wedge} \right)_{r=R_i} = 0$$

ist. Durch dieses Zusatzpotential entstehen dann auch an den in a) berechneten Ausdrücken (19) für u_Q und V_Q Korrekturen, nämlich $\dfrac{\partial}{\partial x}\, \Phi_Q^{\wedge}$ und $\dfrac{1}{r} \dfrac{\partial}{\partial \varphi}\, \Phi_Q^{\wedge}$.

Numerische Rechnungen von LERBS haben ergeben, daß diese Korrekturglieder für Naben üblicher Abmessungen an den Werten von u_Q/u_0 und V_Q/u_0 selbst in der Nähe der Nabe nur Veränderungen in wenigen Einheiten der dritten Dezimale ergeben.

Es zeigt sich also auch hier wieder, daß der Einfluß der Nabe relativ unbedeutend ist und bei praktischen Rechnungen meist ohne größeren Fehler vernachlässigt werden kann.

Von ALEF stammt der Vorschlag, eine kleinere Nabe anzunehmen als sie in Wirklichkeit ist; auf dem Radius dieser fiktiven Nabe wird dann $\Gamma = 0$ gesetzt, und auf diese Weise erhält man in der Umgebung des wirklichen Nabenradius von Null verschiedene Γ-Werte.

Günstig wirkt in jedem Falle der Umstand, daß die Γ-Werte in der Nähe der Nabe zum Gesamtschub des Propellers am wenigsten beitragen, so daß ein kleiner Fehler der Γ-Werte sich praktisch überhaupt nicht auf den Schubwert auswirkt.

e) Eine weitere Methode zur Berechnung der von den freien Querwirbeln am Ort der tragenden Linie des Aufpunktflügels induzierten Geschwindigkeiten geht auf GOLDSTEIN[2] zurück. Dieser bestimmte das Potential eines schraubenförmigen Wirbelsystems durch direkte Integration der Laplaceschen Gleichung in Zylinderkoordinaten, die dafür

---

[1] Vgl. die auf S. 12 erwähnten Arbeiten von LERBS.

[2] GOLDSTEIN, S.: On the vortex theory of screw propellers. Proc. Roy. Soc., Lond. Ser. A. 123 (1929) 440.

durch die Substitution

$$\mu = \frac{r}{k_0}, \qquad \lambda = \varphi - \frac{x}{k_0}$$

in die Form

$$\left(\mu \frac{\partial}{\partial \mu}\right)^2 \Phi + (1 + \mu^2) \frac{\partial^2}{\partial \lambda^2} \Phi = 0$$

gebracht wird. Das den schraubenförmigen Wirbelflächen mit den charakteristischen Unstetigkeiten entsprechende Potential kann durch

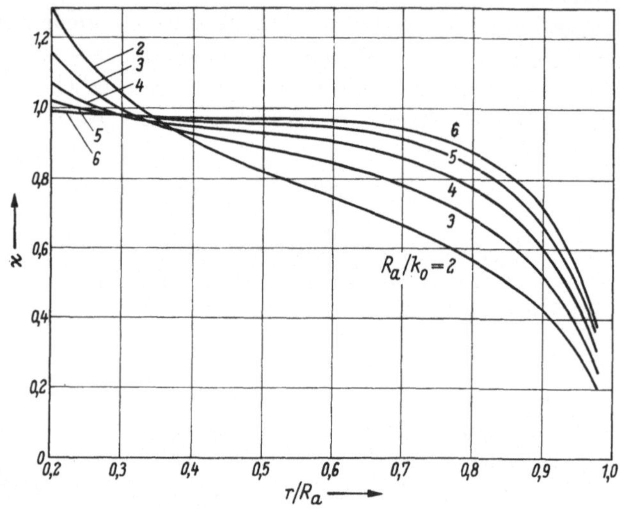

Abb. 10. Goldstein-Faktor für $N = 3$ und verschiedene Werte von R_a/k_0 nach LERBS.

Reihen dargestellt werden, die modifizierte Besselfunktionen mit dem Argument μ und trigonometrische Funktionen in λ enthalten. Dabei wird zunächst angenommen, daß der Nabenradius Null ist. Auf Einzelheiten können wir hier nicht eingehen und verweisen dafür auf die Originalarbeit.

Die Diskontinuität des Potentials längs der freien Wirbelflächen ist gleich der Zirkulation Γ am gebundenen Wirbel. Damit läßt sich eine Relation zwischen der Zirkulation Γ und der gesuchten Umfangsgeschwindigkeit V_Q herstellen; nach GOLDSTEIN hat es sich als zweckmäßig erwiesen, diese in Anlehnung an die bei einer „unendlichflügeligen" Schraube gültigen Relation (dort ist $\varkappa = 1$) in der Form

$$V_Q = -\frac{N\Gamma}{4\pi r} \frac{1}{\varkappa} \tag{26}$$

zu schreiben. Dabei gibt die Funktion $\varkappa$, der sog. Goldstein-Faktor den Einfluß der endlichen Flügelzahl des Propellers wieder. Nach der auch hier (es handelt sich ja um freie Wirbel auf regulären Schraubenflächen) gültigen Normalbedingung (21) ergibt sich die induzierte Axialkomponente zu

$$u_Q = \frac{r}{k_0} \, \frac{N\,\Gamma}{4\,\pi\,r} \, \frac{1}{\varkappa}. \tag{27}$$

Die mit Hilfe des Goldsteinschen Potentials berechenbare Funktion $\varkappa$ hängt naturgemäß ab von der Flügelzahl N, vom Steigungsparameter k_0 der Schraubenflächen und vom relativen Radius r/R_a. In Abb. 10 und 11

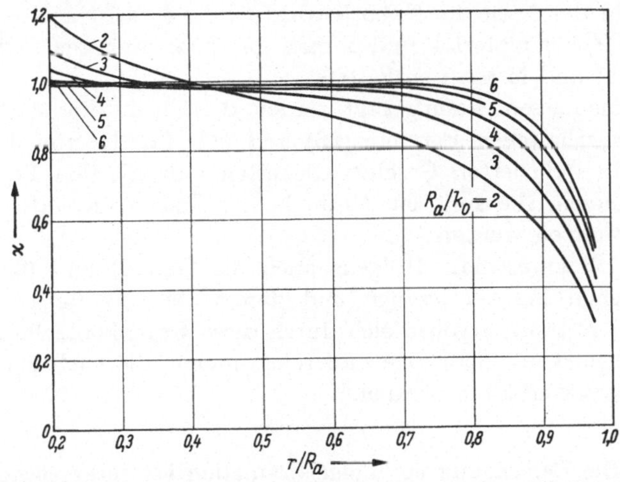

Abb. 11. Goldstein-Faktor für $N = 5$ und verschiedene Werte von R_a/k_0 nach LERBS.

ist der Verlauf von $\varkappa$ (nach Wertangaben von LERBS) für drei- und fünf-flügelige Schrauben aufgezeichnet.

Man erkennt, daß $\varkappa$ besonders in der Nähe der Flügelspitze merklich kleiner als Eins wird.

Für einen Propeller mit „unendlicher" Flügelzahl der Gesamt-zirkulation $(N\,\Gamma)_\infty$ aber gleichen induzierten Geschwindigkeiten (d. h. also auch gleichem induziertem Wirkungsgrad) wie bei endlicher Flügel-zahl gilt also

$$N\,\Gamma = \varkappa (N\,\Gamma)_\infty,$$

und durch diese Relation wird die Bedeutung von $\varkappa$ als „Abminderungs-faktor" erkennbar; dieser gibt an, wie stark die gebundene Zirkulation eines Propellers durch die Endlichkeit der Flügelzahl vermindert wird.

Setzt man dagegen andererseits voraus $N\,\Gamma = (N\,\Gamma)_\infty$, so wird für die induzierte Geschwindigkeit $(V_Q)_\infty = \varkappa\, V_Q$, d. h. die über den Um-fang gemittelte Geschwindigkeit $(V_Q)_\infty$ (die unendlicher Flügelzahl ent-spricht) ist kleiner als die bei endlicher Flügelzahl am Ort des gebun-denen Wirbels induzierte Geschwindigkeit V_Q. Diese Betrachtung läßt erkennen, weshalb $\varkappa$ auch zuweilen als Mittelwertfaktor bezeichnet wird.

TACHMINDJI hat später das Goldsteinsche Potential ergänzt, indem er zusätzlich die Randbedingung[1]

$$\frac{\partial \Phi}{\partial r} = 0$$

auf der Nabe erfüllte, und damit modifizierte Goldstein-Faktoren $\varkappa_n$ unter Berücksichtigung des Nabeneinflusses berechnet. TACHMINDJI fand, daß der Nabeneffekt eine gewisse Verkleinerung der Goldstein-Faktoren in der Nähe der Nabe bewirkt, d. h. dort ist $\varkappa_n/\varkappa < 1$. Ausführliches Zahlenmaterial findet man in einer weiteren Arbeit von TACHMINDJI und MILAM[2] enthalten.

Zusammenfassend kann gesagt werden, daß die mit der Methode von GOLDSTEIN erhaltenen Formeln (26) und (27) für die von den freien Querwirbeln induzierten Geschwindigkeiten gut mit den Ergebnissen übereinstimmen, die mit der Methode der Induktionsfaktoren in a) und b) gewonnen wurden.

Prinzipiell kann man übrigens auch die Gl. (20) und (22) in der Goldsteinschen Form schreiben und damit die $\varkappa$-Werte bestimmen; wie LERBS[3] mitteilt, ergeben sich durch diese Gegenkontrolle $\varkappa$-Werte, die befriedigend mit denjenigen übereinstimmen, die nach der Theorie von GOLDSTEIN erhalten wurden.

2. Die Berechnung der Flügelzirkulation bei vorgegebener Flügelform und Steigung

Wir wenden uns nunmehr der Aufgabe zu, die Zirkulation $\Gamma(r)$ der Propellerflügel [und damit nach (11), (12) und (13) auch die Flügelkräfte und den Wirkungsgrad] aus der Strömungsrandbedingung am Flügel zu bestimmen.

Dabei setzen wir voraus, daß die geometrische Form der Flügelprofile sowie ihre Steigung

$$H^* = 2\,\pi\,r\,\tan\delta \tag{28}$$

mit δ als Winkel zwischen Profilsehne und $r\,\varphi$-Achse in allen Schnitten bekannt und vorgegeben ist (vgl. Abb. 12). Außerdem muß der Fortschrittsgrad $u_0/\omega\,R_a$ des Propellers gegeben sein.

---

[1] TACHMINDJI, A. J.: The potential problem of the optimum propeller with finite hub. Intern. Shipbuild. Progr. 3 (1956) 563.

[2] TACHMINDJI, A. J., u. A. B. MILAM: The calculation of the circulation distribution for propellers with finite hub having three, four, five and six blades. Intern. Shipbuild. Progr. 4 (1957) 467.

[3] LERBS, H.: Ergebnisse der angewandten Theorie des Schiffspropellers, Jb. Schiffbautechn. Ges., Bd. 49, 1955, Berlin/Göttingen/Heidelberg: Springer 1955, S. 178.

a) Für die gestellte Aufgabe verwenden wir die aus der Tragflügeltheorie bekannte[1] von PRANDTL begründete einfache Traglinientheorie. Für diese ist es charakteristisch, daß die vom gebundenen Wirbel des betrachteten Flügels induzierte Geschwindigkeit nach der ebenen Theorie berechnet wird. Die Randbedingung am Flügel erfüllt man im Punkte der $^3/_4$-Profiltiefe. Als Randbedingungsrichtung dient die Nullauftriebsrichtung bzw. die Richtung der Profilskelettlinie im $^3/_4$-Punkt[2]. Aus Gründen der Vereinfachung werden die von den freien Querwirbeln induzierten Geschwindigkeiten bei der einfachen Traglinientheorie in der Regel mit ihrem Wert am Ort der tragenden Linie (d. h. etwa $^1/_4$-Profiltiefe) in die Randbedingung eingesetzt. Diesen Wert haben wir soeben in Ziff. 1 für Propellerflügel berechnet.

Damit ergibt die Randbedingung am Profil in der einfachen Traglinientheorie die bekannte Berechnungsformel

$$\Gamma = c_a' \, \frac{l}{2} \, U \sin(\delta_0 - \beta_i). \qquad (29)$$

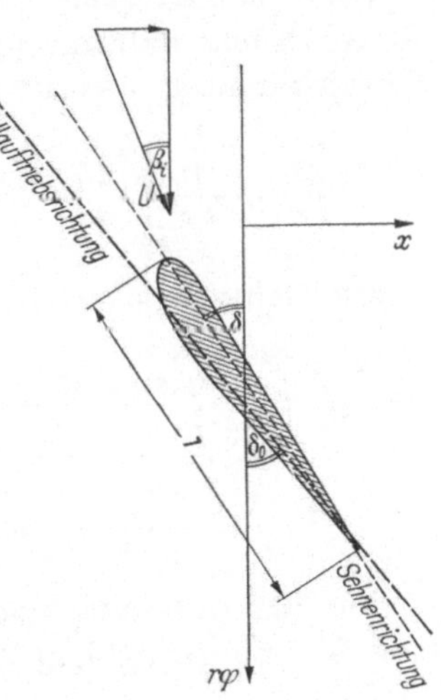

Abb. 12. Schnitt eines Flügelprofils.

In Gl. (29) ist c_a' der Auftriebsbeiwert des Profils (theoretisch ist $c_a' = 2\pi$, praktisch etwa $0{,}82 \cdot 2\pi - 0{,}94 \cdot 2\pi$ je nach Profiltyp), l ist die Profiltiefe, $(\delta_0 - \beta_i)$ ist der Winkel zwischen der resultierenden Anströmrichtung und der Nullauftriebsrichtung des Profils. U ist der Absolutwert der resultierenden Anströmgeschwindigkeit. In dem hier betrachteten Fall des Propellerflügelprofils wird (Abb. 13)

$$U \cos\beta_i = \omega\, r + V_Q,$$

$$U \sin\beta_i = u_0 + u_Q,$$

und man erhält bei Verwendung der Formeln (26) und (27) nach kurzer elementarer

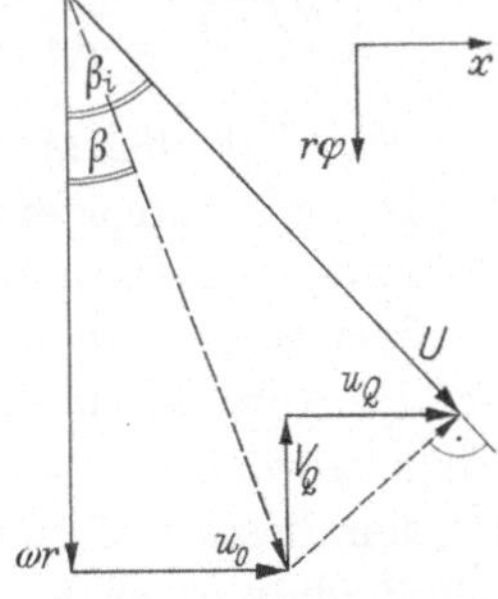

Abb. 13. Anströmverhältnisse am Flügelprofil.

---

[1] Vgl. z. B. H. SCHLICHTING u. E. TRUCKENBRODT: Aerodynamik des Flugzeuges, Bd. II, Berlin/Göttingen/Heidelberg: Springer 1960.

[2] Diese beiden Richtungen sind bekanntlich identisch, wenn die Skelettlinie ein Polynom 2. Ordnung ist, sehr ähnlich bei Polynomen höherer Ordnung. δ_0 ist der Winkel zwischen Nullauftriebsrichtung und $r\,\varphi$-Achse.

Zwischenrechnung das explizite Ergebnis:

$$\Gamma(r) = \frac{\omega\, r \tan\delta_0 - u_0}{\dfrac{2}{c_a'}\,\dfrac{1}{l\cos\delta_0} + \dfrac{N}{4\,\pi\,r\,\varkappa}\left(\tan\delta_0 + \dfrac{r}{k_0}\right)} \ . \tag{30}$$

Setzt man dagegen in Gl. (29) für die Geschwindigkeiten u_Q und V_Q die Ausdrücke (20) und (22) mit den Induktionsfaktoren ein, so ist die Flügelzirkulation aus der Integrodifferentialgleichung

$$\frac{2\,\Gamma}{l\,c_a'} + \frac{1}{4\,\pi}\int\limits_{R_i}^{R_a}\frac{d\Gamma}{d s}\,\frac{i_a\cos\delta_0 + i_t\sin\delta_0}{r - s}\,d s = \omega\, r \sin\delta_0 - u_0 \cos\delta_0 \tag{31}$$

zu ermitteln; diese gewinnt mit (16) die Form $\left(\psi + \dfrac{2\pi\,n}{N} = \psi_n \text{ gesetzt}\right)$

$$\frac{1}{4\,\pi}\sum_{n=0}^{N-1}\int\limits_{R_i}^{R_a}\frac{d\Gamma}{d s}\int\limits_0^\infty \frac{s(r\cos\psi_n - s)\cos\delta_0 + k_0(r - s\cos\psi_n - s\,\psi\sin\psi_n)\sin\delta_0}{\sqrt{k_0^2\,\psi^2 + r^2 + s^2 - 2\,r\,s\,\cos\psi_n}^{\,3}}\,d\psi\,d s +$$

$$+ \frac{2\,\Gamma(r)}{l\,c_a'} = \omega\, r \sin\delta_0 - u_0 \cos\delta_0 . \tag{32}$$

Für die Auflösung der singulären Integrodifferentialgleichung (32) bzw. für die geringfügig modifizierte Gleichung

$$\frac{1}{4\,\pi}\cos(\delta_0 - \beta_i)\sum_{n=0}^{N-1}\int\limits_{R_i}^{R_a}\frac{d\Gamma}{d s}\times$$

$$\times\int\limits_0^\infty \frac{s(r\cos\psi_n - s)\cos\beta_i + s\tan\beta_i(r - s\cos\psi_n - s\,\psi\sin\psi_n)\sin\beta_i}{\sqrt{s^2\tan^2\beta_i\,\psi^2 + r^2 + s^2 - 2\,r\,s\,\cos\psi_n}^{\,3}}\,d\psi\,d s +$$

$$+ \frac{2\,\Gamma(r)}{l\,c_a'} = \omega\, r \sin\delta_0 - u_0 \cos\delta_0 , \tag{33}$$

hat STOLLE[1] eine Methode angegeben, die sich an das bekannte Multhoppsche Lösungsverfahren der Tragflügeltheorie anlehnt. Für die Einzelheiten verweisen wir auf die Originalarbeit.

Hier wollen wir noch auf einige grundsätzliche Fragen eingehen, die bei der Anwendung der verschiedenen Gleichungen zur Bestimmung der Flügelzirkulation auftreten. Zunächst kann gesagt werden (und wir werden dieses auch noch an einem Zahlenbeispiel bestätigt finden), daß die Rechnung nach der einfachen Formel (30) ungefähr die gleichen

---

[1] STOLLE, H. W.: Ein Verfahren zur Nachrechnung stark belasteter frei fahrender Propeller. Schiffbautechnik 4 (1954) 75. Gl. (33) unterscheidet sich von (32) dadurch, daß STOLLE (nicht ganz richtig) die Normalkomponente zur resultierenden Anströmrichtung β_i und nicht die Normalkomponente zur Nullauftriebsrichtung δ_0 bei den Geschwindigkeiten der freien Wirbel verwendet. Dieses hat seinen Grund in einer etwas einfacheren Rechnung mit den Induktionsfaktoren. Zum Ausgleich wird der Faktor $\cos(\delta_0 - \beta_i)$ vor dem Gesamtausdruck angebracht.

Γ-Werte liefert wie die Auflösung der Integrodifferentialgleichungen (32) bzw. (33). Dieses ist auch nicht anders zu erwarten, denn die Unterschiede zwischen der Formel (30) einerseits und den Gl. (32) und (33) andererseits bestehen ja nur in den verschiedenen verwendeten Darstellungen für die Geschwindigkeiten u_Q und V_Q gemäß Ziff. 1. Diese Darstellungen sind aber im wesentlichen äquivalent. Somit ist die Gl. (30) wegen ihrer Einfachheit in jedem Fall vorzuziehen.

Alle Gleichungen enthalten in dem Parameter $k_0 = r \tan\beta$ die Steigung bzw. den Tangens des Steigungswinkels der freien Wirbelflächen, über die wir bisher bewußt noch keine speziellen Angaben gemacht haben. Für eine zahlenmäßige Auswertung der Formeln (30) oder (32) und (33) bei einem konkreten Beispiel ist es notwendig, sich über die zu verwendenden k_0-Werte klar zu werden. Grundsätzlich kann man bei frei fahrenden Propellern in guter Näherung davon ausgehen, daß der Steigungswinkel β der Schraubenflächen der freien Querwirbel mit der Richtung der Relativströmung am Flügel (d. h. am tragenden Wirbel) übereinstimmt.

Für Propeller, bei denen die induzierten Geschwindigkeiten der freien Wirbel gegenüber der Anström- bzw. Fahrgeschwindigkeit u_0 vernachlässigt werden können, gilt dann die einfache Relation

$$\tan\beta = \frac{k_0}{r} = \frac{u_0}{\omega\,r}.$$

Solche Propeller werden oft als „schwach" belastete bezeichnet. Ihre Zirkulation kann aus (30) oder (32) und (33) direkt berechnet werden.

Wenn dagegen die induzierten Geschwindigkeiten nicht mehr gegenüber der Anströmung u_0 vernachlässigt werden können (dieses ist der Fall der sog. „mäßigen" und „starken" Belastung, die für Schiffsschrauben die Regel darstellt), so ist die Richtung der Schraubenflächen gegen durch[1] (vgl. Abb. 13)

$$\tan\beta_i = \frac{k_0}{r} = \frac{u_0 + u_Q}{\omega\,r + V_Q} \qquad (\text{,,}i\text{`` bedeutet induziert}). \qquad (34)$$

Man erkennt, daß für einen zu behandelnden Propeller der Wert von $\tan\beta_i$ zunächst nicht bekannt ist, denn $\tan\beta_i$ hängt ja von der erst noch zu berechnenden Zirkulation Γ ab. In diesem Fall muß man daher ein Iterationsverfahren verwenden, d. h. in nullter Näherung werden die induzierten Geschwindigkeiten vernachlässigt, man setzt $\tan\overset{(0)}{\beta_i} = \dfrac{u_0}{\omega\,r}$, und es wird so die Zirkulation $\overset{(1)}{\Gamma}$ in erster Näherung aus (30) bzw. (32)

---

[1] Dabei wird wie in der ganzen bisherigen Theorie die natürlich nicht genau zutreffende, aber näherungsweise erfüllte Voraussetzung gemacht, daß $\tan\beta_i \sim 1/r$, $k_0 = \text{const}$ ist.

und (33) bestimmt. Mit diesem $\overset{(1)}{\Gamma}$-Wert berechnet man

$$\tan\overset{(1)}{\beta_i} = \frac{u_0 + \overset{(1)}{u_Q}}{\omega\, r + \overset{(1)}{V_Q}} = \frac{u_0 + \cot\overset{(0)}{\beta_i}\,\dfrac{1}{4\pi r}\,N\,\overset{(1)}{\Gamma}\,\dfrac{1}{\varkappa}}{\omega\, r - \dfrac{1}{4\pi r}\,N\,\overset{(1)}{\Gamma}\,\dfrac{1}{\varkappa}}$$

als erste Näherung für die induzierte Steigung der Schraubenflächen; mit dieser wiederum die zweite Näherung $\overset{(2)}{\Gamma}$ für die Zirkulation usw. Dieses Iterationsverfahren konvergiert für „mäßig" belastete Propeller (bei denen die induzierten Geschwindigkeiten jedenfalls noch kleiner sind als u_0) sehr schnell, so daß die erste oder zweite Iteration bereits als endgültig angesehen werden können. Wenn die induzierten Geschwindigkeiten größer sind als die Anströmgeschwindigkeit u_0 („starke" Belastung), so kann das Iterationsverfahren in gleicher Weise angewendet werden, nur konvergiert es langsamer. Die Konvergenz ist jedoch im allgemeinen alternierend, so daß man stets eine gute Kontrolle über die erreichte Genauigkeit der Iteration hat. Der wichtigste Sonderfall der starken Belastung ist der der sog. „Pfahlprobe" oder des Standschubes, bei dem die Anströmgeschwindigkeit u_0 gleich Null wird[1].

Natürlich ist bei starker Belastung und insbesondere im Stand für $u_0 = 0$ die Voraussetzung nicht mehr zutreffend, daß die freien Wirbel hinter dem Propeller auf Schraubenflächen angeordnet sind. Denn da die freien Wirbel in axialer Richtung nunmehr lediglich mit der (in x-Richtung variablen) Geschwindigkeit u_Q fortgetragen werden, sind die Schraubenflächen erheblich deformiert. Für diese Deformation spielt auch die bisher vernachlässigte induzierte radiale Geschwindigkeit und das radiale Druckgefälle im Bereich der freien Wirbel hinter dem Propeller eine größere Rolle. (Dieser Bereich wird auch als Propellerstrahl bezeichnet; im allgemeinen findet eine Kontraktion des Strahlbereiches statt[2].)

---

[1] In diesem Falle beginnt das Iterationsverfahren unter Verwendung von Gl. (30) folgendermaßen:
In nullter Näherung: $\cot\overset{(0)}{\beta_i} = \dfrac{\omega\, r}{u_0} = \infty$; in erster Näherung: $\overset{(1)}{\Gamma} = 0$, aber $\overset{(1)}{\Gamma}/u_0 = \dfrac{4\pi\varkappa}{N}\, r \tan\delta_0$; $\cot\overset{(1)}{\beta_i} = \cot\delta_0$; in zweiter Näherung folgt:

$$\overset{(2)}{\Gamma} = \frac{\omega\, r \tan\delta_0}{\dfrac{2}{c_a'}\,\dfrac{1}{l \cos\delta_0} + \dfrac{N}{4\pi r}\,(\tan\delta_0 + \cot\delta_0)\,\dfrac{1}{\varkappa}};$$

$$\cot\overset{(2)}{\beta_i} = \cot\delta_0 + \frac{4\pi r}{N}\,\varkappa\,\frac{2}{c_a'}\,\frac{1}{l \cos\delta_0} \quad \text{usw.}$$

[2] Für eine Untersuchung des radialen Druckgefälles und der Strahlkontraktion verweisen wir auf H. LERBS: An approximate theory of heavily loaded free running propellers in the optimum condition. Trans. Soc. Nav. Arch. Marine Engin. 58 (1950) 137. Vgl. außerdem Kap. III, B, Ziff. 2.

Trotzdem liefert das angegebene Iterationsverfahren auch bei starker Belastung noch (im Vergleich mit Messungen) durchaus realistische Werte für die Flügelzirkulation und den Propellerschub. Ein formaler Grund hierfür mag in der Tatsache gefunden werden, daß stark belastete Propeller in der Regel einen kleinen induzierten Fortschrittsgrad $\dfrac{r}{R_a}\tan\beta_i$ haben; für solche Fortschrittsgrade liegt der Goldstein-Faktor nahe bei dem Wert 1 (vgl. Abb. 11). Damit ergeben sich die induzierten Geschwindigkeiten u_Q und V_Q annähernd in der Form (25) wie sie einer räumlich kontinuierlichen Verteilung der freien Wirbel entspricht. Diese Darstellung (25) wurde mit einer integralen Näherungsmethode gewonnen, und sie ist eben deshalb (das ist einer ihrer Vorteile) relativ unempfindlich gegenüber gewissen lokalen Veränderungen in der Verteilung der freien Wirbel, wie sie z. B. bei stark belasteten Propellern vorkommen.

Als Beispiel für die behandelten Berechnungsmethoden diskutieren wir den von HORN[1] eingehend insbesondere experimentell in Modell und Großausführung untersuchten Propeller Nr. 265.

Es handelt sich um einen dreiflügeligen Propeller ($N = 3$) mit einem Außenradius $R_a = 2{,}075$ m; der Auftriebsbeiwert der Flügelprofile beträgt $c_a' = 5{,}17$; für die Propellersteigung gilt (in m) ($R_i/R_a = 0{,}18$):

$$H^* = 3{,}80 + 0{,}61\left(\frac{r}{R_a} - 0{,}18\right).$$

Nach den Angaben von HORN läßt sich die nebenstehende Tabelle für die Werte der Profiltiefen und Nullauftriebsrichtungen zusammenstellen.

r/R_a	l/r	δ_0
0,940	0,231	22,7°
0,795	0,471	25,8°
0,651	0,661	30,3°
0,506	0,850	37,2°
0,361	1,140	47,3°
0,216	1,800	62,6°

Dem normalen Fahrtzustand (Auslegungszustand bei etwa mittlerer Belastung) entspricht ein Fortschrittsgrad $\dfrac{u_0}{\omega R_a} = \dfrac{1}{5}$. In Abb. 14 ist die nach den verschiedenen Methoden berechnete Flügelzirkulation $\Gamma'(r)$ in Einheiten von ωR_a^2 aufgetragen. Dargestellt sind: Die Ergebnisse gemäß Formel (30) mit Goldstein-Faktor; die Lösung der Integrodifferentialgleichung (33) nach der Methode von STOLLE; die Ergebnisse nach Formel (30) mit der räumlich, kontinuierlichen Methode aus Ziff. 1c, und zwar jeweils sowohl für schwache Belastung gerechnet als auch (mit Hilfe des geschilderten Iterationsverfahrens) für die hier in Wirklichkeit vorliegende mäßige Belastung.

Man erkennt, daß die mit der Goldstein-Faktormethode und die mit der Stolleschen Integrodifferentialgleichung erhaltenen Ergebnisse

---

[1] HORN, F.: Versuche mit Tragflügelschiffsschrauben, Jb. Schiffbautechn. Ges., Bd. 28, 1927, Berlin: Springer 1927, S. 346.

praktisch übereinstimmen; dagegen zeigen sich bei der räumlich kontinuierlichen Methode besonders in der Nähe der Flügelspitzen gewisse Abweichungen, in denen die Vernachlässigung der endlichen Flügelzahl zum Ausdruck kommt.

Für den Wirkungsgrad gemäß Formel (13) ergibt sich nach der Goldstein-Faktormethode für alle Schnitte annähernd der vom Radius r [1] unabhängige Wert $\eta_i = 0{,}69$ bei mäßiger und $\eta_i = 0{,}67$ bei schwacher Belastung. Die räumlich kontinuierliche Methode liefert naturgemäß in der Nähe der Flügelspitze etwas höhere η_i-Werte. Der von HORN gemessene Versuchswirkungsgrad des Gesamtpropellers betrug 0,61. In diesem sind naturgemäß auch noch die durch die Flüssigkeitsreibung bedingten Verluste enthalten, während durch (13) ja nur der induzierte Wirkungsgrad der Potentialströmung gegeben ist.

Die Berechnung des Gesamtschubes gemäß Formel (14) mit einem numerischen Integrationsverfahren ergab folgende S-Werte (in Einheiten von $\varrho\,\omega^2\,R_a^4$):

	schwache Belastung	mäßige Belastung
Goldstein-Faktormethode Gl. (30)	0,078	0,087
Stollesche Gl. (33)	0,078	0,088
räumliche kontinuierliche Methode Ziff. 1 c	0,085	0,097

Dagegen beträgt bei dem hier zugrunde gelegten Fortschrittsgrad 0,2 der von HORN gemessene wirkliche Schubwert des Propellers $0{,}072\varrho\,\omega^2\,R_a^4$.

Bevor wir diese Ergebnisse weiter diskutieren, betrachten wir noch kurz den Fall des Fortschrittsgrades Null, des Standschubes. Hier ergab die Messung von HORN einen Wert von $S = 0{,}134\varrho\,\omega^2\,R_a^4$. In Abb. 15 ist die mit dem auf S. 28 (Fußnote) erwähnten Iterationsverfahren berechnete Flügelzirkulation $\Gamma(r)$ in Einheiten von $\omega\,R_a^2$ aufgezeichnet, und zwar sowohl das Ergebnis der Goldstein-Faktormethode als auch das der Methode aus Ziff. 1 c. Für den Standschub ergaben sich die Werte: $S = 0{,}157\varrho\,\omega^2\,R_a^4$ (Goldstein-Faktor) und $S = 0{,}165\varrho\,\omega^2\,R_a^4$ (Methode nach Ziff. 1 c).

Die gewonnenen Resultate für den Propellerschub liegen sowohl im normalen Fahrtzustand $\dfrac{u_0}{\omega\,R_a} = 0{,}2$ als auch im Stand wesentlich über den Meßwerten. Am besten stimmen noch die Ergebnisse der Rechnung für schwache Belastung; jedoch ist dieses keine befriedigende Fest-

---

[1] Man bedenke, daß bei frei fahrenden Propellern und Anordnung der freien Wirbel auf Schraubenflächen aus (13) folgt:

$$\eta_i = \frac{u_0}{\omega\,r}\cot\beta_i = \frac{u_0}{\omega}\,\frac{1}{k_0}, \quad \text{also unabhängig von } r.$$

stellung, denn vom theoretischen Standpunkt aus ist die Rechnung mit schwacher Belastung die schlechtere Approximation.

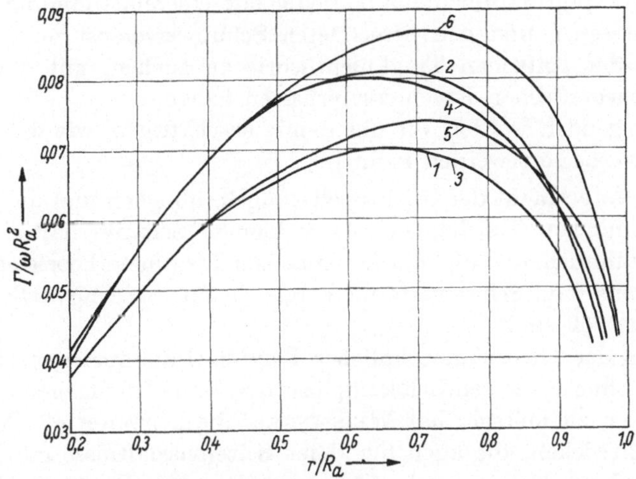

Abb. 14. Flügelzirkulation des Horn-Propellers, berechnet nach der einfachen Traglinientheorie für den Fortschrittsgrad 0,2.

1 Goldstein-Faktormethode; *2* Goldstein-Faktormethode; *3* Methode von STOLLE; *4* Methode von STOLLE; *5* räumlich kontinuierliche Methode, alle bei schwacher Belastung; *6* räumlich kontinuierliche Methode, alle bei mäßiger Belastung.

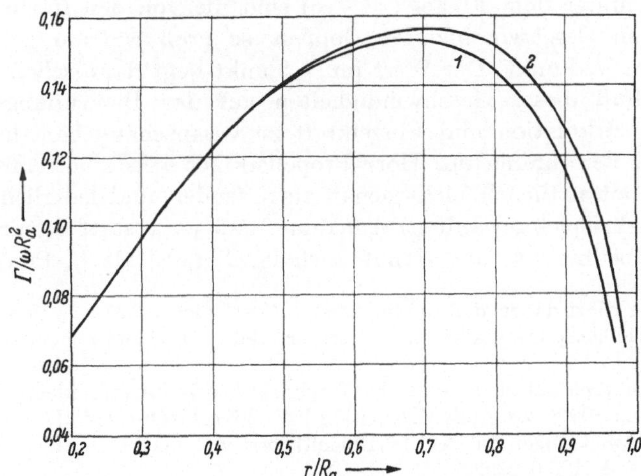

Abb. 15. Flügelzirkulation des Horn-Propellers, berechnet nach der einfachen Traglinientheorie für den Fortschrittsgrad Null.

1 Goldstein-Faktormethode; *2* räumlich kontinuierliche Methode.

Im Vergleich der einzelnen Methoden zeigt sich, daß die räumlich kontinuierliche die größten Schubwerte liefert; dieses ist nicht erstaunlich, da sich nach dieser Methode in der Nähe der Flügelspitze relativ große Zirkulationswerte ergeben[1], und gerade die Γ-Werte in der Umgebung der Flügelspitze stark zur Schubkraft beitragen.

Der Hauptgrund für die unbefriedigende Übereinstimmung zwischen den gemessenen und den berechneten Schubwerten ist jedoch in den Mängeln der einfachen Traglinientheorie zu suchen, mit deren Hilfe wir die theoretischen Ergebnisse erhalten haben.

Im folgenden werden wir uns damit beschäftigen, wie die bisherige Theorie verbessert werden kann.

b) In Anbetracht der bei Propellerflügeln üblichen und im Vergleich zu gewöhnlichen Tragflügeln relativ kleinen Seitenverhältnisse ist es nicht erstaunlich, daß die mit der einfachen Traglinientheorie erhaltenen Zirkulations- und Schubwerte im Vergleich mit experimentellen Ergebnissen zu groß sind[2].

Um in der Theorie gewöhnlicher Tragflügel die analogen Mängel zu beheben, ohne das wesentlich kompliziertere Modell der tragenden Fläche heranziehen zu müssen, hat WEISSINGER[3] die „erweiterte" Traglinientheorie entwickelt, die auch für kleine Seitenverhältnisse gültig bleibt. Dabei wird der Flügel durch einen gebundenen im Punkt $^1/_4$-Profiltiefe angeordneten Wirbel ersetzt, von dem die freien Wirbel abgehen. Die Randbedingung am Flügel wird mit allen Geschwindigkeiten[4] konsequent im Punkt der $^3/_4$ Profiltiefe erfüllt.

Weit hinter dem Flügel ($x \to \infty$) sind die von den freien Wirbeln induzierten Geschwindigkeiten doppelt so groß wie am gebundenen Wirbel im $^1/_4$-Punkt. Der Wert im $^3/_4$-Punkt liegt dazwischen. Um uns den Einfluß dieser Geschwindigkeiten auf das Berechnungsergebnis für Flügelzirkulation und Flügelkraft zu veranschaulichen, haben wir die obige Berechnung des Horn-Propellers 265 wiederholt mit der (in Wirklichkeit natürlich nicht genau zutreffenden und lediglich als Anschauungsbeispiel gewählten) Annahme, daß jetzt statt u_Q und V_Q in die Randbedingung [und damit auch in Gl. (30)] als $^3/_4$-Punkt-Werte

---

[1] Dieses rührt daher, daß die induzierten Geschwindigkeiten u_Q und V_Q in der Nähe der Flügelspitze infolge der Mittelwertbildung zu klein angenommen sind. Vgl. S. 23.

[2] Bekanntlich liefert die einfache Traglinientheorie für sehr kleine Seitenverhältnisse um 100% zu große Zirkulation bzw. Flügelkräfte, vgl. J. WEISSINGER: Neuere Entwicklungen in der Tragflügeltheorie bei inkompressibler Strömung. Z. Flugwiss. 4 (1956) 225.

[3] WEISSINGER, J.: Über eine Erweiterung der Prandtlschen Theorie der tragenden Linie. Math. Nachr. 2 (1949) 45.

[4] Die von den freien Wirbeln induzierten Geschwindigkeiten werden wirklich mit ihrem am $^3/_4$-Punkt gültigen Wert in die Randbedingung eingesetzt; da dieser größer ist als der Wert am Ort der trangenden Linie, ergibt die erweiterte Traglinientheorie kleinere Zirkulationswerte als die einfache Traglinientheorie. Die von den gebundenen Wirbeln induzierten Geschwindigkeiten werden jetzt nach den genauen Formeln der dreidimensionalen Theorie berechnet.

eingesetzt werden $\frac{4}{3}(u_Q)_{1/4}$ und $\frac{4}{3}(V_Q)_{1/4}$. Abb. 16 zeigt die erhaltenen Ergebnisse für die Zirkulation $\Gamma(r)$ in Einheiten von ωR_a^2, und zwar wieder für den Fortschrittsgrad 0,2 und für den Stand, jeweils sowohl nach der Goldstein-Faktormethode als auch nach der räumlich kontinuierlichen Methode gemäß Ziff. 1c.

Die erhaltenen Schubwerte sind: (in Einheiten von $\varrho\,\omega^2\,R_a^4$) Fortschrittsgrad 0,2: $S = 0,073$ (Goldstein-Faktor, mäßige Belastung) und

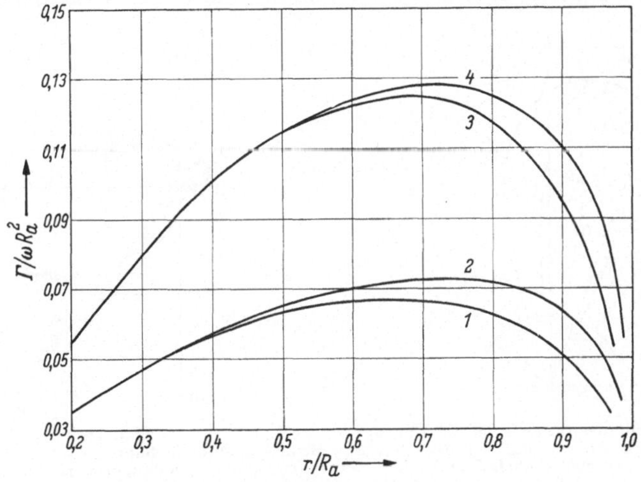

Abb. 16.

Flügelzirkulation des Horn-Propellers, berechnet quasi nach der erweiterten Traglinientheorie. *1* Goldstein-Faktormethode; *2* räumlich kontinuierliche Methode bei Fortschrittsgrad 0,2 und mäßiger Belastung; *3* Goldstein-Faktormethode; *4* räumlich kontinuierliche Methode bei Fortschrittsgrad Null.

$S = 0,083$ (Methode Ziff. 1c). Stand: $S = 0,131$ (Goldstein-Faktor) und $S = 0,140$ (Methode Ziff. 1c).

Diese Resultate zeigen eine wesentlich bessere Übereinstimmung mit den Meßergebnissen als die mit der einfachen Traglinientheorie erhaltenen.

Will man die erweiterte Traglinientheorie in wirklich sachgemäßer Form auf die Propellerberechnung anwenden, so ist es zunächst notwendig. die von den freien Wirbeln induzierten Geschwindigkeiten u_Q und V_Q nicht wie in Ziff. 1 am Ort des gebundenen Wirbels, sondern im $^3/_4$-Punkt des Profils zu berechnen. Dieses ist natürlich prinzipiell nach dem Biot-Savartschen Gesetz durchaus möglich; rein rechnerisch treten aber gewisse Komplikationen auf. Es ist nämlich bei beliebiger Form des Propellerflügels nicht mehr exakt richtig anzunehmen, daß die $^1/_4$- und die $^3/_4$-Linie sich beide bis $r = R_a$ erstrecken und beide rein radial gerichtet sind (vgl. Abb. 17.) Sondern diese Linien werden etwas gekrümmt sein, und diese Tatsache müßte man bei der Berechnung der

Geschwindigkeiten nach dem Biot-Savartschen Gesetz berücksichtigen; dadurch werden die entstehenden Ausdrücke natürlich wesentlich komplizierter. Entsprechendes gilt für die Geschwindigkeitsanteile der gebundenen Wirbel, bei denen jetzt auch der Einfluß der Nachbarflügel zu berücksichtigen ist.

Wenn die Projektion der Flügelprofiltiefe auf die yz-Ebene (d. h. also die Erstreckung der Flügel in $r\varphi$ Richtung) mit $2\alpha r$ bezeichnet wird, und α nicht allzu stark von r abhängt (und dieses dürfte bei vielen

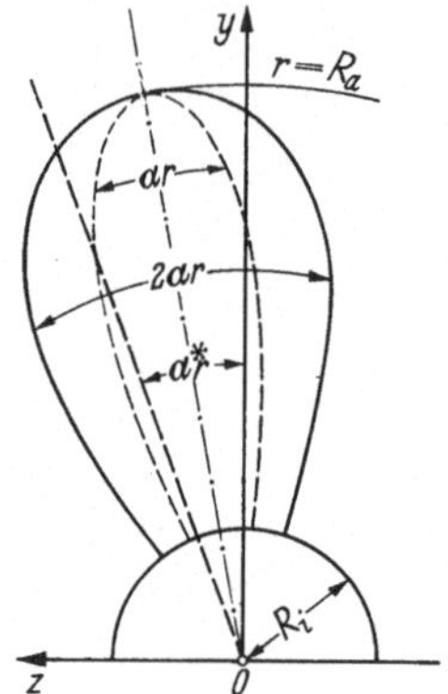

Abb. 17. Aufriß des Flügels (Projektion auf die yz-Ebene). Anwendung der erweiterten Traglinientheorie nach ZWICK.

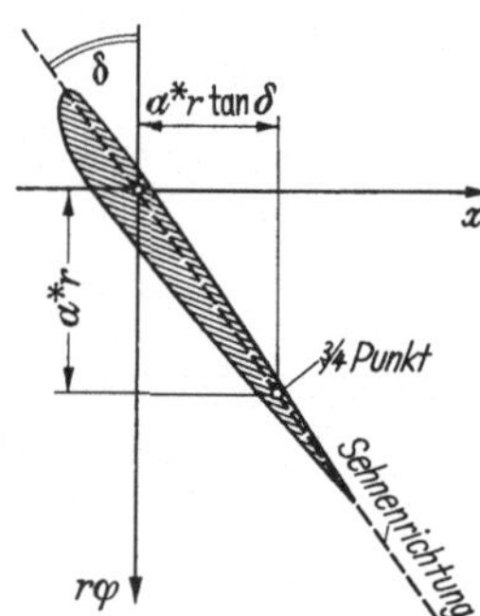

Abb. 18. Schnitt eines Flügelprofils. Anwendung der erweiterten Traglinientheorie nach ZWICK.

Flügeln der Fall sein), so ist es zweckmäßig, die gebundenen Stabwirbel wie bisher rein radial in der Ebene $x = 0$ anzuordnen[1] und die Strömungsrandbedingung im $^3/_4$-Punkt

$$(u_0 + u_Q + u_\Gamma) \cos\delta_0 = (\omega r + v_Q + v_\Gamma) \sin\delta_0 \qquad (35)$$

längs der radialen Linie $x = r\alpha^* \tan\delta;\ \varphi = \alpha^*$ zu erfüllen. Dabei ist

$$\alpha^* = \frac{1}{R_a - R_i} \int\limits_{R_i}^{R_a} \alpha(r)\, dr \qquad (36)$$

der Mittelwert von α, und δ bzw. δ_0 die Winkel zwischen $r\varphi$-Achse und Profilsehne bzw. Profilskelettlinie im $^3/_4$-Punkt (vgl. Abb. 18). Diese Methode wurde in einer allgemeinen Theorie des instationär angeströmten Propellers von ZWICK[2] angegeben; auf diese kommen wir in Abschn. C noch ausführlich zu sprechen. Verwendet man wie ZWICK für die Darstellung des Geschwindigkeitsfeldes der freien Wirbel die in Ziff. 1c besprochene Methode, so führt die Randbedingung (35) auf die

---

[1] Mit dem betrachteten Stabwirbel bei $\varphi = 0$ (vgl. Abb. 17).

[2] ZWICK, W.: Zur Berechnung der Zirkulation und der Kräfte eines Propellers im Nachstrom. Schiffbauforschung 1 (1962) 157.

folgende Integrodifferentialgleichung für die Flügelzirkulation

$$f_0(r) = \frac{N}{2\pi}\frac{1}{k_0}\left(1 + \frac{k_0^2}{r^2}\right)\Gamma(r) + \int_{R_i}^{R_a}\frac{d\Gamma}{ds}H_0(r,\,s)\,ds + \int_{R_i}^{R_a}\Gamma'(s)\,L_0(r,\,s)\,ds$$

$$= \omega\,r\,\tan\delta_0 - u_0 \tag{37}$$

mit den stetigen Kernen H_0 und L_0; für die Herleitung und Auflösung der Gl. (37) verweisen wir auf Abschn. C 2.

In Abb. 19 ist das Berechnungsergebnis für die Zirkulation $\Gamma(r)$ in Einheiten von $\omega\,R_a^2$ dargestellt, das ZWICK mit der Gl. (37) erhalten hat;

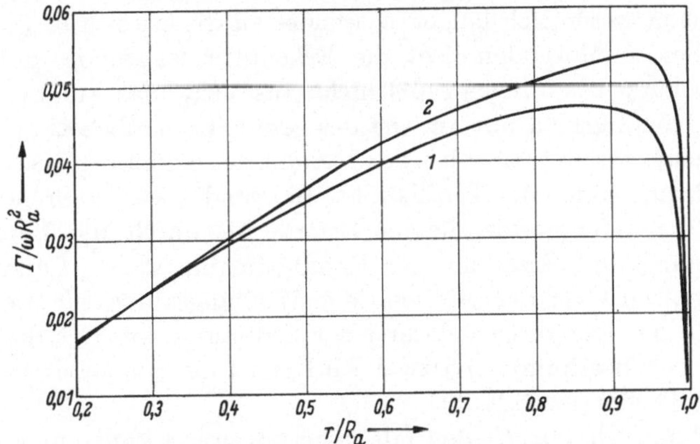

Abb. 19. Flügelzirkulation des Zwick-Propellers, berechnet nach der erweiterten *1* und nach der einfachen *2* Traglinientheorie.

zum Vergleich ist in Abb. 19 auch das entsprechende Resultat der einfachen Traglinientheorie [nach Formel (30) mit $c_a' = 2\pi$ und $\varkappa = 1$] eingezeichnet. Erwartungsgemäß liefert die erweiterte Traglinientheorie die kleineren Γ-Werte; diese liefern einen Schubwert, der um 10% kleiner ist als derjenige nach der einfachen Traglinientheorie berechnete. Das hier behandelte Beispiel stellt einen frei fahrenden Propeller dar mit $\alpha^* = 0{,}4$, Fortschrittsgrad $\dfrac{u_0}{\omega\,R_a} = \dfrac{1}{4}$, Flügelzahl $N = 3$, symmetrischen Flügelprofilen ($\delta_0 = \delta$), dem Steigungswinkel $\tan\delta = \dfrac{1}{\pi}\dfrac{R_a}{r}$, $k_0 = \dfrac{R_a}{\pi}$ sowie dem fiktiven Nabenradius $R_i/R_a = 0{,}04$. (Vgl. Ziff. 1d, ALEF.)

LERBS[1] hat versucht, die Berechnung der im $^3/_4$-Punkt des Flügels von den freien Wirbeln induzierten Geschwindigkeiten nach dem Biot-Savartschen Integral zu umgehen; er setzt in grober Näherung

$$(V_Q)_{3/4} \approx 2\,(V_Q)_{1/4}, \qquad (u_Q)_{3/4} \approx h\,(u_Q)_{1/4}$$

---

[1] LERBS, H.: Näherungen für den Effekt der tragenden Fläche beim Propellerentwurf. Schiffstechnik 3 (1956) 174.

und bestimmt den Faktor h ($1 < h < 2$) durch ein gewisses Analogie-modell, indem der Propeller durch eine Senkenscheibe ersetzt wird. Die von den gebundenen Wirbeln am $^3/_4$-Punkt des Aufpunktflügels induzierten Geschwindigkeiten werden von Lerbs zwar nach dem Biot-Savartschen Gesetz berechnet, jedoch nur mit der Näherungsannahme, daß die Flügel nicht in Zylinderschnitten, sondern in einer Ebene angeordnet sind. Für Einzelheiten verweisen wir auf die Originalarbeit.

c) Eine andere Verbesserung der einfachen Traglinientheorie im Hinblick auf ihre Anwendung in der Propellerströmung ist die sog. Korrektur der Profilwölbung. Dieses Verfahren wird in der Propeller-theorie schon wesentlich länger verwendet als die erweiterte Traglinien-theorie. Beiden Methoden liegt die Erkenntnis zugrunde, daß es für die Beurteilung des Flügelprofils nicht ausreicht, das am Profil herr-schende Strömungsfeld nur am Ort des gebundenen Wirbels zu kennen, daß vielmehr eine Aussage über den Verlauf der Strömung, insbesondere ihrer Richtung längs der Profilkontur notwendig ist. Während die er-weiterte Traglinientheorie diesem Erfordernis durch die Berechnung der Strömung und Erfüllung der Randbedingung im $^3/_4$-Punkt Rech-nung trägt, wird bei der Methode der Wölbungskorrektur die Krüm-mung, also die Richtungsänderung der Strömung, am Ort des gebun-denen Wirbels bestimmt, und zwar wird meist der geometrische Mittel-punkt des Profils gewählt.

Bezeichnen wir mit U_0 den (als näherungsweise konstant angenom-menen) Absolutwert der resultierenden Anströmgeschwindigkeit längs der Profilsehne, und ferner mit c_n die von den gebundenen und freien Wirbeln normal zur Profilsehne induzierte Geschwindigkeit, so folgt für die Krümmung der Skelettlinie im Profilmittelpunkt der Ausdruck

$$\frac{1}{U_0}\frac{dc_n}{dX}\Big/_0 \qquad (X = \text{Koordinate längs Profilsehne}). \qquad (38)$$

Bei der effektiven Berechnung der Ableitung dc_n/dX (auf die wir hier nicht eingehen können) muß für das betrachtete Profil selbst vom gebundenen Stabwirbel zu einer kontinuierlichen Wirbeldichte gleicher Gesamtzirkulation Γ übergegangen werden. In der Literatur sind im wesentlichen zwei verschiedene Formen für diese Wirbeldichte unter-sucht worden; von Ludwieg und Ginzel[1] eine elliptische Verteilung und von Cox[2] eine konstante Verteilung, die hauptsächlich im Hinblick auf Kavitationsuntersuchungen Bedeutung haben dürfte[3]. Durch die Kennt-

---

[1] Ludwieg, H., u. J. Ginzel: Zur Theorie der Breitblattschraube. Aerodyn. Versuchsanstalt Göttingen, Bericht 44/A/08 (1944).

[2] Cox, G. G.: Corrections to the camber of constant pitch propellers. Trans. Royal Inst. Naval Architects 103 (1961) 227.

[3] van Manen, J. D., u. A. R. Bakker: Numerical results of Sparenbergs lifting surface theory for ships screws. Intern. Shipbuild. Progr. 10 (1963) 111.

nis der Krümmung der Propellerströmung gemäß Gl. (38) ist es möglich, das in a) behandelte Rechenverfahren der einfachen Traglinientheorie (welches zu hohe Zirkulations- und Schubwerte liefert) zu verbessern.

Bei diesem Rechenverfahren wird nämlich (in Anbetracht der verwendeten Werte von u_Q und V_Q) so getan, als ob das Flügelprofil in einer über Tiefe konstanten Anströmung läge; in der in Wirklichkeit längs der Profiltiefe gekrümmten Strömung ergibt sich jedoch ein gegenüber der Rechnung verminderter Auftrieb. Man kann aber auch

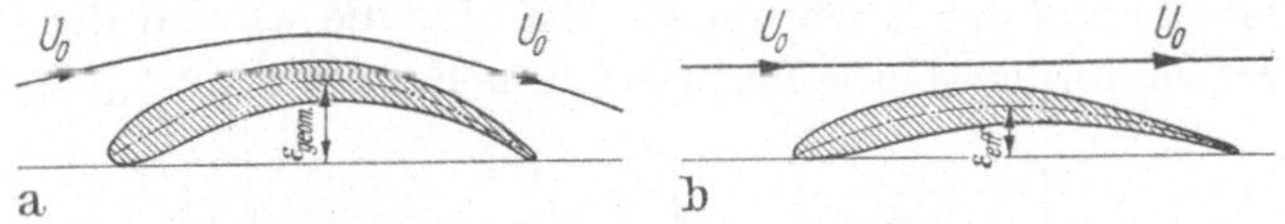

Abb. 20 a u. b. Wölbungskorrektur des Profils. Das Profil a) mit der Wölbung $\varepsilon_{\text{geom}}$ liefert in der gekrümmten Propellerströmung den gleichen Auftrieb wie das Profil b) mit der Wölbung ε_{eff} in der geraden homogenen Anströmung.

in der gekrümmten Strömung die gleiche Zirkulation Γ erhalten wie bei der in dem Rechenverfahren der einfachen Traglinientheorie zugrunde gelegten geraden Modellströmung, wenn man die Profilwölbung ε entsprechend abändert (vgl. Abb. 20).

Und zwar muß die sog. effektive Wölbung ε_{eff}, die bei der Rechnung nach der einfachen Traglinientheorie verwendet wird (und durch die der rechnerische Wert des Nullauftriebswinkels gegeben ist!), kleiner sein als die wirkliche geometrische Wölbung $\varepsilon_{\text{geom}}$ der Profilskelettlinie, die in die gekrümmte Propellerströmung gesetzt wird. Um das gesuchte Wölbungskorrekturverhältnis $\varepsilon_{\text{eff}}/\varepsilon_{\text{geom}}$ zu bestimmen, bedenken wir, das die Wölbung proportional zur Krümmung der resultierenden Strömung längs der Profilskelettlinie ist; diese Krümmung ist für die Propellerströmung im Profilmittelpunkt durch den Ausdruck (38) gegeben, während man für eine gerade Anströmung U_0 mit der gleichen Profilzirkulation Γ bei elliptischer Wirbelverteilung den Wert $\dfrac{4\,\Gamma}{\pi\,l^2\,U_0}$ und bei konstanter Verteilung den Wert $\dfrac{2\,\Gamma}{\pi\,l^2\,U_0}$ erhält[1].

---

[1] Nach der ebenen Profiltheorie ist die Krümmung der Skelettlinie im Profilmittelpunkt gegeben durch

$$Y''_{(0)} = -\frac{1}{2\,\pi\,U_0}\,\frac{\partial}{\partial X}\int\limits_{-l/2}^{l/2}\gamma(\xi)\,\frac{d\,\xi}{X-\xi}\Big/_{X=0}\,,$$

und daraus folgen mit einer elliptischen Verteilung $\gamma = \dfrac{4\,\Gamma}{l\,\pi}\sqrt{1-4\,\xi^2/l^2}$ bzw. konstanten Verteilung $\gamma = \Gamma/l$ die oben angegebenen Werte. Wie man weiter leicht nachrechnet, gilt für den Profilmittelpunkt $\varepsilon \approx \dfrac{l^2}{8}\,|Y''(0)|$, d. h. die Wölbung ist proportional zur Krümmung. Der ersten Birnbaumschen Normalverteilung $\gamma \sim \sqrt{\dfrac{l-2\,\xi}{l+2\,\xi}}$ entspricht der Wölbungswert Null.

Somit ergibt sich das gesuchte Verhältnis zwischen der (beim Rechenverfahren der einfachen Traglinientheorie zu verwendenden) effektiven Wölbung und der wirklichen geometrischen Wölbung des Profils in der Propellerströmung zu

$$\frac{\varepsilon_{\text{eff}}}{\varepsilon_{\text{geom}}} = \begin{cases} \dfrac{4\,\Gamma}{\pi\,l^2}\bigg/\dfrac{d\,c_n}{d\,X}\bigg|_0 & \text{(elliptische Verteilung der Wirbeldichte)} \\[3mm] \dfrac{2\,\Gamma}{\pi\,l^2}\bigg/\dfrac{d\,c_n}{d\,X}\bigg|_0 & \text{(konstante Verteilung der Wirbeldichte).} \end{cases} \tag{39}$$

Die Berechnung der Ableitung $d c_n/d X$ (für die wir auf die Originalarbeiten verweisen) ist sehr kompliziert. Das Ergebnis für $\varepsilon_{\text{eff}}/\varepsilon_{\text{geom}}$ hängt

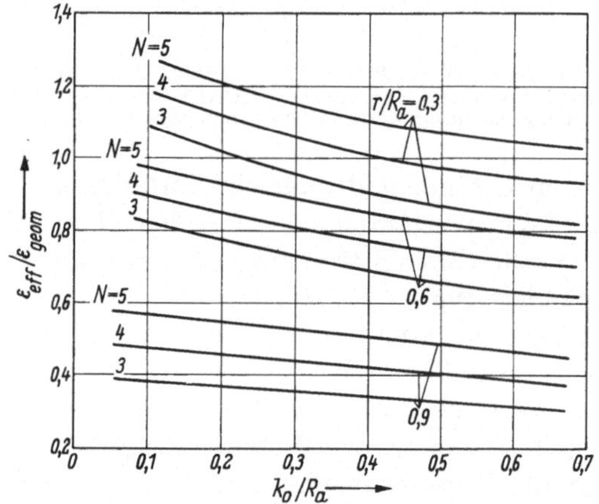

Abb. 21. Wölbungsverhältnis für einen Propeller bestimmter Flügelform für verschiedene Flügelzahlen und Radien in Abhängigkeit von k_0/R_a.

wesentlich davon ab, welche Wirbeldichtenverteilung gewählt wird. Da aber die wirkliche Form der Wirbeldichte kaum von vornherein bekannt sein wird, und auch nicht rein elliptisch, rein konstant usw., sondern eher eine Kombination verschiedener Formen sein dürfte, ist die Berechnung der Wölbungskorrektur mit beträchtlichen Unsicherheiten verbunden. Vom theoretischen Standpunkt aus dürfte daher die Anwendung der erweiterten Traglinientheorie vorzuziehen sein. Es ist somit auch nicht erstaunlich, daß die in der Literatur enthaltenen Werte von $\varepsilon_{\text{eff}}/\varepsilon_{\text{geom}}$ oft beachtlich voneinander abweichen. Wir geben in Abb. 21 nur ein qualitatives Diagramm über den ungefähren Verlauf bei einem Propeller bestimmter Flügelform; letztere hat, ausgedrückt in dem Parameter des sog. Flächenverhältnisses[1], ebenfalls Einfluß auf die Wölbungskorrekturwerte. Ausführliche Diagramme für $\varepsilon_{\text{eff}}/\varepsilon_{\text{geom}}$ findet man bei VAN MANEN[2].

---

[1] Das Verhältnis von Flügelfläche zur Propellerfläche $\pi\,R_a^2$.

[2] VAN MANEN, J. D.: Fundamentals of ship resistance and propulsion. Intern. Shipbuild. Progr. 4 (1957) 327.

3. Die Berechnung der Flügelzirkulation
bei vorgegebenem Wirkungsgrad (Schubbelastungsgrad)

Wir wollen uns nun einem technisch ebenfalls wichtigen Problem zuwenden, das in gewissem Sinne eine Umkehrung der in Ziff. 2 behandelten Aufgabe darstellt.

Zunächst ergibt sich mit (26) und (27) für den induzierten Wirkungsgrad (13)[1]

$$\eta_i = \frac{\omega r - \dfrac{N\,\Gamma}{4\,\pi\,r\,\varkappa}}{u_0 + \eta_i\,\dfrac{\omega r}{u_0}\,\dfrac{N\,\Gamma}{4\,\pi\,r\,\varkappa}}\,\frac{u_0}{\omega r}\,, \tag{40}$$

denn $\cot\beta_i - \dfrac{r\,\omega}{u_0}\,\eta_i$; dabei ist die der Theorie zugrunde gelegte Voraussetzung $\cot\beta_i = r/k_0$ (freie Wirbel auf Schraubenflächen) gleichbedeutend mit $\eta_i = \mathrm{const}$ über den Radius r [2].

Aus Gl.(40) läßt sich die Flügelzirkulation Γ in Abhängigkeit vom Wirkungsgrad η_i berechnen; man erhält

$$\frac{N\,\Gamma}{u_0\,R_a} = 4\,\pi\,\varkappa\left(\frac{r}{R_a}\right)^2\frac{\omega R_a}{u_0}\,\frac{1-\eta_i}{1+\left(\dfrac{\omega r}{u_0}\right)^2\eta_i^2}\,. \tag{41}$$

Mit (41) ergibt sich der sog. „Schubbelastungsgrad" des Propellers

$$c_S = \frac{S}{\dfrac{\varrho}{2}\,u_0^2\,\pi\,R_a^2} = \frac{2}{u_0^2\,\pi\,R_a^2}\int\limits_{R_i}^{R_a} N\,\Gamma(r)\left[\omega r - \frac{N\,\Gamma(r)}{4\,\pi\,r\,\varkappa}\right]dr$$

zu

$$c_S = 8\,\frac{1-\eta_i}{\eta_i^2}\times$$

$$\times\int\limits_{R_i}^{R_a}\left[1-\left(\frac{u_0}{\omega R_a}\right)^2\frac{1-\eta_i}{\eta_i^2}\,\frac{1}{\left(\dfrac{r}{R_a}\right)^2+\left(\dfrac{u_0}{\omega R_a}\dfrac{1}{\eta_i}\right)^2}\right]\frac{\varkappa\left(\dfrac{r}{R_a}\right)^3\dfrac{1}{R_a}\,dr}{\left(\dfrac{r}{R_a}\right)^2+\left(\dfrac{u_0}{\omega R_a}\dfrac{1}{\eta_i}\right)^2}\,. \tag{42}$$

Formel (42) ist von KRAMER[3] ausgewertet und in Form von Diagrammen dargestellt worden (vgl. Abb. 22); diese gestatten es, bei vorgegebe-

---

[1] Dabei sei hier noch ausdrücklich darauf hingewiesen, daß die Formel für den Wirkungsgrad auch im Sinne der erweiterten Traglinientheorie vollkommen korrekt ist; denn bei der Kraftberechnung nach dem Kutta-Joukowskischen Satz sind die induzierten Geschwindigkeiten am Ort des gebundenen Wirbels zu nehmen.

[2] Diese Bedingung entspricht dem bereits vor Jahrzehnten von A. BETZ behandelten „Schraubenpropeller mit geringstem Energieverlust", Göttinger Nachr. 1919, S. 193; dieser wird in der Literatur auch als Optimumschraube bezeichnet.

[3] KRAMER, K. N.: Induzierte Wirkungsgrade von Bestluftschrauben endlicher Blattzahl. Luftfahrtforschung 15 (1938) 19.

nem Schubbelastungsgrad (wie dieses in der Technik oft der Fall ist) und vorgegebenem Fortschrittsgrad $u_0/\omega R_a$ und Flügelzahl N den zugehörigen „optimalen" Wirkungsgrad η_i zu bestimmen. Damit kann aus (41) die Flügelzirkulation Γ berechnet werden, ohne daß überhaupt etwas über die Form der Flügelprofile bekannt sein braucht.

Verwendet man andererseits die Darstellung (20) mit den Induktionsfaktoren für die von den freien Wirbeln induzierten Geschwindigkeiten,

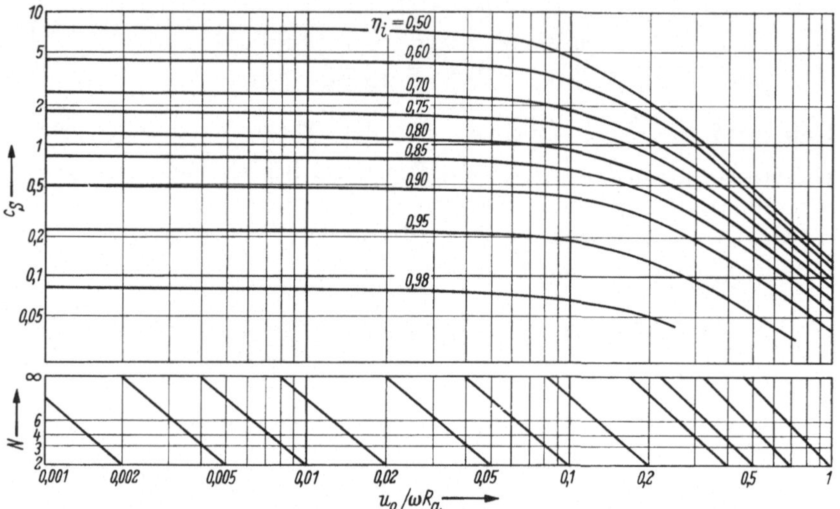

Abb. 22. Diagramm zur Berechnung des optimalen Wirkungsgrades nach KRAMER.

so kann ebenfalls die Zirkulation Γ durch die Vorgabe des induzierten Wirkungsgrades bestimmt werden. Man erhält aus der zu (40) analogen Gleichung die folgende Integrodifferentialgleichung

$$\frac{1}{4\pi} \int_{R_i}^{R_a} \frac{d\Gamma}{ds} \left(i_t \frac{u_0}{\omega r} \frac{1}{\eta_i} + i_a \right) \frac{ds}{r-s} = u_0 \left(\frac{1}{\eta_i} - 1 \right),$$

die sich mit Hilfe der Relationen (22) in die Form $\left(\tan\beta_i = \dfrac{u_0}{\omega r} \dfrac{1}{\eta_i} \right)$

$$\frac{1}{4\pi} \int_{R_i}^{R_a} \frac{d\Gamma(s)}{ds} \left\{ \frac{1}{r-s} + \frac{\cos^2\beta_i}{2r} \ln \frac{2|r-s|}{R_a - R_i} + H(r,s) \right\} ds$$

$$= \omega r \sin\beta_i - u_0 \cos\beta_i \quad (43)$$

bringen läßt. In (43) werden zunächst mit der Substitution (24) die neuen Variablen τ, σ eingeführt $\left(0 \leqq \genfrac{}{}{0pt}{}{\tau}{\sigma} \leqq \pi \right)$. Für Γ wird der in der

Praxis ausreichend genaue fünfgliedrige Lösungsansatz

$$\Gamma(s) = \omega\, R_a^2 \sum_{\nu=1}^{5} A_\nu \sin \nu\, \sigma \tag{44}$$

gemacht, und die stetigen Funktionen $\sin\tau\, H(r,s)$, $\sin\tau\,\dfrac{\cos^2\beta_i}{2r}$ und $\sin\tau\,(\omega\, r \sin\beta_i - u_0 \cos\beta_i)$ werden durch Fourier-Polynome approximiert. Die Gl. (43) erhält damit die Gestalt der in der Hydrodynamik mehrfach auftretende Integralgleichung (A,10), deren Auflösungstheorie wir im Anhang dieses Buches dargestellt haben. Deshalb gehen wir hier nicht weiter darauf ein.

Der Vollständigkeit halber [weil die Relation (45) in der technischen Literatur häufig vorkommt] vermerken wir noch, daß für die resultierende Geschwindigkeit gilt (vgl. Abb. 13)

$$U = \sqrt{(\omega\, r + V_Q)^2 + (u_0 + u_Q)^2} = \frac{u_0}{\sin\beta}\cos(\beta_i - \beta)$$

und daraus folgt unter Verwendung von Formel (41) und $\eta_i = \tan\beta/\tan\beta_i$

$$\frac{N\,\Gamma}{U} = 4\pi\, r\, \varkappa \sin\beta_i \tan(\beta_i - \beta). \tag{45}$$

Mit der Berechnung der Flügelzirkulation Γ aus dem Wirkungsgrad η_i nach den eben erwähnten Methoden ist die gestellte Aufgabe jedoch noch nicht gelöst. Das Problem ist jetzt, das Profil und seine Steigung zu bestimmen, das in der vorliegenden Propellerströmung auch wirklich die Zirkulation Γ liefert. Diese Aufgabe ist natürlich nicht eindeutig lösbar, denn wie aus der einfachen Profiltheorie bekannt ist[1], hängt die Zirkulation Γ eines Profils, das in eine bekannte Strömung gestellt wird (und zwar ohne daß man noch auf besondere Verfeinerungen eingeht), von mindestens drei voneinander unabhängigen Parametern ab: Der Profiltiefe l, der Profilwölbung ε und dem Winkel $(\delta - \beta_i)$ zwischen Profilsehne und resultierender Anströmung; da die Anströmung bekannt ist, hat man also die Richtung δ der Sehne gegen die $r\,\varphi$-Achse, d. h. die Steigung des Flügels festzulegen.

Im allgemeinen wird zunächst die Profiltiefe l gewählt; dabei bedient man sich gewisser Erfahrungswerte verbunden mit Überlegungen, wie groß z. B. die durchschnittliche Belastung (d. h. die Wirbeldichte) des Profils bei vorgegebenem Γ sein soll (Kavitation!); auch konstruktive und festigkeitsmechanische Gesichtspunkte spielen eine Rolle.

---

[1] Die Zirkulation eines Profils mit z. B. parabelförmiger Skelettlinie der Wölbung ε, d. h. $Y = \varepsilon\,(1 - 4X^2/l^2)$, das in einer Anströmung liegt, deren Richtung im $^3/_4$-Punkt mit der Sehne (X-Achse) den Winkel $\delta - \beta_i$ einschließt, ist gegeben durch

$$\Gamma \approx c_a' \frac{1}{2}\, l\, U \left(\frac{2\varepsilon}{l} + \delta - \beta_i\right) \quad \text{(linearisiert)}.$$

Nachdem l festgelegt ist, kann z. B. aus der Formel (29) der einfachen Traglinientheorie (gegebenenfalls mit einer gemäß Ziff. 2c modifizierten Profilwölbung) die Nullauftriebsrichtung[1] $\delta_0 \approx \dfrac{2\varepsilon}{l} + \delta$ des Profils gegenüber der $r\varphi$-Achse entnommen werden.

Auch bei Verwendung der erweiterten Traglinientheorie ist bei bekannter Zirkulation Γ und Profiltiefe l durch die Randbedingung (35) die Nullauftriebsrichtung bzw. die Richtung δ_0 der Profilskelettlinien im $^3/_4$-Punkt gegenüber der $r\varphi$-Achse festgelegt.

Man hat nun wieder eine gewisse Freiheit, wie man die Richtung δ_0 aus den beiden additiv auftretenden Größen „Steigung" δ und „Wölbung" ε aufbauen will. Um diese Frage zu entscheiden, werden zusätzliche Gesichtspunkte herangezogen; als solche nennen wir z. B.: günstiger Geschwindigkeits- bzw. Druckverlauf längs der Profiltiefe zur Vermeidung der Grenzschichtablösung oder Nichtunterschreitung eines bestimmten Minimaldruckes an der Profilsaugseite zur Vermeidung der Kavitation.

Hierfür wird man die Formeln der Profiltheorie des Einzelflügels oder auch in Diagrammen dargestellte Meßergebnisse[2] zu Rate ziehen. Auf Einzelheiten gehen wir hier nicht ein.

4. Über die Theorie der tragenden Fläche bei Schraubenflügeln

Es ist bekannt, daß schon bei einem normalen Tragflügel die Theorie der tragenden Fläche einen großen Rechenaufwand erfordert; noch mehr ist dieses natürlich der Fall für den in seinen Berandungen komplizierteren und auch als Fläche doppelt gekrümmten Schraubenflügel. Es erscheint unsicher, ob sich ein solcher Aufwand insbesondere für einen frei fahrenden Propeller lohnt, der ja eine praktisch nicht vorkommende Idealisierung darstellt.

Wir begnügen uns hier mit einer ganz knappen Darstellung bzw. Erwähnung der wichtigsten Arbeiten, die die Theorie der tragenden Fläche bei Schraubenflügeln zum Gegenstand haben. Es handelt sich dabei fast ausnahmslos um Näherungsmethoden, da man wegen der großen Kompliziertheit des Formalismus gezwungen ist, Vereinfachungen verschiedener Art vorzunehmen.

Zum Beispiel ersetzt Guilloton[3] den Flügel in Tiefenrichtung durch einige radial gerichtete tragende Linien, und jede tragende Linie wird in radialer Richtung in mehrere Bereiche jeweils konstanter Zirkulation aufgeteilt.

---

[1] Siehe Fußnote 1 auf S. 41.

[2] Vgl. z. B. I. D. van Manen: Fundamentals of ship resistance and propulsion. Intern. Shipbuild. Progr. 4 (1957).

[3] Guilloton, R.: Application de la courbure induite au calcul des hélices marines. Assoc. Techn. Maritime et Aéronautique, 1955.

In etwas anderer Weise, aber auch mit einer Einteilung des Flügels in verschiedene Bereiche hat STRSCHELETZKY[1] seine Theorie aufgebaut. Er ersetzt das Schraubenblatt durch eine tragende Wirbelfläche mit einer in Umfangsrichtung kontinuierlichen, aber in radialer Richtung stufenförmigen Wirbeldichte; d. h. der Umgebung des m-ten Zylinderschnittes $r_m = $ const wird ein in r-Richtung konstanter Wert $\gamma(r_m, \chi)$ für die Wirbeldichte zugeordnet. (χ ist die Koordinate in Umfangsrichtung, vgl. Abb. 32.) Entsprechend wird für die Berechnung der von den Wirbelflächen des Aufpunktflügels und der Nachbarflügel am betrachteten Flügelblatt induzierten Geschwindigkeiten auch die Integration abschnittsweise durchgeführt. Der dabei entstehende Fehler ist nach Abschätzungen von STRSCHELETZKY für praktische Anwendungen tragbar. Die Flügelzirkulation Γ wird von STRSCHELETZKY aus einem Variationsprinzip bestimmt, nämlich aus der Bedingung, daß das vom Propeller aufzubringende Drehmoment bei konstantem vorgegebenem Schub einen minimalen Wert annehmen soll. Erst danach wird für verschiedene Wirbeldichten γ (d. h. also Flügelbelastungen) die geometrische Form der Flügelblätter aus der Bedingung bestimmt, daß die Strömung tangential zur Flügeloberfläche verlaufen muß.

PIEN[2] geht aus von einer mit der Traglinientheorie berechneten Verteilung $\Gamma(r)$ der Flügelzirkulation, die dann gleichmäßig (konstante Belastung) über die Tiefe der Schraubenflügel verteilt wird. Dabei wird angenommen, daß die Flügelkontur näherungsweise zusammenfällt mit den der Propellerströmung nach der Theorie der tragenden Linie entsprechenden schraubenförmigen Wirbelflächen. Mit Hilfe der von diesem Wirbelmodell längs der Profiltiefe induzierten Geschwindigkeiten wird eine verbesserte Kontur des Flügelblattes berechnet. Für die Durchführung der dabei notwendigen Integrationen nach dem Biot-Savartschen Gesetz teilt PIEN das Flügelblatt in radialer Richtung in Streifen ein, in denen Γ und $d\Gamma/dr$ jeweils als unabhängig von r angenommen werden.

YAMAZAKI[3] ist es gelungen, das Geschwindigkeitspotential (10) rein formal auf den allgemeinsten Fall der tragenden Schraubenfläche auszudehnen. Bei der Anwendung der Formel müssen jedoch wieder erhebliche Vereinfachungen und Spezialisierungen in Kauf genommen werden. Schließlich sei noch erwähnt, daß SPARENBERG[4] in seiner Arbeit über

---

[1] STRSCHELETZKY, M.: Hydrodynamische Grundlagen zur Berechnung der Schiffsschrauben, Karlsruhe: Braun 1950.

[2] PIEN, P. C.: The calculation of marine propellers based on lifting surface theory. J. Ship Res. 5 (1961/62) H. 2.

[3] YAMAZAKI, R.: On the theory of screw propellers; 4th symposium on naval hydrodynamics, Washington 1962.

[4] SPARENBERG, J. A.: Application of lifting surface theory to ship screws. Intern. Shipbuild. Progr. 7 (1960) 99.

die tragende Schraubenfläche ganz auf die Wirbelmethode verzichtet und eine Theorie mit Hilfe des Beschleunigungspotentials und mit Dipolsingularitäten aufgebaut hat.

Von KERWIN und LEOPOLD[1] wurde der Einfluß der endlichen Profildicke auf die Wirbelverteilung eines Schraubenflügels untersucht. Dieser Einfluß ist bekanntlich in der Profiltheorie des normalen geraden Tragflügels vernachlässigbar klein. Von einer auf Schraubenflächen angeordneten Quellen-Senken-Verteilung wird jedoch längs des Flügelblattes eine kleine zusätzliche Normalgeschwindigkeit induziert. KERWIN und LEOPOLD haben festgestellt, daß diese in der Nähe der Flügelspitze vernachlässigbar ist, jedoch in der Umgebung der Nabe (in Form eines zusätzlichen Anstellwinkels) einen gewissen Einfluß bei der Berechnung der Zirkulationsverteilung hat.

C. Instationäre Propellertheorie

In diesen Abschnitt gehört das eigentliche Kernproblem der modernen Theorie, nämlich die Berechnung des Propellers in der inhomogenen Anströmung, wie sie durch einen vor dem Propeller angeordneten Schiffsrumpf bewirkt wird.

Wie man sich leicht überlegt (und auch theoretisch durch Darstellung des Schiffsrumpfes mit geeigneten Singularitäten nachweisen kann), wird durch den Schiffsrumpf am Ort des Propellers ein zusätzliches Strömungsfeld

$$u_0 \left(\Lambda_x \, e_x + \Lambda_\varphi \, e_\varphi + \Lambda_r \, e_r \right)$$

hervorgerufen, das sich der Schiffsgeschwindigkeit (bzw. Anströmgeschwindigkeit weit vor dem Propeller) $u_0 \, e_x$ überlagert. Dieses Strömungsfeld wird als Nachstromfeld des Schiffsrumpfes bezeichnet, und die Funktionen Λ_x, Λ_φ, Λ_r heißen Nachstromziffern der entsprechenden Richtungen.

Eine analytische Berechnung der Nachstromziffern im ganzen Raum hinter dem Schiffsrumpf ließe sich wenigstens für reibungsfreie Strömung durchführen, wenn man die Strömung um einen Schiffsrumpf unter Erfüllung der Randbedingung an der Rumpfoberfläche theoretisch (etwa durch geeignete Quellen-Senken bzw. Dipolverteilungen) darstellen könnte. Letzteres ist leider für in der technischen Praxis vorkommende Schiffsrümpfe und ihre sehr komplizierten Heckformen[2]

---

[1] KERWIN, J. E., u. R. LEOPOLD: Propeller-Incidence correction due to blade thickness. J. Ship Res. 7 (1963/64) H. 2.

[2] Relativ einfach ist natürlich z. B. die theoretische Darstellung des Nachstromfeldes hinter einem Rotationskörper. In diesem Fall ist übrigens wegen der Rotationssymmetrie des Feldes die Propellerströmung stationär, so daß man mit gewissen Modifikationen die Theorie aus Abschn. B anwenden kann. Dieses hat

noch nicht voll gelungen. Wir werden hierauf noch in Kap. III bei der Behandlung der Wechselwirkung zwischen Propeller und Schiffsrumpf zurückkommen.

Es ist jedoch mit Hilfe eines Schleppversuches möglich, das von einem Schiffsheck in der Propellerebene $x = 0$ hervorgerufene Nachstromfeld experimentell zu bestimmen[1]. Die erhaltenen Meßwerte können dann mittels einer harmonischen Analyse durch Fourier-Polynome der Form dargestellt werden:

$$u_0\,\Lambda_x = u_0 \sum_{\nu=-M}^{M} \Lambda_\nu^{(x)}(r)\,e^{i\,\nu\varphi}; \qquad (\Lambda_{-\nu}^{(x)} = \overline{\Lambda}_\nu^{(x)}). \tag{46}$$

$$u_0\,\Lambda_\varphi = u_0 \sum_{\nu=-M}^{M} \Lambda_\nu^{(\varphi)}(r)\,e^{i\,\nu\varphi}; \qquad (\Lambda_{-\nu}^{(\varphi)} = \overline{\Lambda}_\nu^{(\varphi)}). \tag{47}$$

Dabei haben wir uns auf die für Propellerberechnung benötigte Axial- und Umfangskomponente beschränkt.

1. Die Darstellung der von den freien Quer- und Längswirbeln induzierten Geschwindigkeiten

Durch die besonders bei Einschraubenschiffen sehr starke Inhomogenität der Zuströmung zum Propeller (vgl. Abb. 23) kann nicht mehr davon ausgegangen werden, daß die freien Quer- und Längswirbel hinter dem Propeller auf Schraubenflächen angeordnet sind. Eine theoretische Berücksichtigung der Deformation der Schraubenflächen in der turbulenten Strömung ist natürlich aussichtslos. Infolgedessen erscheint es zweckmäßig, das in Abschn. A noch mit der Konzeption der Schraubenflächen abgeleitete (und somit doch nicht den Gegebenheiten des Nachstrompropellers entsprechende) Geschwindigkeitsfeld dadurch zu vereinfachen, daß zu einer äquivalenten räumlich kontinuierlichen Verteilung der freien Wirbel übergegangen wird. Diesen Übergang haben wir bereits in Ziff. 1 c des Abschn. B dargestellt, und mit dieser Konzeption hat ZWICK[2] einer Anregung des Verfassers folgend seine Theorie des instationär angeströmten Schraubenpropellers aufgebaut.

---

z. B. LERBS in seiner Arbeit im Jahrbuch der Schiffbautechn. Ges., Bd. 49, für den radial ungleichförmigen Nachstrom getan. Da jedoch Rotationskörper praktisch als Schiffsrümpfe kaum vorkommen dürften, verzichten wir auf eine Darstellung dieser Theorie.

[1] Der Vorteil dieses Verfahrens besteht auch darin, daß man das wirkliche Nachstromfeld der reibungslosen Strömung und nicht nur den Nachstrom der Potentialtheorie erhält. Jedoch liefert eine solche Messung nur den sog. „nominellen", nicht aber den „effektiven" Nachstrom. (Vgl. Kap. III, Abschn. B, 1).

[2] ZWICK, W.: Zur Berechnung der Zirkulation und der Kräfte eines Propellers im Nachstrom. Schiffbauforschung 1 (1962) 157. Als Dissertation der TH Dresden 1961: Untersuchungen zur Theorie ungleichförmig angeströmter Schraubenpropeller.

Mit der Umformung aus Abschn. B. 1 c ergeben sich aus (5) und (7) die Axial- und Umfangskomponenten der von den freien Wirbeln induzierten Geschwindigkeiten in der Gestalt

$$u_Q = \frac{N}{8\pi^2} \int\limits_{R_i}^{R_a} \int\limits_0^{2\pi} \int\limits_0^{\infty} \frac{\partial \Gamma(s,\psi)}{\partial s} \frac{1}{k_0} \frac{r\cos(\varphi-\psi)-s}{\sqrt{(x-\xi)^2+r^2+s^2-2rs\cos(\varphi-\psi)}^{\,3}} \times$$
$$\times s\,ds\,d\psi\,d\xi; \quad (48)$$

$$V_Q = \frac{N}{8\pi^2} \int\limits_{R_i}^{R_a} \int\limits_0^{2\pi} \int\limits_0^{\infty} \frac{\partial \Gamma(s,\psi)}{\partial s} \frac{s\cos(\varphi-\psi)-r+\dfrac{1}{k_0}s(x-\xi)\sin(\varphi-\psi)}{\sqrt{(x-\xi)^2+r^2+s^2-2rs\cos(\varphi-\psi)}^{\,3}} \times$$
$$\times ds\,d\psi\,d\xi; \quad (49)$$

$$u_L = \frac{N}{8\pi^2} \int\limits_{R_i}^{R_a} \int\limits_0^{2\pi} \int\limits_0^{\infty} \frac{\partial \Gamma(s,\psi)}{\partial \psi} \frac{r\sin(\varphi-\psi)\,ds\,d\psi\,d\xi}{\sqrt{(x-\xi)^2+r^2+s^2-2rs\cos(\varphi-\psi)}^{\,3}} \frac{1}{k_0}; \quad (50)$$

$$V_L = -\frac{N}{8\pi^2} \int\limits_{R_i}^{R_a} \int\limits_0^{2\pi} \int\limits_0^{\infty} \frac{\partial \Gamma(s,\psi)}{\partial \psi} \frac{(x-\xi)\cos(\varphi-\psi)\,ds\,d\psi\,d\xi}{\sqrt{(x-\xi)^2+r^2+s^2-2rs\cos(\varphi-\psi)}^{\,3}} \frac{1}{k_0}.$$
$$(51)$$

Die Integration über ξ von 0 bis ∞ kann in den Formeln (48) bis (51) elementar ausgeführt werden, wie man unschwer erkennt. Die von den gebundenen Wirbeln induzierten Geschwindigkeiten u_Γ und V_Γ werden unverändert aus Gl. (2) entnommen.

Da jetzt (anders als beim frei fahrenden Propeller) die Richtung β_i der Strömung am Flügel sich in Umfangsrichtung stark ändert, ist es nicht mehr möglich $k_0 = r\tan\beta_i$ zu setzen. In Anbetracht der Tatsache, daß die Flügelsteigung (28) bei vielen Propellern annähernd konstant ist, setzt ZWICK $k_0 = r\tan\delta$, mit δ als Winkel zwischen der Profilsehne und $r\varphi$-Achse. Selbstverständlich könnte k_0 auch in anderer Weise festgelegt werden, ohne daß damit etwas an den Grundlagen der Zwickschen Theorie geändert würde.

2. Die Berechnung der Flügelzirkulation nach der erweiterten Traglinientheorie

Mit δ_0 als Winkel zwischen der $r\varphi$-Achse und der Richtung der Profilskelettlinie im Punkt $^3/_4$-Profiltiefe haben wir an Stelle von (35) nunmehr die folgende Randbedingung der erweiterten Traglinientheorie

$$\tan\delta_0 = \frac{u_0 + u_0\Lambda_x + u_\Gamma + u_Q + u_L}{\omega r + u_0\Lambda_\varphi + V_\Gamma + V_Q + V_L}. \quad (52)$$

Der gebundene Stabwirbel des betrachteten Flügels liege bei $x = 0$ und $\varphi = \varphi_0$; ZWICK erfüllt die Bedingung (52) längs der radialen Linie

$x = \alpha^* \, r \tan \delta = \alpha^* \, k_0$, $\varphi = \alpha^* + \varphi_0$, wobei α^* durch Gl. (36) gegeben ist. (Vgl. Abb. 18.) Aus (52) ergibt sich durch Einsetzen der verschiedenen Geschwindigkeitsanteile die folgende Integrodifferentialgleichung für die Flügelzirkulation $\Gamma(s, \psi)$:

$$\omega \, r \tan \delta_0 - u_0 + u_0 \tan \delta_0 \, \Lambda_\varphi(r, \varphi_0 + \alpha^*) - u_0 \, \Lambda_x(r, \varphi_0 + \alpha^*)$$

$$= \frac{1}{4\pi} \sum_{n=0}^{N-1} \int_{R_i}^{R_a} \Gamma\left(s, \varphi_0 + \frac{2\pi n}{N}\right) \frac{r \sin\left(\alpha^* - \frac{2\pi n}{N}\right) + \tan \delta_0 \, k_0 \alpha^* \cos\left(\alpha^* - \frac{2\pi n}{N}\right)}{\sqrt{k_0^2 \alpha^{*2} + r^2 + s^2 - 2rs \cos\left(\alpha^* - \frac{2\pi n}{N}\right)}^3} \times$$

$$\times \, ds - \frac{N}{8\pi^2} \int_{R_i}^{R_a} \int_{0}^{2\pi} \frac{\partial \Gamma(s, \psi)}{\partial s} \times$$

$$\times \, \frac{1}{k_0} \left\{ \frac{s^2 - r k_0 \tan \delta_0 - (sr - s k_0 \tan \delta_0) \cos(\varphi_0 + \alpha^* - \psi)}{r^2 + s^2 - 2rs \cos(\varphi_0 + \alpha^* - \psi)} \times \right.$$

$$\times \left(1 + \frac{k_0 \alpha^*}{\sqrt{k_0^2 \alpha^{*2} + r^2 + s^2 - 2rs \cos(\varphi_0 + \alpha^* - \psi)}}\right) -$$

$$\left. - \frac{s \tan \delta_0 \sin(\varphi_0 + \alpha^* - \psi)}{\sqrt{k_0^2 \alpha^{*2} + r^2 + s^2 - 2rs \cos(\varphi_0 + \alpha^* - \psi)}} \right\} d\psi \, ds +$$

$$+ \frac{N}{8\pi^2} \int_{R_i}^{R_a} \int_{0}^{2\pi} \frac{\partial \Gamma(s, \psi)}{\partial \psi} \frac{1}{k_0} \left\{ \frac{r \sin(\varphi_0 + \alpha^* - \psi)}{r^2 + s^2 - 2rs \cos(\varphi_0 + \alpha^* - \psi)} \times \right.$$

$$\times \left(1 + \frac{k_0 \alpha^*}{\sqrt{k_0^2 \alpha^{*2} + r^2 + s^2 - 2rs \cos(\varphi_0 + \alpha^* - \psi)}}\right) -$$

$$\left. - \frac{\tan \delta_0 \cos(\varphi_0 + \alpha^* - \psi)}{\sqrt{k_0^2 \alpha^{*2} + r^2 + s^2 - 2rs \cos(\varphi_0 + \alpha^* - \psi)}} \right\} d\psi \, ds. \tag{53}$$

Unter Berücksichtigung der Periodizität des Nachstromes in Umfangsrichtung gemäß (46) und (47) wird die Flügelzirkulation in der Form

$$\Gamma(s, \psi) = \sum_{\nu=-M}^{M} \Gamma_\nu(s) \, e^{i\nu\psi} \qquad (\Gamma_{-\nu} = \overline{\Gamma}_\nu) \tag{54}$$

angesetzt; mit (54) gelingt es, in der zweidimensionalen Integrodifferentialgleichung (53) die Zeit- bzw. Winkelabhängigkeit abzuspalten. Durch Koeffizientenvergleich in $e^{i\nu(\varphi_0 + \alpha^*)}$ geht (53) in $M + 1$[1]

---

[1] Die negativen ν-Werten entsprechenden Gleichungen sind einfach die zu (55) konjugiert komplexen, die weggelassen werden können, da mit Γ_ν auch $\overline{\Gamma}_\nu$ bekannt ist.

$(\nu = 0, 1, \ldots, M)$ eindimensionale Integrodifferentialgleichungen über:

$$f_\nu(r) = \frac{N}{8\pi^2} \int\limits_{R_i}^{R_a} \frac{d\Gamma_\nu(s)}{ds}\, \frac{1}{k_0} \times$$

$$\times \int\limits_0^{2\pi} e^{i\nu\vartheta} \left\{ \frac{k_0^2 - s^2 + \left(s\,r - k_0^2\,\frac{s}{r}\right)\cos\vartheta}{r^2 + s^2 - 2\,r\,s\,\cos\vartheta}\left(1 + \frac{k_0\,\alpha^*}{\sqrt{k_0^2\,\alpha^{*\,2} + r^2 + s^2 - 2\,r\,s\,\cos\vartheta}}\right) - \right.$$

$$\left. - \frac{k_0\,\dfrac{s}{r}\,\sin\vartheta}{\sqrt{k_0^2\,\alpha^{*\,2} + r^2 + s^2 - 2\,r\,s\,\cos\vartheta}} \right\} d\vartheta\, ds + \frac{1}{4\pi} \int\limits_{R_i}^{R_a} \Gamma_\nu(s)\left[\sum_{n=0}^{N-1} e^{i\nu\left(\frac{2\pi n}{N} - \alpha^*\right)} \times\right.$$

$$\times \frac{r\sin\left(\alpha^* - \dfrac{2\pi n}{N}\right) + \tan\delta_0\,k_0\,\alpha^*\cos\left(\alpha^* - \dfrac{2\pi n}{N}\right)}{\sqrt{k_0^2\,\alpha^{*\,2} + r^2 + s^2 - 2\,r\,s\,\cos\left(\alpha^* - \dfrac{2\pi n}{N}\right)}^{\,3}} -$$

$$- \frac{N}{2\pi}\,\frac{i\,\nu}{k_0} \int\limits_0^{2\pi} e^{i\nu\vartheta}\left\{\frac{r\sin\vartheta}{r^2 + s^2 - 2\,r\,s\,\cos\vartheta}\left(1 + \frac{k_0\,\alpha^*}{\sqrt{k_0^2\,\alpha^{*\,2} + r^2 + s^2 - 2\,r\,s\,\cos\vartheta}}\right) + \right.$$

$$\left. + \frac{\dfrac{k_0}{r}\cos\vartheta}{\sqrt{k_0^2\,\alpha^{*\,2} + r^2 + s^2 - 2\,r\,s\,\cos\vartheta}}\right\} d\vartheta\right] ds. \tag{55}$$

Dabei ist

$$\begin{aligned}
f_0(r) &= \omega\,r\,\tan\delta_0 - u_0 + u_0\,\tan\delta_0\,\Lambda_0^{(\varphi)}(r) - u_0\,\Lambda_0^{(x)}(r); \\
f_\nu(r) &= u_0\,\tan\delta_0\,\Lambda_\nu^{(\varphi)}(r) - u_0\,\Lambda_\nu^{(x)}(r) \qquad (\nu = 1, 2, \ldots M).
\end{aligned} \tag{56}$$

In den Gln. (55) wurde bei den Anteilen der freien Wirbel $\tan\delta_0 \approx k_0/r$ gesetzt; dieses ist zwar nur bei symmetrischen Profilen genau richtig; aber auch sonst dürfte dadurch kein merklicher Fehler entstehen[1], während sich andererseits die theoretische Untersuchung der Kernanteile der Gln. (55) dadurch vereinfacht. In (55) ist der Kernanteil von $d\Gamma_\nu/ds$ an der Stelle $r = s$ unstetig, während derjerige von Γ_ν stetig ist. Um diese bei der praktischen Rechnung störende Unstetigkeit zu beseitigen, hat ZWICK den betreffenden Kernanteil [u. a. durch partielle Integration bei Berücksichtigung der Relationen (8) und (9)] weiter umgeformt. Für alle Einzelheiten müssen wir auf die Originalarbeit verweisen. ZWICK erhält schließlich die Integrodifferentialgleichungen (55) in der Form

$$f_\nu(r) = \frac{N}{2\pi}\,\frac{1}{k_0}\left(1 + \frac{k_0^2}{r^2}\right)\Gamma_\nu(r) + \int\limits_{R_i}^{R_a} \frac{d\Gamma_\nu(s)}{ds}\,H_\nu(r, s)\,ds + \int\limits_{R_i}^{R_a} \Gamma_\nu(s)\,L_\nu(r, s)\,ds \tag{57}$$

---

[1] Besonders in Anbetracht der Tatsache, daß die räumlich kontinuierliche Darstellung des Geschwindigkeitsfeldes der freien Wirbel relativ unempfindlich gegenüber kleinen Richtungsänderungen ist.

mit den stetigen Kernen

$$H_\nu(r,s) = \frac{N\,\alpha^*}{8\pi^2} \int\limits_0^{2\pi} \frac{\left[k_0^2 - s^2 + \left(s\,r - k_0^2\,\frac{s}{r}\right)\cos\vartheta\right]\cos\nu\,\vartheta\,d\vartheta}{(r^2 + s^2 - 2\,r\,s\cos\vartheta)\sqrt{k_0^2\,\alpha^{*\,2} + r^2 + s^2 - 2\,r\,s\cos\vartheta}} +$$

$$+ \frac{N}{8\pi}\,\frac{1}{k_0}\begin{cases} 2 & \text{für } \nu = 0,\quad r < s \\[2ex] -2\,\dfrac{k_0^2}{r^2} & \text{für } \nu = 0,\quad s < r \\[2ex] [1 + (k_0/r)^2]\left(\dfrac{r}{s}\right)^\nu & \text{für } \nu \geq 1,\quad r < s \\[2ex] -[1 + (k_0/r)^2]\left(\dfrac{s}{r}\right)^\nu & \text{für } \nu \gtreqless 1,\quad s < r. \end{cases} \qquad (58)$$

$$L_\nu(r,s) = \nu\,\frac{N\,\alpha^*}{8\pi^2} \int\limits_0^{2\pi} \frac{r\sin\vartheta\,\sin\nu\,\vartheta\,d\vartheta}{(r^2 + s^2 - 2\,r\,s\cos\vartheta)\sqrt{k_0^2\,\alpha^{*\,2} + r^2 + s^2 - 2\,r\,s\cos\vartheta}} -$$

$$- i\,\frac{\nu\,N}{8\pi^2}\,\frac{s}{r^2} \int\limits_0^{2\pi} \frac{\cos\nu\,\vartheta\,d\vartheta}{\sqrt{k_0^2\,\alpha^{*\,2} + r^2 + s^2 - 2\,r\,s\cos\vartheta}} -$$

$$- \frac{\nu\,N}{8\pi}\,\frac{1}{k_0\,s}\,[1 + 2\,(k_0/r)^2]\begin{cases} \left(\dfrac{r}{s}\right)^\nu & \text{(für } r < s) \\[2ex] \left(\dfrac{s}{r}\right)^\nu & \text{(für } s < r) \end{cases}$$

$$+ \frac{1}{4\pi}\sum_{n=0}^{N-1} e^{i\nu\left(\frac{2\pi n}{N} - \alpha^*\right)} \frac{r\sin\left(\alpha^* - \dfrac{2\pi n}{N}\right) + \tan\delta_0\,k_0\,\alpha^*\cos\left(\alpha^* - \dfrac{2\pi n}{N}\right)}{\sqrt{k_0^2\,\alpha^{*2} + r^2 + s^2 - 2\,r\,s\cos\left(\alpha^* - \dfrac{2\pi n}{N}\right)}^3}. \qquad (59)$$

Für die numerische Auflösung der Integralgleichungen (57) hat
ZWICK eine Methode angegeben, die im Prinzip weitgehend mit dem aus
der Tragflügeltheorie bekannten Multhopp-Verfahren übereinstimmt.
Zunächst wird mit der Substitution

$$r = \tfrac{1}{2}(R_a + R_i) - \tfrac{1}{2}(R_a - R_i)\cos\tau, \quad s = \tfrac{1}{2}(R_a + R_i) - \tfrac{1}{2}(R_a - R_i)\cos\sigma, \quad (60)$$

zu den Variablen τ und σ $\left(0 \leq {\textstyle\genfrac{}{}{0pt}{}{\tau}{\sigma}} \leq \pi\right)$ übergegangen und für $\Gamma_\nu(r)$ der
Ansatz gemacht

$$\Gamma_\nu(\tau) = \frac{1}{3}\sum_{\lambda=1}^{5}\sum_{\mu=1}^{5}\Gamma_\nu\left(\frac{\mu\,\pi}{6}\right)\sin\frac{\mu\,\lambda\,\pi}{6}\sin\lambda\,\tau \qquad (61)$$

(fünf Glieder dürften in der Praxis ausreichen).

Die Kerne H_ν und L_ν werden nach der Multhoppschen Methode
ebenfalls durch Fourier-Summen ersetzt (die Integration über ϑ führt
ZWICK mit einem direkten numerischen Verfahren durch), und sodann
werden die Gln. (57) punktweise an den Stellen $\tau = \dfrac{\mu\,\pi}{6}$ $(\mu = 1,\ldots,5)$

erfüllt. Jede der Gln. (57) ($\nu = 0, 1, \ldots, M$) geht damit in ein lineares Gleichungssystem über, aus dem die gesuchten Zirkulationswerte $\Gamma_\nu\left(\dfrac{\mu\,\pi}{6}\right)$ berechnet werden können.

Für alle Einzelheiten verweisen wir auf die Originalarbeit von ZWICK.

In den Abb. 25 bis 27 sind die Ergebnisse der Zirkulationsberechnung für ein von ZWICK behandeltes Beispiel dargestellt. Es handelt sich

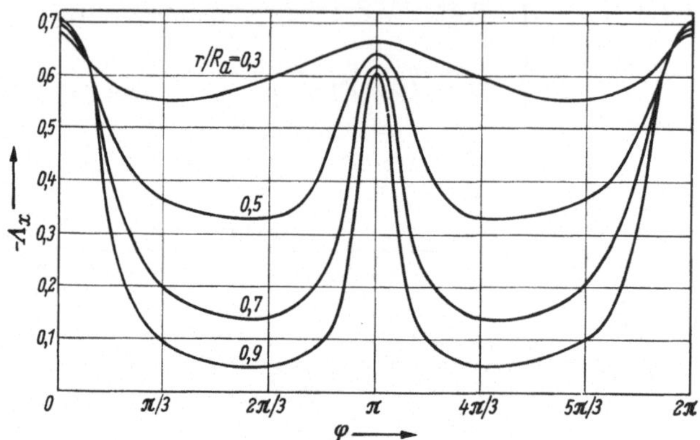

Abb. 23. Axiale Nachstromverteilung (Nachstromziffer) nach LERBS.

dabei um einen dreiflügeligen Propeller ($N = 3$) mit symmetrischen Profilen ($\delta_0 = \delta$) und $\tan\delta = \dfrac{1}{\pi}\,\dfrac{R_a}{r}$, $k_0 = \dfrac{R_a}{\pi}$. Der Mittelwert der Projektion der Profiltiefe auf die $y\,z$-Ebene werden durch $\alpha^* = 0{,}4$ charakte-

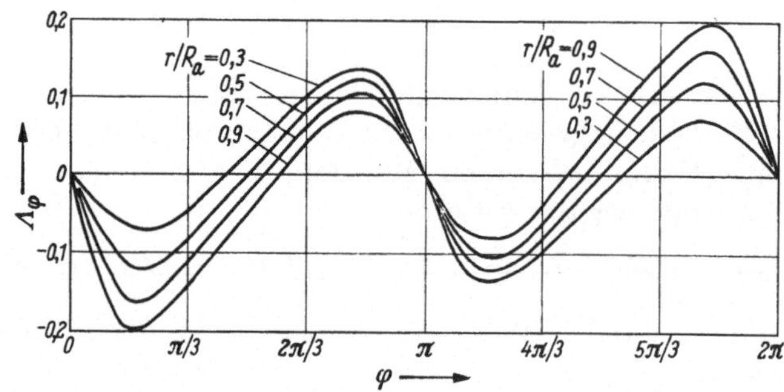

Abb. 24. Nachstromverteilung in Umfangsrichtung (tangentiale Nachstromziffer) nach LERBS.

risiert, und der Fortschrittsgrad bezogen auf die Schiffsgeschwindigkeit sei $\dfrac{u_0}{\omega\,R_a} = 0{,}25$. Es wurde ferner $M = 6$ angenommen.

Zunächst zeigen Abb. 23 und 24 die verwendeten, einer Arbeit von LERBS[1] entnommenen Nachstromverteilungen eines Einschrauben-

---

[1] LERBS, H.: Über den Energieverlust eines Propellers in örtlich veränderlichem Nachstrom. Schiff u. Hafen 5 (1953) 529.

schiffes. Diese Meßwerte wurden in die analytische Form (46) und (47) gebracht. Die Abb. 25 bis 27 enthalten die Berechnungsergebnisse für die Zirkulationsverteilung in Einheiten von ωR_a^2. Man erkennt deutlich, wie stark die örtlichen Zirkulationswerte durch den Nachstrom beein-

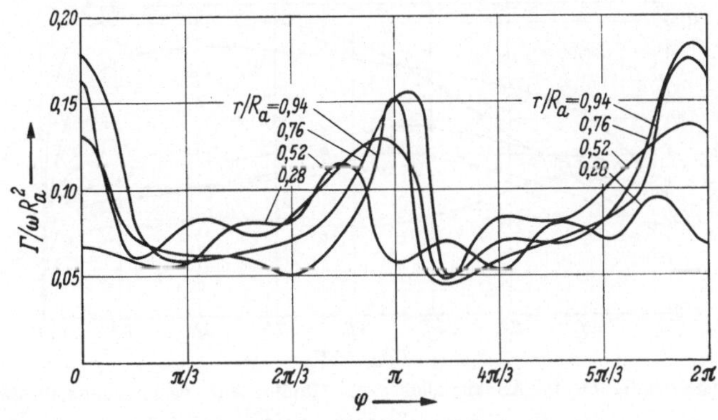

Abb. 25.
Flügelzirkulation in Abhängigkeit vom Umfangswinkel für verschiedene Radien nach ZWICK.

flußt werden, so daß kaum noch eine Ähnlichkeit mit einem frei fahrenden Propeller vorhanden ist.

Es zeigt sich jedoch, daß der (in Umfangsrichtung genommene) Mittelwert von Γ identisch ist mit derjenigen Γ-Verteilung, die man aus

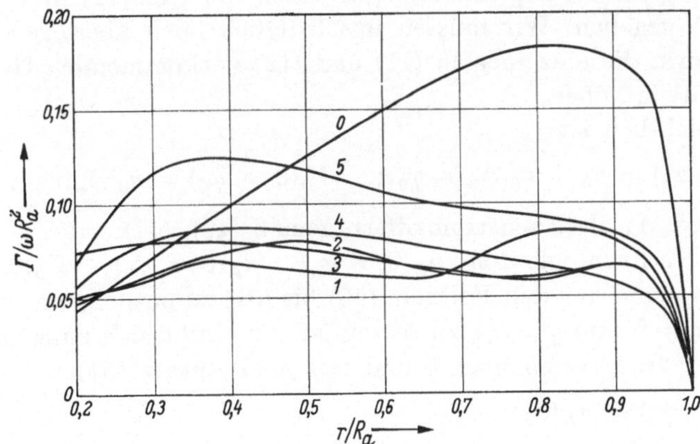

Abb. 26. Flügelzirkulation in Abhängigkeit vom Radius für verschiedene Umfangswinkel
$$\varphi = n\,\frac{\pi}{6}\ \text{nach ZWICK.}$$

einer stationären Rechnung ($\nu = 0$) mit den (in Umfangsrichtung) gemittelten axialen Nachstromziffern erhalten würde.

4*

Abschließend bemerken wir noch:

Bei der Entwicklung der Theorie und der Ableitung der Integrodifferentialgleichung wurde zwar α^* als konstant vorausgesetzt; trotzdem dürfte es ohne größeren Fehler möglich sein, nachträglich in den

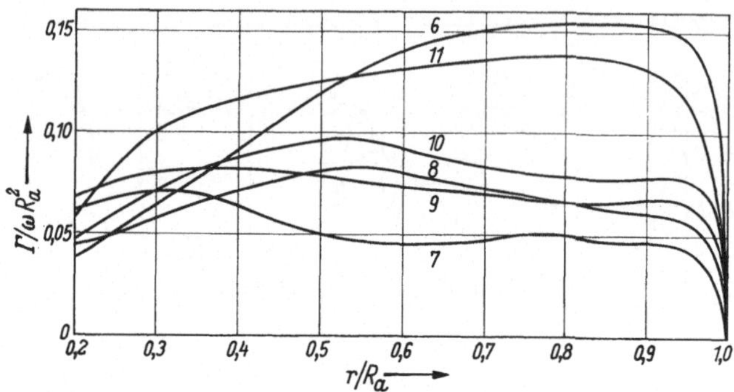

Abb. 27. Flügelzirkulation in Abhängigkeit vom Radius für verschiedene Umfangswinkel $\varphi = n\,\dfrac{\pi}{6}$ nach ZWICK.

Gln. (57) wieder α^* durch $\alpha(r)$ zu ersetzen, sofern diese r-Abhängigkeit nicht zu stark ist. Damit werden sich auch allgemeinere Flügelformen in befriedigender Näherung mit der Zwickschen Theorie behandeln lassen.

3. Die Berechnung der Flügelkräfte

Die Flügelkräfte K_x und K_φ sind durch die Gln. (11) und (12) aus Abschn. A gegeben. Wir müssen uns lediglich noch überlegen, welche genaue Form die einzelnen in (11) und (12) vorkommenden Geschwindigkeitsanteile haben.

Offensichtlich ist

$$u_0(0, r, \varphi_0) = u_0 + u_0\,\Lambda_x(r, \varphi_0); \qquad V_0(0, r, \varphi_0) = u_0\,\Lambda_\varphi(r, \varphi_0) \tag{62}$$

mit Λ_x und Λ_φ als Nachstromziffern gemäß (46), (47).

Die Geschwindigkeiten $u_Q(0, r, \varphi_0)$, $u_L(0, r, \varphi_0)$, $V_Q(0, r, \varphi_0)$, $V_L(0, r, \varphi_0)$ sind aus den Formeln (48) bis (51) zu entnehmen, in denen lediglich $x = 0$ und $\varphi = \varphi_0$ zu setzen ist. Es ergibt sich zunächst nach vollzogener Integration über ξ und mit dem Ansatz (54):

$$u_Q(0, r, \varphi_0) + u_L(0, r, \varphi_0)$$

$$= \frac{N}{8\pi^2}\frac{1}{k_0}\sum_{\nu=-M}^{M} e^{i\nu\varphi_0}\int_{R_i}^{R_a}\frac{d\Gamma_\nu(s)}{ds}\int_0^{2\pi}\frac{e^{i\nu\vartheta}(s\,r\cos\vartheta - s^2)}{r^2 + s^2 - 2r\,s\cos\vartheta}\,d\vartheta\,ds -$$

$$- \frac{N}{8\pi^2}\frac{1}{k_0}\sum_{\nu=-M}^{M} e^{i\nu\varphi_0}\int_{R_i}^{R_a}\Gamma_\nu(s)\int_0^{2\pi}\frac{i\,\nu\,e^{i\nu\vartheta}\,r\sin\vartheta\,d\vartheta}{r^2 + s^2 - 2r\,s\cos\vartheta}\,ds; \tag{63}$$

$$V_Q(0, r, \varphi_0) + V_L(0, r, \varphi_0)$$

$$= \frac{N}{8\pi^2} \sum_{\nu=-M}^{M} e^{i\nu\varphi_0} \int_{R_i}^{R_a} \frac{d\Gamma_\nu(s)}{ds} \int_0^{2\pi} e^{i\nu\vartheta} \left[\frac{s\cos\vartheta - r}{r^2 + s^2 - 2rs\cos\vartheta} + \right.$$

$$\left. + \frac{s}{k_0} \frac{\sin\vartheta}{\sqrt{r^2 + s^2 - 2rs\cos\vartheta}} \right] d\vartheta\, ds +$$

$$+ \frac{N}{8\pi^2} \sum_{\nu=-M}^{M} e^{i\nu\varphi_0} \int_{R_i}^{R_a} \Gamma_\nu(s) \int_0^{2\pi} \frac{1}{k_0} \frac{i\nu e^{i\nu\vartheta}\cos\vartheta\, d\vartheta}{\sqrt{r^2 + s^2 - 2rs\cos\vartheta}}\, ds. \tag{64}$$

ZWICK[1] bringt die Ausdrücke (63) und (64) noch in eine für die numerische Berechnung geeignetere Form; er erhält (für die Zwischenrechnung verweisen wir auf die Originalarbeit):

$$u_Q(0, r, \varphi_0) + u_L(0, r, \varphi_0) = + \frac{N}{4\pi} \frac{1}{k_0} \Gamma(r, \varphi_0); \tag{65}$$

$$V_Q(0, r, \varphi_0) + V_L(0, r, \varphi_0)$$

$$= -\frac{N}{4\pi r} \Gamma(r, \varphi_0) - \sum_{\nu=-M}^{M} e^{i\nu\varphi_0} \left\{ \int_{R_i}^{R_a} \frac{d\Gamma_\nu(s)}{ds} G_\nu^{(1)}(r, s)\, ds + \right.$$

$$\left. + \frac{i\nu N}{4\pi^2 k_0 r} \int_{R_i}^{R_a} \Gamma_\nu(s) \ln\left| \frac{r}{R_a} - \frac{s}{R_a} \right| ds + \int_{R_i}^{R_a} \Gamma_\nu(s) G_\nu^{(2)}(r, s)\, ds \right\}. \tag{66}$$

Dabei sind die beiden Funktionen $G_\nu^{(1)}$ und $G_\nu^{(2)}$ stetig:

$$G_\nu^{(1)}(r, s) = \frac{i\nu N}{8\pi^2 r k_0} \int_0^{2\pi} \cos\nu\vartheta \sqrt{r^2 + s^2 - 2rs\cos\vartheta}\, d\vartheta;$$

$$\tag{67}$$

$$G_\nu^{(2)}(r, s) = -\frac{i\nu N}{8\pi^2 k_0} \left(\int_0^{2\pi} \frac{\cos\nu\vartheta \cos\vartheta\, d\vartheta}{\sqrt{r^2 + s^2 - 2rs\cos\vartheta}} + \frac{2}{r} \ln\left| \frac{r}{R_a} - \frac{s}{R_a} \right| \right) -$$

$$- \frac{N|\nu|}{8\pi rs} \begin{cases} (r/s)^{|\nu|} & (\text{für } r < s) \\ (s/r)^{|\nu|} & (\text{für } s < r). \end{cases}$$

Die effektive Auswertung der Gl. (66) und (67) erfolgt, indem die Integrale über die Funktionen $G_\nu^{(1)}$ und $G_\nu^{(2)}$ durch endliche Summen approximiert werden. Für Γ_ν wird die Darstellung (61) verwendet, und bei der Auswertung des logarithmischen Gliedes von der Integralformel[2]

$$\frac{1}{\pi} \int_0^\pi \cos\lambda\sigma \ln|\cos\tau - \cos\sigma|\, d\sigma = \begin{cases} -\ln 2 & \text{für } \lambda = 0 \\ -\dfrac{1}{\lambda} \cos\lambda\tau & \text{für } \lambda \geqq 1 \end{cases}$$

---

[1] ZWICK, W.: Schiffbauforschung 1 (1962) 157.
[2] Vgl. z. B. Formel (A,12) im Anhang des Buches.

Gebrauch gemacht. Für alle weiteren Einzelheiten müssen wir auf die Originalarbeit verweisen.

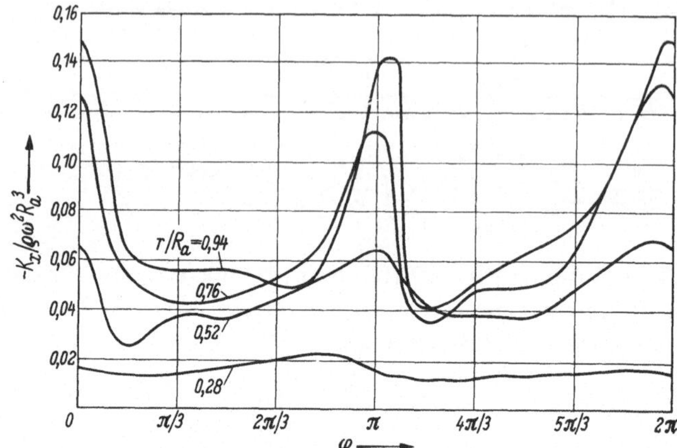

Abb. 28. Flügelkraft in axialer Richtung in Abhängigkeit vom Umfangswinkel für verschiedene Radien nach ZWICK.

Als letzte Geschwindigkeiten für die Kraftberechnung nach Gl. (11) und (12) fehlen uns noch die Anteile der gebundenen Wirbel der Nachbarflügel. Aus (2) erhalten wir:

$$u_\Gamma^*(0, r, \varphi_0) = -\frac{1}{4\pi} \sum_{n=1}^{N-1} \int_{R_i}^{R_a} \Gamma\left(s, \varphi_0 + \frac{2\pi n}{N}\right) \frac{r \sin\dfrac{2\pi n}{N}\, ds}{\sqrt{r^2 + s^2 - 2r\, s \cos\dfrac{2\pi n}{N}}^{\,3}};$$

$$V_\Gamma^*(0, r, \varphi_0) = 0. \tag{68}$$

Die Abb. 28 bis 31 zeigen die Ergebnisse der Berechnung der Flügelkräfte K_x und K_φ (in Einheiten von $\varrho\,\omega^2\,R_a^3$), die von ZWICK für den

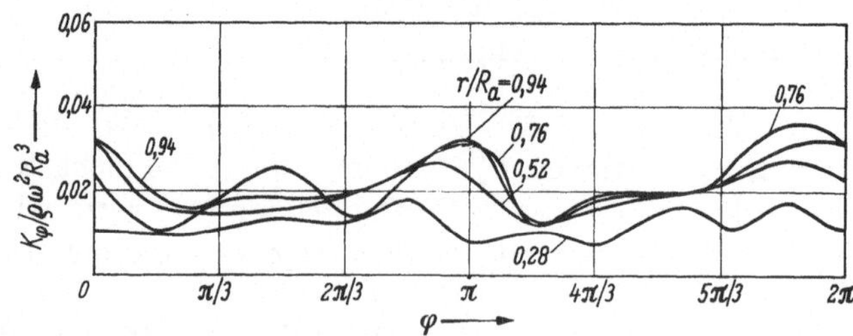

Abb. 29. Flügelkraft in Umfangsrichtung in Abhängigkeit vom Umfangswinkel für verschiedene Radien nach ZWICK.

Propeller erhalten wurden, dessen Zirkulationsverteilung bereits in Ziff. 2 wiedergegeben ist.

Vor allem die Schubkomponente K_x zeigt infolge des Nachstromfeldes große Schwankungen in Abhängigkeit von der momentanen Stellung (d. h. der Winkelkoordinate φ_0) des Propellerflügels. Diese

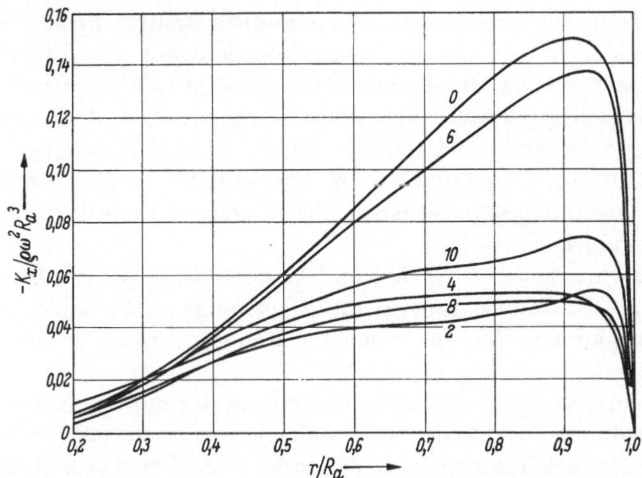

Abb. 30. Flügelkraft in axialer Richtung in Abhängigkeit vom Radius für verschiedene Umfangswinkel $\varphi = n \dfrac{\pi}{6}$ nach ZWICK.

Schwankungen sind in der Nähe der Flügelspitze besonders ausgeprägt. Damit lassen sich durch Addition der Werte der einzelnen Flügel nach

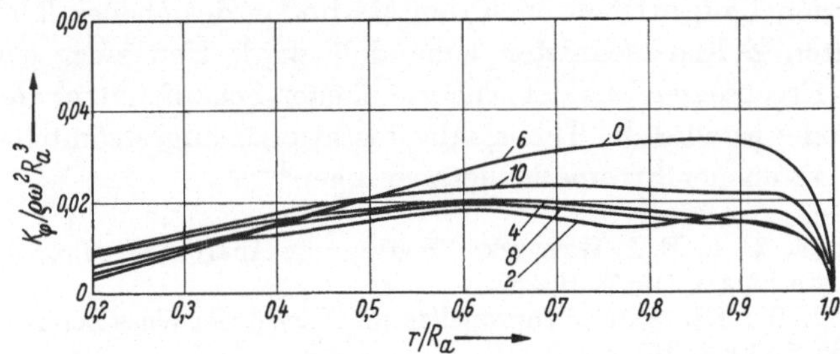

Abb. 31. Flügelkraft in Umfangsrichtung in Abhängigkeit vom Radius für verschiedene Umfangswinkel $\varphi = n \dfrac{\pi}{6}$ nach ZWICK.

Formel (14) auch die Schubschwankungen des gesamten Propellers berechnen.

Entsprechendes gilt für die Drehmomentenschwankungen.

Die Kenntnis dieser Schwankungen und ihrer Abhängigkeit vom speziell vorliegenden Nachstromfeld des Schiffsrumpfes und von der Flügelzahl N des Propellers ist technisch wichtig. Denn durch sie kön-

nen unter Umständen unerwünschte Schwingungen an der Propeller-
welle und an anderen Bauteilen des Schiffes erregt werden.

Zum Beispiel hat sich gezeigt[1,2], daß für den Nachstrom eines
Einschraubenschiffes (bei dem also die Schraube mittschiffs am Heck
angebracht ist) die Schubschwankungen eines dreiflügeligen Propellers
wesentlich kleiner sind als die eines Propellers mit vier Flügeln. Der
fünfflügelige Propeller ist dagegen noch günstiger als der dreiflügelige.
Dieses läßt sich qualitativ auch anschaulich einsehen, denn bei einem
vierflügeligen Propeller wirken die beiden stärksten axialen „Nach-
stromspitzen" (bei $\varphi = 0$ und $\varphi = \pi$, vgl. Abb. 23) im gleichen Moment
auf zwei Flügel, dagegen bei einem dreiflügeligen Propeller immer nur
auf einen Flügel.

In dem ganz anderen Nachstromfeld eines Doppelschraubenschiffes
(bei dem die Schrauben seitlich am Heck angebracht sind), sind die
Schubschwankungen des vierflügeligen Propellers nicht größer als die
des dreiflügeligen.

In Anbetracht der technischen Bedeutung der mit der instationären
Propellerströmung verbundenen Probleme hat man natürlich schon
bevor die eigentlich sachgemäße Theorie von ZWICK zur Verfügung
stand, versucht, mit Hilfe von groben Näherungsmethoden Anhalts-
punkte für die technische Praxis zu gewinnen. Wenn auch dieses Ziel
teilweise erreicht wurde, so sind die angewendeten Methoden vom
theoretischen Standpunkt aus doch sämtlich unbefriedigend.

Denn in den betreffenden Arbeiten wird die stationäre Propellertheorie zumeist dadurch ergänzt, daß der instationäre Anteil, insbesondere die freien Längswirbel, nach den Methoden der ebenen Theorie in
abgewickelten Zylinderschnitten behandelt wird. Und zwar wird entweder von Ergebnissen aus der Theorie ebener Schaufelgitter Gebrauch
gemacht[2], oder es wird die Theorie des instationär angeströmten Einzeltragflügels in ebener Strömung herangezogen[3,4].

---

[1] SCHUSTER, S., u. E. A. WALINSKI: Beitrag zur Analyse des Propellerkraft-
feldes. Schiffstechnik 4 (1957) H. 23.

[2] ISAY, W.-H.: Der Schraubenpropeller im Nachstrom eines Schiffsrumpfes.
Schiffstechnik 5 (1958) 157.

[3] LERBS, H.: Über den Energieverlust eines Propellers in örtlich veränderlichem Nachstrom. Schiff u. Hafen 5 (1953) 529.

[4] SCHWANECKE, H.: Gedanken über die hydrodynamischen Kraftwirkungen
an schwingenden Schraubenpropellern. Schiffstechnik 7 (1960) 170. — Gedanken
zur Frage der hydrodynamisch erregten Schwingungen des Propellers und der
Wellenleitung, Jb. Schiffbautechn. Ges., Bd. 57, 1963, Berlin/Göttingen/Heidelberg:
Springer 1964. In einer weiteren Arbeit wird zur Behandlung des Problems auch
die instationäre, räumliche Theorie des Einzeltragflügels herangezogen: SCHWA-
NECKE, H.: Zur Frage der hydrodynamisch erregten Schwingungen von Schiffs-
Antriebsanlagen. Schiffstechnik 10 (1963) 155.
Weitere Untersuchungen zur instationären Propellertheorie betreffen nicht

Diese ebenen Theorien entsprechen natürlich nur unvollkommen der wirklichen Propellerströmung, bei der die freien Längswirbel ebenso wie die tragenden Wirbel zylindrisch radial und nicht parallel angeordnet sind[1].

Neben den Schwankungen der Flügelkräfte ist für die Praxis auch der durch den inhomogenen Nachstrom bedingte Wirkungsgradverlust von Interesse. LERBS kommt in seiner oben genannten Arbeit zu dem Ergebnis, daß dieser Verlust kaum mehr als 1,5% (gegenüber dem Wert bei gleichmäßiger Anströmung des Propellers) betragen dürfte. Messungen haben die Größenordnung dieses Wertes bestätigt.

4. Die Theorie der tragenden Fläche bei Schraubenflügeln

Im instationären Fall ist eine allgemeine Theorie der tragenden Fläche für einen Schraubenflügel natürlich noch komplizierter als bei stationärer Strömung. Dennoch erscheint der große Aufwand hier eher gerechtfertigt als im stationären Fall, da ja der stationär angeströmte „frei fahrende" Propeller eine in Wirklichkeit nicht vorkommende Idealisierung darstellt. Und gerade das wichtigste Ergebnis, das eine Tragflächentheorie über die erweiterte Traglinientheorie hinaus liefert, nämlich die Verteilung der Wirbeldichte und damit die Druckverteilung längs Profiltiefe, würde bei stationärer Rechnung durch die in Wirklichkeit ganz anderen Anströmverhältnisse illusorisch werden.

---

den Nachstrom-Schiffspropeller, sondern beziehen sich auf Schwingungsprobleme bei Hubschrauberrotoren; dabei wird die Strömung als eben in abgewickelten Zylinderschnitten behandelt, und der Einfluß der freien Querwirbel wird vernachlässigt. Man vergleiche:

LOEWY, R. G.: A two-dimensional approximation to the unsteady aerodynamics of rotary wings. J. Aeron. Sci. 24 (1957) 81.

TIMMAN, R., u. A. I. v. D. VOOREN: Flutter of a helicopter rotor rotating in its own wake. J. Aeron. Sci. 24 (1957) 694.

[1] Das an sich ebenfalls in den Bereich der instationären Propellertheorie gehörende Problem der schräg angeströmten, frei fahrenden Schraube (Hubschraube) wurde kürzlich mit einer starken Vereinfachung von DATHE behandelt; dabei wurde zwar der dreidimensionale Charakter der Strömung berücksichtigt, während für den Einfluß der instationären Effekte nur eine rohe Abschätzung mitgeteilt wird.

DATHE, H. M.: Über die Verteilung der induzierten Geschwindigkeiten in der Umlaufebene einer schräg angeströmten Luftschraube und ihren Einfluß auf die Luftkraftverteilungen und Blattbeanspruchungen. Z. Flugwiss. 11 (1963) 177.

MOLYNEUX hat das instationäre Problem des schräg angeströmten Hubschrauberrotors mit einer dreidimensionalen Näherungsmethode behandelt. Dabei werden für die Form der freien Wirbelflächen allerdings grobe Approximationen verwendet und für die induzierten Geschwindigkeiten werden teilweise Formelausdrücke der ebenen Theorie herangezogen: MOLYNEUX, W. G.: An approximate theoretical approach for the determination of oscillatory aerodynamic coefficients for a helicopter rotor in forward flight. Aeron. Quarterly 13 (1962) 235.

Bei der Schaffung einer instationären Theorie der tragenden Fläche könnte man einmal daran denken, die in Ziff. 2 und 3 behandelte, von ZWICK angegebene erweiterte Traglinientheorie entsprechend zu verallgemeinern. Hier soll jedoch Einblick in eine andere von HANAOKA[1] stammende Methode gegeben werden, um eine Theorie der tragenden Fläche bei einem instationär angeströmten Propellerflügel aufzubauen. HANAOKA behält die Anordnung der freien Wirbel auf Schraubenflächen bei[2] und geht von der Formel (10) für das Geschwindigkeitspotential eines Schraubenpropellers aus.

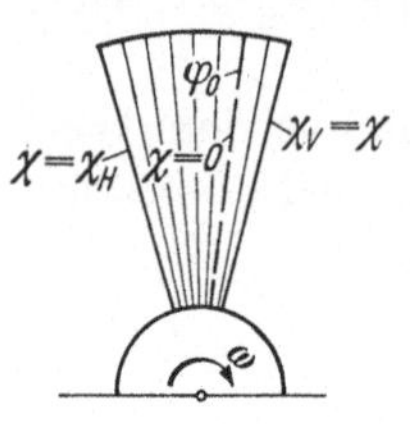

Abb. 32. Tragende Fläche bei einem Propellerflügel.

Formel (10) entspricht noch dem Modell der tragenden Linie. Für den Übergang zur tragenden Fläche bezeichnen wir mit χ die Winkelkoordinate, welche die Projektion der einzelnen gebundenen Wirbellinien im Verband des Flügelblattes auf die yz-Ebene charakterisiert.

Um den Formalismus nicht allzu kompliziert werden zu lassen, sollen die gebundenen Wirbellinien als radial gerichtet vorausgesetzt werden[3]. Die Projektion der Profilvorderkante sei durch χ_ν, die der Hinterkante durch χ_H gegeben. χ_ν und χ_H seien unabhängig von r. Damit ist die Projektion des Flügelblattes auf die yz-Ebene in $r\varphi$-Richtung gegeben durch (vgl. Abb. 32)

$$r(\varphi_0 + \chi) \quad \text{mit} \quad \chi_\nu \leqq \chi \leqq \chi_H.$$

Überall vom Flügelblatt (von dem wir annehmen, daß es mit der durch den Steigungsparameter k_0 charakterisierten Schraubenfläche zusammenfalle) gehen freie Wirbel ab; ihr Ort wird durch den Umfangswinkel $\varphi_0 + \dfrac{2\pi n}{N} + \chi + \psi$ und die x-Koordinate $k_0(\chi + \psi)$ mit $0 \leqq \psi < \infty$ gekennzeichnet. Somit ergibt sich aus (10) das Potential

---

[1] HANAOKA, T.: Hydrodynamics of an oscillating screw propeller; 4th symposium on naval hydrodynamics, Washington 1962.

[2] Ob dieses in Anbetracht der dadurch bedingten erheblichen Komplikation der Theorie zweckmäßig ist, soll hier dahingestellt bleiben. Genau würde die Theorie von HANAOKA einem homogen angeströmten Propeller entsprechen, bei dem der instationäre Charakter der Strömung auf Schwingungen der Flügelblätter beruht (und nicht auf dem Nachstromfeld eines Schiffsrumpfes), deren Kreisfrequent Ω mit der Winkelgeschwindigkeit ω des Propellers übereinstimmt oder ein ganzzahliges Vielfaches von ω beträgt. Für den Fall, daß zwischer Ω und ω kein Zusammenhang besteht, vgl. Ziff. 5.

[3] Noch allgemeinere Formeln, bei denen diese Beschränkungen fallengelassen werden, hat YAMAZAKI angegeben (vgl. Fußnote 3 auf S. 43).

der tragenden Fläche

$$\Phi = \frac{1}{4\pi} \sum_{n=0}^{N-1} \int\limits_{s=R_i}^{R_a} \int\limits_{\chi=\chi_v}^{\chi_H} \int\limits_{\psi=0}^{\infty} \gamma\left(s,\chi,\varphi_0 + \frac{2\pi n}{N} + \psi\right) \sqrt{s^2 + k_0^2} \times$$

$$\times \left(s\frac{\partial}{\partial x} - \frac{k_0}{s}\frac{\partial}{\partial\varphi}\right)\frac{d\psi\,d\chi\,ds}{V''}\; ; \tag{69}$$

$$V'' = \sqrt{(x - k_0\,\psi - k_0\,\chi)^2 + r^2 + s^2 - 2\,r\,s\,\cos\left(\varphi - \varphi_0 - \frac{2\pi n}{N} - \chi - \psi\right)}.$$

Dabei ist

$$\Gamma(s,\varphi_0) = \int\limits_{\chi_v}^{\chi_H} \gamma(s,\chi,\varphi_0)\sqrt{1 + \frac{k_0^2}{s^2}}\,s\,d\chi$$

die Profilzirkulation eines Flügelschnittes und γ wie üblich die Wirbeldichte.

In entsprechender Weise kann man natürlich auch nach dem Biot-Savartschen Gesetz aus den für die tragende Linie geltenden Formeln (2), (5) und (7) das Geschwindigkeitsfeld der tragenden Fläche gewinnen. Und genau wie in Abschn. A,1 überzeugt man sich ohne Schwierigkeit, daß sich durch Differentiation des Potentials (69) das gleiche Geschwindigkeitsfeld ergibt wie direkt aus dem Biot-Savartschen Gesetz.

Für die weitere Durchführung der Theorie, d. h., insbesondere für die Auflösung der sich aus der Strömungsrandbedingung ergebenden sogar dreidimensionalen Integralgleichung für $\gamma(s,\chi,\varphi_0)$ ist es wichtig und notwendig, die Zeit bzw. die Winkel- oder φ_0-Abhängigkeit abspalten zu können. Bei der Theorie von ZWICK in Ziff. 2 ist dieses ohne jede Schwierigkeit gelungen, und zwar infolge der verwendeten räumlich kontinuierlichen Darstellung des Feldes der freien Wirbel. Um diese Abspaltung auch hier zu ermöglichen, zieht HANAOKA die bereits recht komplizierte Formel[1]

$$\frac{R_a}{\sqrt{x^2 + r^2 + s^2 - 2\,r\,s\,\cos\Theta}}$$

$$= \frac{1}{\pi} \sum_{m=-\infty}^{\infty} \int\limits_{-\infty}^{\infty} I_m\left(|\lambda|\frac{r}{R_a}\right) K_m\left(|\lambda|\frac{s}{R_a}\right) e^{i\lambda\frac{x}{R_a} + im\Theta}\, d\lambda \tag{70}$$

heran. I_m und K_m sind modifizierte Besselsche Funktionen; die Darstellung (70) gilt für $s > r$, für $r > s$ sind I_m und K_m entsprechend zu vertauschen. Die Wirbeldichte γ wird in der zu (54) analogen Form

---

[1] Für Einzelheiten verweisen wir auf die Arbeit von HANAOKA.

angesetzt

$$\gamma(s, \chi, \psi) = \sum_{\nu=-M}^{M} \gamma_\nu(s, \chi)\, e^{i\nu\psi} \qquad (\gamma_{-\nu} = \bar{\gamma}_\nu). \quad (71)$$

Mit (70) und (71) sowie nach Durchführung der Differentiation nach x und φ und der Integration über ψ erhalten wir für das Potential (69) den Ausdruck

$$\Phi = \frac{1}{4\pi^2} \sum_{n=0}^{N-1} \sum_{\nu=-M}^{M} e^{i\nu\left(\varphi_0 + \frac{2\pi n}{N}\right)} \int_{R_i}^{R_a} \int_{\chi_\nu}^{\chi_H} \gamma_\nu(s, \chi)\, \sqrt{1 + (s/k_0)^2} \times$$

$$\times \sum_{m=-\infty}^{\infty} \int_{-\infty}^{\infty} \frac{d\lambda}{\lambda + m - \nu} \left(\frac{s}{k_0}\lambda - \frac{k_0}{s}m\right) I_m\left(|\lambda|\frac{r}{k_0}\right) K_m\left(|\lambda|\frac{s}{k_0}\right) \times$$

$$\times e^{i\lambda\left(\frac{x}{k_0} - \chi\right) + im\left(\varphi - \varphi_0 - \frac{2\pi n}{N} - \chi\right)} d\chi\, ds + \frac{i}{4\pi} \sum_{n=0}^{N-1} \sum_{\nu=-M}^{M} e^{i\nu\left(\varphi_0 + \frac{2\pi n}{N}\right)} \times$$

$$\times \int_{R_i}^{R_a} \int_{\chi_\nu}^{\chi_H} \gamma_\nu(s, \chi)\, \sqrt{1 + (s/k_0)^2} \sum_{m=-\infty}^{\infty} \left[\frac{s}{k_0}(\nu - m) - \frac{k_0}{s}m\right] \times$$

$$\times I_m\left(|\nu - m|\frac{r}{k_0}\right) K_m\left(|\nu - m|\frac{s}{k_0}\right) e^{i(\nu-m)\frac{x}{k_0} - i\nu\chi + im\left(\varphi - \varphi_0 - \frac{2\pi n}{N}\right)} d\chi\, ds.$$

$$(72)$$

Dabei gilt die in (72) ausgeschriebene Kombination $I_m K_m$ für $s > r$; für $r > s$ sind lediglich die Argumente zu vertauschen. Auch die folgenden Formeln sind in diesem Sinne zu verstehen, ohne daß wir es jedesmal extra bemerken.

Durch (72) ist die gesuchte Darstellung des Potentials gegeben, die in der Randbedingung bzw. in der Integralgleichung eine Abspaltung der φ_0-Abhängigkeit gestattet. Bezeichnen wir die Winkelkoordinate χ in der Bedeutung des Aufpunktes mit χ^* und die Neigung der Skelettlinie des Flügelblattes mit

$$\frac{dx}{r\, d\chi^*} = F'(r, \chi^*),$$

so läßt sich die Randbedingung am Flügel stets in die Form bringen

$$\sum_{\nu=-M}^{M} f_\nu(r, \chi^*)\, e^{i\nu\varphi_0} = \left[\frac{\partial\Phi}{\partial x} - F'\frac{1}{r}\frac{\partial\Phi}{\partial\varphi}\right] \text{ für } \varphi = \varphi_0 + \chi^*,\ x = k_0\chi^*. \quad (73)$$

Dabei ist die linke Seite von (73) als bekannt anzusehen [Nachstromfeld, Schwingungsgeschwindigkeit des Flügels usw., vgl. auch Formel (56)]. In der Randbedingung (73) kann der Koeffizientenvergleich in $e^{i\nu\varphi_0}$ direkt durchgeführt werden, und man erhält die folgenden $M + 1$

$(\nu = 0, 1, \ldots, M)$ Integralgleichungen:

$$f_\nu(r, \chi^*) = \frac{i}{4\pi^2} \frac{1}{r} \int\limits_{s=R_i}^{R_a} \int\limits_{\chi=\chi_\nu}^{\chi_H} \gamma_\nu(s, \chi) \sqrt{1 + (s/k_0)^2} \times$$

$$\times \sum_{n=0}^{N-1} \sum_{m=-\infty}^{\infty} \int\limits_{\lambda=-\infty}^{\infty} \frac{d\lambda}{\lambda + m - \nu} \left(\frac{s}{k_0} \lambda - \frac{k_0}{s} m \right) \left(\frac{r}{k_0} \lambda - F'(r, \chi^*) m \right) \times$$

$$\times I_m \left(|\lambda| \frac{r}{k_0} \right) K_m \left(|\lambda| \frac{s}{k_0} \right) e^{i(\lambda + m)(\chi^* - \chi) + i\frac{2\pi n}{N}(\nu - m)} d\chi \, ds -$$

$$- \frac{1}{4\pi} \frac{1}{r} \int\limits_{s=R_i}^{R_a} \int\limits_{\chi=\chi_\nu}^{\chi_H} \gamma_\nu(s, \chi) \sqrt{1 + (s/k_0)^2} \sum_{n=0}^{N-1} \sum_{m=-\infty}^{\infty} \left[\frac{s}{k_0}(\nu - m) - \frac{k_0}{s} m \right] \times$$

$$\times \left[\frac{r}{k_0}(\nu - m) - F'(r, \chi^*) m \right] I_m \left(|\nu - m| \frac{r}{k_0} \right) K_m \left(|\nu - m| \frac{s}{k_0} \right) \times$$

$$\times e^{i\nu(\chi^* - \chi) + i\frac{2\pi n}{N}(\nu - m)} d\chi \, ds. \tag{74}$$

Bei (74) handelt es sich um Integralgleichungen der Tragflächentheorie in der Form, wie sie sich nicht aus dem Biot-Savartschen Gesetz sondern aus dem Potential der tragenden Fläche direkt ergeben (enthaltend nur γ und nicht die Ableitungen von γ).

Bezeichnen wir den Ausdruck (HANAOKA setzt näherungsweise $F' \approx k_0/r$)

$$\frac{i}{4\pi^2} \sum_{n=0}^{N-1} \sum_{m=-\infty}^{\infty} \int\limits_{-\infty}^{\infty} \frac{d\lambda}{\lambda + m - \nu} \left(\frac{s}{k_0} \lambda - \frac{k_0}{s} m \right) \left(\frac{r}{k_0} \lambda - \frac{k_0}{r} m \right) \times$$

$$\times I_m \left(|\lambda| \frac{r}{k_0} \right) K_m \left(|\lambda| \frac{s}{k_0} \right) e^{i(\lambda + m)(\chi^* - \chi) + i\frac{2\pi n}{N}(\nu - m)} -$$

$$- \frac{1}{4\pi} \sum_{n=0}^{N-1} \sum_{m=-\infty}^{\infty} \left(\frac{s}{k_0}(\nu - m) - \frac{k_0}{s} m \right) \left(\frac{r}{k_0}(\nu - m) - \frac{k_0}{r} m \right) \times$$

$$\times I_m \left(|\nu - m| \frac{r}{k_0} \right) K_m \left(|\nu - m| \frac{s}{k_0} \right) e^{i\nu(\chi^* - \chi) + i\frac{2\pi n}{N}(\nu - m)} = A(r, s, \chi^*, \chi) \tag{75}$$

als den Kern der Integralgleichungen, so läßt sich auf Grund der gewöhnlichen Tragflächentheorie[1] vermuten, daß A für $r = s$ von zweiter Ordnung singulär wird. Denn für den Charakter der Singularität einer tragenden Fläche ist es natürlich gleichgültig, ob diese ein Propellerblatt darstellt oder eine gewöhnliche Tragfläche. Wie HANAOKA in seiner

---

[1] Vgl. z. B. H. SCHLICHTING u. E. TRUCKENBRODT: Aerodynamik des Flugzeuges, Bd. II, Berlin/Göttingen/Heidelberg: Springer 1960.

Arbeit nachweist, gilt tatsächlich

$$\lim_{\substack{r \to s \\ s \to r}} A(r, s, \chi^*, \chi) \approx \frac{A^*(r, s, \chi^*, \chi)}{(r - s)^2};$$

dabei ist die Funktion A^* nicht singulär; wie Hanaoka zeigt, hat A^* jedoch eine Unstetigkeit, wenn $r = s$ und $\chi^* = \chi$ ist.

Die aus der Randbedingung (73) erhaltenen Integralgleichungen haben in der Form (74) also divergente, nicht ohne weiteres integrable Kerne. Ähnlich wie in der normalen Tragflächentheorie lassen sich diese Kerne jedoch (u. a. durch partielle Integration) so umformen, daß für $r = s$ eine Singularität erster Ordnung entsteht, die als Cauchyscher Hauptwert integriert werden kann. Mit der genauen Diskussion des Kernes $A(r, s, \chi^*, \chi)$ und der entsprechenden Umformungen hat sich Hanaoka befaßt; die einzelnen Untersuchungen sind recht verwickelt und können hier nicht wiedergegeben werden[1]. Allerdings kann Hanaoka bisher noch kein praktisch brauchbares Berechnungsverfahren mit Zahlenbeispielen angeben; dieses ist nicht erstaunlich, wenn man bedenkt, welche Arbeit bereits die numerische Auswertung der Theorie der tragenden Fläche bei einem Einzeltragflügel macht.

5. Allgemeiner Fall einer instationären Propellerströmung

Das Problem der instationären Propellerströmung wird wesentlich komplizierter, wenn wir von der bisher stets zugrunde gelegten Voraussetzung abgehen, daß jedem Umfangswinkel φ des Propellerkreises ein eindeutig bestimmter und zeitlich unveränderlicher Strömungszustand entspricht.

Ein solches Problem liegt z. B. dann vor, wenn der Nachstrom des Schiffsrumpfes in der Propellerebene nicht mehr eine stationäre Funktion des Ortes ist, sondern etwa noch durch instationäre, wellenförmige Störungen beeinflußt wird, deren Kreisfrequenz Ω in keiner Beziehung zur Winkelgeschwindigkeit ω des rotierenden Propellers steht. Oder auch, wenn die Propellerflügel Schwingungen mit einer solchen Kreisfrequenz ausführen.

Man hat dann z. B. an Stelle von (46) ein Nachstromfeld der Form

$$\Lambda_x(r, \varphi, t) = \sum_{\mu = -P}^{P} \sum_{\nu = -M}^{M} \Lambda_{\mu\nu}^{(x)}(r)\, e^{i\mu\Omega t + i\nu\varphi}. \tag{76}$$

Der Ausdruck (10) für das Geschwindigkeitspotential des Schraubenpropellers ändert sich insofern, als jetzt alle N-Propellerflügel für sich betrachtet werden müssen; es ist nicht mehr möglich, durch eine Phasenverschiebung bei der Winkel- bzw. Zeitkoordinate die Zirkulation des

---

[1] Wir verweisen dafür auf die Arbeit von Hanaoka.

n-ten Propellerflügels aus derjenigen des Flügels $n = 0$ zu erhalten. Auch der Ansatz (54) für $\Gamma(s, \psi)$ bzw. $\Gamma(s, t)$ entfällt, da keine Periodizität mit $\Delta\psi = 2\pi$ bzw. $\Delta t = 2\pi/\omega$ mehr besteht.

In diesem Fall bietet auch die Berechnung des Geschwindigkeitsfeldes der freien Wirbel nach der räumlich kontinuierlichen Methode (wie sie ZWICK durchgeführt hat) keine Vorteile der Vereinfachung mehr, sondern man wird hier die Darstellung von HANAOKA heranziehen. Für die gesuchten Flügelzirkulationen liegt ein (76) entsprechender Ansatz

$$\Gamma_n(s, t) = \sum_{\mu=-P}^{P} \sum_{\nu=-M}^{M} \Gamma_{\mu\nu}^{(n)}(s)\, e^{i\mu\Omega t - i\nu\omega t} \quad (n = 0, 1, \ldots, N-1) \quad (77)$$

nahe. Dieser bedingt jedoch gegenüber der bisherigen Theorie einen ganz außerordentlichen Mehraufwand an Rechnung, da jetzt nicht $M + 1$, sondern $N(M + 1)(2P + 1)$ Funktionen bestimmt werden müssen. Dazu werden die Randbedingungen an allen N-Propellerflügeln herangezogen, und durch Koeffizientenvergleich in $e^{i\mu\Omega t - i\nu\omega t}$ entstehen jeweils simultane gekoppelte Integralgleichungssysteme von N Gleichungen, aus denen die Funktionen $\Gamma_{\mu\nu}^{(n)}(s)$ [$n = 0, 1, \ldots, N-1$; $\mu = 0, \pm 1, \ldots, \pm P$; $\nu = 0, 1, \ldots, M$] berechnet werden können.

D. Gegenlaufpropeller

Im letzten Abschnitt dieses Kapitels wollen wir noch kurz eine Konstruktion besprechen, die man als „Gegenlaufpropeller" bezeichnet. Es handelt sich dabei um zwei auf der gleichen Welle in einem gewissen Abstand hintereinander angeordnete Schraubenpropeller, die entgegengesetzt (meist gleich schnell) rotieren. Der Vorteil dieser Anordnung ergibt sich jedenfalls im Prinzip aus folgender Überlegung (Abb. 33):

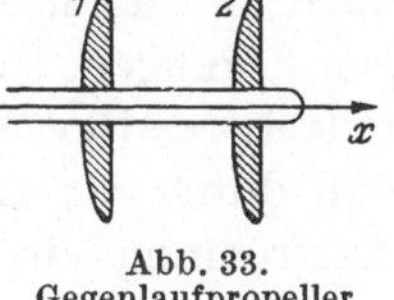

Abb. 33.
Gegenlaufpropeller.

Wir denken uns den vorderen Propeller (Nr. *1*) als frei fahrend im Sinne der Theorie aus Abschn. B. Durch die freien Querwirbel wird den Flüssigkeitsteilchen im Bereich hinter dem Propeller (dem sog. Strahlbereich) eine Zusatzgeschwindigkeit $2u_Q^{(1)}$ in axialer und eine Geschwindigkeit $2V_Q^{(1)}$ in Umfangsrichtung erteilt; diese letztere gibt also der Flüssigkeit hinter dem Propeller einen Drall[1]. Zur Erzeugung der freien Wirbel und damit der Geschwindigkeiten $u_Q^{(1)}$ und $V_Q^{(1)}$ ist Energie erforderlich, die für die Propulsion des Propellers verloren ist und somit den Wirkungsgrad vermindert. Tatsächlich geht dieses auch aus der

---

[1] Dabei nehmen wir bei dieser nur der Erläuterung des Prinzips dienenden Betrachtung in roher Näherung an, daß vor der Propellerebene $u_Q = 0$, $V_Q = 0$, in der Propellerebene $u_Q = u_{Q_0}$, $V_Q = V_{Q_0}$, und hinter der Propellerebene $u_Q = 2u_{Q_0}$, $V_Q = 2V_{Q_0}$ sei. Nachträglich lassen wir den Index „0" wieder weg.

einfachen Formel [vgl. (13)]

$$\eta_i^{(1)} = \frac{u_0}{\omega r} \, \frac{\omega r - |V_Q^{(1)}|}{u_0 + u_Q^{(1)}}$$

deutlich hervor. Man erkennt, daß man einen höheren Wirkungsgrad bekäme, wenn es gelänge, den Drall im Propellerstrahl zu beseitigen, d. h. wenn $V_Q^{(1)} = 0$ wäre.

Ordnet man nun hinter dem ersten Propeller einen zweiten entgegengesetzt rotierenden an (Nr. *2*), so wirkt für diesen der vom ersten Propeller erzeugte Strahldrall offenbar schubsteigernd; man kann also einen Teil der beim Propeller *1* für den Schub verlorenen Energie hier wieder zurückgewinnen. Der vom Propeller *2* hervorgerufene Drall mit der Geschwindigkeit $2\,V_Q^{(2)}$ ist natürlich entgegengesetzt gerichtet wie der des ersten Propellers. Wenn speziell sogar $V_Q^{(2)} = -V_Q^{(1)}$ ist, so wird die Strömung hinter dem zweiten Propeller ganz drallfrei. Den erreichten Wirkungsgradgewinn am zweiten Propeller erkennt man aus der Formel

$$\eta_i^{(2)} = \frac{u_0 + 2\,u_Q^{(1)}}{\omega r} \, \frac{\omega r + 2\,|V_Q^{(1)}| - |V_Q^{(2)}|}{u_0 + 2\,u_Q^{(1)} + u_Q^{(2)}} \, .$$

Die sachgemäße theoretische Behandlung des Gegenlaufpropellers ist sehr viel schwieriger als man vielleicht auf Grund der obigen rohen Betrachtung denken könnte. Sie ist bis heute noch nicht wirklich befriedigend gelungen.

Hierfür sind verschiedene Gründe maßgebend.

Einmal handelt es sich um ein kompliziertes simultanes Randwertproblem, da beide Propeller sich gegenseitig mit ihrem gesamten Geschwindigkeitsfeld beeinflussen; und selbstverständlich darf man sich nicht mit den in der Fußnote auf S. 63 angegebenen rohen Abschätzungen begnügen, sondern man muß die verschiedenen Geschwindigkeiten mittels des Biot-Savartschen Gesetzes berechnen. Dabei ist zu bedenken, daß durch die Interferenz der beiden Propeller selbst bei homogener Anströmung ein instationäres Problem vorliegt. Um die genannten Schwierigkeiten zu umgehen, wurden mehr oder weniger grobe Näherungsmethoden entwickelt, bei denen teilweise von der Wirbeltheorie abweichende Hilfsdarstellungen herangezogen werden. LERBS[1, 2] und HICKLING[3] vernachlässigen den instationären Charakter des Problems und berechnen die jeweils vom Nachbarpropeller induzierten Axialgeschwindigkeiten, indem die betreffenden Propeller durch Senkenscheiben

[1] LERBS, H.: Über gegenläufige Schrauben geringsten Energieverlustes in radial ungleichförmigen Nachstrom. Schiffstechnik 2 (1955) 113.

[2] MORGAN, W. B.: The design of counterrotating propellers using Lerbs-Theory. Trans. Soc. Nav. Arch. Marine Engin. 68 (1960) 6.

[3] HICKLING, R.: Propellers in the wake of an axissymmetric body. Trans. Royal Inst. Naval Architects 99 (1957) 601.

approximiert werden. SÖHNGEN[1] hat als erster berücksichtigt, daß die hintere Schraube infolge der freien Wirbelschleppen der vorderen Schraube instationär angeströmt wird. Allerdings wird die Aufgabe nur als ebenes Problem in abgewickelten Zylinderschnitten mit den Hilfsmitteln der instationären Tragflügeltheorie behandelt. Gleichfalls als ebenes Problem, aber mit den Methoden der instationären Theorie axialer Schaufelgitterstufen wurde die gegenseitige Beeinflussung zweier Schraubenpropeller von TSAKONAS und BRESLIN[2] untersucht.

Die konsequenteste Bearbeitung unter vollständiger Verwendung der dreidimensionalen Wirbeltheorie des Propellers ist ZWICK[3] gelungen. Er hat mit seiner in Abschn. C dargestellten Theorie des Nachstrompropellers auch den Fall zweier gegenläufiger Schrauben behandelt, und zwar in einem beliebigen Nachstromfeld.

In allen diesen Arbeiten wird jedoch (abgesehen von den sonstigen erwähnten Vernachlässigungen) ein grundsätzliches und besonders wichtiges Problem vollständig übergangen, das bei einer wirklich sachgemäßen Theorie des Gegenlaufpropellers berücksichtigt werden muß. Es handelt sich um den Zerfall- und Vermischungsvorgang der freien Wirbel hinter einem Propeller in der realen turbulenten Strömung. Und die einer theoretischen Erfassung dieses Vorganges entgegenstehenden großen Schwierigkeiten sind wohl der Hauptgrund dafür, daß eine ganz befriedigende Theorie des Gegenlaufpropellers bisher nicht vorliegt.

Der ganzen in diesem Kapitel über Schraubenpropeller entwickelten Theorie und den verwendeten Formeln liegt ja die (der reibungsfreien Potentialströmung entsprechende) Voraussetzung zugrunde, daß die freien Wirbel bis weit hinter dem Propeller in unveränderter Stärke erhalten bleiben. Dieses ist in der Wirklichkeit der turbulenten Strömung nicht der Fall, sondern die Wirbel zerfallen, vermischen sich oder rollen sich auf, und zwar scheinen Messungen zu zeigen, daß die freien Längswirbel weniger beständig sind als die freien Querwirbel[4]. Der Aufrollvorgang der freien Querwirbel ist ja auch bei einem Einzeltragflügel in homogener Anströmung bekannt; die Zuströmung zu

---

[1] SÖHNGEN, H.: Angenäherte Berechnung der periodischen Luftkräfte an den Blattelementen von gegenläufigen Luftschrauben, Jb. 1941 der Luftfahrtforschung, Bd. I, S. 419.

[2] TSAKONAS, S., u. J. P. BRESLIN: Pressure field near counterrotating propellers. Intern. Shipbuild. Progr. 9 (1962) 3.

[3] ZWICK, W.: Untersuchungen zur Theorie ungleichförmig angeströmter Schraubenpropeller. Diss. TH Dresden 1961.

[4] Vgl. z. B.: A. TIMME: Über die Geschwindigkeitsverteilung in Wirbeln. Ing.-Arch. 25 (1957) 205. — NEWMAN, B. G.: Flow in a viscous trailing vortex. The Aeron. Quarterly 10 (1959) 149. — DOSANJH, D. S., E. P. GASPAREK u. S. ESKINAZI: Decay of a viscous trailing votrex. Aeron. Quarterly 13 (1962) 167.

einem Propeller hinter einem Schiffsrumpf hat natürlich eine größere „Ungeordnetheit" (größeren Turbulenzgrad), die den Wirbelzerfall beschleunigt.

Messungen von TIMME[1] an ebenen Wirbeln und ein Vergleich mit dem bekannten Lambschen Zerfallsgesetz eines ebenen Einzelwirbels in laminarer Strömung zeigten: Um die Meßwerte in Übereinstimmung mit dem Zerfallsgesetz[2]

$$\Gamma = \Gamma_0(1 - e^{-r^2/4\nu t}) \quad \begin{array}{l}(\Gamma_0 = \text{potentialtheoret. Wirbelstärke,} \\ t = \text{Zeit,} \quad \nu = \text{kinemat. Zähigkeit)}\end{array} \quad (78)$$

zu bringen, ist noch bei einer Reynoldsschen Zahl von 200 der wirkliche ν-Wert des Wassers, bei einer Reynoldsschen Zahl 1000 der zehnfache ν-Wert und bei turbulenter Strömung ein noch weit größerer ν-Wert in Formel (78) einzusetzen[3] (sog. scheinbare turbulente Zähigkeit, vgl. LAMB). Der Zerfall der freien Wirbel erfolgt also in turbulenten Strömungen (und die technische Propellerströmung ist voll turbulent) ganz wesentlich schneller als bei laminarer Strömung; außerdem zeigen die Messungen, daß dieser Zerfall noch von Wirbel zu Wirbel örtlich verschieden ist, also im turbulenten Fall starken Zufallseinwirkungen und Schwankungen unterliegt.

Da jedoch jeweils stromaufwärts der freien Wirbel ihr Einfluß mit zunehmender Entfernung rasch abklingt, und die nächsten und somit entscheidenden freien Wirbel hinter dem Propeller noch annähernd ihre volle potentialtheoretische Stärke haben, dürfen die in diesem Kapitel abgeleiteten Formeln für die Geschwindigkeiten der freien Wirbel für Aufpunkte am Propeller oder in seiner unmittelbaren Umgebung benutzt werden. Dieses haben wir in den Abschn. A, B und C getan. Man kann jedoch nicht erwarten, daß diese Formeln (bei denen ein Wirbelzerfall oder Aufrollvorgang nicht berücksichtigt ist) für Aufpunkte in einem gewissen Abstand hinter dem Propeller noch eine reale Darstellung des von den freien Wirbeln induzierten Geschwindigkeitsfeldes geben. Dieser Fall liegt aber gerade beim Gegenlaufpropeller vor, nämlich, wenn die von den freien Wirbeln der Schraube *1* am Ort der Schraube *2* induzierten Geschwindigkeiten berechnet werden müssen.

---

[1] Vgl. Fußnote 4 auf S. 65.

[2] LAMB, H.: Lehrbuch der Hydrodynamik, 2. Aufl., Leipzig 1931, S. 669.

[3] Die von TIMME untersuchten Wirbel in ebener Strömung entsprechen am ehesten den freien Längswirbeln der Propellerströmung. Die Reynolds-Zahl ist bei TIMME gegeben durch $u_0 D/\nu$ mit u_0 als Anströmgeschwindigkeit und D als Durchmesser des Kreiszylinders, der zur Erzeugung der ebenen Wirbelstraße diente. Bei freien Querwirbeln tritt der Wert $\nu_{\text{turb}} \approx 10\,\nu$ nach NEWMAN, GASPAREK usw. erst bei $R_e = u_0 l/\nu$-Werten etwas oberhalb 10^4 ein ($l =$ Flügeltiefe). Aufgerollte freie Querwirbel sind relativ stabil.

Kapitel II

Ringflügel und Düsenpropeller

A. Ringflügel

1. Das Geschwindigkeitsfeld eines Ringflügels

Ringflügel haben sowohl im Schiffbau für die Ummantelung von Propellern (vgl. Abschn. B) als auch im Flugzeugbau Bedeutung. Bei gewissen Flugzeugtypen, wie z. B. Coleopteren, wird der Ringflügel als auftriebserzeugender Tragflügel verwendet. Es ist daher naheliegend, für die theoretische Behandlung von Ringflügeln die Wirbelmethode der Tragflügeltheorie heranzuziehen[1].

Wir betrachten einen ringförmigen Tragflügel und setzen voraus, daß die Sehnen der einzelnen Profilschnitte sich (im Rahmen der bei der linearisierten Profiltheorie üblichen Näherung) auf dem Mantel eines Kreiszylinders vom Radius R_0 und der Tiefe $2a$ anordnen lassen (Abb. 1). Der Mittelpunkt unseres Koordinatensystems[2] falle mit dem Mittelpunkt des Ringflügels zusammen.

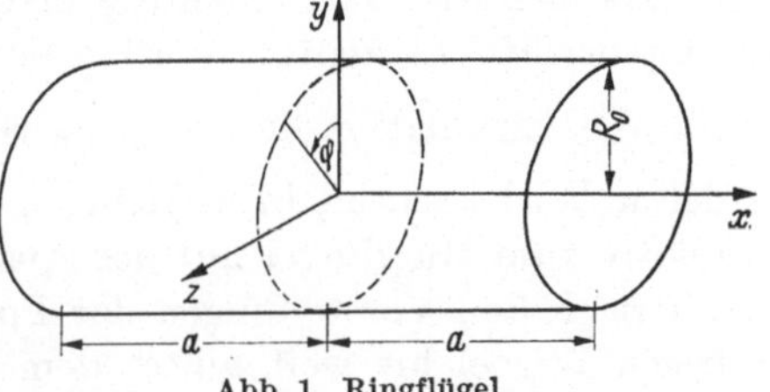

Abb. 1. Ringflügel.

Der Flügel wird in seiner Tiefenerstreckung $-a \leqq x \leqq a$ mit einer tragenden Ringwirbeldichte $\gamma(x, \varphi)$ belegt; das von dieser induzierte Geschwindigkeitsfeld ergibt sich aus dem Biot-Savartschen Gesetz

$$\mathfrak{v}_\gamma = - \frac{1}{4\pi} \int\limits_{-a}^{a} \int\limits_{-\pi}^{\pi} \gamma(\xi, \psi) \frac{\mathfrak{r}_\gamma \times d\mathfrak{s}_\gamma}{|\mathfrak{r}_\gamma|^3} \, d\xi$$

mit

$$d\mathfrak{s}_\gamma = (-\mathfrak{e}_y \sin\psi + \mathfrak{e}_z \cos\psi)\, R_0 \, d\psi,$$

$$\mathfrak{r}_\gamma = \mathfrak{e}_x(x - \xi) + \mathfrak{e}_y(r\cos\varphi - R_0 \cos\psi) + \mathfrak{e}_z(r\sin\varphi - R_0 \sin\psi);$$

---

[1] WEISSINGER, J.: Zur Aerodynamik des Ringflügels in inkompressibler Strömung. Z. Flugwiss. 4 (1956) 141. — Zur Aerodynamik des Ringflügels I, DVL-Bericht Nr. 2 (1955).

[2] Als Koordinaten verwenden wir kartesische und Zylinderkoordinaten mit genau gleicher Bezeichnung wie in Kap. I. Das gleiche gilt für die Geschwindigkeitskomponenten.

und damit folgt ausgedrückt in Zylinderkoordinaten:

$$\mathfrak{v}_\gamma = \frac{1}{4\pi} \int\limits_{\xi=-a}^{a} \int\limits_{\psi=-\pi}^{\pi} \gamma(\xi, \psi) \left[(x-\xi)^2 + r^2 + R_0^2 - 2r R_0 \cos(\varphi - \psi)\right]^{-3/2} \times$$

$$\times \left\{ \mathfrak{e}_x \left(R_0^2 - r R_0 \cos(\varphi - \psi)\right) - \mathfrak{e}_\varphi (x-\xi) R_0 \sin(\varphi - \psi) + \right.$$

$$\left. + \mathfrak{e}_r (x-\xi) R_0 \cos(\varphi - \psi) \right\} d\psi \, d\xi. \tag{1}$$

Speziell auf dem Ringflügel für $r = R_0$ hat die x-, d. h. Tangentialkomponente die übliche Unstetigkeit einer Wirbelschicht, d. h., es gilt

$$u_\gamma(x, R_0, \varphi) = \frac{1}{4\pi} \int\limits_{-a}^{a} \int\limits_{-\pi}^{\pi} \gamma(\xi, \psi) \frac{R_0^2 (1 - \cos(\varphi - \psi)) \, d\psi}{\sqrt{(x-\xi)^2 + 4 R_0^2 \sin^2 \dfrac{\varphi - \psi}{2}}^{\,3}} \, d\xi \pm$$

$$\pm \tfrac{1}{2} \gamma(x, \varphi). \tag{2}$$

Dabei bezieht sich das $(+)$-Zeichen auf die Innen- und das $(-)$-Zeichen auf die Außenseite des Ringflügels.

Da sich die Wirbeldichte γ in Umfangsrichtung (d. h. quasi Spannweitenrichtung) ändert, werden nach den bekannten Erhaltungssätzen für die Zirkulation freie Querwirbel der Stärke $-\dfrac{\partial \gamma}{\partial \psi} d\psi$ induziert, deren Wirbelachsen in x-Richtung fallen. Diese freien Wirbel werden relativ zum Ringflügel mit der Anströmung fortgetragen. Dabei wollen wir nach den Vorstellungen der Potentialströmung annehmen, daß die freien Wirbel bis weit hinter dem Ringflügel in unveränderter Stärke erhalten bleiben. Das von ihnen induzierte Geschwindigkeitsfeld folgt aus dem Biot-Savartschen Gesetz zu

mit
$$\mathfrak{v}_f = \frac{1}{4\pi} \int\limits_{-a}^{a} \int\limits_{-\pi}^{\pi} \frac{\partial \gamma(\xi, \psi)}{\partial \psi} \int\limits_{0}^{\infty} \frac{\mathfrak{r}_f \times d\mathfrak{s}_f}{|\mathfrak{r}_f|^3} \, d\psi \, d\xi$$

$$d\mathfrak{s}_f = \mathfrak{e}_x \, dX,$$

$$\mathfrak{r}_f = \mathfrak{e}_x (x - \xi - X) + \mathfrak{e}_y (r \cos\varphi - R_0 \cos\psi) + \mathfrak{e}_z (r \sin\varphi - R_0 \sin\psi);$$

nach Durchführung der elementaren Integration über X von 0 bis ∞ wird, ausgedrückt in Zylinderkoordinaten:

$$\mathfrak{v}_f = \frac{1}{4\pi} \int\limits_{\xi=-a}^{a} \int\limits_{\psi=-\pi}^{\pi} \frac{\partial \gamma(\xi, \psi)}{\partial \psi} \frac{\mathfrak{e}_\varphi (R_0 \cos(\varphi - \psi) - r) + \mathfrak{e}_r R_0 \sin(\varphi - \psi)}{r^2 + R_0^2 - 2r R_0 \cos(\varphi - \psi)} \times$$

$$\times \left(1 + \frac{x - \xi}{\sqrt{(x-\xi)^2 + r^2 + R_0^2 - 2r R_0 \cos(\varphi - \psi)}}\right) d\psi \, d\xi. \tag{3}$$

Wir wollen uns nicht auf Ringflügel mit sehr dünnen Profilen beschränken, sondern auch den Einfluß einer endlichen Profildicke mit berücksichtigen. Dafür ist nach der aus der Tragflügeltheorie wohlbekannten Methode auf der Profilsehne (d. h. hier auf dem Zylindermantel) eine Quellen-Senken-Verteilung $q(\xi, \psi)$ anzubringen[1]. Diese muß die profilerzeugende Schließungsbedingung

$$\int\limits_{-a}^{a} q(\xi, \psi)\, d\xi = 0 \tag{4}$$

erfüllen. Aus dem Potential

$$-\frac{1}{4\pi} \int\limits_{-a}^{a} \int\limits_{-\pi}^{\pi} \frac{q(\xi, \psi)\, R_0\, d\psi\, d\xi}{\sqrt{(x-\xi)^2 + r^2 + R_0^2 - 2r R_0 \cos(\varphi - \psi)}}$$

einer solchen Quellen-Senken-Verteilung ergibt sich ihr Geschwindigkeitsfeld zu

$$\mathfrak{v}_q = \frac{1}{4\pi} \int\limits_{\xi=-a}^{a} \int\limits_{\psi=-\pi}^{\pi} q(\xi, \psi)\, [(x-\xi)^2 + r^2 + R_0^2 - 2r R_0 \cos(\varphi - \psi)]^{-3/2} \times$$

$$\times \{\mathfrak{e}_x R_0 (x-\xi) + \mathfrak{e}_\varphi R_0^2 \sin(\varphi - \psi) + \mathfrak{e}_r (r R_0 - R_0^2 \cos(\varphi - \psi))\}\, d\psi\, d\xi. \tag{5}$$

Speziell auf dem Ringflügel für $r = R_0$ hat die r-, d. h. die Normalkomponente die übliche Unstetigkeit einer Quellen-Senken-Schicht, d. h., es gilt

$$W_q(x, R_0, \varphi) = \frac{1}{4\pi} \int\limits_{-a}^{a} \int\limits_{-\pi}^{\pi} q(\xi, \psi)\, \frac{R_0^2 (1 - \cos(\varphi - \psi))\, d\psi}{\sqrt{(x-\xi)^2 + 4 R_0^2 \sin^2 \frac{\varphi - \psi}{2}}^{\,3}}\, d\xi \pm \tfrac{1}{2} q(x, \varphi). \tag{6}$$

Dabei bezieht sich das $(+)$-Zeichen auf die Außen- und das $(-)$-Zeichen auf die Innenseite des Ringflügels.

2. Die Berechnung der Zirkulationsverteilung des Ringflügels

Der betrachtete Ringflügel liege in einer homogenen, gegenüber dem Flügel etwas geneigten Anströmung $\mathfrak{v}_0 = u_0\, \mathfrak{e}_x + v_0\, \mathfrak{e}_y$ $(v_0^2/u_0^2 \ll 1)$. Die Neigung der Anströmung, d. h., die Anstellung des Flügels sei so gering, daß die freien Wirbel hinter dem Ringwirbel in guter Näherung als auf dem Zylindermantel $r = R_0$ angeordnet angenommen werden können; dieses hatten wir ja auch bei der Ableitung der Formel (3) stillschweigend

---

[1] WEISSINGER, J.: Zur Aerodynamik des Ringflügels III; der Einfluß der Profildicke. DVL-Bericht Nr. 42 (1957).

vorausgesetzt (lineare Flügeltheorie). Wir nehmen ferner an (dieses ist praktisch der wichtigste Fall), daß die Dickenverteilung $D(x)$ der Profilschnitte des Ringflügels unabhängig von der Winkelkoordinate φ sei[1]. Dabei verstehen wir unter $D(x)$ den Abstand in radialer Richtung zwischen der Außen- und Innenseite des Flügelprofils. Nach der bekannten Relation aus der linearisierten Profiltheorie[2] ist dann die Quellen-Senken-Verteilung gegeben durch (vgl. Abb. 2)

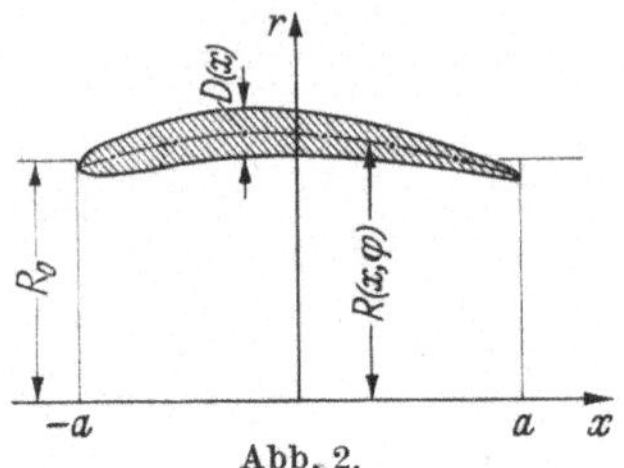

Abb. 2.
Schnitt eines Ringflügelprofils.

$$q(x) = u_0 \frac{dD(x)}{dx}. \tag{7}$$

Somit ist $q(x)$ bei vorgegebener Flügelform bereits als bekannt anzusehen.

Ist $\partial R(x, \varphi)/\partial x$ die Neigung der Skelettlinie des Ringflügelprofils, so lautet die Strömungsrandbedingung

$$u_0 \frac{\partial R(x, \varphi)}{\partial x} = W_\gamma(x, R_0, \varphi) + W_f(x, R_0, \varphi) + W_q(x, R_0, \varphi) + v_0 \cos\varphi. \tag{8}$$

Dabei sind in Gl. (8) nach WEISSINGER (wie übrigens mehrfach in der linearisierten Profiltheorie) Glieder wie $u_\gamma \dfrac{\partial R}{\partial x}$ usw. als von höherer Ordnung klein vernachlässigt. Indem wir die verschiedenen berechneten Geschwindigkeiten (1), (3) und (5) einsetzen, folgt aus (8) die Integralgleichung

$$u_0 \frac{\partial R(x, \varphi)}{\partial x} - v_0 \cos\varphi - \frac{1}{4\pi} \int\limits_{-a}^{a} \int\limits_{-\pi}^{\pi} q(\xi) \frac{(1 - \cos(\varphi - \psi))\, R_0^2\, d\psi}{\sqrt{(x - \xi)^2 + 4 R_0^2 \sin^2 \dfrac{\varphi - \psi}{2}}^{\,3}} d\xi$$

$$= \frac{1}{4\pi} \int\limits_{-a}^{a} \int\limits_{-\pi}^{\pi} \gamma(\xi, \psi) \frac{R_0(x - \xi) \cos(\varphi - \psi)}{\sqrt{(x - \xi)^2 + 4 R_0^2 \sin^2 \dfrac{\varphi - \psi}{2}}^{\,3}} d\psi\, d\xi +$$

$$+ \frac{1}{R_0} \frac{1}{8\pi} \int\limits_{-a}^{a} \int\limits_{-\pi}^{\pi} \frac{\partial \gamma(\xi, \psi)}{\partial \psi} \left(1 + \frac{x - \xi}{\sqrt{(x - \xi)^2 + 4 R_0^2 \sin^2 \dfrac{\varphi - \psi}{2}}}\right) \cot\frac{\varphi - \psi}{2} d\psi\, d\xi, \tag{9}$$

aus der die Zirkulationsverteilung $\gamma(\xi, \psi)$ zu berechnen ist.

---

[1] Eine Verallgemeinerung des hier angegebenen Lösungsverfahrens auf den Fall einer von φ abhängigen Dickenverteilung ist prinzipiell ohne Schwierigkeiten möglich.

[2] Vgl. z. B. H. SCHLICHTING u. E. TRUCKENBRODT: Aerodynamik des Flugzeuges, Bd. II, Berlin/Göttingen/Heidelberg: Springer 1960, S. 109.

Bei der Auflösung der Gl. (9) folgen wir einer von WEISSINGER[1] angegebenen Methode.

In der Regel wird auch die Neigung $\partial R/\partial x$ der Skelettlinie unabhängig von φ sein; immerhin soll doch bei der Auflösung der Gl. (9) der allgemeinere Fall einer zur y-Achse symmetrischen φ-Abhängigkeit

$$\frac{\partial R(x, \varphi)}{\partial x} = \sum_{v=0}^{M} F_v(x) \cos v\,\varphi \tag{10}$$

zugrunde gelegt werden. Da dann die linke Seite von (9) eine in φ gerade Funktion ist, kann auch für die Wirbeldichte ein entsprechender Ansatz gemacht werden:

$$\gamma(\xi, \psi) = \sum_{v=0}^{M} \gamma_v(\xi) \cos v\,\psi. \tag{11}$$

Mit der Substitution $\psi - \varphi = 2\,\vartheta$ und der Integralformel

$$\frac{1}{2\pi} \int_{-\pi}^{\pi} \sin v\,\psi \cot \frac{\varphi - \psi}{2}\, d\psi = -\cos v\,\varphi$$

wird dann:

$$\int_{-\pi}^{\pi} \left\{ \frac{R_0 \cos v\,\psi \cos(\varphi - \psi)}{\sqrt{(x - \xi)^2 + 4R_0^2 \sin^2 \frac{\varphi - \psi}{2}}^3} - \frac{1}{2R_0} \frac{v \sin v\,\psi \cot \tfrac{1}{2}(\varphi - \psi)}{\sqrt{(x - \xi)^2 + 4R_0^2 \sin^2 \frac{\varphi - \psi}{2}}} \right\} d\psi -$$

$$- \frac{1}{2R_0(x - \xi)} \int_{-\pi}^{\pi} v \sin v\,\psi \cot \frac{\varphi - \psi}{2}\, d\psi = \cos v\,\varphi \left[\frac{\pi v}{R_0(x - \xi)} + \right.$$

$$\left. + \int_{-\pi/2}^{\pi/2} \left\{ \frac{2R_0 \cos 2v\,\vartheta \cos 2\,\vartheta}{\sqrt{(x - \xi)^2 + 4R_0^2 \sin^2 \vartheta}^3} + \frac{1}{R_0} \frac{v \sin 2v\,\vartheta \cot \vartheta}{\sqrt{(x - \xi)^2 + 4R_0^2 \sin^2 \vartheta}} \right\} d\vartheta \right].$$

Nunmehr läßt sich in der Integralgleichung (9) durch Koeffizientenvergleich in $\cos v\,\varphi$ ($v = 0, 1, \ldots, M$) die Winkelabhängigkeit abspalten. Wir erhalten die eindimensionalen Integralgleichungen:

$$F_v^*(x) = \frac{v}{4R_0} \int_{-a}^{a} \gamma_v(\xi)\, d\xi + \frac{1}{2\pi} \int_{-a}^{a} \gamma_v(\xi)\,(x - \xi) \times$$

$$\times \int_{0}^{\pi/2} \left\{ \frac{2R_0 \cos 2v\,\vartheta \cos 2\,\vartheta}{\sqrt{(x - \xi)^2 + 4R_0^2 \sin^2 \vartheta}^3} + \frac{1}{R_0} \frac{v \sin 2v\,\vartheta \cot \vartheta}{\sqrt{(x - \xi)^2 + 4R_0^2 \sin^2 \vartheta}} \right\} d\vartheta\, d\xi \tag{12}$$

---

[1] Man vergleiche hierfür die eingangs genannten Arbeiten von WEISSINGER.

mit

$$F_\nu^*(x) = \begin{cases} u_0\,F_0(x) - \dfrac{1}{\pi} \displaystyle\int_{-a}^{a} q(\xi) \int_0^{\pi/2} \dfrac{R_0^2(1 - \cos 2\vartheta)\,d\vartheta}{\sqrt{(x-\xi)^2 + 4R_0^2\sin^2\vartheta}^{\,3}}\,d\xi & \text{für } \nu = 0 \\[4mm] u_0\,F_1(x) - v_0 & \text{für } \nu = 1 \\[2mm] u_0\,F_\nu(x) & \text{für } \nu \geqq 2. \end{cases} \tag{13}$$

Aus den Gln. (9) bzw. (12) und (13) erkennt man, daß beim Ringflügel der Einfluß der Profildicke (anders als beim gewöhnlichen Tragflügel)[1] auch in der linearisierten Theorie eine, gegenüber einem Flügel gleicher Skelettlinie mit dünnem Profil zusätzliche Wirbeldichte bedingt. Dieses liegt daran, daß die Radial- bzw. Normalkomponente der von der Quellen-Senken-Verteilung induzierten Geschwindigkeit gemäß Gl. (6) außer dem bekannten unstetigen auch einen stetigen Anteil enthält; letzterer fehlt beim gewöhnlichen Tragflügelprofil.

Für die weitere Behandlung der Integralgleichung (12) ist es zweckmäßig, den Kern noch etwas umzuformen. Nach WEISSINGER ergibt sich durch einige Umformungen

$$\int_0^{\pi/2} \left\{ \frac{2R_0\cos 2\nu\,\vartheta\,\cos 2\vartheta}{\sqrt{(x-\xi)^2 + 4R_0^2\sin^2\vartheta}^{\,3}} + \frac{1}{R_0}\,\frac{\nu\sin 2\nu\,\vartheta\,\cot\vartheta}{\sqrt{(x-\xi)^2 + 4R_0^2\sin^2\vartheta}} \right\} d\vartheta$$

$$= \frac{R_0}{\sqrt{(x-\xi)^2 + 4R_0^2}^{\,3}}\,[(\nu+1)\,G_{\nu-1}(k^2) - (\nu-1)\,G_{\nu+1}(k^2)] +$$

$$+ \frac{1}{R_0}\,\frac{\nu(x-\xi)^2}{\sqrt{(x-\xi)^2 + 4R_0^2}^{\,3}}\,I_\nu(k^2). \tag{14}$$

In (14) sind die

$$G_\nu(k^2) = (-1)^\nu \int_0^{\pi/2} \frac{\cos 2\nu\,\vartheta\,d\vartheta}{\sqrt{1 - k^2\sin^2\vartheta}^{\,3}} \quad \text{mit} \quad k^2 = \frac{4R_0^2}{4R_0^2 + (x-\xi)^2} \tag{15}$$

die von RIEGELS[2] tabellierten Funktionen; außerdem ist

$$I_\nu(k^2) = \int_0^{\pi/2} \frac{\sin 2\nu\,\vartheta\,\cot\vartheta}{\sqrt{1 - k^2\cos^2\vartheta}^{\,3}}\,d\vartheta = I_{\nu-2} + G_{\nu-2} + 2G_{\nu-1} + G_\nu;$$

und speziell

$$I_0 = 0; \quad I_1 = G_0 + G_1.$$

---

[1] Bekanntlich ergibt die linearisierte Theorie des Einzelprofils für einen Flügel endlicher Dicke dieselbe Zirkulationsdichte wie für einen dünnen Flügel gleicher Skelettlinie.

[2] RIEGELS, F.: Die Strömung um schlanke, fast drehsymmetrische Körper. Mitt. aus dem Max-Planck-Inst. für Strömungsforschung Nr. 5 (1952).

Damit ergeben sich die Integralgleichungen (12) ($\nu = 0, 1, \ldots, M$) in der Form:

$$F_\nu^*(x) = \frac{1}{2\pi} \int\limits_{-a}^{a} \frac{\gamma_\nu(\xi)}{x - \xi} \, d\xi + \frac{1}{2\pi} \int\limits_{-a}^{a} \gamma_\nu(\xi) \, L_\nu(x - \xi) \, d\xi +$$

$$+ \frac{\nu}{4 R_0} \int\limits_{-a}^{a} \gamma_\nu(\xi) \, d\xi, \qquad (16)$$

mit dem für $x = \xi$ stetigen Kern

$$L_\nu(x - \xi) - \frac{R_0(x - \xi)}{\sqrt{(x - \xi)^2 + 4 R_0^2}^3} \left[(\nu + 1) \, G_{\nu-1}(k^2) - (\nu - 1) \, G_{\nu+1}(k^2) + \right.$$

$$\left. + \nu \frac{(x - \xi)^2}{R_0^2} I_\nu(k^2) \right] - \frac{1}{x - \xi}; \quad (17)$$

und

$$F_\nu^*(x) = \begin{cases} u_0 \, F_0(x) - \dfrac{R_0^2}{\pi} \int\limits_{-a}^{a} q(\xi) \, \dfrac{G_0(k^2) - G_1(k^2)}{\sqrt{(x - \xi)^2 + 4 R_0^2}^3} \, d\xi & \text{für } \nu = 0 \\[2ex] u_0 \, F_1(x) - v_0 & \text{für } \nu = 1 \\[1ex] u_0 \, F(x) & \text{für } \nu \geqq 2. \end{cases} \qquad (18)$$

Aus (17) folgt weiter $L_\nu(x - \xi) = - L_\nu(\xi - x)$. Abb. 3 zeigt den Verlauf der Kernfunktion $R_0 L_\nu$ für die drei praktisch wichtigsten Fälle $\nu = 0, 1, 2$.

Die Integralgleichung (16), in der noch $\int\limits_{-a}^{a} \gamma_\nu(\xi) \, d\xi = \Gamma_\nu$ gesetzt werden kann, gehört zum Typ der in der Hydrodynamik häufig auf-

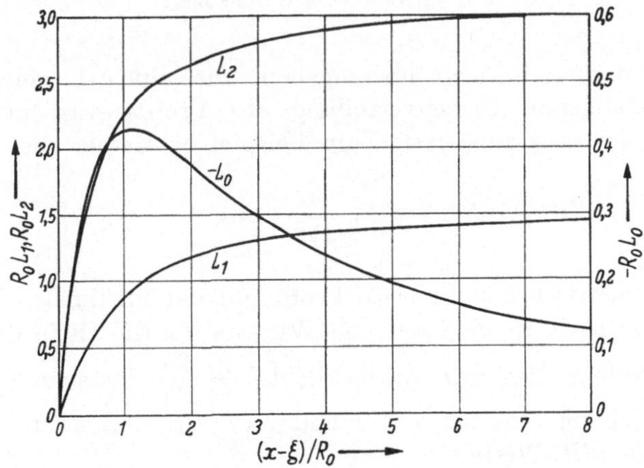

Abb. 3. Stetige Kernfunktionen $R_0 L_\nu$ ($\nu = 0, 1, 2$) nach WEISSINGER.

tretenden Integralgleichung (A,1), deren Auflösungstheorie im Anhang dieses Buches dargestellt ist. Deshalb erübrigt es sich, hier weiter einzugehen. WEISSINGER selbst hat Gl. (16) mit einer etwas anderen Methode gelöst, für die wir auf die genannten Originalarbeiten verweisen.

Abb. 4 zeigt als Beispiel das Berechnungsergebnis für $\gamma_1(\xi)/u_0$ ($\nu = 1$), wenn $F_1^*/u_0 = 1$ gesetzt (quasi normiert) wird, und zwar für verschiedene a/R_0-Werte.

Für die Auswertung des Integrals mit der Quellen-Senken-Verteilung in (18) ist es zweckmäßig, mit der Substitution $\xi = -a\cos\sigma$ zu

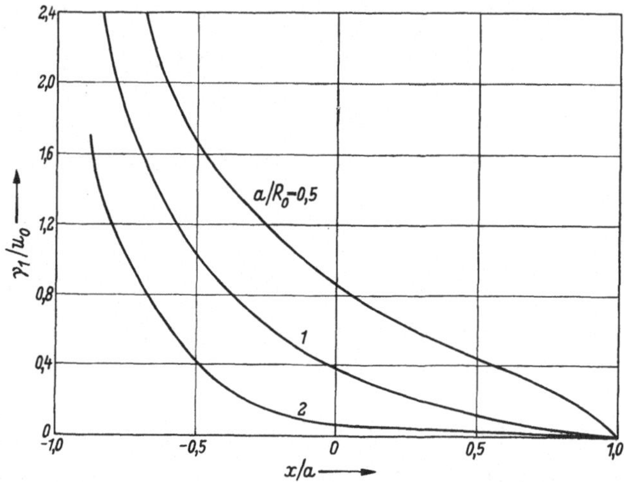

Abb. 4. Durch einen Anstellwinkel bedingte Wirbeldichte eines Ringflügels für verschiedene a/R_0-Werte nach WEISSINGER.

trigonometrischen Formen überzugehen; die mit $q(\xi)$ durch Gl. (7) zusammenhängende Dickenverteilung des Profils wird als Fourier-Sinuspolynom in σ angesetzt. Zum Beispiel entspricht die Verteilung

$$D(\xi) = D(\sigma) = D_0\,\frac{4}{3\sqrt{3}}\left(\sin\sigma + \frac{1}{2}\sin 2\sigma\right)$$

einem symmetrischen Joukowski-Profil mit der maximalen Dicke D_0. Abb. 5 zeigt nach Ergebnissen von WEISSINGER die allein durch diese Dickenverteilung bedingte Wirbeldichte $\dfrac{\gamma_0}{u_0}\dfrac{2a}{D_0}$ [berechnet also aus Integralgleichung (16) für $\nu = 0$ und $F_0 = 0$], und zwar wieder für verschiedene a/R_0-Werte.

Neben der hier dargestellten Theorie der tragenden Fläche (die sich für einen Ringflügel interessanterweise wesentlich eleganter und übersichtlicher gestaltet als für einen gewöhnlichen Tragflügel), findet auch die $^1/_4-^3/_4$-Punkt-Methode bzw. erweiterte Traglinientheorie Anwendung bei der Ringflügelberechnung. Wie üblich wird der Ringflügel dabei durch einen Einzelwirbel der Zirkulation

$$\Gamma(\psi) = \int_{-a}^{a} \gamma(\xi, \psi)\, d\psi \tag{19}$$

an der Stelle $\xi = -\dfrac{a}{2}$ des Zylindermantels ersetzt, von dem die freien Wirbel abgehen. Die Randbedingung wird im Punkte $x = a/2$ auf dem

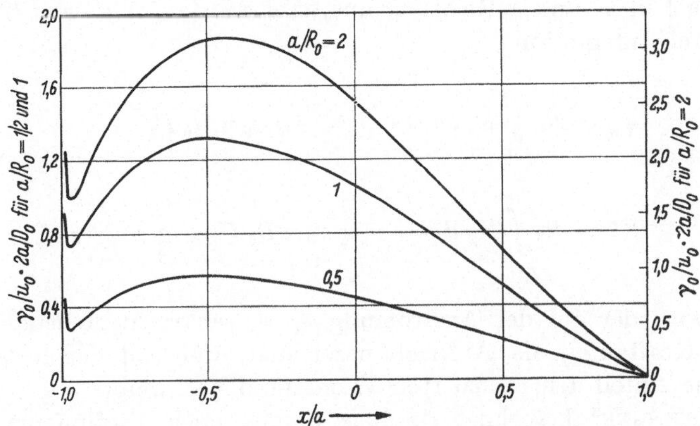

Abb. 5. Durch die Profildicke (symmetrisches Joukowski-Profil) bedingte Wirbeldichte eines Ringflügels für verschiedene a/R_0-Werte nach WEISSINGER.

Zylindermantel $r = R_0$ erfüllt. Die einzelnen Formeln lassen sich leicht durch Spezialisierung aus der Theorie der tragenden Fläche gewinnen. Wir verweisen insbesondere auf die Arbeiten von WEISSINGER.

3. Die Berechnung der Ringflügelkräfte sowie der Tangentialgeschwindigkeit (Druckverteilung)

a) Für die Berechnung der auf den Profilschnitt $\varphi = $ const wirkenden Kräfte[1] K_r in radialer und K_x in axialer Richtung ist wieder der Satz von KUTTA und JOUKOWSKI heranzuziehen, den wir ja in Abschnitt A,2 des I. Kapitels genau erläutert haben. Gehen wir zweckmäßigerweise gleich von der Konzeption der erweiterten Traglinientheorie aus, so wird

$$K_r = -\varrho\, u_0\, \Gamma(\varphi) = -\varrho\, u_0 \sum_{\nu=0}^{M} \Gamma_\nu \cos \nu\, \varphi, \tag{20}$$

---

[1] Pro Längeneinheit in Umfangsrichtung und im Rahmen der hier dargestellten linearisierten Theorie.

und mit (3)

$$K_x = + \varrho \left[v_0 \cos\varphi + \frac{1}{8\pi R_0} \int\limits_{-\pi}^{\pi} \frac{\partial \Gamma(\psi)}{\partial \psi} \cot \frac{\varphi - \psi}{2} \, d\psi \right] \Gamma(\varphi)$$

$$= + \varrho \left[v_0 \cos\varphi + \frac{1}{4 R_0} \sum_{\nu=1}^{M} \nu\, \Gamma_\nu \cos\nu\,\varphi \right] \sum_{\nu=0}^{M} \Gamma_\nu \cos\nu\,\varphi.^1 \quad (21)$$

Für die Gesamtkräfte K_y^* und K_x^*, die von der Strömung auf den Ringflügel in y- und x-Richtung ausgeübt werden, folgt aus (20) und (21) durch Integration

$$K_y^* = R_0 \int\limits_{-\pi}^{\pi} K_r \cos\varphi \, d\varphi = -\varrho\, u_0\, \pi\, R_0\, \Gamma_1$$

$$K_x^* = R_0 \int\limits_{-\pi}^{\pi} K_x \, d\varphi = +\varrho\, v_0\, \pi\, R_0\, \Gamma_1 + \frac{\varrho}{4}\, \pi \sum_{\nu=1}^{M} \nu\, \Gamma_\nu^2.$$

Dabei wird der auf der Anströmung u_0, v_0 senkrecht stehende, in Γ_ν lineare Kraftanteil als Auftrieb bezeichnet, während der in Γ_ν quadratische Anteil den induzierten Widerstand beschreibt[2].

WEISSINGER[3] berechnet darüber hinaus noch Profilmoment und Neutralpunktslage des Ringflügels; er untersucht außerdem das Verhalten des Flügels für sehr große und sehr kleine a/R_0-Werte. Hierbei müssen wir für Einzelheiten auf die Originalarbeit verweisen.

b) Für eine Berechnung der Druckverteilung am Ringflügelprofil ist genau wie in der gewöhnlichen Tragflügeltheorie die Kenntnis der Tangentialgeschwindigkeit bzw. der Axialgeschwindigkeit erforderlich. Um solche Rechnungen zu erleichtern, hat WEISSINGER[4] die x-Komponente der von den Wirbel- und Quellen-Senken-Verteilungen auf dem Mantel des Ringflügels für $r = R_0$ induzierten Geschwindigkeiten genauer diskutiert und umgeformt.

---

[1] Das Vorzeichen in Gl. (20) und (21) ist durch den Umstand bedingt, daß Γ negativ ist, wenn außen am Ringflügel Übergeschwindigkeit herrscht. Vgl. Gl. (2).

[2] Daß der induzierte Widerstand nicht genau parallel zur Anströmung ist, liegt an der näherungsweisen Anordnung der freien Wirbel auf einem rein axialen Zylindermantel.

[3] WEISSINGER, J.: Zur Aerodynamik des Ringflügels I. Die Druckverteilung dünner, drehsymmetrischer Flügel in Ultraschallströmung. DVL-Bericht Nr. 2 (1955).

[4] WEISSINGER, J.: Zur Aerodynamik des Ringflügels III. Der Einfluß der Profildicke. DVL-Bericht Nr. 42 (1957).

Zum Beispiel ergibt sich aus Formel (2) mit (15) nach einfacher Zwischenrechnung

$$u_\gamma(x, R_0, \varphi) = \sum_{\nu=0}^{M} \cos \nu \, \varphi \left\{ \pm \frac{1}{2} \gamma_\nu(x) + \right.$$

$$\left. + \frac{1}{8\pi R_0} \int_{-a}^{a} \gamma_\nu(\xi) \, k^3 \left[G\,(k^2) - \frac{1}{2} G_{\nu+1}(k^2) - \frac{1}{2} G_{\nu-1}(k^2) \right] d\xi \right\} . \quad (22)$$

Schreibt man (22) in der Abkürzung $u_\gamma = \sum_{\nu=0}^{M} u_\gamma^{(\nu)} \cos \nu \, \varphi$, so lassen sich die beiden praktisch wichtigsten Summanden ($\nu = 0$, $\nu = 1$) in der Form darstellen:

$$u_\gamma^{(0)} = \pm \frac{1}{2} \gamma_0(x) - \frac{1}{4\pi R_0} \int_{-a}^{a} \gamma_0(\xi) \left[\ln \left| \frac{x}{a} - \frac{\xi}{a} \right| + \ln \frac{a}{8 R_0} + 1 \right] d\xi +$$

$$+ \frac{1}{2\pi R_0} \int_{-a}^{a} \gamma_0(\xi) \, L_{x0}(x - \xi) \, d\xi,$$

$$u_\gamma^{(1)} = \pm \frac{1}{2} \gamma_1(x) - \frac{1}{4\pi R_0} \int_{-a}^{a} \gamma_1(\xi) \left[\ln \left| \frac{x}{a} - \frac{\xi}{a} \right| + \ln \frac{a}{8 R_0} + 3 \right] d\xi +$$

$$+ \frac{1}{2\pi R_0} \int_{-a}^{a} \gamma_1(\xi) \, L_{x1}(x - \xi) \, d\xi.$$

Für alle Einzelheiten verweisen wir auf die Arbeit von WEISSINGER; dort sind auch Zahlentabellen für die beiden stetigen, in $(x - \xi)$ geraden

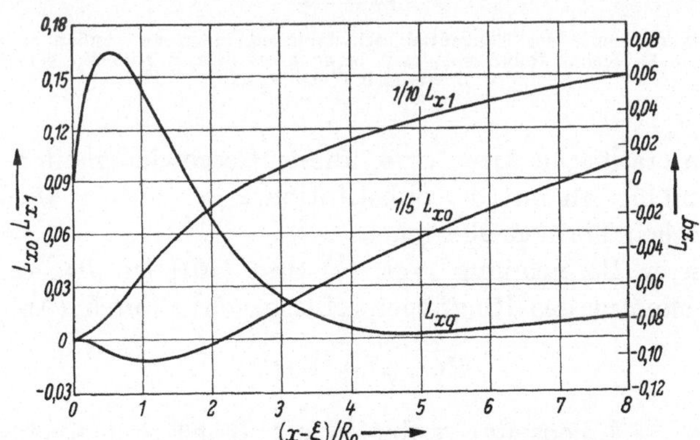

Abb. 6. Stetige Funktionen L_{x0}, L_{x1}, L_{xq} nach WEISSINGER.

und für $x = \xi$ verschwindenden Funktionen L_{x0}, L_{x1} angegeben (vgl. Abb. 6).

Die von einer Quellen-Senken-Verteilung $q(\xi)$ am Ringflügel induzierte Axialgeschwindigkeit [vgl. (5)]

$$u_q(x, R_0) = \frac{1}{2\pi} \int\limits_{-a}^{a} q(\xi) \int\limits_{-\pi/2}^{\pi/2} \frac{R_0(x-\xi)\,d\psi}{\sqrt{(x-\xi)^2 + 4R_0^2 \sin^2 \psi}^{\,3}}\, d\xi$$

läßt sich in analoger Weise in die Form bringen:

$$u_q(x, R_0) = \frac{1}{2\pi} \int\limits_{-a}^{a} \frac{q(\xi)}{x-\xi}\, d\xi + \frac{1}{2\pi R_0} \int\limits_{-a}^{a} q(\xi) L_{xq}(x-\xi)\, d\xi;$$

dabei ist L_{xq} eine stetige, in $(x-\xi)$ schiefsymmetrische Funktion, die in Abb. 6 nach Berechnungsergebnissen von WEISSINGER dargestellt ist.

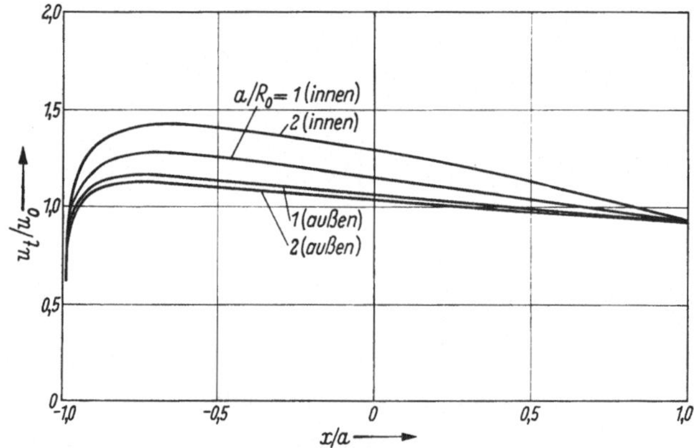

Abb. 7. Axialkomponente der Tangentialgeschwindigkeit innen und außen an einem Ringflügel mit symmetrischem Joukowski-Profil beim Anstellwinkel Null für verschiedene a/R_0-Werte nach WEISSINGER.

Für die praktische Auswertung dieser Geschwindigkeiten wird man am zweckmäßigsten mit der Substitution $\xi = -a \cos\sigma$ wieder zu trigonometrischen Formen übergehen.

In unserer Bezeichnung [vgl. (7) und (10)] ist die Außen- bzw. Innenseitenkontur des Ringflügelprofils gegeben durch (Abb. 2)

$$R(x, \varphi) \pm \tfrac{1}{2} D(x)$$

(+ Außen-, − Innenseite), wobei in der Regel R unabhängig von φ sein wird.

Die Axialkomponente u_t der Tangentialgeschwindigkeit an der Flügeloberfläche (die ja für die Berechnung der Druckverteilung benötigt wird) ergibt sich dann aus der oben berechneten Axialkomponente auf dem Zylindermantel $r = R_0$ durch Multiplikation mit dem sog.[1] Riegels-Faktor, d. h.

$$u_t = \frac{u_\gamma(x,\, R_0,\, \varphi) + u_q(x,\, R_0) + u_0}{\sqrt{1 + \left(\dfrac{dR}{dx} \pm \dfrac{1}{2} \dfrac{dD}{dx}\right)^2}} \; ; \tag{23}$$

man hat also ganz analoge Verhältnisse wie in der gewöhnlichen Profil- bzw. Tragflügeltheorie.

In Abb. 7 und 8 ist nach Berechnungsergebnissen von WEISSINGER[2] der Verlauf der Geschwindigkeit u_t dargestellt für das bereits in Ziff. 2 untersuchte symmetrische Joukowski-Profil mit $D_0/2a = 0,1$, und zwar sowohl für den Fall des Anstellwinkels Null ($v_0 = 0$) als auch für den Anstellwinkel $v_0/u_0 \approx 0,345$.

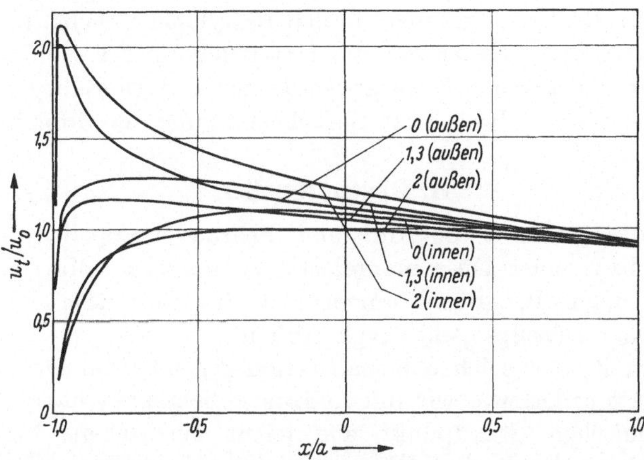

Abb. 8. Axialkomponente der Tangentialgeschwindigkeit innen und außen an einem Ringflügel mit symmetrischem Joukowski-Profil beim Anstellwinkel $v_0/u_0 = 0,345$ und $a/R_0 = 1$ für verschiedene Umfangswinkel $\varphi = n\,\pi/4$ nach WEISSINGER.

Die Umfangskomponente V_t der Tangentialgeschwindigkeit an der Flügeloberfläche kann in einer linearisierten Profiltheorie nach WEISSINGER[2] aus der Formel

$$V_t = \frac{V(x,\, R_0,\, \varphi)}{\dfrac{R(x)}{R_0} \pm \dfrac{1}{2} \dfrac{D(x)}{R_0}} \tag{24}$$

berechnet werden.

c) Die Theorie des Ringflügels ist in verschiedener Hinsicht über die hier dargestellten Ergebnisse hinaus weiter ausgebaut worden. Zum Bei-

[1] RIEGELS, F.: Das Umströmungsproblem bei inkompressiblen Potentialströmungen I und II. Ing.-Arch. 16 (1948) 373; 17 (1949) 94.

[2] WEISSINGER, J.: Einige Ergebnisse aus der Theorie des Ringflügels in inkompressibler Strömung. Advances in Aeron. Sciences 2 (1959) 798. — Zur Aerodynamik des Ringflügels III. DVL-Bericht Nr. 42 (1957).

spiel hat MORGAN[1] in Anlehnung an die von GERSTEN[2] für gewöhnliche Tragflügel entwickelten Methoden erste Ansätze einer (in bezug auf die Anordnung der freien Wirbel) nicht linearisierten Theorie des Ringflügels angegeben. Er hat außerdem eine Methode entwickelt[1], um für einen achsensymmetrischen Ringflügel in axialer Anströmung (ohne Anstellwinkel) zu einer vorgegebenen Druckverteilung die zugehörige Dickenverteilung und Skelettlinie des Profils zu bestimmen.

Weitere Untersuchungen betreffen Fragen, die insbesondere für die Verwendung des Ringflügels im Flugzeugbau von Bedeutung sind, und die somit für uns (die wir in diesem Buch in erster Linie die mit Schiffspropellern zusammenhängenden Fragen behandeln) weniger im Vordergrund des Interesses stehen.

Es handelt sich dabei[3] um die Berechnung eines Ringflügels mit ausgeschlagenem Ruder (d. h. einem in den Ringflügel eingebauten, beweglichen Zusatzflügel); ferner um die Untersuchung des Einflusses, den ein im Innern des Ringflügels angeordneter Rotationskörper auf den Ringflügel ausübt (teilweise mit Berücksichtigung der Grenzschicht).

B. Düsenpropeller

Von KORT[4] stammt die Anregung, Schraubenpropeller mit einem Ringflügel bzw. einer Düse mantelartig zu umgeben. Man bezeichnet einen mit einem Ringflügel umgebenen Propeller deshalb auch als Kortdüse oder Düsenpropeller (vgl. Abb. 9).

Der Vorteil einer solchen Konstruktion gegenüber einem nicht ummantelten Propeller, wie wir ihn in Kap. I behandelt haben, ist vom hydrodynamischen Standpunkt aus leicht einzusehen. Infolge der „Abschirmung" durch den Düsenmantel wird die Umströmung der Propellerflügelspitzen abgeschwächt und dadurch der Abfall der Flügelzirkulation zur Spitze hin und die Entstehung der freien Querwirbel vermindert. Außerdem wird durch die Düse am Propellerflügel eine zusätzliche positive Axialgeschwindigkeit induziert und dadurch die Belastung des Propellers vermindert (vgl. z. B. Abb. 15). Man kann somit (im Vergleich zu einem nicht ummantelten Propeller gleicher Abmessungen) für den Düsenpropeller eine Schuberhöhung und insbesondere

---

[1] MORGAN, W. B.: Theory of annular airfoil and ducted propeller; 4th symposium on naval hydrodynamics, Washington 1962. Report University of California 1961.

[2] GERSTEN, K.: Nichtlineare Tragflächentheorie, insbesondere für Flügel mit kleinem Seitenverhältnis. Ing.-Arch. 30 (1961) 431.

[3] WEISSINGER, J.: Zur Aerodynamik des Ringflügels II; die Ruderwirkung. DVL-Bericht Nr. 39 (1957). — Ring-Airfoil-Theory; Problems of interference and boundary layer. Bericht I (1959), II (1960), ARDC AF 61 (514).

[4] Vgl. z. B. L. KORT: Der neue Düsenschraubenantrieb. Werft-Reederei-Hafen 15 (1934) 41. — HORN, F.: Die Prinzipien des Kort-Düsenschleppers. Schiffbau 34 (1933) 1.

bei starker Belastung eine Wirkungsgradverbesserung erwarten, soweit nicht Reibungsverluste an der Düse einer solchen Verbesserung wieder entgegenwirken. Außerdem dürfte im Nachstromfeld eines Schiffsrumpfes durch die Düse eine glattere Zuströmung zum Propeller erreicht werden.

1. Das simultane Randwertproblem des Düsenpropellers

Die theoretische Behandlung eines Düsenpropellers, der aus den beiden sich gegenseitig beeinflussenden Bauteilen „Schraubenpropeller" und „Ringflügel" besteht, läuft auf die Lösung eines simultanen Randwertproblems hinaus; dieses ergibt sich aus den beiden zu erfüllenden Strömungsrandbedingungen am Schraubenflügel und an der Düsenkontur.

Durch die Wechselwirkung zwischen Ringflügel und Propeller[1] bekommt die Strömung einen komplizierten instationären Charakter. Denn wie wir aus Abschn. A wissen, ist im allgemeinen die Wirbeldichte $\gamma^{(D)}$ des Ringflügels

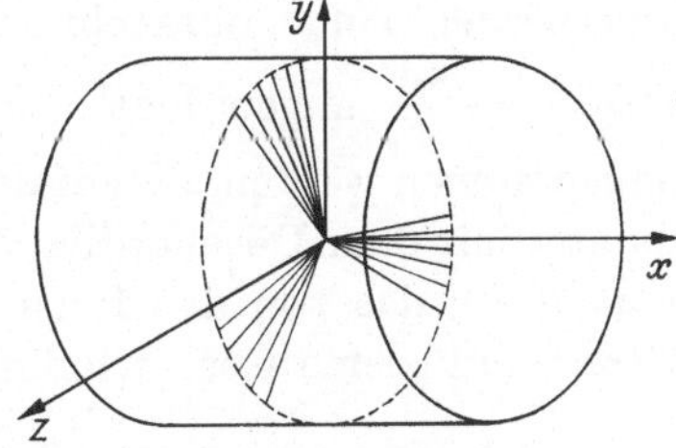

Abb. 9. Düsenpropeller.

allein bereits von der Winkelkoordinate φ abhängig. Dazu kommt durch den in der Düse rotierenden Propeller und die jeweilige relative Stellung seiner Flügel noch eine explizite Zeitabhängigkeit hinzu, die sich nicht (wie etwa beim Nachstrompropeller) ohne weiteres durch die Winkelkoordinate des Ringflügels ausdrücken läßt. Entsprechendes gilt auch für die Zirkulation der Propellerflügel.

Natürlich läßt sich durch eine geeignete Erweiterung der in Kap. I und in Abschn. A dieses Kapitels bereitgestellten Hilfsmittel auch in diesem allgemeinsten Fall die Randbedingung des Düsenpropellers formulieren. Wir verzichten hier jedoch darauf in Anbetracht der Tatsache, daß für dieses sehr komplizierte Problem bisher noch keine Lösungsmethode angegeben worden ist.

Wir begnügen uns hier mit der Behandlung des von MORGAN[2] eingehend untersuchten einfacheren Problems, bei dem der Düsenpropeller in einer rein axialen homogenen Anströmung $u_0\, e_x$ liegt und das Düsenprofil rotationssymmetrisch ist (frei fahrender Düsenpropeller). In diesem Fall ($v_0 = 0$ und $\partial R/\partial x$ unabhängig von φ, vgl. Abschn. A,2)

---

[1] In diesem Abschnitt, wo Zirkulation von Düse (Ringflügel) und Propeller durcheinander vorkommen, versehen wir zur Unterscheidung die Größen mit einem $(D) =$ Düse bzw. $(P) =$ Propeller, z. B. $\Gamma^{(D)}$, $\Gamma^{(P)}$.

[2] MORGAN, W. B.: Theory of annular airfoil and ducted propeller; 4th symposium on naval hydrodynamics, Washington 1962. — A theory of ducted propeller with finite number of blades. Report University of California, Institute of Engineering Research, 1961.

wäre die Wirbelverteilung des Ringflügels (Düse) allein unabhängig von der Winkelkoordinate, und eine φ-Abhängigkeit ist lediglich durch den in der Düse rotierenden Propeller bedingt.

Für die Behandlung dieses Problems ist es zweckmäßig, eine mit dem Propeller mitrotierende tragende Wirbeldichte auf der Düse anzuordnen, denn das zu untersuchende Strömungsfeld ist ja relativ zum rotierenden Propeller stationär.

Das Geschwindigkeitsfeld dieser mitrotierenden tragenden Ringwirbeldichte $\gamma^{(D)}(x, \varphi)$ ist dann unverändert durch Gl. (1) gegeben. Dagegen verliert Gl. (3) jetzt ihre Gültigkeit, denn die induzierten freien Querwirbel sind nunmehr auf Schraubenlinien mit der Steigung $\tan\beta_0 = \dfrac{u_0}{\omega\,R_0}$ angeordnet[1]; im Rahmen der linearen Flügeltheorie kann angenommen werden, daß diese Schraubenlinien alle auf einem Zylindermantel mit dem Düsenradius $r = R_0$ liegen. Damit ergibt sich an Stelle von Gl. (3) das von den freien Querwirbeln nach dem Biot-Savartschen Gesetz induzierte Geschwindigkeitsfeld zu

$$\mathfrak{v}_f = -\frac{1}{4\pi}\int\limits_{-a}^{a}\int\limits_{-\pi}^{\pi}\frac{\partial\gamma^{(D)}(\xi,\psi)}{\partial\psi}\int\limits_{0}^{\infty}\frac{\mathfrak{r}_f\times d\mathfrak{s}_f}{|\mathfrak{r}_f|^3}\,d\psi\,d\xi$$

mit[2]
$$d\mathfrak{s}_f = \left(\mathfrak{e}_x\frac{u_0}{\omega\,R_0} - \mathfrak{e}_y\sin(\psi+\Psi) + \mathfrak{e}_z\cos(\psi+\Psi)\right)R_0\,d\Psi,$$

$$\mathfrak{r}_f = \mathfrak{e}_x\left(x - \xi - \frac{u_0}{\omega}\Psi\right) + \mathfrak{e}_y(r\cos\varphi - R_0\cos(\psi+\Psi)) +$$
$$+ \mathfrak{e}_z(r\sin\varphi - R_0\sin(\psi+\Psi));$$

und damit folgt ausgedrückt in Zylinderkoordinaten:

$$\mathfrak{v}_f = -\frac{1}{4\pi}\int\limits_{\xi=-a}^{a}\int\limits_{\psi=-\pi}^{\pi}\frac{\partial\gamma^{(D)}(\xi,\psi)}{\partial\psi}\times$$

$$\times\int\limits_{\Psi=0}^{\infty}\left[\left(x-\xi-\frac{u_0}{\omega}\Psi\right)^2 + r^2 + R_0^2 - 2r\,R_0\cos(\varphi-\psi-\Psi)\right]^{-3/2}\times$$

$$\times\left\{\mathfrak{e}_x\big(r\cos(\varphi-\psi-\Psi) - R_0\big) +\right.$$

$$+ \mathfrak{e}_\varphi\left[\frac{u_0}{\omega\,R_0}(R_0\cos(\varphi-\psi-\Psi)-r) + \left(x-\xi-\frac{u_0}{\omega}\Psi\right)\sin(\varphi-\psi-\Psi)\right] +$$

$$+ \mathfrak{e}_r\left[\frac{u_0}{\omega\,R_0}R_0\sin(\varphi-\psi-\Psi) - \left(x-\xi-\frac{u_0}{\omega}\Psi\right)\cos(\varphi-\psi-\Psi)\right]\right\}\times$$

$$\times R_0\,d\Psi\,d\psi\,d\xi. \tag{25}$$

---

[1] Für eine weiter verfeinerte Theorie können auch hier die induzierten Geschwindigkeiten bei der Steigung $\tan\beta_0$ berücksichtigt werden.

[2] Da die gebundene Wirbeldichte jetzt entgegengesetzt zur positiven φ-Richtung mit dem Propeller rotiert, werden freie Wirbel $+\dfrac{\partial\gamma^{(D)}}{\partial\psi}\,d\psi$ induziert, d. h. umgekehrtes Vorzeichen wie in (3).

Für die Quellen-Senken-Verteilung $q(x)$ der Düsenkontur bleibt in der linearisierten Profiltheorie unverändert Gl. (7) maßgebend, und das von ihr induzierte Geschwindigkeitsfeld ist durch Formel (5) gegeben.

Wir setzen voraus, daß

$$R_0 > R_a \tag{26}$$

sei, d. h. daß die Propellerflügel den Zylindermantel der Düse nicht berühren. Also $\Gamma^{(P)}(R_a) = 0$[1].

Die Strömungsrandbedingung an der Düse (Ringflügel) lautet mit der gleichen Linearisierung wie bei (8) nunmehr

$$u_0 \frac{\partial R}{\partial x} = W_\gamma(x, R_0, \varphi) + W_f(x, R_0, \varphi) + W_q(x, R_0) +$$
$$+ W_\Gamma(x, R_0, \varphi) + W_Q(x, R_0, \varphi). \tag{27}$$

Dabei ist W_γ durch (1), W_f durch (25) gegeben. W_Γ und W_Q sind die Radialgeschwindigkeiten, die von den gebundenen und den freien Querwirbeln des Propellers auf dem Düsenzylindermantel $r = R_0$ induziert werden. (Da das Problem relativ zum Propellerflügel stationär ist, treten keine freien Längswirbel auf!) Die Geschwindigkeiten W_Γ und W_Q sind direkt aus Formel (I,2) und (I,5) zu entnehmen; dabei ist es zweckmäßig, den Anteil der gebundenen Wirbel noch durch partielle Integration unter Berücksichtigung von (I,8) und (I,9) so umzuformen, daß nur die Ableitung der Flügelzirkulation auftritt, man erhält

$$W_\Gamma = \frac{1}{4\pi} \sum_{n=0}^{N-1} \int\limits_{R_i}^{R_a} \frac{d\,\Gamma^{(P)}(s)}{ds} \frac{\left[s - R_0 \cos\left(\varphi - \varphi_0 - \dfrac{2\pi n}{N}\right)\right] ds}{\sqrt{x^2 + R_0^2 + s^2 - 2 R_0 s \cos\left(\varphi - \varphi_0 - \dfrac{2\pi n}{N}\right)}} \times$$
$$\times \frac{x \sin\left(\varphi - \varphi_0 - \dfrac{2\pi n}{N}\right)}{x^2 + R_0^2 \sin^2\left(\varphi - \varphi_0 - \dfrac{2\pi n}{N}\right)};$$

dabei haben wir gleich noch vorausgesetzt, daß der Propeller in der Mitte der Düse (des Ringflügels) bei $x = 0$ angeordnet ist; andernfalls ist x entsprechend zu ersetzen durch $(x - x_0)$.

In der Randbedingung (27) zur Bestimmung der Wirbeldichte $\gamma^{(D)}(x, \varphi)$ auf der Düse kommt es für die φ-Abhängigkeit nur auf den relativen Abstand zu den Propellerflügeln an, d. h. auf den Wert $(\varphi - \varphi_0)$. Man kann also ohne Einschränkung der Allgemeinheit annehmen, daß

---

[1] Den komplizierteren Grenzübergang $R_a \to R_0$ mit $\Gamma^{(P)}(R_a) \neq 0$ hat MORGAN in seiner Arbeit ebenfalls behandelt.

$\varphi_0 = 0$ ist. (φ_0 gibt die momentane Stellung des Propellerflügels $n = 0$ an.) Damit ergibt sich aus der Randbedingung (27) die folgende Integro-differentialgleichung:

$$u_0 \frac{\partial R(x)}{\partial x} - \frac{1}{4\pi} \int\limits_{-a}^{a} \int\limits_{-\pi}^{\pi} q(\xi) \frac{(1 - \cos\psi)\, R_0^2\, d\psi\, d\xi}{\sqrt{(x - \xi)^2 + 4 R_0^2 \sin^2 \dfrac{\psi}{2}}^{\,3}} -$$

$$- \frac{1}{4\pi} \sum_{n=0}^{N-1} \int\limits_{R_i}^{R_a} \frac{d\Gamma^{(P)}(s)}{ds} \frac{\left(s - R_0 \cos\left(\varphi - \dfrac{2\pi n}{N}\right)\right) ds}{\sqrt{x^2 + R_0^2 + s^2 - 2 R_0 s \cos\left(\varphi - \dfrac{2\pi n}{N}\right)}} \times$$

$$\times \frac{x \sin\left(\varphi - \dfrac{2\pi n}{N}\right)}{x^2 + R_0^2 \sin^2\left(\varphi - \dfrac{2\pi n}{N}\right)} - \frac{1}{4\pi} \sum_{n=0}^{N-1} \int\limits_{R_i}^{R_a} \frac{d\Gamma^{(P)}(s)}{ds} \times$$

$$\times \int\limits_{0}^{\infty} \frac{k_0 \sin\left(\varphi - \dfrac{2\pi n}{N} - \psi\right) - (x - k_0 \psi) \cos\left(\varphi - \dfrac{2\pi n}{N} - \psi\right)}{\sqrt{(x - k_0 \psi)^2 + R_0^2 + s^2 - 2 R_0 s \cos\left(\varphi - \dfrac{2\pi n}{N} - \psi\right)}^{\,3}}\, s\, ds\, d\psi$$

$$= \frac{1}{4\pi} \int\limits_{-a}^{a} \int\limits_{-\pi}^{\pi} \gamma^{(D)}(\xi, \psi) \frac{R_0(x - \xi) \cos(\varphi - \psi)\, d\psi}{\sqrt{(x - \xi)^2 + 4 R_0^2 \sin^2 \dfrac{\varphi - \psi}{2}}^{\,3}}\, d\xi -$$

$$- \frac{1}{4\pi} \int\limits_{-a}^{a} \int\limits_{-\pi}^{\pi} \frac{\partial \gamma^{(D)}(\xi, \psi)}{\partial \psi} \int\limits_{0}^{\infty} \frac{\dfrac{u_0}{\omega} \sin(\varphi - \psi - \Psi) - \left(x - \xi - \dfrac{u_0}{\omega}\Psi\right) \cos(\varphi - \psi - \Psi)}{\sqrt{\left(x - \xi - \dfrac{u_0}{\omega}\Psi\right)^2 + 4 R_0^2 \sin^2 \dfrac{1}{2}(\varphi - \psi - \Psi)}^{\,3}} \times$$

$$\times R_0\, d\Psi\, d\psi\, d\xi. \tag{28}$$

Außer der Randbedingung an der Düse ist natürlich noch eine Bedingung am Propellerflügel zu erfüllen, um dessen Zirkulation zu berechnen. In der stationären Propellertheorie Kap. I, Abschn. B, wurden hierfür zwei verschiedene Möglichkeiten besprochen.

Zunächst haben wir in Ziff. 2 bei vorgegebener Profilform und Steigung des Propellerflügels die normale strömungsmechanische Randbedingung in den verschiedenen Formen der einfachen bzw. der erweiterten Traglinientheorie behandelt. Die in Ziff. 2 des Abschn. I,B entwickelte Theorie bleibt auch für einen Düsenpropeller grundsätzlich gültig; lediglich sind nunmehr am Propellerflügel zusätzlich die von der Düse (Ringflügel) induzierten Axialgeschwindigkeiten u_γ, u_f, u_q und Umfangsgeschwindigkeiten V_γ, V_f gemäß Formel (1), (5) und (25) zu berücksichtigen ($V_q = 0$).

Zum Beispiel erhalten wir aus Formel (I,29) mit den Darstellungen (I,26) und (I,27) die folgende Bedingungsgleichung für die Flügelzirkulation $\Gamma^{(P)}$ des Propellers: ($\varphi = \varphi_0 = 0$).

$$\Gamma^{(P)}(r)\left[\frac{2}{c_a'}\,\frac{1}{l\cos\delta_0} + \frac{N}{4\pi\, r\, \varkappa}\left(\tan\delta_0 + \frac{r}{k_0}\right)\right] = \omega\, r \tan\delta_0 - u_0 - $$

$$-\frac{1}{4\pi}\int\limits_{-a}^{a}\int\limits_{-\pi}^{\pi}\gamma^{(D)}(\xi,\psi)\,\frac{R_0 - r\cos\psi + \tan\delta_0\,\xi\sin\psi}{\sqrt{\xi^2 + r^2 + R_0^2 - 2\, r\, R_0\cos\psi}^{\,3}}\,R_0\,d\psi\,d\xi +$$

$$+\frac{1}{4\pi}\int\limits_{-a}^{a}\int\limits_{-\pi}^{\pi}\frac{q(\xi)\,R_0\,\xi\,d\psi\,d\xi}{\sqrt{\xi^2 + r^2 + R_0^2 - 2\, r\, R_0\cos\psi}^{\,3}} + \frac{1}{4\pi}\int\limits_{-a}^{a}\int\limits_{-\pi}^{\pi}\frac{\partial\gamma^{(D)}(\xi,\psi)}{\partial\psi}\times$$

$$\times\int\limits_{0}^{\infty}\frac{r\cos(\psi+\Psi)-R_0+\tan\delta_0\left[\dfrac{u_0}{\omega}\,\dfrac{r}{R_0} - \dfrac{u_0}{\omega}\cos(\psi+\Psi) - \left(\xi + \dfrac{u_0}{\omega}\,\Psi\right)\sin(\psi+\Psi)\right]}{\sqrt{\left(\xi + \dfrac{u_0}{\omega}\,\Psi\right)^2 + r^2 + R_0^2 - 2\, r\, R_0\cos(\psi+\Psi)}^{\,3}}\times$$

$$\times\, R_0\,d\Psi\,d\psi\,d\xi. \tag{29}$$

Die Gl. (29) entspricht also der Gl. (I,30) für einen Propeller ohne Düse. Analog lassen sich auch die den Integrodifferentialgleichungen (I,32) oder (I,37) entsprechenden Relationen für den Düsenpropeller formulieren.

Definiert man den indizierten Wirkungsgrad des Düsenpropellers so, daß für seine Nutzleistung nur die Anströmgeschwindigkeit u_0 in Betracht gezogen wird (also $u_0\,S$), so hat man

$$\eta_i = \frac{\omega\, r + V_Q + V_\gamma + V_f}{u_0 + u_Q + u_\gamma + u_f + u_q}\,\frac{u_0}{\omega\, r}. \tag{30}$$

Setzt man ferner für den Steigungsparameter k_0 der Schraubenflächen der freien Wirbel des Propellers

$$\frac{1}{r}\,k_0 = \tan\beta_i = \frac{u_0 + u_Q + u_\gamma + u_f + u_q}{\omega\, r + V_Q + V_\gamma + V_f}, \quad \text{also} \quad \eta_i = \frac{u_0}{\omega\, r}\cot\beta_i, \tag{31}$$

so ist es genau wie in Kap. I, Abschn. B,3, möglich, die Flügelzirkulation des Propellers in Abhängigkeit vom induzierten Wirkungsgrad darzustellen.

Mit u_Q, V_Q nach (I,26), (I,27) sowie u_γ, u_f, u_g, V_γ, V_f[1] erhalten wir aus (30) und (31)

$$\frac{N\,\Gamma^{(P)}(r)}{4\,\pi\,r\,\varkappa}\left(1+\left(\frac{\omega\,r}{u_0}\,\eta_i\right)^2\right) = \omega\,r(1-\eta_i) +$$

$$+\,\eta_i\,\frac{\omega\,r}{u_0}\,\frac{1}{4\pi}\int\limits_{-a}^{a}\int\limits_{-\pi}^{\pi}\frac{q(\xi)\,R_0\,\xi\,d\psi\,d\xi}{\sqrt{\xi^2+r^2+R_0^2-2\,r\,R_0\cos\psi}^{\,3}}-\frac{1}{4\pi}\int\limits_{-a}^{a}\int\limits_{-\pi}^{\pi}\gamma^{(D)}(\xi,\psi)\times$$

$$\times\,\frac{\xi\,\sin\psi+\eta_i\dfrac{\omega\,r}{u_0}(R_0-r\cos\psi)}{\sqrt{\xi^2+r^2+R_0^2-2\,r\,R_0\cos\psi}^{\,3}}\,R_0\,d\psi\,d\xi+\frac{1}{4\pi}\int\limits_{-a}^{a}\int\limits_{-\pi}^{\pi}\frac{\partial\gamma^{(D)}(\xi,\psi)}{\partial\psi}\times$$

$$\times\int\limits_{0}^{\infty}\frac{\dfrac{u_0}{\omega}\dfrac{r}{R_0}-\dfrac{u_0}{\omega}\cos(\psi+\Psi)-\left(\xi+\dfrac{u_0}{\omega}\Psi\right)\sin(\psi+\Psi)+\eta_i\dfrac{\omega\,r}{u_0}(r\cos(\psi+\Psi)-R_0)}{\sqrt{\left(\xi+\dfrac{u_0}{\omega}\Psi\right)^2+r^2+R_0^2-2\,r\,R_0\cos(\psi+\Psi)}^{\,3}}\times$$

$$\times\,R_0\,d\Psi\,d\psi\,d\xi. \tag{32}$$

Gl. (32) entspricht also der Gl. (I,41) für einen Propeller ohne Düse. Analog läßt sich auch eine der Integrodifferentialgleichung (I,43) entsprechende Relation für den Düsenpropeller formulieren. Dieses hat Morgan[2] in seiner Arbeit getan.

Die beiden Gln. (28) und (29) oder (28) und (32) charakterisieren das simultane Randwertproblem des Düsenpropellers[3].

2. Methoden zur Lösung des Randwertproblems

Die Lösung des gestellten simultanen Randwertproblems wird nur iterativ möglich sein. In nullter Näherung wird man in den Gln. (29) bzw. (32) die von der Düse stammenden Anteile vernachlässigen, d. h. also die Flügelzirkulation eines Propellers ohne Düse berechnen. Mit dieser Flügelzirkulation $\Gamma^{(P)}(r)$ kann die linke Seite der Integrodifferentialgleichung (28) in erster Näherung berechnet werden.

Morgan[2] (der dieses Iterationsverfahren entwickelt hat) führt die Integration über ψ in dem Integral in der vierten Zeile von (28) mit Hilfe einer ähnlichen Methode (Reihenentwicklung) durch, wie sie Lerbs bei der Berechnung der Induktionsfaktoren verwendet hat (vgl. Kap. I, B, Ziff. 1 a).

---

[1] Nach Formel (1), (5) und (25) mit $\varphi=\varphi_0=0$.

[2] Man vergleiche die auf S. 81 genannten Arbeiten von Morgan.

[3] An die Stelle der Gln. (29) und (32) können jeweils auch die der Induktionsfaktormethode oder der erweiterten Traglinientheorie entsprechenden Integrodifferentialgleichungen treten.

Das Ziel dieser Umrechnungen (für deren Einzelheiten wir auf die Arbeit von MORGAN verweisen müssen) ist es, die linke Seite der Gl. (28) in einer Fourier-Reihe bzw. einem endlichen Fourier-Polynom der Form

$$\sum_{\nu=-M}^{M} E_\nu(x)\, e^{i\nu N\varphi} \qquad\qquad (E_{-\nu}=\bar{E}_\nu) \quad (33)$$

darzustellen. Dabei ist es natürlich klar, daß bei einem N-flügeligen Propeller eine Periodizität mit $2\pi/N$ vorliegen muß.

Um (insbesondere für das zweite Integral) für die linke Seite von Gl. (28) eine Darstellung der Form (33) zu gewinnen, kann man z. B. die N Stabwirbel der Zirkulation $\Gamma^{(P)}(r)$ in der Propellerebene $x=0$ durch eine kontinuierliche Wirbeldichte ersetzen, deren ausgeprägte Maxima an den Stellen $\psi=\dfrac{2\pi n}{N}$ $(n=0,1,\dots,N-1)$ liegen, etwa in der Form

$$\Gamma^{(P)}(s)\, g(\psi) = \Gamma^{(P)}(s) \sum_{\nu=-M}^{M} g_\nu\, e^{i\nu N\psi} \qquad\qquad (34)$$

mit

$$g(\psi)\approx 1 \quad\text{für}\quad \psi\approx\frac{2\pi n}{N}\,, \qquad g(\psi)\approx 0 \quad\text{für}\quad \psi \neq \frac{2\pi n}{N}$$

und

$$\int_0^{2\pi/N} g(\psi)\, d\psi = 1\,, \qquad g_0 = \frac{N}{2\pi}\,.$$

Dann wird z. B.

$$\sum_{n=0}^{N-1} \int_{R_i}^{R_a} \frac{d\,\Gamma^{(P)}(s)}{ds}\, \frac{\left(s - R_0 \cos\left(\varphi - \dfrac{2\pi n}{N}\right)\right) ds}{\sqrt{x^2 + R_0^2 + s^2 - 2R_0 s \cos\left(\varphi - \dfrac{2\pi n}{N}\right)}} \times$$

$$\times \frac{x\sin\left(\varphi - \dfrac{2\pi n}{N}\right)}{x^2 + R_0^2 \sin^2\left(\varphi - \dfrac{2\pi n}{N}\right)} = -\sum_{\nu=-M}^{M} e^{i\nu N\varphi}\, g_\nu \int_{R_i}^{R_a} \frac{d\,\Gamma^{(P)}(s)}{ds}\, \times$$

$$\times \int_0^{2\pi} e^{i\nu N\psi}\, \frac{(s - R_0 \cos\psi)\, x \sin\psi\, d\psi\, ds}{\sqrt{x^2 + R_0^2 + s^2 - 2R_0 s \cos\psi}\, (x^2 + R_0^2 \sin^2\psi)}\,,$$

also von der Form (33).

Beim dritten Integral auf der linken Seite von (28) lassen sich nach MORGAN die Koeffizienten der Entwicklung (33) durch Besselsche und Struvesche Funktionen darstellen, wenn die N Propellerflügel durch eine kontinuierliche Wirbeldichte ersetzt werden.

Für die Integrodifferentialgleichung (28) mit der linken Seite (33) ist dann der Lösungsansatz

$$\gamma^{(D)}(\xi, \psi) = \sum_{v=-M}^{M} \gamma_v(\xi)\, e^{i v N \psi} \qquad (\gamma_{-v} = \bar{\gamma}_v) \quad (35)$$

zweckmäßig, mit dem es gelingt, die Winkelabhängigkeit abzuspalten. Durch Koeffizientenvergleich in $e^{i v N \varphi}$ erhält man die folgenden Integralgleichungen für die Funktionen $\gamma_v(\xi)$ $(v = 0, 1, \ldots, M)$

$$E_v(x) = \frac{1}{4\pi} \int_{-a}^{a} \gamma_v(\xi) \int_{-\pi}^{\pi} e^{i v N \vartheta} \left\{ \frac{R_0(x - \xi)\cos\vartheta}{\sqrt{(x - \xi)^2 + 4 R_0^2 \sin^2 \frac{\vartheta}{2}}^3} + \right.$$

$$\left. + i v N \int_{0}^{\infty} \frac{\frac{u_0}{\omega}\sin(\vartheta + \Psi) + \left(x - \xi - \frac{u_0}{\omega}\Psi\right)\cos(\vartheta + \Psi)}{\sqrt{\left(x - \xi - \frac{u_0}{\omega}\Psi\right)^2 + 4 R_0^2 \sin^2 \frac{1}{2}(\vartheta + \Psi)}^3} R_0\, d\Psi \right\} d\vartheta\, d\xi. \quad (36)$$

MORGAN zeigt, daß der Kern der Integralgleichungen (36) ähnlich wie bei (16) in die Form $\dfrac{1}{x - \xi} + L_v(x - \xi)$ gebracht werden kann. Der Kernanteil L_v läßt sich teilweise durch Besselsche und Struvesche Funktionen ausdrücken. Für Einzelheiten verweisen wir auf die Originalarbeit von MORGAN.

Hat man die Wirbelbelegung $\gamma^{(D)}$ der Düse in erster Näherung aus Integralgleichung (36) berechnet, so ergibt sich aus Gl. (29) bzw. (bei

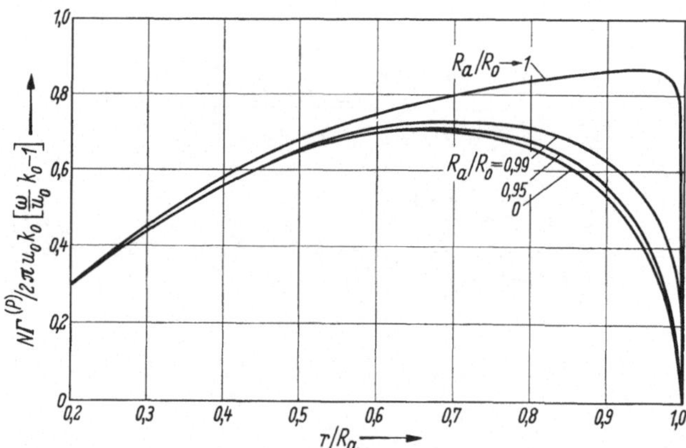

Abb. 10. Flügelzirkulation eines Düsenpropellers ($N = 4$, $k_0/R_a = 1/3$) für verschiedene Werte von R_a/R_0 nach TACHMINDJI.

vorgegebenem Wirkungsgrad η_i) aus Gl. (32) eine erste Näherung für die Flügelzirkulation $\Gamma^{(P)}(r)$ des Düsenpropellers. Damit kann in gleicher Weise der nächste Iterationsschritt beginnen. Über die Konvergenz dieses Verfahrens werden bei MORGAN noch keine Angaben gemacht; sie hängt jedoch sicher von dem Verhältnis R_a/R_0 ab [vgl. (26)]. Für $0,99 < R_a/R_0 < 1,00$ dürften auf jeden Fall mehrere Iterationen notwendig sein.

Will man sich für Werte $R_a/R_0 < 0,98$ einen Überblick über den Einfluß der Düse auf die Flügelzirkulation des Propellers verschaffen,

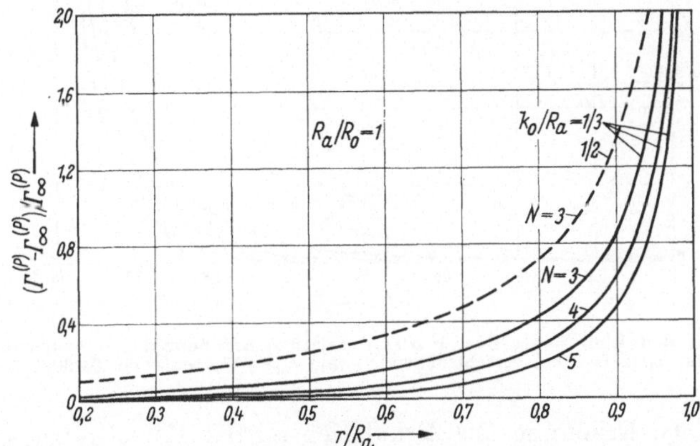

Abb. 11. Durch den Einfluß der Düse bewirkte (relative) Erhöhung der Propellerflügelzirkulation für $R_a/R_0 = 1$ bei verschiedenen N- und k_0/R_a-Werten nach TACHMINDJI.

so wird es wahrscheinlich ausreichend sein, auf die Lösung der Integrodifferentialgleichung (28) überhaupt zu verzichten; die Zirkulation $\Gamma^{(P)}(r)$ wird dann aus (29) in der Weise berechnet, daß für die Wirbeldichte $\gamma^{(D)}$ der Wert des entsprechenden Ringflügels ohne Propeller eingesetzt wird. Dabei ergeben sich noch ganz erhebliche Vereinfachungen dadurch, daß $\gamma^{(D)}$ dann nicht von der Winkelkoordinate ψ abhängt.

Für $\varkappa$ kann der Goldstein-Faktor des Propellers ohne Düseneinfluß verwendet werden.

Der oben mitgeteilte Einblick in den Einfluß der Größenordnung des Verhältnisses R_a/R_0 basiert auf Ergebnissen einer Arbeit von TACHMINDJI[1]. Dieser hat das Goldsteinsche Potential für das Wirbelsystem eines frei fahrenden Schraubenpropellers (vgl. Kap. I, Abschn. B,1e) so erweitert, daß es für $r = R_0$ der einer Düse entsprechenden zusätzlichen Randbedingung $\partial \Phi/\partial r = 0$ genügt. TACHMINDJI hat damit einen Optimalpropeller ($\eta_i =$ konstant über den Radius) in einem halbunendlichen Kreiszylinder (Düse) vom Radius R_0 behandelt. Abb. 10 zeigt die Flügelzirkulation $\Gamma^{(P)}$, d. h. den Ausdruck

$$N \, \Gamma^{(P)} \Big/ \left[2\pi \, u_0 \, k_0 \left(\frac{\omega}{u_0} \, k_0 - 1 \right) \right]$$

---

[1] TACHMINDJI, A. J.: Potential problem of the optimum propeller with finite number of blades operating in a cylindrical duct. J. Ship Res. 2 (1958/59) H. 3.

für einen vierflügeligen Propeller mit Nabenradius $R_i = 0$ und $k_0 = \frac{1}{3} R_a$ in Abhängigkeit von R_a/R_0. Man erkennt, daß erst für $R_a/R_0 > 0{,}98$

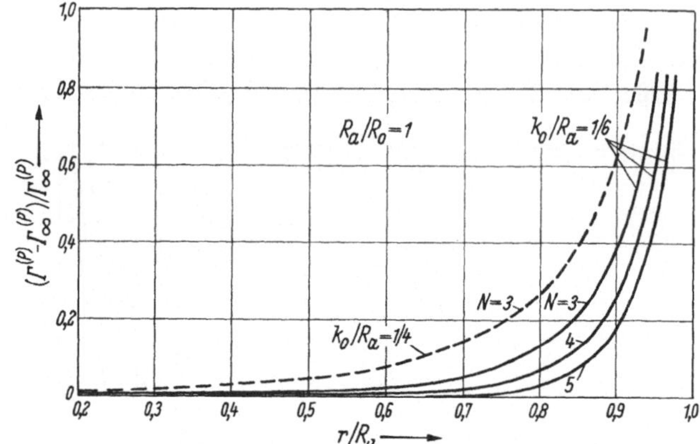

Abb. 12. Durch den Einfluß der Düse bewirkte (relative) Erhöhung der Propellerflügelzirkulation für $R_a/R_0 = 1$ bei verschiedenen N- und k_0/R_a-Werten nach TACHMINDJI.

eine merkliche Erhöhung der Zirkulation an der Flügelspitze auftritt. Wir bezeichnen mit $\Gamma^{(P)}$ die Zirkulation des Propellerflügels in dem Düsenzylinder und mit $\Gamma_\infty^{(P)}$ die Zirkulation für $R_0 \to \infty$, d. h. ohne Düse.

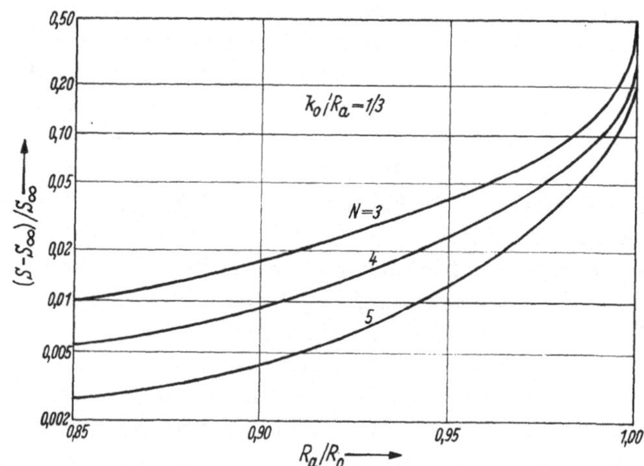

Abb. 13. Durch den Einfluß der Düse bewirkte (relative) Erhöhung der Propellerschubkraft für $k_0/R_a = 1/3$ bei verschiedenen N-Werten nach TACHMINDJI.

Ferner seien S und S_∞ die entsprechenden Schubkräfte des Propellers. In Abb. 11 und 12 ist im Grenzfall $\dfrac{R_a}{R_0} \to 1$ das Verhältnis $(\Gamma^{(P)} - \Gamma_\infty^{(P)})/\Gamma_\infty^{(P)}$ für verschiedene Flügelzahlen N und die Werte $k_0 = \frac{1}{3} R_a$ und $k_0 = \frac{1}{6} R_a$

aufgezeichnet. (Alles nach Ergebnissen von TACHMINDJI.) Man erkennt, daß die durch die „Abschirmungswirkung" der Düse bedingte Erhöhung der Flügelzirkulation um so ausgeprägter ist, je kleiner die Flügelzahl N und je größer der Steigungsparameter k_0 der Schraubenflächen ist. Dieses Ergebnis ist auch anschaulich plausibel und entspricht der Erwartung.

Schließlich zeigt Abb. 13 das Verhältnis $(S - S_\infty)/S_\infty$, das die relative Erhöhung der Propellerschubkraft durch den Düseneinfluß angibt, in Abhängigkeit von R_a/R_0 für verschiedene N-Werte und $k_0 = \frac{1}{3} R_a$. Auch hier ist die Wirkung der Düse bei einem dreiflügeligen Propeller stärker als bei einem fünfflügeligen.

3. Einfachere Berechnungsmethoden für Düsenpropeller

Wie wir in Ziff. 1 und 2 gesehen haben, ist die reguläre Wirbeltheorie des Düsenpropellers mit der zu erfüllenden simultanen Randbedingung schon recht verwickelt und überhaupt erst in den letzten Jahren systematisch bearbeitet worden.

In Anbetracht der großen Bedeutung, die der Düsenpropeller für die Schiffspropulsion hat, ist es daher nicht erstaunlich, daß schon früher einfachere Methoden zur Behandlung der Strömung durch Düsenpropeller entwickelt wurden.

a) Hier ist vor allem die Theorie von DICKMANN und WEISSINGER[1] zu erwähnen, für die schon früher Vorläufer von HORN, AMTSBERG und DICKMANN[2] entwickelt wurden.

Charakteristisch für die Theorie von DICKMANN-WEISSINGER[1] (die wir im folgenden kurz darlegen wollen) ist es, daß Düse und Propeller nicht wie bisher als getrennte strömungsmechanische Bauelemente betrachtet werden, die miteinander in Wechselwirkung stehen, und deren gegenseitige Beeinflussung berechnet werden muß, sondern Propeller und Düse bilden ein einziges zusammenhängendes Propulsionsorgan.

Für dieses vereinfachte Modell werden zunächst einige Begriffe aus der altbekannten[3] einfachen Strahltheorie der Propulsionsorgane heran-

---

[1] DICKMANN, H. E., u. J. WEISSINGER: Beitrag zur Theorie optimaler Düsenschrauben (Kortdüsen), Jb. Schiffbautechn. Ges., Bd. 49, 1955, Berlin/Göttingen/Heidelberg: Springer 1955.

[2] HORN, F.: Beitrag zur Theorie ummantelter Schiffsschrauben, Jb. Schiffbautechn. Ges., Bd. 41, 1940, Berlin 1940, S. 106. — HORN, F., u. H. AMTSBERG: Entwurf von Schiffsdüsensystemen (Kortdüsen), Jb. Schiffbautechn. Ges., Bd. 44, 1950, Berlin/Göttingen/Heidelberg: Springer 1950, S. 49. — DICKMANN, H. E.: Grundlagen zur Theorie ringförmiger Tragflügel (frei umströmte Düsen). Ing.-Arch. 11 (1940) 36.

[3] Vgl. z. B. L. PRANDTL: Führer durch die Strömungslehre, Braunschweig: Vieweg 1949, S. 211.

gezogen. Als Optimalbedingung für die Düsenschraube wird gefordert, daß die axiale Zusatzgeschwindigkeit u^* des Strahles weit hinter dem Propeller im ganzen Strahlbereich konstant ist. Nach der Strahltheorie ist ferner die Druckerhöhung Δp, welche durch die an den Propeller abgegebene Leistung (Motorenleistung) bewirkt wird, gegeben durch[1]

$$\Delta p = \varrho\, u^*(u_0 + \tfrac{1}{2}\, u^*), \tag{37}$$

mit $S = F\,\Delta p = \varrho\,\pi\,R_a^2\,\Delta p$ als Schubkraft des Propulsionsorgans. Damit wird die obige Optimalbedingung gleichbedeutend mit der Forderung, daß jedem durch den Düsenpropeller strömenden Flüssigkeitsteilchen die gleiche Druckerhöhung Δp zugefügt werden soll. Aus diesem Grunde muß die gesamte Querschnittsfläche der Düse vom Propeller erfaßt werden, es darf kein merkbarer Spalt zwischen Flügelspitzen und Düsenwand auftreten[2]. Eine solche nach DICKMANN-WEISSINGER optimale Düsenschraube hat den Charakter einer Axialpumpe, und zwar letzteres um so mehr, als die beiden Verfasser noch voraussetzen, daß der Strahl hinter der Düsenschraube wie in der einfachen Strahltheorie drallfrei sein soll, d. h. keine induzierte Umfangsgeschwindigkeit auftritt. Diese Voraussetzung ist möglich, da DICKMANN und WEISSINGER in ihrer Arbeit ausdrücklich einen Propeller mit Leitrad zugrunde legen; das Propulsionsorgan wird wie eine axiale Pumpenstufe behandelt bzw. ausgelegt. Für einen solchen Düsenpropeller mit Leitrad kann wie bei einer axialen Schaufelgitterstufe angenommen werden, daß die Flügelzirkulation in radialer Richtung konstant ist[3].

Auf die Einzelheiten der inneren Durchströmung dieser Pumpenstufe wird nicht eingegangen, sondern es wird lediglich die Gesamtwirkung des Propulsionsorgans untersucht.

Nach der Strahltheorie entspricht der vom Propeller erzeugten Druckerhöhung Δp die Zusatzgeschwindigkeit u^* innerhalb des Propellerstrahles; außen herrscht die ungestörte Anströmgeschwindigkeit u_0. Längs der freien Strahlgrenze ist der Druck innerhalb und außerhalb des Strahles gleich groß; diese Voraussetzung liegt auch der Herleitung der Relation (37) aus der Bernoullischen Gleichung zugrunde. Die Geschwindigkeiten innerhalb und außerhalb des Strahles sind also $u_i = u_0 + u^*,\ u_a = u_0$.

---

[1] Vgl. Fußnote 3 auf S. 91.

[2] Nach J. D. VAN MANEN [Ergebnisse systematischer Versuche mit Schiffsdüsensystemen, Jb. Schiffbautechn. Ges., Bd. 47, 1953, Berlin/Göttingen/Heidelberg: Springer 1953, S. 216] kann man eine solche Bauart verwirklichen, indem die kreisrund ausgeführten Flügelenden der Düsenwand angepaßt werden. Der dann noch vorhandene winzige Spalt (bis zu $^1/_{1000}$ des Propellerdurchmessers) wird weitgehend durch die Grenzschicht der Düsenwand ausgefüllt.

[3] Vgl. z. B. W. TRAUPEL: Thermische Turbomaschinen, Bd. I, ber. Neudruck, Berlin/Göttingen/Heidelberg: Springer 1962.

Die Strahlgrenze mit ihrem Geschwindigkeitssprung $u_i - u_a$ kann
also durch eine Schicht von Ringwirbeln der Stärke $\gamma_0 = u^*$ ersetzt
werden, denn bekanntlich springt die Tangentialgeschwindigkeit längs
einer Wirbelschicht um den Betrag γ_0. Wir stoßen hier wieder auf die
altbekannte[1] Tatsache, daß die Wirkung eines Propellers im einfachsten
Modell durch einen halbunendlichen Wirbelzylinder dargestellt werden
kann. Dessen Stärke γ_0 hängt wegen $\gamma_0 = \dfrac{2}{\varrho} \Delta p/(u_i + u_a)$ mit dem
Schubbelastungsgrad $c_S = \dfrac{2}{\varrho} \Delta p/u_0^2$ des Propellers zusammen, und zwar
gilt

$$\frac{\gamma_0}{u_0} = -1 + \sqrt{1 + c_S}. \tag{38}$$

Die beim Düsenpropeller zusätzlich vorhandene Düse ersetzen
DICKMANN und WEISSINGER durch eine elliptische Ringwirbelver-
teilung $\gamma_2(\xi)$[2], die ebenso wie die
dem Propellerstrahl entsprechende
Ringwirbelschicht der konstanten
Stärke γ_0 auf dem Zylindermantel
$r = R_a = R_0$ angeordnet wird. R_0
ist der mittlere Düsenradius (vgl.
Abb. 14). Wie wir aus der genauen
Wirbeltheorie des Düsenpropellers
in Ziff. 1 wissen, entspricht diese
vom Umfangswinkel unabhängige

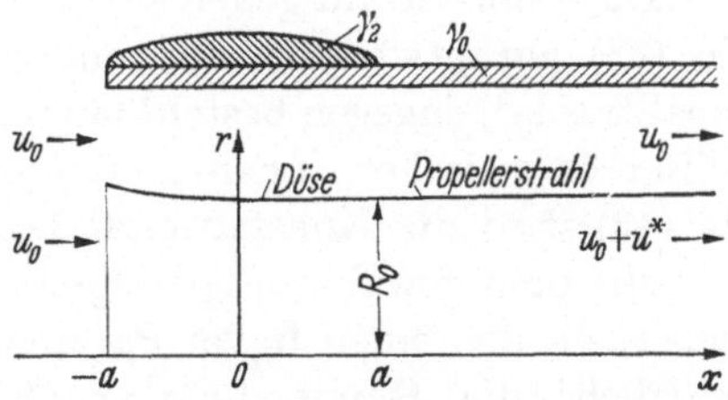

Abb. 14. Wirbelmodell eines Düsenpropellers
nach DICKMANN-WEISSINGER.

Wirbelbelegung der Düse einem unendlich-flügeligen Propeller; der
Einfluß der endlichen Flügelzahl wird also bei dem vereinfachten Modell
von DICKMANN-WEISSINGER[3] vernachlässigt.

Das Wirbelsystem des Düsenpropellers besteht bei diesem Modell
also aus einer elliptischen Ringwirbelbelegung auf der Düse

$$\gamma_2(\xi) = 2\pi\, u_0\, A_2 \sqrt{1 - (\xi/a)^2} \quad (-a \leqq \xi \leqq a) \tag{39}$$

und einer konstanten Belegung im Bereich von Düse und Strahl

$$\gamma_0 = 2\pi\, u_0\, A_0 \qquad (-a \leqq \xi < \infty) \tag{40}$$

A_0 und A_2 sind zunächst noch freie Konstanten.

---

[1] DICKMANN, H. E.: Schiffskörpersog, Wellenwiderstand eines Propellers und
Wechselwirkung mit Schiffswellen. Ing.-Arch. 9 (1938) 452.

[2] γ_2 entspricht also der sog. zweiten Birnbaumschen Normalverteilung; die
erste erscheint als ungeeignet wegen der Umströmung der Flügelvorderkante
(nicht stoßfreier Eintritt).

[3] DICKMANN, H. E., u. J. WEISSINGER: Beitrag zur Theorie optimaler Düsenschrauben (Kortdüsen), Jb. Schiffbautechn. Ges., Bd. 49, 1955, Berlin/Göttingen/
Heidelberg: Springer 1955, S. 256.

Die von diesem Wirbelsystem $\gamma_0 + \gamma_2$ induzierte Axialgeschwindigkeit u_D und Radialgeschwindigkeit W_D ist wie üblich durch das Biot-Savartsche Gesetz gegeben. Die Ergebnisse der zahlenmäßigen Berechnung von u_D und W_D liegen bereits in tabellierter Form in dem Buch von KÜCHEMANN-WEBER vor[1]. Für Einzelheiten verweisen wir auf das Buch sowie auf die Originalarbeit von WEISSINGER-DICKMANN.

Ist $R(x)$ die Kontur der Düsenskelettlinie bzw. die Strahlkontur, so lauten die Strömungsrandbedingungen auf der Düse

$$\frac{dR(x)}{dx} = \frac{W_D}{u_0 + u_D} \quad (r = R_0, \; -a \leqq x \leqq a), \quad (41)$$

und auf dem Strahl

$$\frac{dR(x)}{dx} = \frac{W_D}{u_0 + u_D}; \quad \Delta p = \varrho(u_0 + u_{D\,|\,x=a}) \gamma_0 \quad \begin{pmatrix} r = R_0 \\ a \leqq x < \infty \end{pmatrix}. \quad (42)$$

Düse und Strahl gehen stetig ineinander über. Die zweite Bedingung in (42) garantiert die notwendige Druckgleichheit (vgl. S. 92) längs des Strahls[2]; dagegen besteht längs des Düsenprofils natürlich eine Druckdifferenz zwischen Innen- und Außenseite. Aus der zweiten Bedingung in (42) wird die Konstante A_0 bestimmt (bei vorgegebenem Δp).

Mit dem gewählten speziellen Ansatz (39) und (40) für $\gamma_0 + \gamma_2$, der nur noch den einen freien Parameter A_2 enthält, ist es natürlich nicht möglich, die Randbedingung (41) für beliebige Düsenkonturen zu erfüllen. DICKMANN und WEISSINGER gehen umgekehrt vor; sie berechnen durch Integration[3] von Gl. (41) mit dem Anfangswert $R(a) = R_0$ an der Hinterkante eine einparametrige Schar von Düsenkurven $R(x, A_2)$. Die Auswahl der geeigneten Düsenkontur aus dieser Schar, d. h. die Festlegung des Parameters A_2 erfolgt durch Vorgabe der Austrittsrichtung $(dR/dx)_{x=a}$ des Düsenprofils (Abb. 15).

DICKMANN und WEISSINGER geben auf Grund von Erfahrungen mit Diffusoren an, daß ein Austrittswinkel von $(dR/dx)_{x=+a} \approx 0{,}061 \; (3{,}5^0)$ der geeignetste sei, um Ablösung der Strömung an der Düse zu vermeiden und noch eine Sogwirkung der Düse zu erzielen.

Nachdem so die Düsenkontur ermittelt und das durch sie bedingte Strömungsfeld im Innern der Düse bekannt ist, wird der in der Düse

---

[1] KÜCHEMANN, D., u. J. WEBER: Aerodynamics of propulsion, New York, London: McGraw-Hill 1953.

[2] Sie entspricht für das vorliegende vereinfachte Modell des Düsenpropellers der Relation (37) bzw. (38).

[3] W_D wird wegen des Anteils γ_0 an der Vorderkante der Düse logarithmisch unendlich; bei der Durchführung der numerisch auszuführenden Integration spaltet man die Singularität ab. Für die Kontur der Düse bedeutet das Unendlichwerden von dR/dx eine senkrechte Tangente an der Vorderkante. Die log-Singularität ist jedoch so schwach, daß sie sich nur in der unmittelbaren Umgebung der Düsenvorderkante auswirkt.

arbeitenden Propeller mit Leitapparat nach den Methoden berechnet (ausgelegt), die im technischen Strömungsmaschinenbau für axiale Pumpenstufen Anwendung finden[1]. Hierauf gehen wir nicht näher ein.

DICKMANN und WEISSINGER haben in ihrer Arbeit auch eine Näherungsmethode angegeben, um den Einfluß einer Propellernabe endlichen Durchmessers auf die Düsenströmung zu untersuchen, und zwar wird

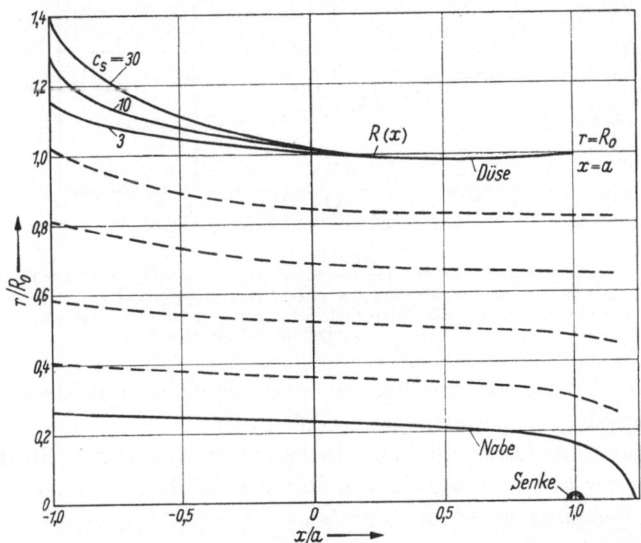

Abb. 15. Düsenkonturen (schematisch) bei verschiedenen c_s-Werten und Stromfläche der durch eine Senke charakterisierten Propellernabe nach DICKMANN-WEISSINGER.

auf der Düsenachse bei $x = a$, $r = 0$ eine Senke angeordnet. Eine solche bewirkt eine Stromfläche, die hinter der Senke ($x > 0$) mit einem Staupunkt abschließt und als Oberfläche einer Nabe gedeutet werden kann (vgl. Abb. 15). Weit vorn auf der negativen x-Achse ist eine entsprechende Quelle anzubringen, deren Einfluß auf das Strömungsfeld der Düse vernachlässigt werden kann. Für Einzelheiten verweisen wir auf die Originalarbeit.

Die Theorie von DICKMANN und WEISSINGER ist später in mehrfacher Hinsicht ergänzt bzw. verbessert worden.

Zunächst hat WIEDEMER[2] die Vereinfachung fallen gelassen, daß das Wirbelsystem des Düsenpropellers auf dem Zylindermantel $r = R_0$ angeordnet wird. Mit Hilfe eines Iterationsverfahrens (ausgehend von

---

[1] PFLEIDERER, C.: Strömungsmaschinen, Berlin/Göttingen/Heidelberg: Springer 1952.

[2] WIEDEMER, K.: Ein Beitrag zur Theorie der Düsenschrauben (Kortdüsen). Diss. TH Karlsruhe 1960.

der Dickmann-Weissingerschen Lösung) gelingt es ihm, die Wirbelverteilung auf der Düse selbst anzubringen, und so genauere Konturen zu bestimmen. Abb. 16 zeigt das Ergebnis für die Düsenkonturen bei

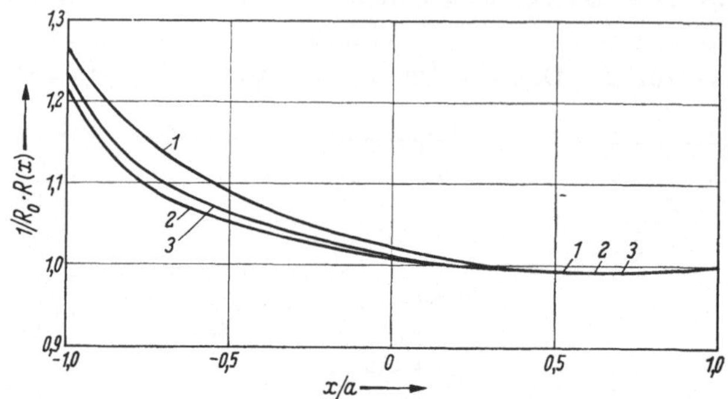

Abb. 16.

Verbesserte Düsenkontur eines Düsenpropellers mit $c_S = 10$ und $a/R_0 = 0,5$ nach WIEDEMER.
1 Ausgangskontur nach DICKMANN-WEISSINGER mit Wirbelbelegung auf dem Zylinder $r = R_0$;
2 Ergebnis der ersten Iteration mit Wirbelbelegung auf Kontur 1; 3 Ergebnis der zweiten Iteration mit Wirbelbelegung auf Kontur 2.

einem von WIEDEMER durchgerechneten Beispiel mit dem Schubbelastungsgrad $c_S = 10$ und $a/R_0 = 0,5$.

WIEDEMER hat ferner die Wirbelbelegung nach Formel (40) insofern modifiziert, als er im unmittelbaren Bereich der Düsenvorderkante die konstante Belegung durch die Parabel

$$\gamma_0 \sim \sqrt{\xi + a} \quad (\text{für } -a \leqq \xi \leqq 0,05 R_a - a)$$

ersetzt. Dadurch wird die senkrechte Tangente an der Düsenkontur bei $x = -a$ vermieden (vgl. Fußnote 3, S. 94). Abb. 17 und 18 zeigen bei einem Düsenpropeller mit dem Schubbelastungsgrad $c_S = 10$ und $a/R_0 = 0,75$ die so modifizierte Wirbelbelegung und die von WIEDEMER iterativ berechneten Düsenkonturen.

In einer weiteren Arbeit[1] formuliert WIEDEMER eine Lösungsmethode für das umgekehrte Problem wie bei DICKMANN-WEISSINGER; nämlich die Düsenkontur $R(x)$ und der dem Propeller entsprechende halbunendliche Wirbelzylinder der Stärke γ_0 [die durch (38) mit der Belastung des Propellers zusammenhängt] ist vorgegeben. Gesucht ist die gegenüber (39) verallgemeinerte Wirbelbelegung $\gamma(x)$ der Düse; diese ist aus der Randbedingung (41) zu ermitteln. Für die sich dann ergebende Integralgleichung für $\gamma(x)$ schlägt WIEDEMER ein Auflösungsverfahren vor, das in der mehrfachen Anwendung der $^1/_4 - ^3/_4$-Punkt-Methode der Tragflügeltheorie besteht.

---

[1] WIEDEMER, K.: Der Düsenpropeller bei veränderlicher Belastung. Schiffstechnik 10 (1963) 1.

Schließlich hat KOBYLINSKI[1] die Dickmann-Weissingersche Theorie dadurch erweitert, daß auch eine über den Radius r variable Zirku-

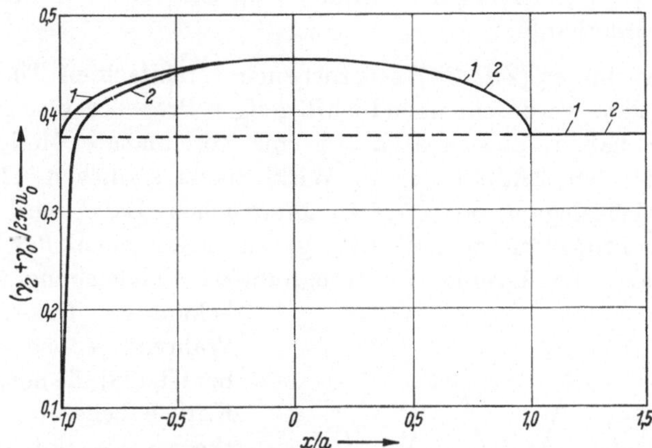

Abb. 17. Wirbelbelegung nach DICKMANN-WEISSINGER (*1*) und modifizierte Wirbelbelegung nach WIEDEMER (*2*) bei einem Düsenpropeller mit $c_s = 10$ und $a/R_0 = 0{,}75$.

lationsverteilung der Propellerflügel zugelassen wird (allerdings auch nur für einen unendlich-flügeligen Propeller). Und zwar wird grundsätz-

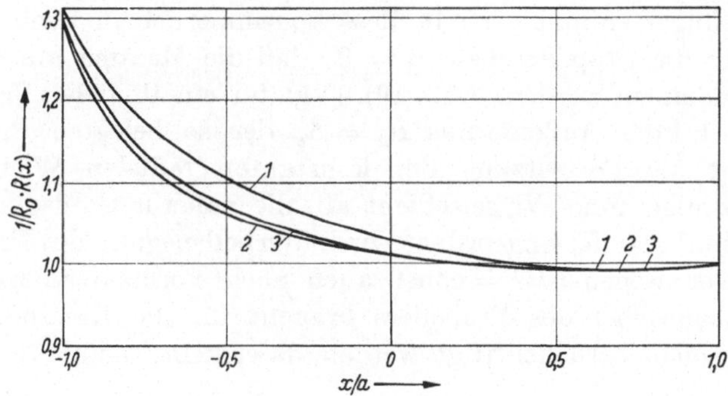

Abb. 18.

Verbesserte Düsenkontur eines Düsenpropellers mit $c_s = 10$ und $a/R_0 = 0{,}75$ nach WIEDEMER.
1 Ausgangskontur nach DICKMANN-WEISSINGER mit Wirbelbelegung auf dem Zylinder $r = R_0$; *2* Ergebnis der ersten Iteration mit Wirbelbelegung auf Kontur *1*; *3* Ergebnis der zweiten Iteration mit Wirbelbelegung auf Kontur *2*.

lich eine linear mit r bis zur Spitze anwachsende Zirkulation angenommen (vgl. hierzu auch Abb. 10). Für die praktische Rechnung ersetzt KOBYLINSKI die linear anwachsende Zirkulation der Propellerflügel

---

[1] KOBYLINSKI, L.: The calculation of nozzle propeller systems based on the theory of thin annular airfoils with arbitrary circulation distribution. Intern. Shipbuild. Progr. 8 (1961) 495.

durch eine stufenförmige Verteilung. Bei diesem Modell ist der Propeller durch mehrere halbunendliche koaxiale Wirbelzylinder zu ersetzen. Die inneren Wirbelzylinder beginnen in der Propellerebene, der äußerste an der Düsenvorderkante.

b) In der bisher (Ziff. 3a) besprochenen vereinfachten Theorie des Düsenpropellers wurde ein unendlichflügeliger Propeller vorausgesetzt. WIEDEMER[1] hat in diesem Rahmen eine vereinfachte Methode angegeben, um den Einfluß der in Wirklichkeit endlichen Flügelzahl auf die Wirbelbelegung der Düse zu untersuchen. Dabei wird die Zirkulation der Propellerflügel $\Gamma^{(P)}$ als gegeben angenommen; das Problem entspricht also der Lösung der Integrodifferentialgleichung (28) mit bekannter linker Seite. Während jedoch in Ziff. 1 bei Gl. (28) die normale aus Kap. I bekannte Wirbeltheorie des Propellers zugrunde gelegt ist, verwendet WIEDEMER ein vereinfachtes Modell. Er nimmt eine in radialer Richtung konstante Zirkulation $\Gamma^{(P)}$ der

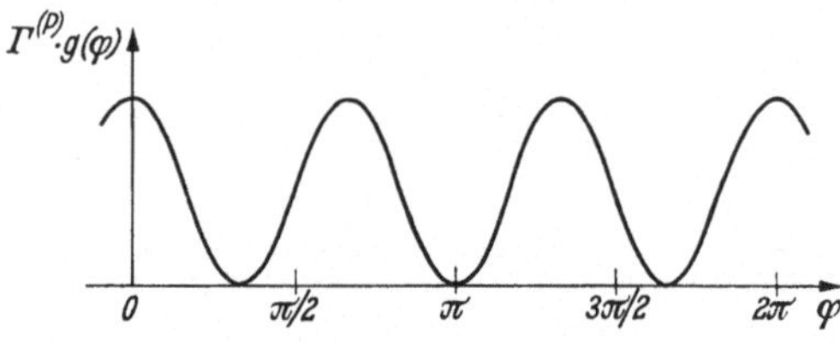

Abb. 19. Kontinuierlich in Umfangsrichtung verteilte Zirkulation der Propellerflügel nach Gl. (43) mit $N = 3$ (schematisch).

N Propellerflügel an und verteilt diese kontinuierlich in Umfangsrichtung so über die Propellerebene $x = 0$, daß die Maxima am Ort der Flügel angenommen werden (Abb. 19). [Vgl. für ein ähnliches Verfahren Formel (34).] Vom Außenradius $R_0 = R_a$ der so belegten Propellerscheibe geht als Fortsetzung der konstanten radialen Wirbel eine schraubenförmige freie Wirbelschicht ab, die näherungsweise auf dem Zylindermantel $r = R_0$ angeordnet wird (Wirbelbelegung des Propellerstrahles). Der wegen $\Gamma^{(P)} = $ const auch noch vorhandene axial gerichtete Nabenwirbel des Propellers braucht für die Randbedingung an der Düse nicht berücksichtigt werden, da er keine radiale Geschwindigkeit induziert.

Auf der Düse setzt WIEDEMER genau wie MORGAN eine mitrotierende Wirbelbelegung $\gamma^{(D)}(x, \varphi)$ an, die auf dem Zylindermantel $r = R_0$ angeordnet wird, und von der schraubenförmige freie Wirbel abgehen.

Charakteristisch für das von WIEDEMER[1] angegebene Modell ist, daß er die beiden auftretenden freien Wirbelschichten (nämlich die Wirbelbelegung des Propellerstrahles und die von der Wirbeldichte der Düse $\gamma^{(D)}$ induzierten freien Wirbel) mit ihren Wirbelachsen auf Schraubenlinien aufteilt in freie Ringwirbel mit Achsen in Umfangsrichtung

---

[1] WIEDEMER, K.: Ein Beitrag zur Theorie der Düsenschrauben (Kortdüsen). Diss. TH Karlsruhe 1960.

und Axialwirbel mit Achsen in x-Richtung. Mit dieser Aufteilung bzw.
Umrechnung (für deren Einzelheiten wir auf die Originalarbeit von
WIEDEMER verweisen) gelingt es, für die Berechnung der auf der Düse
induzierten Radialgeschwindigkeiten [diese werden ja in der Randbedingung (27) benötigt] unmittelbar den Formalismus zu verwenden,
den WEISSINGER für die Behandlung des Ringflügels allein entwickelt
hat (vgl. Abschn. A, Ziff. 1 und 2).

Bei dem von WIEDEMER verwendeten Wirbelmodell ist noch folgendes zu beachten: Die von der Propellerebene $x = 0$ ausgehende
Wirbelbelegung des Propellerstrahles bewirkt mit ihrem Ringwirbelanteil auf der Düse bei $x = 0$ eine sprunghafte Unstetigkeit der Ring-

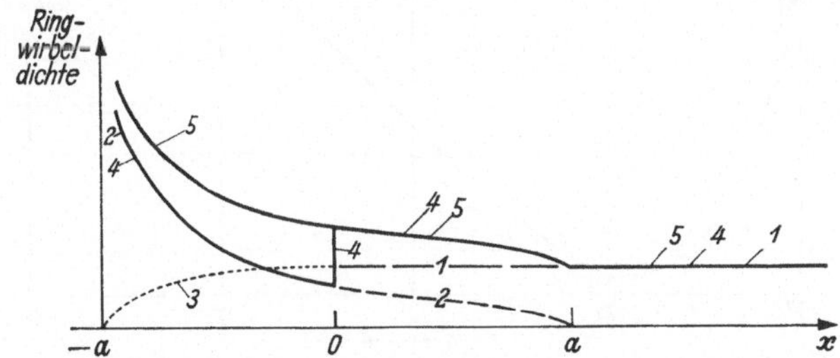

Abb. 20. Ringwirbeldichten auf dem Zylindermantel $r = R_0 = R_a$.
1 Belegung des Propellerstrahles; *2* Belegung der Düse; *3* Ergänzungsbelegung nach WIEDEMER;
4 Summe von *1* und *2* mit Unstetigkeit bei $x = 0$; *5* stetige Summe von *1* und *2* und *3*
(schematisch).

wirbelverteilung (Abb. 20). [In Ziff. 1 und 2 bei Gl. (28) konnte eine
solche Unstetigkeit nicht auftreten, da $R_0 > R_a$ vorausgesetzt wurde.]
WIEDEMER beseitigt diese Unstetigkeit, indem er den Ringwirbelanteil
der Propellerstrahlbelegung stetig an die Stelle $x = 0$ anschließend in
Form einer Halbellipse bis zur Düsenvorderkante $x = -a$ fortsetzt.
Analog sind ja auch DICKMANN und WEISSINGER in ihrer in Ziff. 3a
behandelten Theorie vorgegangen. Dort erstreckte sich die Strahl-
belegung γ_0 bis zur Düsenvorderkante, ohne daß dadurch die Lage des
Propellers innerhalb der Düse festgelegt wurde.

Die Berechnung der Radialgeschwindigkeit, die von den kontinuierlich in der Form[1] (Abb. 19)

$$\Gamma^{(P)} g(\psi) = \Gamma^{(P)} \left(\frac{N}{2\pi} + \sum_{\nu=1}^{M} g_\nu \cos \nu N \psi \right) \tag{43}$$

in der Propellerebene $x = 0$ angeordneten gebundenen Wirbeln am
Düsenzylinder induziert wird, bereitet keine besonderen Schwierig-
keiten und wird von WIEDEMER numerisch durchgeführt. Das absolute
Glied liefert dabei keinen Beitrag.

---

[1] WIEDEMER begnügt sich mit einer reinen cos-Verteilung.

Für die Düsenbelegung $\gamma^{(D)}$ wird ein Ansatz der Form (35) gemacht. Als Beispiel behandelt WIEDEMER einen durch die Parameter $a/R_0 = 0{,}5$

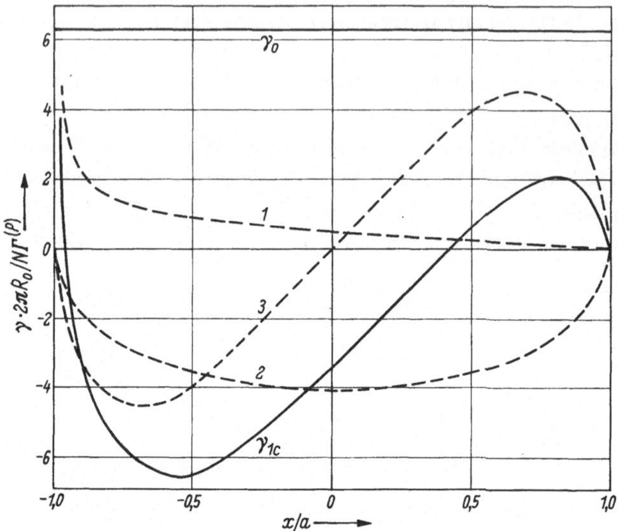

Abb. 21. Cosinus-Amplitude der Düsenbelegung des Düsenpropellers mit $a/R_0 = 0{,}5$; $N = 3$; $\omega R_0/u_0 = 2\pi$ nach WIEDEMER. Die Kurven *1, 2, 3* zeigen, wie sich die Cosinus-Amplitude aus der 1., 2., 3. Birnbaumschen Normalverteilung zusammensetzt. γ_0 ist der Ringwirbelanteil der Propellerstrahlbelegung.

$N = 3$, $\dfrac{u_0}{\omega R_0} = \dfrac{1}{2\pi}$ charakterisierten Düsenpropeller. Für die Verteilung der gebundenen Zirkulation in der Propellerebene gemäß (43) wird dabei der einfachste Fall $g_1 = \dfrac{N}{2\pi}$, $g_\nu = 0\,(\nu \geqq 2)$ zugrunde gelegt. Der

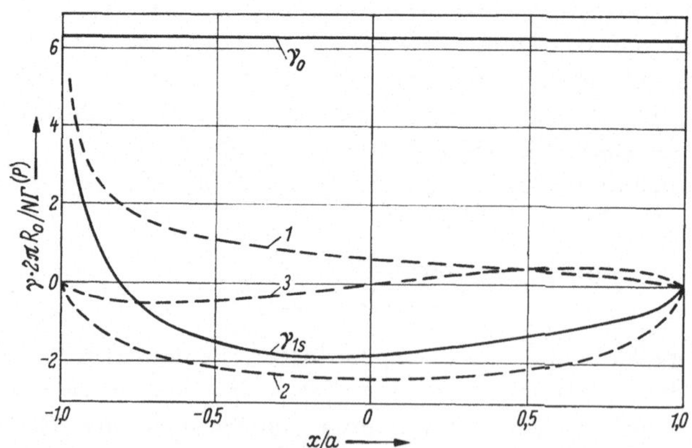

Abb. 22. Sinus-Amplitude der Düsenbelegung des Düsenpropellers mit $a/R_0 = 0{,}5$; $N = 3$; $\omega R_0/u_0 = 2\pi$ nach WIEDEMER. Die Kurven *1, 2, 3* zeigen, wie sich die Sinus-Amplitude aus der 1., 2., 3. Birnbaumschen Normalverteilung zusammensetzt. γ_0 ist der Ringwirbelanteil der Propellerstrahlbelegung.

von ψ abhängige Anteil der Düsenbelegung enthält dann auch nur die erste Fourier-Ordnung in $N\psi$, nämlich

$$\gamma_{1c}(\xi)\cos 3\psi + \gamma_{1s}(\xi)\sin 3\psi.$$

In Abb. 21 und 22 sind die „Amplituden" $\gamma_{1c}(\xi)$ und $\gamma_{1s}(\xi)$ in Einheiten von $N\,\Gamma^{(P)}/2\pi\,R_0$ nach Ergebnissen von WIEDEMER aufgezeichnet. Um einen Vergleichsmaßstab für die Größe dieser Amplituden zu erhalten, wird zweckmäßigerweise der Mittelwert der gebundenen Propellerwirbeldichte auf dem Düsenzylinder bzw. Propelleraußenradius $\dfrac{N\,\Gamma^{(P)}}{2\,\pi\,R_0}$ herangezogen. Diesem entspricht nach WIEDEMER ein in Umfangsrichtung konstanter Ringwirbelanteil der Propellerstrahlbelegung

$$\frac{N\,\Gamma^{(P)}}{2\,\pi\,R_0}\;\frac{\omega\,R_0}{u_0} = \frac{N\,\Gamma^{(P)}}{R_0} = \gamma_0.$$

γ_0/u_0 entspricht dabei die durch Formel (40) gegebene Bedeutung und hat in Einheiten von $N\,\Gamma^{(P)}/2\pi\,R_0\,u_0$ die Größe 2π. Diese ist zum Vergleich in Abb. 21 und 22 ebenfalls eingetragen. Man erkennt, daß der (durch die endliche Flügelzahl des Propellers bedingte) vom Umfangswinkel ψ abhängige Anteil der Düsenbelegung $\gamma^{(D)}$ keineswegs gegenüber γ_0 vernachlässigt werden kann.

Kapitel III

Wechselwirkung zwischen Propeller und Schiff

A. Das von einem Schraubenpropeller erzeugte Druckfeld

Es ist ohne weiteres einleuchtend, daß ein am Schiffsheck arbeitender (rotierender) Propeller durch das von ihm induzierte Strömungsfeld einen Einfluß auf das übrige Schiff, insbesondere den Schiffrumpf ausübt. Um diesen Einfluß (d. h. die vom Propeller am Schiffskörper hervorgerufenen Drücke und Kräfte) theoretisch behandeln zu können, ist es notwendig, sich zunächst einen Einblick in das Druckfeld zu verschaffen, das ein rotierender Schraubenpropeller in seiner Umgebung erzeugt.

Wir haben in Kap. I das Geschwindigkeitsfeld berechnet, und prinzipiell kann damit über die Bernoullische Gleichung auch das Druckfeld erhalten werden. Allerdings ergibt sich im allgemeinen kein übersichtlicher analytischer Ausdruck, da die Geschwindigkeitskomponenten quadratisch in die Bernoullische Gleichung eingehen; natürlich kann

die numerische Berechnung des Druckfeldes in einem speziell vorliegenden Fall mit entsprechendem Aufwand durchgeführt werden, doch
ist es schwer, zu allgemeinen Aussagen zu kommen. Setzt man aber
voraus, daß die Fahrtgeschwindigkeit u_0 des Schiffes bzw. des Propellers
wesentlich größer ist, als die vom Propeller induzierten Geschwindigkeiten und die etwa sonst noch (z. B. durch den Nachstrom des Schiffsrumpfes) auftretenden Geschwindigkeiten, so ist es möglich, die Bernoullische Gleichung zu linearisieren und übersichtliche Formeln für
das Propellerdruckfeld zu erhalten. Diese linearisierte Theorie, deren
Entwicklung in erster Linie auf BRESLIN[1] und seine Mitarbeiter zurück-
geht, ist natürlich streng nur für schwach belastete Propeller und schwache
Nachstromfelder zutreffend; es ist jedoch zu erwarten, daß sie zumindest qualitative Einblicke auch in allgemeinere Fälle gestattet[2].

1. Das linearisierte Druckfeld eines Propellers

Die linearisierte Bernoullische Gleichung lautet bei Vernachlässigung
des Einflusses der Schwerkraft und bezogen auf unser bereits in Kap. I
eingeführtes (schiffsfestes) Koordinatensystem

$$\frac{P_0}{\varrho} + \frac{u_0^2}{2} = \frac{\partial \Phi}{\partial t} + \frac{P}{\varrho} + \frac{u_0^2}{2} + u_0 \frac{\partial \Phi}{\partial x} \quad (P = \text{Druck}, \ \varrho = \text{Dichte}). \quad (1)$$

Die linke Seite von (1) bezieht sich dabei auf einen Punkt weit vor dem
Propeller (bzw. weit vor dem Schiff), wo alle Störeinflüsse von Propeller
und Schiff abgeklungen sind.

Infolge der Linearisierung ist es möglich, auch bei Anwesenheit
eines Schiffsrumpfes aus (1) das Druckfeld eines Propellers für sich
allein zu berechnen; dabei ist für Φ das Geschwindigkeitspotential (I,10)
einzusetzen.

Nun ist φ_0 die Winkelkoordinate, die die momentane Stellung der
Propellerflügel charakterisiert. Da in unserem Koordinatensystem
(vgl. Abb. I,1) die φ_0-Richtung entgegengesetzt zum positiven Zeit-
ablauf des rotierenden Propellers gerichtet ist, gilt $d\varphi_0 = -\omega\, dt$ und
somit wird:

$$\frac{\partial \Phi}{\partial t} = -\omega \frac{\partial \Phi}{\partial \varphi_0}.$$

---

[1] BRESLIN, J. P.: Review and extension of theory for near-field propeller-in-
duced vibratory effects; 4th symposium on naval hydrodynamics, Washington
1962.

[2] Es sei hier noch darauf hingewiesen, daß man auch für stark belastete
Propeller (mit $u_0 \lesssim \partial \Phi/\partial x$) ein linearisiertes Druckfeld berechnen kann, wenn
vorausgesetzt wird, daß alle auftretenden Geschwindigkeiten klein sind gegen die
Umfangsgeschwindigkeit $\omega\, r$ der Propellerflügel. Allerdings gilt dann die einfache
Formel (2) nicht mehr, sondern es tritt ein kompliziertes zusätzliches Integral auf.

Damit folgt aus (I,10) und (1) für das Druckfeld des Propellers

$$\frac{P_\Gamma - P_0}{\frac{\varrho}{2}\,u_0^2} = \frac{1}{2\pi\,u_0}\sum_{n=0}^{N-1}\int_{s=R_i}^{R_a}\left(\frac{\partial}{\partial x} - \frac{\omega}{u_0}\frac{\partial}{\partial\varphi_0}\right)\int_{\psi=0}^{\infty}\Gamma\left(s,\,\varphi_0 + \frac{2\pi\,n}{N} + \psi\right)\times$$

$$\times\frac{\left(x - k_0\,\psi - k_0\,\dfrac{r}{s}\sin\left(\varphi - \varphi_0 - \dfrac{2\pi\,n}{N} - \psi\right)\right)s\,d\psi\,ds}{\sqrt{(x - k_0\,\psi)^2 + r^2 + s^2 - 2r\,s\cos\left(\varphi - \varphi_0 - \dfrac{2\pi\,n}{N} - \psi\right)}^{\,3}}\,.$$

Im Rahmen der der Gl. (1) zugrunde liegenden und nur für schwach belastete Propeller genau gültigen Linearisierung ist $\frac{u_0}{\omega} = k_0$ (vgl. S. 27) zu setzen. Mit der von Breslin angegebenen Substitution

$$k_0\,\psi = x + \xi, \qquad k_0\,d\psi = d\xi$$

wird die Ausführung des Differentiationsprozesses $\left(\dfrac{\partial}{\partial x} - \dfrac{1}{k_0}\dfrac{\partial}{\partial\varphi_0}\right)$ sehr einfach, und man erhält:

$$\frac{P_\Gamma - P_0}{\frac{\varrho}{2}\,u_0^2} = \frac{1}{2\pi}\,\frac{1}{u_0\,k_0}\times$$

$$\times\sum_{n=0}^{N-1}\int_{R_i}^{R_a}\Gamma\left(s,\,\varphi_0 + \frac{2\pi\,n}{N}\right)\frac{s\,x - k_0\,r\sin\left(\varphi - \varphi_0 - \dfrac{2\pi\,n}{N}\right)}{\sqrt{x^2 + r^2 + s^2 - 2r\,s\cos\left(\varphi - \varphi_0 - \dfrac{2\pi\,n}{N}\right)}^{\,3}}\,ds$$

$$= -\frac{1}{2\pi}\,\frac{1}{u_0\,k_0}\sum_{n=0}^{N-1}\int_{R_i}^{R_a}\Gamma\left(s,\,\varphi_0 + \frac{2\pi\,n}{N}\right)\times$$

$$\times\left(s\,\frac{\partial}{\partial x} - \frac{k_0}{s}\frac{\partial}{\partial\varphi}\right)\frac{ds}{\sqrt{x^2 + r^2 + s^2 - 2r\,s\cos\left(\varphi - \varphi_0 - \dfrac{2\pi\,n}{N}\right)}}\,. \tag{2}$$

Für manche Zwecke ist es angebracht, Gl. (2) mit Hilfe der Relation (I,18) weiter umzuformen:

$$\frac{P_\Gamma - P_0}{\frac{\varrho}{2}\,u_0^2} = -\frac{1}{2\pi}\,\frac{1}{k_0\,u_0}\sum_{n=0}^{N-1}\int_{s=R_i}^{R_a}\Gamma\left(s,\,\varphi_0 + \frac{2\pi\,n}{N}\right)\left(s\,\frac{\partial}{\partial x} - \frac{k_0}{s}\frac{\partial}{\partial\varphi}\right)\times$$

$$\times\sum_{m=0}^{\infty}\varepsilon_m\cos m\left(\varphi - \varphi_0 - \frac{2\pi\,n}{N}\right)\int_{\lambda=0}^{\infty}e^{-|x|\,\lambda}\,J_m(\lambda\,r)\,J_m(\lambda\,s)\,d\lambda\,ds$$

$$(\varepsilon_0 = 1, \qquad \varepsilon_m = 2 \quad \text{für} \quad m \geqq 1). \tag{3}$$

Macht man nun für $\Gamma(s, \varphi_0)$ den bekannten Ansatz (I,54) des instationär angeströmten Propellers und beachtet ferner die Relation

$$\sum_{n=0}^{N-1} e^{i\frac{2\pi n}{N} m} = N(\delta_{0,m} + \delta_{N,m} + \delta_{2N,m} + \cdots), \quad \delta_{N,m} = \begin{cases} 1 \ \text{für} \ m = N \\ 0 \ \text{für} \ m \neq N, \end{cases} \tag{4}$$

so läßt sich leicht zeigen, daß das Druckfeld (2) bzw. (3) zeitlich, d. h. also in bezug auf die momentane Flügelstellung φ_0 die Periode $2\pi/N$ besitzt. Dieses ist auch anschaulich klar.

Für die weitere Diskussion des Druckfeldes soll angenommen werden, daß die Flügelzirkulation Γ wie bei einem frei fahrenden Propeller nicht vom Umfangswinkel abhängt. Dadurch werden einmal die Formeln einfacher und übersichtlicher; außerdem ist diese Annahme im Rahmen der linearisierten Theorie auch physikalisch vernünftig, denn die φ_0-Abhängigkeit der Flügelzirkulation ist ja in der Regel durch ein stark inhomogenes Nachstromfeld bedingt (vgl. Abb. I,23). Bei solchen Nachstromfeldern ist aber die in Gl. (1) vorgenommene Linearisierung eigentlich nicht mehr zulässig.

Einige Untersuchungen über die Eigenschaften des Druckfeldes gemäß Gl. (3) mit einer in Umfangsrichtung variablen Flügelzirkulation liegen jedoch bereits vor[1].

Wenn (wie wir jetzt voraussetzen) Γ unabhängig von φ_0 ist, ergibt sich mit der Integralformel[2]

$$\int_0^{\infty} J_{mN}(\lambda r) J_{mN}(\lambda s) e^{-|x|\lambda} d\lambda = \frac{1}{\pi \sqrt{rs}} Q_{mN-1/2}\left(\frac{x^2 + r^2 + s^2}{2rs}\right) \tag{5}$$

und der Relation (4) für das Druckfeld eines Schraubenpropellers die Darstellung

$$\frac{P_\Gamma - P_0}{\frac{\varrho}{2} u_0^2} = -\frac{1}{\pi^2} \frac{N}{k_0 u_0} \int_{R_i}^{R_a} \Gamma(s)\left(s \frac{\partial}{\partial x} - \frac{k_0}{s} \frac{\partial}{\partial \varphi}\right) \times$$

$$\times \sum_{m=1}^{\infty} \frac{1}{\sqrt{rs}} Q_{mN-1/2}\left(\frac{x^2 + r^2 + s^2}{2rs}\right) \cos mN(\varphi - \varphi_0)\, ds -$$

$$- \frac{1}{2\pi} \frac{N}{k_0 u_0} \int_{R_i}^{R_a} \Gamma(s)\, s \frac{\partial}{\partial x} \int_0^{\infty} e^{-|x|\lambda} J_0(\lambda r) J_0(\lambda s)\, d\lambda\, ds. \tag{6}$$

---

[1] TSAKONAS, S., J. P. BRESLIN u. J. JEN: Pressure field around a marine propeller operating in a wake. Davidson Lab. Report 857 (1962); J. Ship Res. 6 (1962/63) H. 4.

[2] Vgl. die auf S. 102 genannte Arbeit von BRESLIN. $Q_{mN-1/2}$ ist die Legendresche Kugelfunktion 2. Art der Ordnung $mN - 1/2$.

Nach Formel (I,18) ist ferner

$$\int\limits_0^\infty e^{-|x|\lambda}\,J_0(\lambda\,r)\,J_0(\lambda\,s)\,d\lambda = \frac{1}{\pi}\int\limits_0^\pi \frac{d\vartheta}{\sqrt{x^2+r^2+s^2-2r\,s\cos\vartheta}}\;,$$

und damit erhalten wir für den zeitlichen Mittelwert des Druckfeldes den übersichtlichen Ausdruck

$$\left(\frac{P_\Gamma - P_0}{\frac{\varrho}{2}\,u_0^2}\right)_{\mathrm{Mittel}} = \frac{N}{2\pi}\int\limits_0^{2\pi/N} \frac{P_\Gamma - P_0}{\frac{\varrho}{2}\,u_0^2}\,d\varphi_0$$

$$= \frac{1}{2\pi^2}\,\frac{N}{k_0\,u_0}\int\limits_{R_i}^{R_a}\Gamma(s)\int\limits_0^\pi \frac{x\,s\,d\vartheta\,ds}{\sqrt{x^2+r^2+s^2-2r\,s\cos\vartheta}^3}\;. \tag{7}$$

Aus (7) entnimmt man unmittelbar, daß der bei $x=0$ liegende rotierende Propeller im Bereich des Schiffsrumpfes ($x<0$) ein Unterdruckfeld $P_\Gamma < P_0$ erzeugt. Dadurch wird eine Sogwirkung auf den Schiffsrumpf ausgeübt. Wir kommen hierauf noch ausführlich in Abschn. B zurück.

BRESLIN[1] und POHL[2] haben die Gl. (2) für das Propellerdruckfeld unter der vereinfachenden Annahme ausgewertet, daß die Flügelzirkulation sowohl vom Umfangswinkel als auch vom Radius unabhängig, d. h. also konstant ist, $\Gamma = \Gamma_0$. Dieses entspricht einem Propellermodell, welches besteht aus: N gebundenen Stabwirbeln der Zirkulation Γ_0, N freien schraubenförmigen Spitzenwirbeln der Zirkulation Γ_0, die auf dem Mantel des Zylinders $r=R_a$ angeordnet sind, und einem geraden Nabenwirbel der Zirkulation $-N\Gamma_0$, der in die x-Achse gelegt wird ($R_i=0$).

POHL schreibt dann Gl. (2) in der Form

$$\frac{P_\Gamma - P_0}{\frac{\varrho}{2}\,\frac{\Gamma_0\,\omega}{\pi}} = \frac{1}{2}\sum_{n=0}^{N-1}\int\limits_0^{R_a} \frac{s\,x - \dfrac{u_0}{\omega\,R_a}\,R_a\,r\sin\left(\varphi-\varphi_0-\dfrac{2\pi\,n}{N}\right)}{\sqrt{x^2+r^2+s^2-2r\,s\cos\left(\varphi-\varphi_0-\dfrac{2\pi\,n}{N}\right)}^{\,3}}\,ds$$

$$= \frac{N}{2}\sum_{\nu=0}^{M}\left(F_{\nu N}\cos\nu\,N(\varphi-\varphi_0) - \frac{u_0}{\omega\,R_a}\,E_{\nu N}\sin\nu\,N(\varphi-\varphi_0)\right); \tag{8}$$

die in (8) enthaltenen Funktionen $E_{\nu N}(x,r)$ und $F_{\nu N}(x,r)$ sind von POHL[2] berechnet und tabelliert worden. Als obere Summationsgrenze

[1] BRESLIN, J. P.: The pressure field near a ship propeller. J. Ship Res. 1 (1957/58) H. 4.

[2] POHL, K. H.: Das instationäre Druckfeld in der Umgebung eines Schiffspropellers und die von ihm auf benachbarten Platten erzeugten periodischen Kräfte. Schiffstechnik 6 (1959) 107.

ist auch bei einem dreiflügeligen Propeller ($N = 3$) noch der Wert
$M = 3$ ausreichend, da die Amplituden $E_{\nu N}$ und $F_{\nu N}$ mit wachsendem

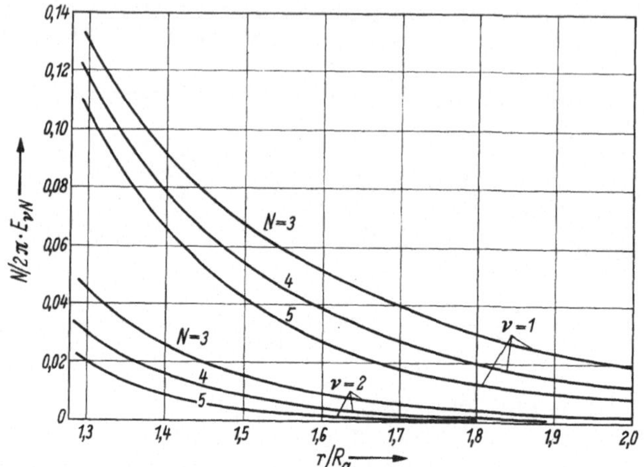

Abb. 1. Amplituden der ersten und zweiten Harmonischen des Druckfeldes in der Propellerebene ($x = 0$) für verschiedene N-Werte nach POHL.

Index sehr schnell abnehmen. In der Propellerebene für $x = 0$ ver-
schwinden alle $F_{\nu N}$-Werte. Abb. 1 zeigt die Amplituden $\dfrac{N E_N}{2\pi}$ und $\dfrac{N E_{2N}}{2\pi}$

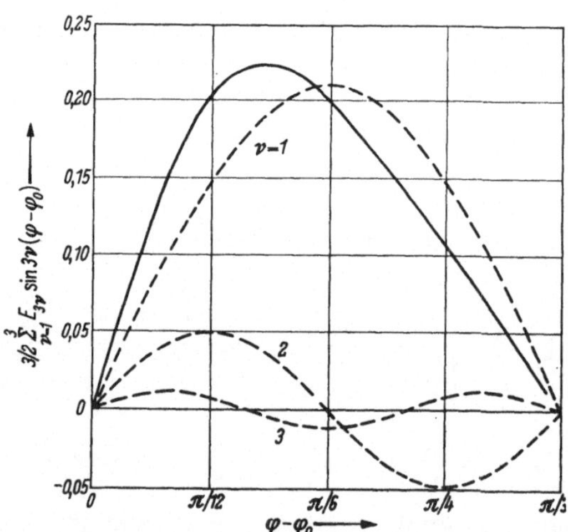

Abb. 2. Verlauf der von einem dreiflügeligen Propeller im Punkt $x = 0$ $r/R_a = 1,5$ erzeugten
instationären Druckschwankungen, aufgebaut aus den ersten drei harmonischen Anteilen,
nach POHL.

der ersten und zweiten Harmonischen bei $x = 0$ für verschiedene N-
Werte. In Abb. 2 ist für einen dreiflügeligen Propeller der Verlauf der
Druckschwankungen im Punkt $x = 0$, $r/R_a = 1,5$ dargestellt, d. h. der

Ausdruck

$$\frac{3}{2} \sum_{\nu=1}^{M} E_{3\nu} \sin 3\nu(\varphi - \varphi_0).$$

Man erkennt deutlich, daß der erste Summand (erste Harmonische) den Hauptbeitrag liefert und der Anteil der weiteren Glieder ($\nu \geqq 2$) mit wachsendem ν schnell kleiner wird.

Weiter zeigt Abb. 3 den Verlauf der Amplitude

$$\frac{N}{2} \sqrt{(F_N)^2 + \left(\frac{u_0}{\omega R_a} E_N\right)^2}$$

des Ausdruckes

$$\frac{N}{2} \left(F_N \cos N(\varphi - \varphi_0) - \frac{u_0}{\omega R_a} E_N \sin N(\varphi - \varphi_0)\right) \qquad (\nu = 1)$$

in Abhängigkeit von x für $r/R_a = 1,5$ und verschiedene N-Werte. Das Amplitudenmaximum wird etwa bei $x/R_a = 0,3$ erreicht (Fortschrittsgrad $u_0/\omega R_a = 0,25$).

Die dargestellten Ergebnisse von POHL lassen klar erkennen, wie die Intensität der instationären Druckschwankungen mit wachsender Flügelzahl des Propellers abnimmt. Dieses ist auch anschaulich ohne weiteres verständlich, da ja im Grenzübergang zu einem „unendlichflügeligen" Propeller nur noch ein stationäres Druckfeld vorhanden sein kann.

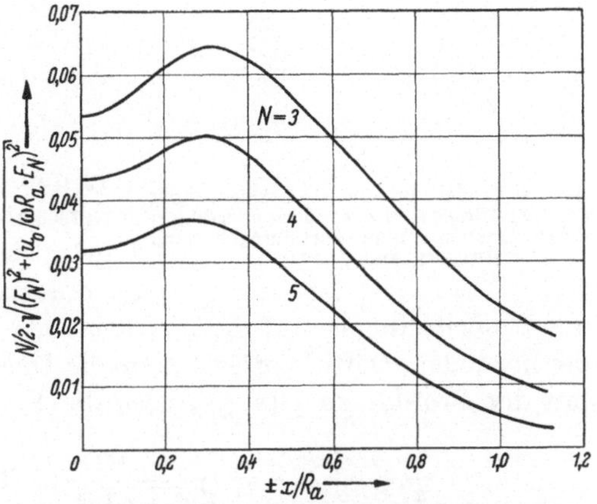

Messungen der von einem rotierenden Propeller

Abb. 3. Amplitude der ersten Harmonischen des Druckfeldes für $r/R_a = 1,5$ beim Fortschrittsgrad $u_0/\omega R_a = 0,25$ für verschiedene N-Werte nach POHL.

erzeugten Druckschwankungen haben gezeigt, daß die bisher dargelegte Theorie noch nicht voll den wirklichen Verhältnissen gerecht wird, wenn auch qualitativ die verschiedenen Effekte ungefähr richtig wiedergegeben werden. Und zwar sind die gemessenen[1] Amplituden der instationären Druckschwankungen etwa doppelt so groß wie die berechneten. Außerdem zeigen die Messungen, daß das Maximum der Druckamplituden unsymmetrisch vor der Propellerebene etwa bei $x = -0,15 R_a$ liegt, während die bisherige Theorie eine zur Propellerebene symmetrische Amplitudenverteilung ergab (vgl. Abb. 3).

---

[1] POHL, K. H.: Die durch eine Schiffsschraube auf benachbarten Platten erzeugten periodischen hydrodynamischen Drücke. Schiffstechnik 7 (1960) 5.

Man erhält jedoch eine quantitativ bessere Übereinstimmung zwischen den Ergebnissen der Theorie und den experimentellen Werten, wenn man den Einfluß der Verdrängungswirkung der endlich dicken Propellerflügel auf das Druckfeld berücksichtigt[1]. Während die endliche Profildicke (ähnlich wie bei Tragflügeln) für die an den Propellerflügeln angreifenden Kräfte und den Propellerschub nur eine geringe Bedeutung hat, ist jedoch der Einfluß der endlichen Profildicke rotierender Flügel auf die Druckschwankungen (nicht aber auf den zeitlichen Mittelwert des Druckes) in dem umgebenden Strömungsfeld sehr wesentlich.

Nach der in der Tragflügeltheorie üblichen Methode wird die Profildicke durch eine Quellen-Senken-Verteilung dargestellt. Diese wird zur Vereinfachung von BRESLIN und TSAKONAS[1] nicht auf den Sehnen

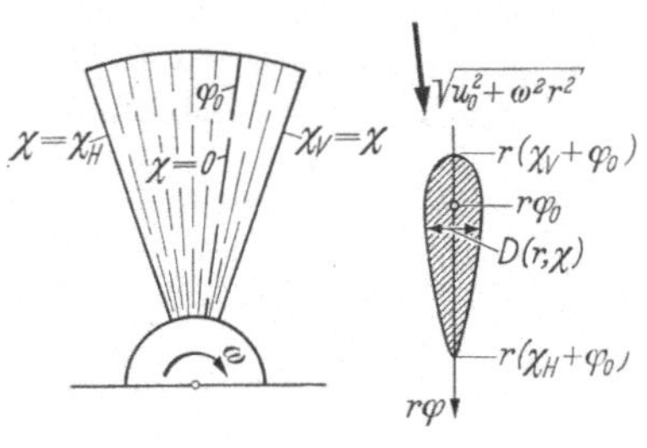

der Propellerflügelprofile, sondern auf der Flügelprojektion in der $y\,z$-Ebene (Propellerebene) angeordnet. Die Projektion eines Flügelblattes sei in $r\,\varphi$-Richtung gegeben durch (vgl. Abb. 4)

$$r(\varphi_0 + \chi) \quad \text{mit} \quad \chi_v \leqq \chi \leqq \chi_H.$$

χ_v und χ_H charakterisieren die Vorderkante bzw. Hinterkante des Flügels; sie seien als unabhängig von r vorausgesetzt, so daß die Projektion

Abb. 4. Modell für die Berücksichtigung der Profildicke eines Propellerflügels durch Quellen-Senken-Verteilungen nach BRESLIN und TSAKONAS.

des Propellerflügels auf die $y\,z$-Ebene als Kreissektor erscheint. Wie in der normalen Profiltheorie ist dann die Quellen-Senken-Verteilung $q(s,\chi)$ mit der Profildicke $D(s,\chi)$ durch die Beziehung (vgl. Abb. 4)

$$\frac{1}{s}\frac{\partial D(s,\chi)}{\partial \chi} = \frac{q(s,\chi)}{\sqrt{u_0^2 + \omega^2 s^2}}, \quad D(s,\chi_v) = D(s,\chi_H) = 0, \quad (9)$$

verbunden. Damit lautet das Geschwindigkeitspotential der Quellen-Senken-Verteilung

$$\Phi_q = -\frac{1}{4\pi}\sum_{n=0}^{N-1}\int_{R_i}^{R_a}\int_{\chi_v}^{\chi_H} \frac{q(s,\chi)\,s\,d\chi\,ds}{\sqrt{x^2 + r^2 + s^2 - 2\,r\,s\,\cos\left(\varphi - \varphi_0 - \dfrac{2\pi n}{N} - \chi\right)}}, \quad (10)$$

und für q gilt die übliche Schließungsbedingung der Profiltheorie

$$\int_{\chi_v}^{\chi_H} q(s,\chi)\,d\chi = 0. \tag{11}$$

---

[1] BRESLIN, J. P., u. S. TSAKONAS: Marine propeller pressure field due to loading and thickness effects. Trans. Soc. Nav. Arch. Marine Engin. 67 (1959) 386.

In der linearisierten Theorie nach Gl. (1) kann der durch (10) bedingte Anteil des Druckfeldes für sich berechnet werden; er ist

$$
\frac{P_q}{\frac{\varrho}{2}\,u_0^2} = \frac{1}{2\pi\,u_0} \sum_{n=0}^{N-1} \int_{R_i}^{R_a}\int_{\chi_\nu}^{\chi_H} \left(\frac{\partial}{\partial x} - \frac{\omega}{u_0}\,\frac{\partial}{\partial\varphi_0}\right) \times
$$

$$
\times\ \frac{q(s,\chi)\,s\,d\chi\,ds}{\sqrt{x^2 + r^2 + s^2 - 2rs\cos\left(\varphi - \varphi_0 - \dfrac{2\pi n}{N} - \chi\right)}}
$$

$$
= -\frac{1}{2\pi\,u_0} \sum_{n=0}^{N-1} \int_{R_i}^{R_a}\int_{\chi_\nu}^{\chi_H} \left(\frac{\partial}{\partial x} - \frac{\omega}{u_0}\,\frac{\partial}{\partial\varphi_0}\right) \times
$$

$$
\times\ \frac{D(s,\chi)\,\sqrt{u_0^2 + \omega^2 s^2}\ rs\sin\left(\varphi - \varphi_0 - \dfrac{2\pi n}{N} - \chi\right)}{\sqrt{x^2 + r^2 + s^2 - 2rs\cos\left(\varphi - \varphi_0 - \dfrac{2\pi n}{N} - \chi\right)}^{\,3}}\,d\chi\,ds . \tag{12}
$$

Dabei beruht die letzte Umformung auf Formel (9) und partieller Integration bezüglich der Variablen χ.

Verwendet man für den Wurzelausdruck die Darstellung (I,18), berücksichtigt die Gln. (4) und (5) und beachtet außerdem, daß der Summand $m = 0$ wegen (11) verschwindet, so erhalten wir das Druckfeld der Quellensenkenverteilung in der Form:

$$
\frac{P_q}{\frac{\varrho}{2}\,u_0^2} = \frac{N}{\pi\,u_0} \int_{R_i}^{R_a}\int_{\chi_\nu}^{\chi_H} q(s,\chi)\left(\frac{\partial}{\partial x} - \frac{\omega}{u_0}\,\frac{\partial}{\partial\varphi_0}\right) \sum_{m=1}^{\infty} \cos m\,N(\varphi - \varphi_0 - \chi) \times
$$

$$
\times \int_0^{\infty} e^{-|x|\lambda}\,J_{mN}(\lambda r)\,J_{mN}(\lambda s)\,d\lambda\,s\,d\chi\,ds
$$

$$
= -\frac{1}{\pi^2}\,\frac{N^2}{u_0} \int_{R_i}^{R_a}\int_{\chi_\nu}^{\chi_H} D(s,\chi)\,\sqrt{u_0^2 + \omega^2 s^2}\left(\frac{\partial}{\partial x} - \frac{\omega}{u_0}\,\frac{\partial}{\partial\varphi_0}\right) \times
$$

$$
\times \sum_{m=1}^{\infty} \frac{m}{\sqrt{rs}}\,Q_{mN-1/2}\left(\frac{x^2 + r^2 + s^2}{2rs}\right)\sin m\,N(\varphi - \varphi_0 - \chi)\,d\chi\,ds . \tag{13}
$$

Aus Formel (13) geht hervor, daß der zeitliche Mittelwert des Druckfeldanteils der Quellen-Senken-Verteilung verschwindet, im Gegensatz zum Zirkulationsanteil [vgl. Gl. (7)].

Außerdem zeigt Formel (12) im Vergleich mit (2) und (8) folgendes: Beim Druckfeld der Quellen-Senken-Verteilung ist der cos-Anteil eine gerade, der sin-Anteil eine ungerade Funktion von x, umgekehrt wie beim Feld der Zirkulationsverteilung. Durch Überlagerung beider Felder ergibt sich dann die auch experimentell (vgl. S. 107) festgestellte Tatsache, daß (im Gegensatz zu Abb. 3) das Druckamplitudenmaximum unsymmetrisch vor der Propellerebene etwa bei $-0,3 \leqq x/R_a \leqq -0,1$ liegt.

Für die numerische Auswertung (für deren Einzelheiten wir auf die Originalarbeit verweisen müssen) haben Breslin und Tsakonas[1] die Gln. (12) und (13) noch dadurch vereinfacht, daß über den ganzen

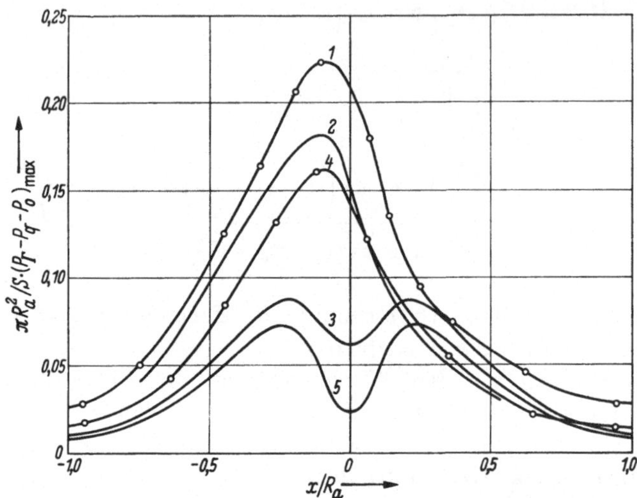

Abb. 5. Amplitude des Druckfeldes eines dreiflügeligen Propellers für $r/R_a = 1,2$.
1 Messung von Pohl; *2* Rechnung von Breslin, Tsakonas, Pohl (schematisiert) mit Berücksichtigung der Profildicke; *3* Rechnung von Pohl ohne Berücksichtigung der Profildicke, alles für Fortschrittsgrad $u_0/\omega\,R_a = 0,8/\pi$; *4* Messung von Pohl; *5* Rechnung von Pohl ohne Berücksichtigung der Profildicke, alles für Fortschrittsgrad $u_0/\omega\,R_a = 0,3/\pi$.

Propellerradius $D(s,\chi) \approx D(0,7\,R_a,\chi)$ angenommen und $\chi_\nu = -\chi_H$, $R_i = 0$ gesetzt wird (vgl. auch S. 120).

Abb. 5 zeigt nach Messungen von Pohl[1] und Rechnungen von Breslin und Tsakonas[1] die Amplitude des Ausdruckes $(P_\Gamma + P_q - P_0)/\dfrac{S}{\pi\,R_a^2}$ für verschiedene Fortschrittsgrade in Abhängigkeit von x bei einem dreiflügeligen Propeller im Punkte $r/R_a = 1,2$. Der Druck ist auf den gemessenen Propellerschub pro Flächeneinheit $S/\pi\,R_a^2$ bezogen. Dabei hängt S mit der wieder als konstant angenommenen Flügelzirkulation Γ_0 über die Näherungsformel $S = \dfrac{N}{2}\,\Gamma_0\,\omega\,R_a^2\,\varrho$ zusammen. Zum Vergleich ist in Abb. 5 außerdem noch die zur Propellerebene $x = 0$ symmetrische Druckamplitude eingetragen, die von der Flügelzirkulation allein (ohne P_q) erzeugt wird. Man erkennt deutlich den großen Einfluß der Flügeldicke.

---

[1] Vgl. die auf S. 107 bzw. S. 108 genannten Arbeiten.

2. Die vom Druckfeld auf einfache Körper ausgeübten Kräfte

In Ziff. 1 wurde das von einem Propeller in einem freien Raumpunkt erzeugte Druckfeld behandelt. Will man nun die von diesem Druckfeld auf einen Strömungskörper (z. B. Schiffsrumpf) ausgeübten Kräfte berechnen, so muß zunächst die Strömungsrandbedingung an diesem Körper erfüllt werden, damit die Körperoberfläche in dem Feld des Propellers wirklich zur Stromfläche wird. Im allgemeinen wird es dafür notwendig sein, den Strömungskörper durch ein Singularitätensystem darzustellen, das aus der Randbedingung zu bestimmen ist. Wir kommen darauf noch in Abschn. B zurück.

In besonders einfachen Fällen gelingt es jedoch, die Strömungsrandbedingung einfach durch Spiegelung zu erfüllen. Das nächstliegende Beispiel hierfür ist eine ebene Platte, deren Projektion auf die xz-Ebene durch $x_1 \leq x \leq x_2$, $z_1 \leq z \leq z_2$ gegeben ist, und die parallel im Abstand $y_0 > R_a$ zur xz-Ebene liegt. Exakt gültig ist das Spiegelungsprinzip zwar nur für eine unendlich große Platte, es kann jedoch ohne wesentlichen Fehler auch bei Platten endlicher Ausdehnung verwendet werden.

Um die Randbedingung an der Platte zu erfüllen, muß zu dem Feld des betrachteten Originalpropellers dasjenige eines an der Ebene $y = y_0$ gespiegelten Propellers[1] hinzugenommen werden, der entgegengesetzt herum rotiert ($\omega^* = -\omega$) und die entgegengesetzt gleiche Zirkulation hat (vgl. Abb. 6).

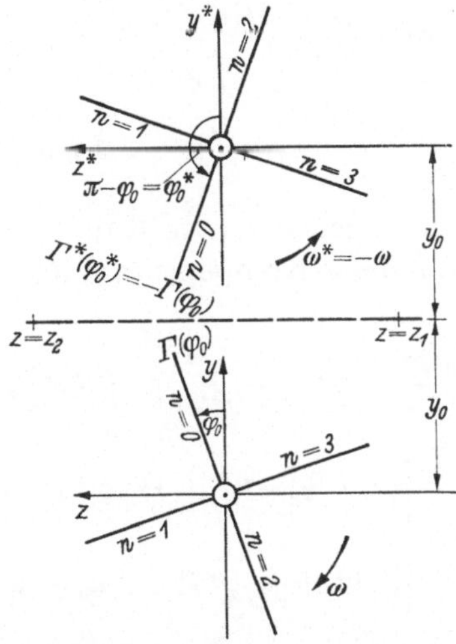

Abb. 6. Koordinaten und Flügelzirkulation am Originalpropeller und am gespiegelten Propeller.

Wie wir noch sehen werden, ist dann tatsächlich:

$$\frac{\partial \Phi}{\partial y} = -\frac{\partial \Phi^*}{\partial y} \quad \text{für} \quad y = y_0 .$$

Es seien s^*, ψ^* die Polarkoordinaten des Systems, dessen Nullpunkt mit dem Mittelpunkt des gespiegelten Propellers zusammenfällt (vgl. Abb. 6). Analog zu (I,10) ist das Geschwindigkeitspotential eines mit der Winkelgeschwindigkeit $\omega^* = -\omega\,(\omega > 0)$ entgegengesetzt rotierenden Propellers (dessen Mittelpunkt bei $x = 0$, $y = 2y_0$, $z = 0$ liegt)

---

[1] Wir bezeichnen die zum gespiegelten Propeller gehörenden Größen mit einem Stern, soweit sie vom Originalpropeller abweichen.

gegeben durch:

$$\left(k_0 = \frac{u_0}{\omega}\right)$$

$$\Phi^* = \frac{1}{4\pi} \sum_{n=0}^{N-1} \int\limits_{s^*=R_i}^{R_a} \int\limits_{\psi^*=-\infty}^{0} \Gamma^*\left(s^*, \varphi_0^* + \frac{2\pi n}{N} + \psi^*\right) \times$$

$$\times \frac{\left(x + k_0\,\psi^* + k_0\,\dfrac{r^*}{s^*}\sin\left(\varphi^* - \varphi_0^* - \dfrac{2\pi n}{N} - \psi^*\right)\right) s^*\, d\psi^*\, ds^*}{\sqrt{(x + k_0\,\psi^*)^2 + r^{*2} + s^{*2} - 2r^*\,s^*\cos\left(\varphi^* - \varphi_0^* - \dfrac{2\pi n}{N} - \psi^*\right)}^{\,3}} \tag{14}$$

mit

$$s^* = s; \quad z^* = r^*\sin\varphi^* = r\sin\varphi = z;$$

$$y^* = r^*\cos\varphi^* = y - 2y_0 = r\cos\varphi - 2y_0.$$

Denn genau wie in Kap. I, Abschn. A,1, überzeugt man sich, daß z. B. für die x-Komponente gilt:

$$\frac{\partial \Phi^*}{\partial x} = -\frac{1}{4\pi} \sum_{n=0}^{N-1} \int\limits_{R_i}^{R_a} \int\limits_{-\infty}^{0} \Gamma^*\left(s, \varphi_0^* + \frac{2\pi n}{N} + \psi^*\right) \times$$

$$\times \left[(x + k_0\,\psi^*)^2 + r^{*2} + s^2 - 2r^*\,s\cos\left(\varphi^* - \varphi_0^* - \frac{2\pi n}{N} - \psi^*\right)\right]^{-5/2} \times$$

$$\times \left\{2s(x + k_0\,\psi^*)^2 + 3k_0\,r^*(x + k_0\,\psi^*)\sin\left(\varphi^* - \varphi_0^* - \frac{2\pi n}{N} - \psi^*\right) - \right.$$

$$\left. - r^{*2}\,s - s^3 + 2r^*\,s^2\cos\left(\varphi^* - \varphi_0^* - \frac{2\pi n}{N_i} - \psi^*\right)\right\} d\psi^*\, ds$$

$$= +\frac{1}{4\pi} \sum_{n=0}^{N-1} \int\limits_{R_i}^{R_a} \int\limits_{-\infty}^{0} \Gamma^*\left(s, \varphi_0^* + \frac{2\pi n}{N} + \psi^*\right) \times$$

$$\times \frac{\partial}{\partial \psi^*}\left(\frac{r^*\sin\left(\varphi^* - \varphi_0^* - \dfrac{2\pi n}{N} - \psi^*\right)}{\sqrt{(x + k_0\,\psi^*)^2 + r^{*2} + s^2 - 2r^*\,s\cos(\cdots)}^{\,3}}\right) d\psi^*\, ds\; -$$

$$-\frac{1}{4\pi} \sum_{n=0}^{N-1} \int\limits_{R_i}^{R_a} \int\limits_{-\infty}^{0} \Gamma^*\left(s, \varphi_0^* + \frac{2\pi n}{N} + \psi^*\right) \times$$

$$\times \frac{\partial}{\partial s}\left(\frac{s^2 - r^*\,s\cos\left(\varphi^* - \varphi_0^* - \dfrac{2\pi n}{N} - \psi^*\right)}{\sqrt{(x + k_0\,\psi^*)^2 + r^{*2} + s^2 - 2r^*\,s\cos(\cdots)}^{\,3}}\right) d\psi^*\, ds$$

$$= \frac{1}{4\pi} \sum_{n=0}^{N-1} \int\limits_{R_i}^{R_a} \Gamma^*\left(s, \varphi_0^* + \frac{2\pi n}{N}\right) \times$$

$$\times \; \frac{r^* \sin\left(\varphi^* - \varphi_0^* - \dfrac{2\pi n}{N}\right) ds}{\sqrt{x^2 + r^{*\,2} + s^2 - 2r^* s \cos\left(\varphi^* - \varphi_0^* - \dfrac{2\pi n}{N}\right)}^{\,3}} -$$

$$- \frac{1}{4\pi} \sum_{n=0}^{N-1} \int\limits_{R_i}^{R_a} \int\limits_{-\infty}^{0} \frac{\partial \Gamma\left(s, \varphi_0^* + \dfrac{2\pi n}{N} + \psi^*\right)}{\partial \psi^*} \times$$

$$\times \; \frac{r^* \sin\left(\varphi^* - \varphi_0^* - \dfrac{2\pi n}{N} - \psi^*\right) d\psi^* \, ds}{\sqrt{(x + k_0\,\psi^*)^2 + r^{*\,2} + s^2 - 2r^* s \cos\left(\varphi^* - \varphi_0^* - \dfrac{2\pi n}{N} - \psi^*\right)}^{\,3}} -$$

$$- \frac{1}{4\pi} \sum_{n=0}^{N-1} \int\limits_{R_i}^{R_a} \int\limits_{-\infty}^{0} \frac{\partial \Gamma\left(s, \psi_0^* + \dfrac{2\pi n}{N} + \psi^*\right)}{\partial s} \times$$

$$\times \; \frac{\left[r^* \cos\left(\varphi^* - \varphi_0^* - \dfrac{2\pi n}{N} - \psi^*\right) - s\right] s \, d\psi^* \, ds}{\sqrt{(x + k_0\,\psi^*)^2 + r^{*\,2} + s^2 - 2r^* s \cos\left(\varphi^* - \varphi_0^* - \dfrac{2\pi n}{N} - \psi^*\right)}^{\,3}}$$

$$= u_\Gamma^* + u_L^* + u_Q^* .$$

Die drei letzten Ausdrücke ergeben sich aber für den betrachteten Propeller genau so nach dem Biot-Savartschen Gesetz als x-Komponente der von den gebundenen und freien Längs- und Querwirbeln induzierten Geschwindigkeit. Entsprechend ist es bei den anderen Komponenten. Damit ist die Darstellung (14) verifiziert.

Soll (14) den Spiegelpropeller entgegengesetzt gleicher Zirkulation zu unserem Originalpropeller darstellen, so ist offenbar zu setzen (vgl. Abb. 6):

$$\left(\varphi_0^* + \frac{2\pi n}{N}\right) = \pi - \left(\varphi_0 + \frac{2\pi n}{N}\right) \quad \psi^* = -\psi; \quad (15$$

$$\Gamma^*\left(s, \varphi_0^* + \frac{2\pi n}{N} + \psi^*\right) = \Gamma^*\left(s, \pi - \varphi_0 - \frac{2\pi n}{N} - \psi\right)$$

$$= -\Gamma\left(s, \varphi_0 + \frac{2\pi n}{N} + \psi\right). \quad (16)$$

Damit folgt aus (14)

$$\Phi^* = -\frac{1}{4\pi} \sum_{n=0}^{N-1} \int\limits_{R_i}^{R_a} \int\limits_{0}^{\infty} \Gamma\left(s, \varphi_0 + \frac{2\pi n}{N} + \psi\right) \times$$

$$\times \; \frac{\left(x - k_0 \psi - k_0 \dfrac{r^*}{s} \sin\left(\varphi^* + \varphi_0 + \dfrac{2\pi n}{N} + \psi\right)\right) s \, d\psi \, ds}{\sqrt{(x - \psi\,k_0)^2 + r^{*\,2} + s^2 + 2r^* s \cos\left(\varphi^* + \varphi_0 + \dfrac{2\pi n}{N} + \psi\right)}^{\,3}} =$$

8

$$= -\frac{1}{4\pi} \sum_{n=0}^{N-1} \int_{R_i}^{R_a} \int_0^\infty \frac{\left\{ \Gamma\left(s, \varphi_0 + \frac{2\pi n}{N} + \psi\right) \left[x - k_0\psi - (y - 2y_0)\frac{k_0}{s} \times \sin\left(\varphi_0 + \frac{2\pi n}{N} + \psi\right) - z\frac{k_0}{s}\cos\left(\varphi_0 + \frac{2\pi n}{N} + \psi\right)\right]\right\} s\, d\psi\, ds}{\sqrt{\left\{(x - k_0\psi)^2 + \left[y - 2y_0 + s\cos\left(\varphi_0 + \frac{2\pi n}{N} + \psi\right)\right]^2 + \left[z - s\sin\left(\varphi_0 + \frac{2\pi n}{N} + \psi\right)\right]^2\right\}^3}} . \tag{17}$$

Andererseits läßt sich (I,10) in der Form schreiben:

$$\Phi = -\frac{1}{4\pi} \sum_{n=0}^{N-1} \int_{R_i}^{R_a} \int_0^\infty \frac{\Gamma\left(s, \varphi_0 + \frac{2\pi n}{N} + \psi\right) \left[x - k_0\psi + y\frac{k_0}{s} \times \sin\left(\varphi_0 + \frac{2\pi n}{N} + \psi\right) - z\frac{k_0}{s}\cos\left(\varphi_0 + \frac{2\pi n}{N} + \psi\right)\right]}{\sqrt{\left\{(x - k_0\psi)^2 + \left[y - s\cos\left(\varphi_0 + \frac{2\pi n}{N} + \psi\right)\right]^2 + \left[z - s\sin\left(\varphi_0 + \frac{2\pi n}{N} + \psi\right)\right]^2\right\}^3}} \times s\, d\psi\, ds . \tag{18}$$

Aus (17) und (18) folgt unmittelbar die Erfüllung der Randbedingung

$$\left(\frac{\partial \Phi}{\partial y} + \frac{\partial \Phi^*}{\partial y}\right)_{y=y_0} = 0 \tag{19}$$

an der Platte.

Aus Formel (17) ist außerdem unmittelbar zu ersehen, daß das vom gespiegelten Propeller auf der Platte $y = y_0$ erzeugte Druckfeld P_Γ^* genau gleich demjenigen des Originalpropellers ist; somit erhalten wir die einfache Relation

$$\left(\frac{P_\Gamma + P_\Gamma^* - P_0}{\frac{\varrho}{2}u_0^2}\right)_{y=y_0} = 2\left(\frac{P_\Gamma - P_0}{\frac{\varrho}{2}u_0^2}\right)_{y=y_0} , \tag{20}$$

und können alle in Ziff. 1 abgeleiteten Formeln direkt verwenden. Genau analog ist jetzt noch das Potential der Quellen-Senken-Verteilung des gespiegelten Propellers (Einfluß der endlichen Profildicke) abzuleiten. Es ist

$$\Phi_q^* = -\frac{1}{4\pi} \sum_{n=0}^{N-1} \int_{R_i}^{R_a} \int_{-\chi_H}^{-\chi_v} \frac{q^*(s, \chi^*)\, s\, d\chi^*\, ds}{\sqrt{x^2 + r^{*2} + s^2 - 2r^*s\cos\left(\varphi^* - \varphi_0^* - \frac{2\pi n}{N} - \chi^*\right)}} . \tag{21}$$

Offenbar gilt (vgl. Abb. 7) $q^*(s, -\chi^*) = q(s, \chi^*)$, und mit $\chi^* = -\chi$ und der Relation (15) kann Gl. (21) in der Form

$$\Phi_q^* = -\frac{1}{4\pi} \sum_{n=0}^{N-1} \int_{R_i}^{R_a} \int_{\chi_v}^{\chi_H} \frac{q(s, \chi)\, s\, d\chi\, ds}{\sqrt{x^2 + \left[y - 2y_0 + s\cos\left(\varphi_0 + \dfrac{2\pi n}{N} + \chi\right)\right]^2 + \left[z - s\sin\left(\varphi_0 + \dfrac{2\pi n}{N} + \chi\right)\right]^2}} \tag{22}$$

geschrieben werden.

Andererseits folgt aus (10)

$$\Phi_q = -\frac{1}{4\pi} \sum_{n=0}^{N-1} \int_{R_i}^{R_a} \int_{\chi_v}^{\chi_H} \frac{q(s, \chi)\, s\, d\chi\, ds}{\sqrt{x^2 + \left(y - s\cos\left(\varphi_0 + \dfrac{2\pi n}{N} + \chi\right)\right)^2 + \left(z - s\sin\left(\varphi_0 + \dfrac{2\pi n}{N} + \chi\right)\right)^2}}\,. \tag{23}$$

Aus den Formeln (22) und (23) entnimmt man leicht, daß auch für die Potentiale Φ_q, Φ_q^* die Gl. (19), und für die Drücke P_q, P_q^* die Gl. (20) erfüllt ist

$$\left(\frac{\partial \Phi^*}{\partial t} = \omega \frac{\partial \Phi^*}{\partial \varphi_0^*} = -\omega \frac{\partial \Phi^*}{\partial \varphi_0}\right).$$

POHL[1] berechnet mit Hilfe der dem einfachsten Propellermodell entsprechenden Formel (8) (bei der also der Faktor 1/2 jetzt zu streichen ist) die auf eine ebene Platte ausgeübte Kraft K_Γ:

$$\left(S = \frac{N}{2} \Gamma_0\, \omega\, R_a^2\, \varrho\right)$$

$$\frac{K_\Gamma}{S/\pi N} = \frac{N}{R_a^2} \sum_{v=0}^{M} \int_{x_1}^{x_2} \int_{z_1}^{z_2} \left[F_{vN}(x, r) \times\right.$$

$$\times \cos v\, N(\varphi - \varphi_0) - \frac{u_0}{\omega R_a} E_{vN}(x, r) \times$$

$$\left.\times \sin v\, N(\varphi - \varphi_0)\right]\, dx\, dz;$$

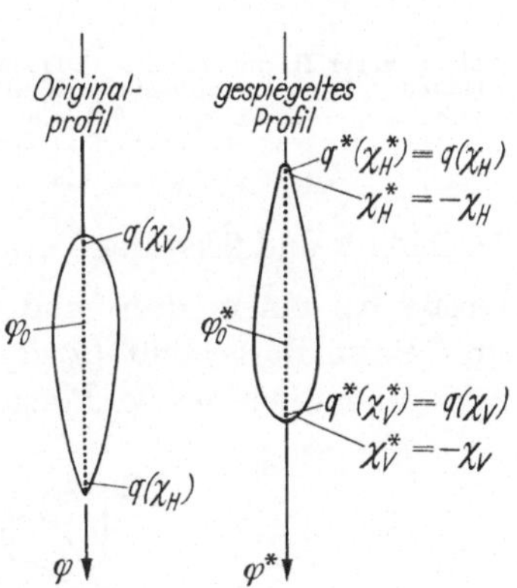

Abb. 7. Quellen-Senken-Verteilung am Originalpropeller und am gespiegelten Propeller.

die Integration über die Platte wird von POHL nach einem numerischen Verfahren durchgeführt; für die Punkte auf der Platte ist dabei:

$$r = \sqrt{y_0^2 + z^2}\,; \quad \cos\varphi = y_0(y_0^2 + z^2)^{-1/2}\,; \quad \sin\varphi = z(y_0^2 + z^2)^{-1/2}\,.$$

---

[1] POHL, K. H.: Das instationäre Druckfeld in der Umgebung eines Schiffspropellers und die von ihm auf benachbarten Platten erzeugten periodischen Kräfte. Schiffstechnik 6 (1959) 107.

Beschränkt man sich auf die Untersuchung des Gliedes $\nu = 1$ (erste Harmonische der Kraft), so kann man formal schreiben

$$\frac{K_{1\varGamma}}{S/\pi N} = N \, \tilde{F}_N \cos N \, \varphi_0 + N \, \tilde{E}_N \sin N \, \varphi_0 \, .$$

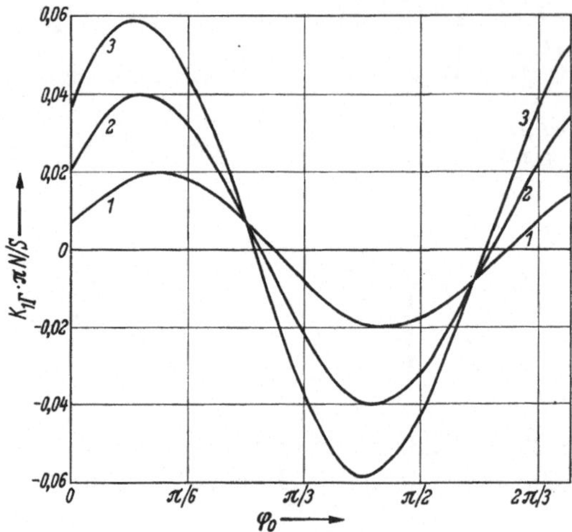

Abb. 8. Erste Harmonische ($\nu = 1$) der von einem dreiflügeligen Propeller auf eine Platte im Abstand $y_0/R_a = 1,5$ ausgeübten Kraft. Fortschrittsgrad $u_0/\omega\,R_a = 0,25$, Plattengröße gegeben durch: $z_1 = -0,6\,R_a$; $z_2 = 0,6\,R_a$ und (1) $x_1 = 0$; $x_2 = 0,2\,R_a$; (2) $x_1 = 0$; $x_2 = 0,4\,R_a$; (3) $x_1 = 0$; $x_2 = 0,6\,R_a$, nach POHL.

In Abb. 8 und 9 ist der Verlauf von $K_{1\varGamma}\dfrac{\pi\,N}{S}$ für Platten verschiedener Größe bei einem drei- und vierflügeligen Propeller nach Ergebnissen von POHL dargestellt ($y_0/R_a = 1,5$; $u_0/\omega\,R_a = 0,25$). Für die beiderseits unendlich große Platte ($x_1 = z_1 = -\infty$; $x_2 = z_2 = +\infty$) erhält

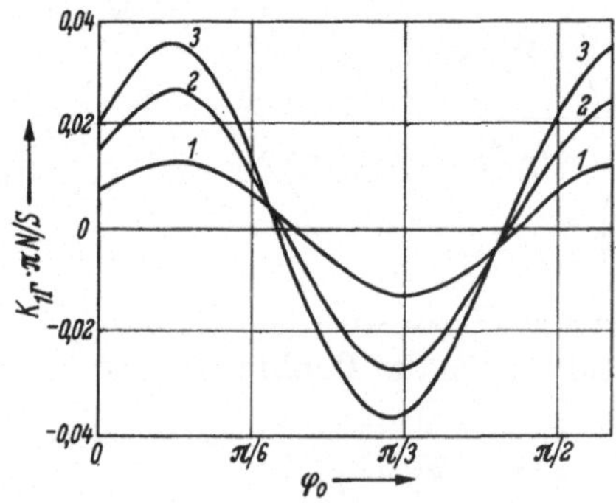

Abb. 9. Erste Harmonische ($\nu = 1$) der von einem vierflügeligen Propeller auf eine Platte im Abstand $y_0/R_a = 1,5$ ausgeübten Kraft. Fortschrittsgrad $u_0/\omega\,R_a = 0,25$, Plattengröße gegeben durch: $z_1 = -0,6\,R_a$; $z_2 = 0,6\,R_a$ und (1) $x_1 = 0$; $x_2 = 0,2\,R_a$; (2) $x_1 = 0$; $x_2 = 0,4\,R_a$; (3) $x_1 = 0$; $x_2 = 0,6\,R_a$, nach POHL.

POHL[1] ferner das Resultat, daß nur der einflügelige Propeller eine von Null verschiedene Kraft ausübt, während sich für alle mehrflügeligen Propeller $K_\Gamma = 0$ ergibt $(N \geq 2)$. Das gleiche Ergebnis erhält auch BRESLIN[2].

In einer weiteren Arbeit haben TSAKONAS, BRESLIN und JACOBS[3] die Kraft berechnet, die von einem Propeller auf eine in x-Richtung unendlich $(x_1 = -\infty,\ x_2 = \infty)$ aber in z-Richtung endlich $(z_1 = -B,\ z_2 = B)$ lange Platte ausgeübt wird.

Zunächst ergibt sich für die von der Flügelzirkulation des Propellers ausgeübte Kraft nach Formel (8)[3] (der in x ungerade Anteil fällt bei der Integration heraus):

$$\frac{K_\Gamma}{S} = -\frac{1}{\pi N} \frac{u_0}{\omega R_a} \times$$

$$\times \sum_{n=0}^{N-1} \int_{-B}^{B} \int_{-\infty}^{\infty} \int_{0}^{R_a} \frac{1}{s R_a} \frac{\partial}{\partial \varphi_0} \left(\frac{1}{\sqrt{x^2 + r^2 + s^2 - 2 r s \cos\left(\varphi - \varphi_0 - \dfrac{2 \pi n}{N}\right)}} \right) ds\, dx\, dz .$$

Hieraus folgt mit den Relationen (I,18) und (4) weiter

$$\frac{K_\Gamma}{S} = -\frac{2}{\pi} \frac{u_0}{\omega R_a} \sum_{m=1}^{\infty} m\, N \int_{-B}^{B} \sin m\, N (\varphi - \varphi_0) \int_{-\infty}^{\infty} dx \int_{0}^{R_a} \frac{ds}{s R_a} \times$$

$$\times \int_{0}^{\infty} e^{-|x|\lambda} J_{mN}(\lambda r)\, J_{mN}(\lambda s)\, d\lambda\, dz .$$

TSAKONAS, BRESLIN und JACOBS betrachten im folgenden nur noch den Summanden $m = 1$, d. h. die erste Harmonische. Unter Benutzung der Integralformeln $(N \geq 2)$ $(r > s)$

$$\int_{-\infty}^{\infty} e^{-|x|\lambda}\, dx = \frac{2}{\lambda} ; \qquad \int_{0}^{\infty} J_N(\lambda r)\, J_N(\lambda s)\, \frac{d\lambda}{\lambda} = \frac{1}{2N} \left(\frac{s}{r}\right)^N ; \qquad (24)$$

erhält man

$$\frac{K_{1\Gamma}}{S} = -\frac{2}{\pi N} \frac{u_0}{\omega R_a} \int_{-B}^{B} \left(\frac{R_a}{r}\right)^N \sin N (\varphi - \varphi_0) \frac{dz}{R_a} . \qquad (25)$$

---

[1] Vgl. Fußnote 1 auf S. 115.

[2] BRESLIN, J. P.: A theory for the vibratory effects produced by a propeller on a large plate. J. Ship Res. 3 (1959/60) H. 3.

[3] TSAKONAS, S., J. P. BRESLIN u. W. R. JACOBS: The vibratory force and moment produced by a marine propeller on a long rigid strip. J. Ship Res. 5 (1961/62) H. 4.

Dabei ist

$$r = \sqrt{y_0^2 + z^2}\,; \quad \cos\varphi = y_0\,(y_0^2 + z^2)^{-1/2}; \quad \sin\varphi = z\,(y_0^2 + z^2)^{-1/2}.$$

Nun ist[1]

$$\int\limits_{-B}^{B} \frac{\cos N\varphi}{(\sqrt{y_0^2 + z^2})^N}\, dz = \frac{2}{N-1}\, \frac{\sin(N-1)\Theta}{(\sqrt{y_0^2 + B^2})^{N-1}} \quad \left(y_0 + iB = \sqrt{y_0^2 + B^2}\, e^{i\Theta}\right);$$

$$\left(\Theta = \arctan\frac{B}{y_0}\right), \qquad (26)$$

$$\int\limits_{-B}^{B} \frac{\sin N\varphi}{\sqrt{(y_0^2 + z^2)^N}}\, dz = 0, \qquad\qquad (N \geq 2)$$

und damit wird aus (25):

$$\frac{K_{1\Gamma}}{S} = \frac{4}{\pi}\, \frac{1}{N(N-1)}\, \frac{u_0}{\omega R_a} \left(\sqrt{\frac{R_a^2}{y_0^2 + B^2}}\right)^{N-1} \sin(N-1)\,\Theta\, \sin N\,\varphi_0. \quad (27)$$

Für $B \to \infty$ folgt aus (27) wieder das schon vorher erwähnte Ergebnis
$K_{1\Gamma} = 0$ $(N \geq 2)$. Aus der expliziten Formel (27) erkennt man besonders deutlich, wie stark die Amplitude der instationären Kraftschwankungen mit wachsender Flügelzahl N und wachsendem Abstand y_0
zwischen Propeller und Platte abnimmt.

In Abb. 10 ist für einen dreiflügeligen Propeller die Kraftamplitude
(ohne Fortschrittsgrad)

$$\frac{4}{\pi}\, \frac{1}{N(N-1)} \sqrt{\left(\frac{R_a^2}{y_0^2 + B^2}\right)^{N-1}} \sin\left[(N-1)\arctan\frac{B}{y_0}\right]$$

dargestellt.

Die außerdem in Abb. 10 eingezeichnete gestrichelte Linie zeigt für
den Wert $y_0/R_a = 1{,}5$ und $N = 3$ die Amplitude bei einer in x-Richtung
nur endlich langen Platte nach Berechnungen von Pohl[2]. Man erkennt,
daß das in der expliziten und übersichtlichen Formel (27) dargestellte
Ergebnis in guter Näherung auch für endlich lange Platten gültig bleibt.
Für $N = 2$ ergeben sich ähnliche Resultate mit entsprechend größeren,
für $N = 4$ mit entsprechend kleineren Amplitudenwerten.

Tsakonas, Breslin und Jacobs behandeln in ihrer Arbeit auch den
Fall $N = 1$, der technisch kaum Bedeutung haben dürfte.

In ganz analoger Weise läßt sich auch die Kraft K_q berechnen, die
von der Quellen-Senken-Verteilung der endlich dicken Flügelprofile

---

[1] Man vergleiche die in Fußnote 3 auf S. 117 genannte Arbeit. Die Formel (26),
für deren Beweis man nur auf die Relation $e^{iN\varphi}(y_0^2 + z^2)^{-N/2} = (y_0 - iz)^{-N}$ zurückgreifen braucht, ergibt sich hier etwas anders als in der Originalarbeit von Tsakonas, Breslin, Jacobs; denn dort wird eine bei $z = z_0$ und bei uns eine bei $y = y_0$
liegende Platte betrachtet. Dadurch ändert sich im Prinzip natürlich nichts.

[2] Man vergleiche die auf S. 115 genannte Arbeit von Pohl.

auf die Platte ausgeübt wird[1]. Mit (I,18) und (4) folgt aus (12) bezogen auf $S = \dfrac{N}{2}\, \Gamma_0\, \omega\, R_a^2\, \varrho$

$$\frac{K_a}{S} = \frac{1}{\pi N}\, \frac{1}{\Gamma_0} \times$$

$$\times \sum_{n=0}^{N-1} \frac{1}{R_a^2} \int\limits_{-B}^{B} \int\limits_{-\infty}^{\infty} \int\limits_{0}^{R_a} \int\limits_{\chi_\nu}^{\chi_H} \frac{\partial^2}{\partial \varphi_0^2}\, \frac{D(s,\chi)\,\sqrt{u_0^2 + \omega^2 s^2}\, d\chi\, ds\, dx\, dz}{\sqrt{x^2 + r^2 + s^2 - 2rs\cos\left(\varphi - \varphi_0 - \dfrac{2\pi n}{N} - \chi\right)}}$$

$$= -\frac{2}{\pi}\, \frac{1}{\Gamma_0} \sum_{m=1}^{\infty} \frac{(mN)^2}{R_a^2} \int\limits_{-B}^{B} \int\limits_{-\infty}^{\infty} \int\limits_{0}^{R_a} \int\limits_{\chi_\nu}^{\chi_H} D(s,\chi)\,\sqrt{u_0^2 + \omega^2 s^2} \times$$

$$\times \cos m N (\varphi - \varphi_0 - \chi) \int\limits_{0}^{\infty} J_{mN}(\lambda r)\, J_{mN}(\lambda s)\, e^{-|x|\lambda}\, d\lambda\, d\chi\, ds\, dx\, dz.$$

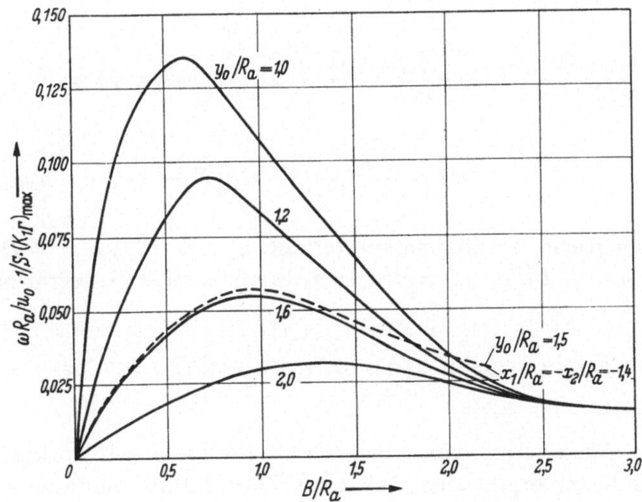

Abb. 10. Amplitude (erste Harmonische) der von einem dreiflügeligen Propeller auf Platten der Abmessung $x_1 = -\infty$; $x_2 = \infty$; $z_1 = -z_2 = -B$ ausgeübten Kraft für verschiedene Abstände y_0/R_a, nach TSAKONAS, BRESLIN, JACOBS. Die gestrichelte Linie bezieht sich auf eine in x-Richtung endlich ausgedehnte Platte nach POHL.

Setzt man hier[1]

$$\chi_\nu = -\chi_H = -\chi_0,$$

$$D(s,\chi)\,\sqrt{u_0^2 + \omega^2 s^2} \approx D(0{,}7\,R_a, \chi)\,\sqrt{u_0^2 + (0{,}7\,\omega\,R_a)^2}$$

$$= D_0(\chi)\,\sqrt{u_0^2 + (0{,}7\,\omega\,R_a)^2},$$

---

[1] Man vergleiche die auf S. 117 genannte Arbeit von TSAKONAS, BRESLIN und JACOBS.

und beschränkt sich wieder auf das Glied $m = 1$, so ergibt sich mit (24):

$$\frac{K_{1q}}{S} = -\frac{2}{\pi} \frac{\sqrt{u_0^2 + (0,7\,\omega\,R_a)^2}}{R_a\,\Gamma_0} \frac{N}{N+1} \int\limits_{-B}^{B} \left(\frac{R_a}{r}\right)^N \times$$

$$\times \int\limits_{-\chi_0}^{\chi_0} D_0(\chi)\cos N(\varphi - \varphi_0 - \chi)\,d\chi\,dz. \quad (28)$$

Für symmetrische Profildicken ist weiter

$$\int\limits_{-\chi_0}^{\chi_0} D_0(\chi)\sin N\,\chi\,d\chi = 0, \quad (29)$$

während im allgemeinen die Relation (29) jedenfalls näherungsweise Geltung haben wird. Somit folgt aus (28) mit (26) und (29):

$$\frac{K_{1q}}{S} = -\frac{4}{\pi} \frac{N}{N^2-1} \frac{\sqrt{u_0^2 + (0,7\,\omega\,R_a)^2}}{\Gamma_0} \int\limits_{-\chi_0}^{\chi_0} D_0(\chi)\cos N\,\chi\,d\chi \times$$

$$\times \left(\sqrt{\frac{R_a^2}{y_0^2 + B^2}}\right)^{N-1} \sin(N-1)\,\Theta\,\cos N\,\varphi_0. \quad (30)$$

Für symmetrische Profildickenverteilungen mit $D_0'(\chi_0) = -D_0'(-\chi_0)$ und $D_0''(\chi_0) = +D_0''(-\chi_0)$ ergibt sich durch partielle Integration noch

$$\int\limits_{-\chi_0}^{\chi_0} D_0(\chi)\cos N\,\chi\,d\chi = \frac{2}{N^2}\left(D_0'(\chi_0)\cos N\,\chi_0 - \frac{1}{N} D_0''(\chi_0)\sin N\,\chi_0 - \cdots\right). \quad (31)$$

Bei der Auswertung von Formel (30) für technisch vorkommende Flügelprofildicken ergibt sich, daß der Dickeneinfluß mindestens ebenso große Kraftamplituden hervorruft, wie die Flügelzirkulation des Propellers.

Abb. 11 zeigt nach Ergebnissen von TSAKONAS, BRESLIN und JACOBS[1] die Amplitude der Gesamtkraft $\frac{1}{S}(K_{1r} + K_{1q})$ gemäß (27) und (30) für einen dreiflügeligen Propeller mit dem Fortschrittsgrad $\frac{u_0}{\omega\,R_a} = \frac{0,8}{\pi}$.

Wir haben damit am Beispiel der ebenen Platte die Methode kennengelernt, mit Hilfe des Spiegelungsprinzips die vom Druckfeld des Propellers auf einfache Strömungskörper ausgeübten Kräfte zu berechnen.

---

[1] Vgl. die in Fußnote 3 auf S. 117 genannte Arbeit.

In weiteren Arbeiten ist diese Methode von BRESLIN[1] verwendet worden, um die auf einen neben dem Propeller liegenden unendlich langen Kreiszylinder ausgeübt werdenden Kräfte zu ermitteln (Achse des Kreiszylinders in x-Richtung).

Abschließend sei noch vermerkt: Bei der hier dargelegten Methode ist stillschweigend vorausgesetzt worden, daß die Strömung an den Propellerflügeln durch den Einfluß des untersuchten Strömungskörpers

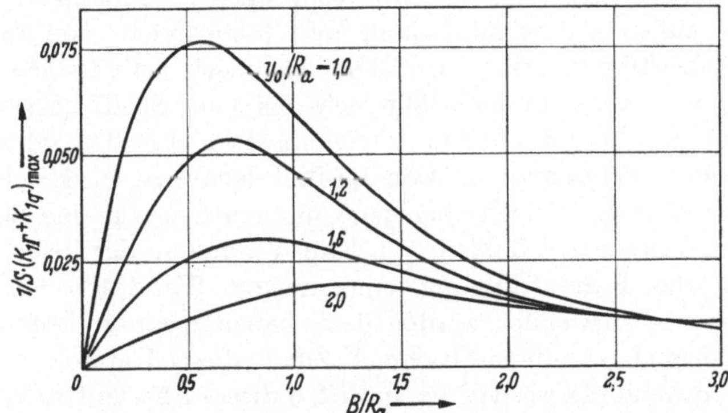

Abb. 11. Amplitude (erste Harmonische) der von einem dreiflügeligen Propeller beim Fortschrittsgrad $u_0/\omega\,R_a = 0{,}8/\pi$ auf Platten der Abmessung $x_2 = -x_1 = \infty$, $z_2 = -z_1 = B$ ausgeübten Kraft für verschiedene Abstände y_0/R_a, nach TSAKONAS, BRESLIN, JAKOBS.

nicht wesentlich verändert wird, und somit keine Neuberechnung der Flügelzirkulation Γ erforderlich ist. Wie vom Verfasser in einem anderen Zusammenhang[2] (vgl. auch Kap. V, Abschn. C,2) gezeigt werden konnte, ist diese Voraussetzung (jedenfalls für die ebene Platte als Strömungskörper) in befriedigender Näherung erfüllt.

B. Der Sog am Schiffsrumpf

1. Einleitende Betrachtungen

Eine vollständige theoretische Behandlung der Wechselwirkung zwischen einem Schiffsrumpf und einem Schraubenpropeller führt auf ein sehr kompliziertes simultanes Randwertproblem. Es ist die Strömungsrandbedingung zugleich an den Propellerflügeln und an der Oberfläche des Schiffsrumpfes, insbesondere des Schiffshecks zu erfüllen.

---

[1] BRESLIN, J.P.: Propeller induced vibratory forces on a cylindrical ship arising from blade loading. Schiffstechnik 9 (1962) 160. — Review and extension of the theory for near-field propeller induced vibratory effects; 4th symposium on naval hydrodynamics, Washington 1962.

[2] ISAY, W.H.: Der Schraubenpropeller nahe der freien Wasseroberfläche und im Flachwasser. Ing.-Arch. 31 (1962) 194.

Dafür ist die genaue Kenntnis der Strömungsfelder von Propeller und Schiffsrumpf erforderlich. Erschwerend kommt hinzu, daß der Schiffsrumpf teilweise aus dem Wasser herausragt, und der Propeller in der Regel unter, jedoch nahe der Wasseroberfläche arbeitet, und daher muß eigentlich auch der Einfluß der freien Wasseroberfläche auf die Strömungsfelder von Propeller und Schiffsrumpf berücksichtigt werden. Natürlich beeinflussen sich diese beiden Felder auch gegenseitig noch.

Das Strömungsfeld eines Schraubenpropellers ohne freie Wasseroberfläche haben wir ausführlich in Kap. I behandelt, und zwar auch mit Berücksichtigung eines vor dem Propeller befindlichen Schiffskörpers, denn in jedem Fall läßt sich das vom Schiffskörper in der Propellerebene hervorgerufene Strömungsfeld in der allgemeinen Form (I,46), (I,47) darstellen. Den Einfluß der freien Wasseroberfläche werden wir in Kap. V noch eingehend untersuchen; für den Sonderfall (sehr kleine Froudesche Zahlen, vgl. Kap. V), daß an der freien Wasseroberfläche die Randbedingung einer festen Wand (ebenen Platte) näherungsweise verwendet werden darf, haben wir das Strömungsfeld eines Propellers ja bereits in Abschn. A, Ziff. 2, dieses Kapitels behandelt; über eine Anwendung werden wir in Ziff. 3 dieses Abschnittes berichten.

Sehr schwierig ist die theoretische Berechnung des Strömungsfeldes eines wirklichen Schiffsrumpfes, und zwar bereits ohne Anwesenheit eines Propellers. Denn zunächst ist es in Anbetracht der komplizierten Heckform in Wirklichkeit vorkommender Schiffe schon bei einer rein potentialtheoretischen Behandlung des Problems sehr mühsam, die entsprechenden Singularitätensysteme (in der Regel Quellen-Senken-Verteilungen oder Dipole) so zu bestimmen, daß der Schiffskörper Stromfläche wird[1]; ganz abgesehen noch von einer Berücksichtigung des Einflusses der freien Wasseroberfläche. Dazu kommt aber, daß das Strömungsfeld hinter einem Schiffsrumpf nicht allein potentialtheoretisch erfaßt werden kann. Denn die Flüssigkeitsteilchen, die durch die Reibungskräfte in der Grenzschicht am Schiffskörper gegenüber der Außenpotentialströmung abgebremst werden, geben am Heck Anlaß zu einem reibungsbedingten Nachstromfeld. Außerdem besteht zumindest bei völligen (hinten abgestumpften) Schiffskörpern die Möglichkeit der Strömungsablösung.

Beim Nachstromfeld eines Schiffskörpers werden im allgemeinen drei Anteile unterschieden: Einmal der Potential- oder Verdrängungsnach-

---

[1] Eine Übersicht über die Methoden, um schiffsähnliche Körper [d. h. Rumpfoberflächen $Z(x, y)$] mit Hilfe von Interpolationspolynomen oder sonstigen einfachen Funktionen in den Variablen x und y durch analytische Ausdrücke zu approximieren, findet man bei H. Nowacki: Potentialtheoretische Strömungs- und Sogberechnungen für schiffsähnliche Körper, Jb. Schiffbautechn. Ges., Bd. 57, 1963, Berlin/Göttingen/Heidelberg: Springer 1964.

strom, der bei jedem Strömungskörper im allseitig unbegrenzten Medium (d. h. ohne freie Wasseroberfläche) in reiner Potentialströmung vorhanden ist. Ferner der Reibungsnachstrom, der durch den Einfluß der Grenzschicht und eventuell durch die Strömungsablösung bedingt ist. Und schließlich spielt der sog. Wellennachstrom eine gewisse Rolle. Letzterer ist durch das Geschwindigkeitsfeld gegeben, das die vom fahrenden Schiffskörper an der Wasseroberfläche erzeugten Wellen in der Umgebung und insbesondere am Heck des Schiffes hervorrufen. Alle drei Nachstromanteile beeinflussen sich natürlich auch noch gegenseitig.

Das bisher betrachtete Nachstromfeld eines Schiffsrumpfes ohne Propeller bezeichnet man als „nominelles" Nachstromfeld[1]. Befindet sich hinter dem Schiffsheck ein arbeitender Propeller, so wird durch seinen Einfluß das nominelle Nachstromfeld modifiziert zum „effektiven" Nachstromfeld, das ebenfalls aus den drei oben genannten Anteilen besteht. Diese Modifizierung ist theoretisch am besten im Fall des Verdrängungsnachstroms einzusehen. Denn bestimmt man zunächst die Potentialströmung um einen Schiffsrumpf ohne Propeller, indem man die Strömungsrandbedingung durch ein geeignetes Quellen-Senken-System erfüllt, so ist damit auch der nominelle Verdrängungsnachstrom bekannt. Durch das Hinzukommen eines Propellerströmungsfeldes wird jedoch die soeben erfüllte Randbedingung am Schiffskörper wieder verletzt; um bei Anwesenheit des Propellers den vorgegebenen Schiffsrumpf zur Stromfläche zu machen, muß also das vorher bestimmte Quellen-Senken-System geeignet modifiziert werden, und damit ergibt sich auch ein veränderter (effektiver) Verdrängungsnachstrom.

Während der (potentialtheoretische) effektive Verdrängungsnachstrom für schiffsähnliche Körper mit entsprechendem Aufwand theoretisch berechnet werden kann (vgl. NOWACKI), ist dieses für den alle drei Anteile enthaltenden effektiven Gesamtnachstrom nicht möglich, in Anbetracht der großen Kompliziertheit des Problems.

Aber auch eine experimentelle Bestimmung des effektiven Gesamtnachstromes ist bisher nicht gelungen, da es nicht möglich war, bei der Messung das vom Wirbelsystem des Propellers induzierte Feld abzutrennen.

Wie wir bereits aus Abschn. A [vgl. Gl. (7)] wissen, erzeugt der hinter dem Schiff arbeitende Propeller am Schiffsheck ein Unterdruckfeld, und dadurch wird eine Sogkraft auf den Schiffsrumpf ausgeübt. Der Schiffskörper erfährt also einen zusätzlichen Widerstand. Hierdurch erklärt sich die bekannte Tatsache, daß die vom Propeller zur Er-

---

[1] In der Literatur wird zuweilen statt Nachstrom auch der Ausdruck Mitstrom (völlig gleichbedeutend) verwendet.

reichung einer bestimmten Schiffsgeschwindigkeit aufzubringende Schubkraft meist erheblich (je nach Schiffstyp etwa 10 bis 25%) größer ist, als der aus Schleppversuchen bei gleicher Geschwindigkeit ermittelte Widerstand des Schiffskörpers ohne Propeller. Wie der Nachstrom kann auch der Sog in drei Anteile aufgegliedert werden. Von diesen ist der Potential- oder Verdrängungssog bei weitem der wesentlichste. Dieses ist auch anschaulich einleuchtend, denn ein Schiffskörper ohne Propeller mit entsprechendem Verdrängungsnachstrom erfährt in einer allseitig unbegrenzten Potentialströmung ja überhaupt keinen Widerstand. Der beim Schleppversuch eines solchen Körpers gemessene Widerstand setzt sich zusammen aus dem Reibungswiderstand[1] und dem Wellenwiderstand[2]. Arbeitet aber hinter dem Schiffsrumpf ein Propeller, so ergibt sich auch dann ein Schiffswiderstand, wenn die Einflüsse der Reibung und der freien Wasseroberfläche vollkommen vernachlässigt werden. Das potentialtheoretische Feld der Verdrängungsströmung am Schiffsrumpf wird also durch das Unterdruckfeld des Propellers wesentlich verändert. Dagegen ist die durch den Propeller bedingte Änderung des Reibungswiderstandes und des Wellenwiderstandes, d. h. der Reibungssog und der Wellensog unbedeutend. Dieses wurde von DICKMANN[3] bei einer grundsätzlichen Analyse der Strömungsvorgänge festgestellt, ohne daß dabei spezielle Schiffsformen zugrunde gelegt wurden. Spätere Untersuchungen[4] ergaben im wesentlichen eine Bestätigung dieser Feststellung[5], wenn auch eine genaue quantitative Klärung der Zusammenhänge z. Z. noch aussteht.

---

[1] Der Reibungswiderstand besteht aus dem durch die Wandschubspannung bedingten Widerstand und dem Druckwiderstand, welcher infolge der Veränderung des potentialtheoretischen Schiffskörpers durch Nachlauf und Verdrängungsdicke entsteht. In diesem Zusammenhang verweisen wir besonders auf die Untersuchung von H. AMTSBERG: Untersuchungen an Rotationskörpern über die Wechselwirkung zwischen Schiffskörper und Propeller, Jb. Schiffbautechn. Ges., Bd. 54, 1960, Berlin/Göttingen/Heidelberg: Springer 1961.

[2] Auf Einzelheiten der Berechnung des Wellenwiderstandes von Schiffen können wir hier nicht eingehen. Wir verweisen insbesondere auf die zusammenfassende Darstellung: INUI, T.: Study on wave-making resistance of ships. Soc. Nav. Arch. Japan, 60th Anniv. Ser. 2 (1957) 173.

[3] DICKMANN, H. E.: Schiffskörper sog, Wellenwiderstand eines Propellers und Wechselwirkung mit Schiffswellen. Ing.-Arch. 9 (1938) 452. — Wechselwirkung zwischen Propeller und Schiff unter besonderer Berücksichtigung des Welleneinflusses, Jb. Schiffbautechn. Ges., Bd. 40, 1939, Berlin 1939.

[4] Vgl. AMTSBERG.

[5] H. VÖLKER weist in einer Diskussionsbemerkung zu der auf S. 132 genannten Arbeit von Pohl darauf hin, daß sich beim Reibungssog zwei Effekte gegenseitig fast kompensieren: Einmal ergibt der Einfluß des Propellers eine Erhöhung des durch die Wandschubspannung bedingten Widerstandes; andererseits verkleinert sich aber infolge des Unterdruckfeldes des Propellers der durch den Zähigkeitsnachlauf bzw. die Ablösung bedingte Druckwiderstand.

Wir werden uns im folgenden fast ausschließlich mit der Berechnung des potentialtheoretischen Verdrängungssoges befassen. Auch mit dieser Beschränkung bleibt die Behandlung des eingangs geschilderten simultanen Randwertproblemes für wirkliche Schiffskörper noch so schwierig, daß eine allgemeine Lösung bisher nicht vorliegt. Es ist daher verständlich, daß bei der Bearbeitung des Problems noch Vereinfachungen vorgenommen wurden, und zwar sowohl hinsichtlich des verwendeten Propellermodells als auch in bezug auf die Form der untersuchten Schiffskörper.

2. Sogberechnung mit einem einfachen Propellermodell und vereinfachten Schiffskörpern

Die systematische Entwicklung einer solchen vereinfachten Theorie geht im wesentlichen auf DICKMANN zurück[1]. Es wird dabei die Überlegung zugrunde gelegt, daß für die Sogberechnung in erster Linie der Zuströmbereich vor dem Propeller maßgebend ist, und in einem gewissen Abstand vom Propeller diese Zuströmung nur noch von der Haupteigenschaft des Propellers, nämlich der Schuberzeugung beeinflußt wird. Dagegen treten andere Faktoren, wie z. B. die Flügelzahl, Flügelform oder das Feld der freien Wirbel zurück. Damit ist man schon beinahe wieder bei der einfachen Strahltheorie des Propellers angekommen, die wir hier als bekannt voraussetzen[1]. DICKMANN[1] hat in einer eingehenden Untersuchung (für Einzelheiten verweisen wir auf die Originalarbeit) gezeigt, daß man das Propellermodell der Strahltheorie in verbesserter Form auch aus den hydrodynamischen Grundgleichungen gewinnen kann. Es läßt sich dann das Strömungsfeld im Zuströmbereich des Propellers durch das Potential Φ_s einer in der Propellerebene angeordneten Senkenscheibe beschreiben, und zwar ist der Propellerkreis gleichmäßig mit konstanten Flächensenken der Intensität ($e > 0$)

$$e = u_0 \left(\sqrt{1 + c_S} - 1 \right), \qquad \Delta p = \varrho \, e \left(u_0 + \frac{e}{2} \right) \tag{32}$$

zu belegen. Δp ist der vom Propeller erzeugte Drucksprung und $c_S = \dfrac{\Delta p}{\dfrac{\varrho}{2} u_0^2}$ der Schubbelastungsgrad. Man hat also

$$\Phi_s = \frac{e}{4\pi} \int\limits_0^{R_a} \int\limits_0^{2\pi} \frac{s \, d\psi \, ds}{\sqrt{x^2 + r^2 + s^2 - 2 r s \cos\psi}} . \tag{33}$$

Innerhalb des Abströmzylinders ist für die Beschreibung der Propellerströmung das durch (33) gegebene Feld noch zu ergänzen durch eine konstante Axialgeschwindigkeit der Stärke e.

---

[1] DICKMANN, H. E.: Ing.-Arch. 9 (1938) 452.

Nach der Theorie der Kugelfunktionen läßt sich das Potential Φ_s in einer Reihe der Form[1] $(r^* > R_a)$

$$\Phi_s = \frac{e}{2}\frac{R_a^2}{r^*}\left[\frac{1}{2}\,P_0(\cos\vartheta) - \frac{1}{2}\,\frac{1}{4}\left(\frac{R_a}{r^*}\right)^2 P_2(\cos\vartheta) + \right.$$
$$\left. + \frac{1}{2}\,\frac{1}{4}\,\frac{3}{6}\left(\frac{R_a}{r^*}\right)^4 P_4(\cos\vartheta) - \cdots\right] \tag{34}$$

darstellen. Für $r^* < R_a$ gilt eine entsprechende Reihe. Die P_n sind Legendresche Polynome und $\cos\vartheta = \dfrac{x}{r^*}$; $r^* = \sqrt{x^2 + r^2}$.

Es läßt sich ferner nachweisen[2], daß das durch (33) einschließlich der Zusatzgeschwindigkeit e im Abströmzylinder gegebene Geschwindigkeitsfeld genau übereinstimmt mit dem Strömungsfeld eines an der Propellerscheibe $x = 0$ beginnenden halbunendlichen Wirbelzylinders vom Radius R_a und der konstanten Wirbeldichte $\gamma_0 = e$. Wir sind damit also wieder auf das bereits in der vereinfachten Theorie der Düsenpropeller verwendete Propellermodell gestoßen (vgl. Kap. II, Abschn. B,3).

Wie DICKMANN[1] in seiner Arbeit begründet, gilt der Zusammenhang (32) zwischen dem Schubbelastungsgrad und der Senkendichte e bzw. der Wirbeldichte γ_0 für $c_S < 1$ genau und bleibt auch für größere c_S-Werte eine zulässige Näherung (im Rahmen dieses einfachen Propellermodells)[3, 4].

Mit Hilfe dieses vereinfachten Modells für die Propellerströmung ist die Berechnung des Verdrängungssogs an vereinfachten Schiffskörpern durchgeführt worden; wir werden im folgenden kurz darüber berichten. Am einfachsten sind natürlich Rotationskörper zu behandeln, deren Strömungsfeld durch Quellen-Senken- oder auch Dipol-Verteilungen dargestellt wird. Das Geschwindigkeitspotential eines auf der x-Achse bei $x = \xi$ angebrachten Dipols vom Moment μ ist gegeben

---

[1] DICKMANN, H. E.: Ing.-Arch. 9 (1938) 452.

[2] Für den Beweis verweisen wir auf das Buch D. KÜCHEMANN u. J. WEBER: Aerodynamics of Propulsion, London/New York: McGraw-Hill 1953. Im Sonderfall $r = 0$ für Aufpunkte auf der x-Achse kann man sich durch elementare Rechnung unmittelbar davon überzeugen.

[3] Ansätze zur Entwicklung eines entsprechenden Modells für stark belastete Propeller, d. h. für die Darstellung des Propellers durch eine stark belastete Drucksprungfläche findet man bei T. Y. WU: Flow through a heavily loaded actuator disc. Schiffstechnik 9 (1962) 134.

[4] In diesem Zusammenhang sei noch darauf hingewiesen, daß aus der Kontinuität der Strömung im Stahlbereich einmal direkt am Propeller und zum anderen weiter hinten im ausgebildeten Strahl folgt: $\pi R_a^2(u_0 + \frac{1}{2}e) = \pi R_{St}^2(u_0 + e)$, also $(R_{St}/R_a)^2 = (1 + \sqrt{1 + c_S})/2\sqrt{1 + c_S}$ (Strahlkontraktion); d. h., es ist $R_{St} \approx R_a$ nur für kleine c_S; für $c_S = 1$ ist $R_{St}/R_a = 0{,}924$.

durch

$$\Phi_D = \frac{\mu(\xi)\,(x-\xi)}{4\,\pi\,\sqrt{(x-\xi)^2 + r^2}^{\,3}}\,.$$

Die auf einen solchen Dipol vom Strömungsfeld des Propellers ausgeübte Kraft ist dann[1,2]

$$+\,\varrho\,\mu(\xi)\left(\frac{\partial^2 \Phi_s}{\partial x^2}\right)_{x=\xi}$$

und für einen durch eine kontinuierliche Dipolverteilung im Bereich $-(a_0 + L) \leq x \leq -a_0$ dargestellten schiffsähnlichen Rotationskörper folgt damit für den Verdrängungssog[2]

$$\Delta S = +\,\varrho \int\limits_{-(a_0+L)}^{-a_0} \mu(x)\,\frac{\partial^2 \Phi_s}{\partial x^2}\,dx = +\frac{\varrho}{2}\,e \int\limits_{-(a_0+L)}^{-a_0} \mu(x)\,\frac{R_a^2\,dx}{\sqrt{x^2 + R_a^2}^{\,3}}\,, \qquad (35)$$

denn auf der x-Achse ist das Integral (33) elementar auswertbar. Ein einzelner bei $x = -\xi_0$ liegender Dipol vom Moment μ_0 entspricht der Strömung um eine Kugel vom Radius $\sqrt[3]{\dfrac{\mu_0}{2\,\pi\,u_0}}$ um den Punkt $x = -\xi_0$. Aus (35) folgt dann speziell

$$\Delta S = +\frac{\varrho}{2}\,\mu_0\,e\,\frac{R_a^2}{\sqrt{\xi_0^2 + R_a^2}^{\,3}}\,. \qquad (36)$$

Hinter der Kugel ist das axiale Nachstromfeld gegeben durch

$$\frac{\partial \Phi_D}{\partial x} = -\frac{\mu_0}{4\,\pi}\,\frac{2\,(x+\xi_0)^2 - r^2}{\sqrt{(x+\xi_0)^2 + r^2}^{\,5}}\,,$$

und speziell im Mittelpunkt des Propellers (Nullpunkt)

$$\left(\frac{\partial \Phi_D}{\partial x}\right)_0 = -\frac{\mu_0}{2\,\pi}\,\frac{1}{\xi_0^3} = \Lambda_0\,u_0 \qquad (37)$$

mit Λ_0 als axialer nomineller Nachstromziffer. Auf eine Berücksichtigung des effektiven Nachstromes wird hier aus Gründen der Vereinfachung verzichtet. Aus (36) und (37) folgt unter Berücksichtigung von (32) für das Verhältnis von Verdrängungssog ΔS zum Propellerschub S:

$$\Xi = \frac{\Delta S}{S} = \frac{2\,\dfrac{e}{u_0}\,|\Lambda_0|}{\dfrac{e}{u_0}\left(2 + \dfrac{e}{u_0}\right)\sqrt{1 + \left(\dfrac{R_a}{\xi_0}\right)^2}^{\,3}} = \frac{2\,|\Lambda_0|}{1 + \sqrt{1 + c_S}}\,\frac{1}{\sqrt{1 + \left(\dfrac{R_a}{\xi_0}\right)^2}^{\,3}}\,.$$

$$(38)$$

---

[1] BETZ, A.: Singularitätenverfahren zur Ermittlung der Kräfte und Momente auf Körper in Potentialströmung. Ing.-Arch. 3 (1932) 454.

[2] Das Pluszeichen bedeutet, daß die Sogkraft in Richtung der positiven x-Achse wirkt.

$\varXi$ bezeichnet man als Sogziffer. Ersetzt man bei einer noch weiter vereinfachten Betrachtung die Senkenscheibe des Propellers durch eine im Mittelpunkt angeordnete Einzelsenke, so ergibt sich eine (38) entsprechende Relation, bei der lediglich der Wurzelausdruck fehlt. Die durch Formel (38) ausgedrückte einfache Beziehung zwischen der Sogziffer $\varXi$ und der Nachstromziffer $\varLambda_0$ besagt, daß $\varXi < |\varLambda_0|$ ist. Diese Aussage wird durch Experimente durchaus nicht immer bestätigt, sondern es werden oft höhere Sogwerte gemessen.

Nach DICKMANN[1] (der in seinen Arbeiten die Relation (38) ableitet und diskutiert) ist hierfür die Ungleichförmigkeit des wirklichen Nachstromes hinter einem Schiffsrumpf maßgebend; diese wurde bei der Herleitung von Formel (38) ja nicht berücksichtigt. Gerade an den Stellen in der unmittelbaren Nähe des Schiffskörpers (z. B. in Abb. I,23 bei $\varphi = 0$ und $\varphi = \pi$) hat man die höchsten Nachstromziffern und damit auch die stärksten Propellerflügelkräfte und Unterdruckfelder, die unmittelbar am Schiffsrumpf angreifen. Dagegen sind die weiter vom Schiffsrumpf entfernten Stellen in der Propellerebene mit den kleineren Nachstromziffern für den Unterdruck am Schiffsrumpf von weit geringerer Bedeutung. Dadurch ist es zu erklären, daß die wirkliche Sogkraft im allgemeinen keineswegs wie in Formel (38) aus einer mittleren Nachstromziffer berechnet werden kann. Messungen[1] zeigen eindeutig, daß der Verdrängungssog durch zunehmende Unregelmäßigkeit des Nachstromes vergrößert wird. So tritt bei richtigen Schiffskörpern eine wesentlich größere Sogkraft auf als bei Rotationskörpern gleichen mittleren Nachstromes. Es zeigte sich auch, daß bei einem Zurücksetzen der Schiffsschraube die Sogkraft stärker abnimmt als die mittlere Nachstromziffer; ein Zurücksetzen der Schraube bedingt aber eine Glättung des Nachstromes in der Propellerebene.

Für die Erfüllung der Strömungsrandbedingung an einem vorgegebenen Körper allgemeinerer Form ist es vom theoretischen Standpunkt aus zweckmäßiger, das zur Erzeugung des Strömungskörpers verwendete Singularitätensystem nicht auf der Symmetrieachse (x-Achse) des Körpers anzubringen (wie bei DICKMANN), sondern flächenhafte Quellen- bzw. Senkensysteme zu verwenden, die auf der vorgegebenen Körperoberfläche selbst angeordnet werden. Eine allgemeine Formulierung der Theorie für den Fall eines Rotationskörpers (mit einem Gegenlaufpropeller dahinter) wurde von HICKLING angegeben[2]. Mit dieser Methode hat DREGER[3] den Verdrängungssog (aller-

---

[1] Man vergleiche die auf S. 124 genannten Arbeiten von DICKMANN.

[2] HICKLING, R.: Propellers in the wake of an axissymmetric body. Trans. Royal Inst. Naval Arch. 99 (1957) 601.

[3] DREGER, W.: Ein Verfahren zur Berechnung des Potentialsogs. Schiffstechnik 6 (1959) 175.

dings zunächst auch nur für Rotationskörper) berechnet. Das Verfahren ist jedoch prinzipiell mit dem entsprechenden Aufwand auch bei allgemeineren Schiffskörpern anwendbar, wie von NOWACKI[1] gezeigt wurde.

Bei Rotationskörpern mit der Kontur $r_0(\xi)$ ist die Quellendichte $q(\xi)$ unabhängig vom Umfangswinkel, und das von ihr induzierte Geschwindigkeitsfeld ist gegeben durch [vgl. Formel II (5) u. Abb. 12]:

$$\mathfrak{v}_q = \frac{1}{4\pi} \int\limits_{\xi=-(a_0+L)}^{-a_0} \int\limits_{\psi=-\pi}^{\pi} q(\xi)\,[(x-\xi)^2 + r^2 + r_0^2(\xi) - 2r\,r_0(\xi)\cos\psi]^{-3/2} \times$$

$$\times \{\mathfrak{e}_x(x-\xi)\,r_0(\xi) + \mathfrak{e}_r(r\,r_0(\xi) - r_0^2(\xi)\cos\psi)\}\,\sqrt{1+r_0'^2(\xi)}\,d\psi\,d\xi. \quad (39)$$

L ist die Länge des Rotationskörpers und a_0 der Abstand zwischen Körper und Propeller. Da q unabhängig von ψ ist, tritt in (39) keine

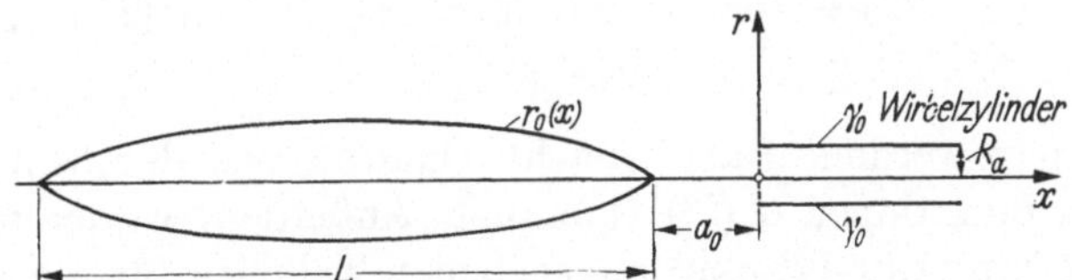

Abb. 12. Modell zur Berechnung des Verdrängungssoges nach DREGER.

Umfangskomponente auf. Als Propellermodell verwendet DREGER den bereits erwähnten halbunendlichen Wirbelzylinder, dessen konstante Wirbeldichte γ_0 mit dem Schubbelastungsgrad c_S des Propellers durch Formel (II,38) bzw. (32) verbunden ist. Das von einem solchen Wirbelzylinder induzierte Geschwindigkeitsfeld kann aus Formel (II,1) unmittelbar abgelesen werden; da $\gamma = \gamma_0$ konstant ist, verschwindet auch hier die Umfangskomponente.

Bei vorgegebenem Schubbelastungsgrad des Propellers ist γ_0 gemäß Gl. (II,38) als bekannt anzusehen. Die Strömungsrandbedingung

$$\left((u_0 + u_q + u_{\gamma_0} - \frac{q}{2}\,\frac{r_0'}{\sqrt{1+r_0'^2}}\right)r_0'(x)$$

$$= W_q + W_{\gamma_0} + \frac{q}{2}\,\frac{1}{\sqrt{1+r_0'^2}} \quad \text{für} \quad r = r_0(x) \quad (40)$$

---

[1] NOWACKI, H.: Potentialtheoretische Strömungs- und Sogberechnungen für schiffsähnliche Körper, Jb. Schiffbautechn. Ges., Bd. 57, 1963, Berlin/Göttingen/ Heidelberg: Springer 1964.

an der Oberfläche des Rotationskörpers führt dann[1] auf die folgende
Integralgleichung 2. Art zur Bestimmung der Quelldichte $q(\xi)$:

$$\frac{q(x)}{2}\sqrt{1 + r_0'^2(x)} + \frac{1}{4\pi} \int\limits_{-(a_0+L)}^{-a_0} \int\limits_{-\pi}^{\pi} q(\xi)\sqrt{1 + r_0'^2(\xi)} \times$$

$$\times \frac{r_0(x)\,r_0(\xi) - r_0^2(\xi)\cos\psi - (x - \xi)\,r_0'(x)\,r_0(\xi)}{\sqrt{(x - \xi)^2 + r_0^2(x) + r_0^2(\xi) - 2r_0(x)\,r_0(\xi)\cos\psi}^{\,3}}\,d\psi\,d\xi$$

$$= u_0\,r_0'(x) - \frac{\gamma_0 R_a}{4\pi} \int\limits_{0}^{\infty} \int\limits_{-\pi}^{\pi} \frac{(x - \xi)\cos\psi - r_0'(x)\,(R_a - r_0(x)\cos\psi)}{\sqrt{(x - \xi)^2 + r_0^2(x) + R_a^2 - 2r_0(x)\,R_a\cos\psi}^{\,3}}\,d\psi\,d\xi. \quad (41)$$

Für die Auflösung dieser Integralgleichung hat DREGER ein Iterationsverfahren angegeben; dieses kann für die m-te Iteration schematisch
durch Schreibung der Gl. (41) in der Form

$$\overset{(m+1)}{q(x)} = f(x) + \int\limits_{-(a_0+L)}^{-a_0} K(x, \xi)\,\overset{(m)}{q(\xi)}\,d\xi, \quad \big(K(x, \xi) = \text{Kern}\big)$$

charakterisiert werden. Dabei macht DREGER von den von RIEGELS[2]
tabellierten Funktionen $G_\nu(k^2)$ Gebrauch. Außerdem werden mit Vorteil
die von KÜCHEMANN-WEBER[3] angegebenen Tabellen für die von einem
halbunendlichen Wirbelzylinder induzierten Geschwindigkeiten verwendet. Beide Tabellen wurden von DREGER in seiner Arbeit noch
ergänzt. Mit der nunmehr bekannten Quelldichte $q(\xi)$ berechnet DREGER
die Druckverteilung an der Oberfläche des Rotationskörpers aus der
nicht linearisierten Bernoullischen Gleichung

$$\frac{P - P_0}{\frac{\varrho}{2}\,u_0^2} = 1 - \left(\frac{U_t}{u_0}\right)^2. \tag{42}$$

Dabei ist

$$U_t = \frac{1}{\sqrt{1 + r_0'^2}}\,(u_0 + u_q + u_{\gamma_0} + r_0'\,W_q + r_0'\,W_{\gamma_0})$$

die Tangentialgeschwindigkeit an der Körperoberfläche, für deren
numerische Auswertung wieder die oben genannten Tabellen Verwendung finden. Für alle Einzelheiten verweisen wir auf die Originalarbeit

---

[1] Die Bezeichnungen für die Geschwindigkeitskomponenten sind hier genau
gleich wie in Kap. I und II. Die beiden Glieder mit q in Gl. (40) sind bedingt durch
die aus der Potentialtheorie bekannte Unstetigkeit der normalen Geschwindigkeitskomponente längs einer Quellenschicht.

[2] Vgl. Formel (II,15) und Fußnote 2 auf S. 72.

[3] Vgl. Fußnote 1 auf S. 94.

von DREGER[1]. In Abb. 13 und 14 ist die Druckverteilung gemäß (42) für verschiedene c_S- und a_0-Werte bei dem Rotationsparaboloid

$$r_0(x) = \frac{L}{16}\left[1 - \left(\frac{2}{L}\right)^2 \times \right.$$
$$\left. \times \left(x + a_0 + \frac{L}{2}\right)^2\right]$$

nach Ergebnissen von DREGER dargestellt. Schließlich ergibt sich der gesuchte Verdrängungssog ΔS durch Integration der axialen Druckkomponente $P\, r_0'(x)\,[1 + r_0'^2(x)]^{-1/2}$ über die Körperoberfläche zu:

$$\Delta S = 2\pi \int\limits_{-(a_0+L)}^{-a_0} P(x)\, r_0'(x)\, r_0(x)\, dx$$
$$= -\varrho\,\pi \int\limits_{-(a_0+L)}^{-a_0} U_t^2(x)\, r_0'(x)\, r_0(x)\, dx. \tag{43}$$

Abb. 15 zeigt Berechnungsergebnisse für den Ausdruck

$$\Delta S \left/ \frac{\varrho}{2}\, u_0^2\, F, \right.$$

die von DREGER für das genannte Rotationsparaboloid erhalten wurden. (Dabei ist F nicht die Propellerfläche, sondern eine mit dem Rotationskörper zusammenhängende Bezugsfläche.)

Natürlich ist der Verdrängungssog für relativ schlanke Rotationskörper viel kleiner als für wirkliche Schiffskörper, so daß den hier erhaltenen Ergebnissen bei der Anwendung auf richtige Schiffe nur eine qualitative und keine quantitative Bedeutung zukommt. Man erkennt aus den in Abb. 13 bis 15 dargestellten

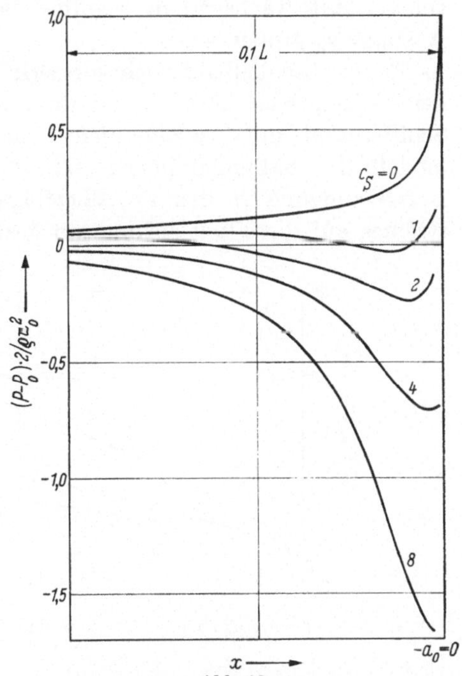

Abb. 13.
Druckverteilungen am hinteren Ende eines Rotationsparaboloides für verschiedene Schubbelastungsgrade und $a_0 = 0$ nach DREGER.

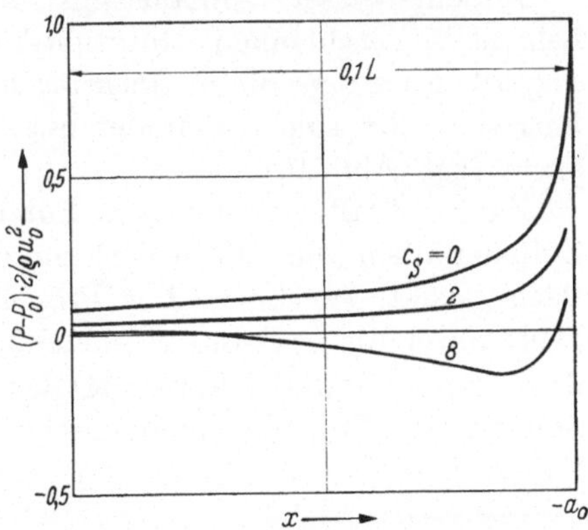

Abb. 14.
Druckverteilungen am hinteren Ende eines Rotationsparaboloides für verschiedene Schubbelastungsgrade und $a_0 = R_a$ nach DREGER.

---

[1] Vgl. die Arbeit von DREGER, Fußnote 3 auf S. 128.

Resultaten für die Druckverteilung und den Sog deutlich, wie der Einfluß des Propellers auf die Strömung am Rotationskörper (Schiffsrumpf) mit wachsendem Schubbelastungsgrad c_S und abnehmendem Abstand a_0 größer wird.

Es sei abschließend noch vermerkt, daß die hier dargestellte Theorie keine eigentliche Lösung des simultanen Randwertproblems zwischen Schiffsrumpf und Propeller liefert, da das sehr vereinfachte Propellermodell des halbunendlichen Wirbelzylinders keine Behandlung der Randbedingung an den Propellerflügeln und des Einflusses des Nachstromes auf die Flügelzirkulation gestattet. Immerhin hat AMTSBERG[1]

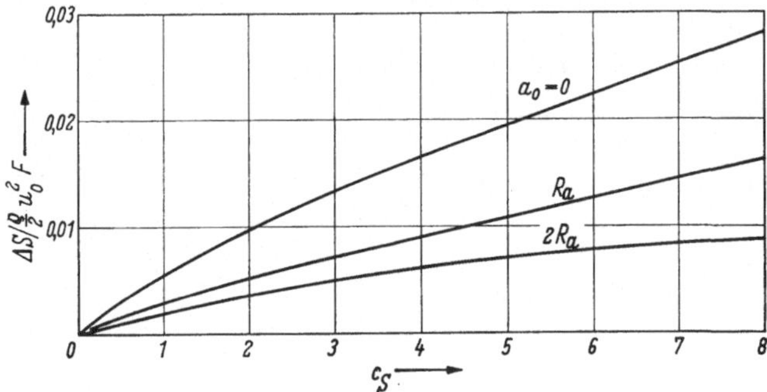

Abb. 15. Verdrängungssog an einem Rotationsparaboloid für verschiedene Propellerabstände a_0 nach DREGER.

eine Näherungsmethode angegeben, um den Einfluß des mittleren Nachstromes auf die Belegung γ_0 des Wirbelzylinders zu berücksichtigen.

Als eine bessere Annäherung wirklicher Schiffsformen als die eben behandelten schlanken Rotationskörper können elliptische Zylinder angesehen werden, die in Achsenrichtung (y-Richtung) sehr (unendlich) lang sind. Für solche Zylinder hat POHL[2] den Verdrängungssog untersucht (vgl. Abb. 16).

Zunächst läßt sich die ebene Potentialströmung um einen elliptischen Zylinder allein (ohne Propeller) und die Druckverteilung an seiner Oberfläche exakt berechnen. Der Propeller hinter dem Zylinder wird von POHL durch die bekannte Senkenscheibe konstanter Belegung e ersetzt, deren Potential in der Form (34) darstellbar ist. Bei der Berechnung der von diesem Propeller (Senkenscheibe) am Schiffsrumpf (elliptischen Zylinder) induzierten Tangential- und Normalgeschwindigkeiten zeigte

---

[1] AMTSBERG, H.: Untersuchungen an Rotationskörpern über die Wechselwirkung zwischen Schiffsrumpf und Propeller, Jb. Schiffbautechn. Ges., Bd. 54, 1960, Berlin/Göttingen/Heidelberg: Springer 1961.

[2] POHL, K. H.: Über die Wechselwirkung zwischen Schiff und Propeller, Jb. Schiffbautechn. Ges., Bd. 55, 1961, Berlin/Göttingen/Heidelberg: Springer 1962.

sich folgendes: Die eine Änderung der Druckverteilung, also den Sog
verursachenden Tangentialgeschwindigkeiten nehmen mit wachsender
Entfernung vom Propeller langsamer ab als die Normalgeschwindig-

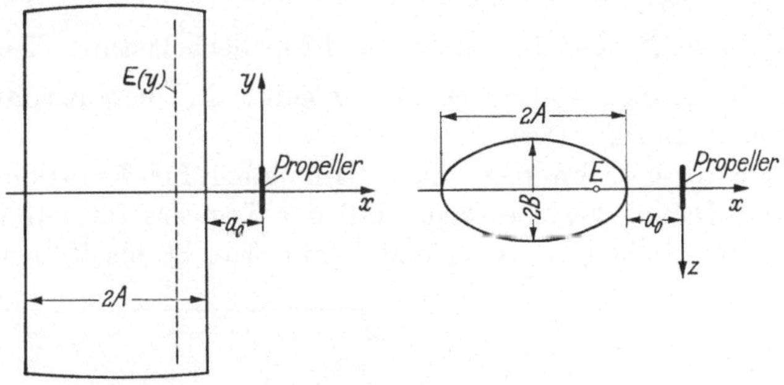

Abb. 16. Modell zur Berechnung des Verdrängungssoges nach POHL.

keiten, welche eine Verzerrung der Körperoberfläche, d. h. Störung der
Strömungsrandbedingung bewirken. Bei einer genaueren Theorie müßten
diese Normalgeschwindigkeiten durch eine zusätzliche auf der Körperoberfläche angebrachte Singularitätenbelegung kompensiert werden,
die aus einer Integralgleichung zu be-
stimmen wäre. POHL begnügt sich aus
Gründen der Vereinfachung damit,
die vom Propeller induzierte Normalgeschwindigkeit lediglich in dem wichtigsten „Heck"-Punkt $x = -a_0$, $z = 0$
zu kompensieren. Er ordnet zu diesem
Zweck im Innern des Zylinders eine
Liniensenke von in y-Richtung varia-
bler Stärke $E(y)$ an. Die dadurch
verletzte Schließungsbedingung für
die Zylinderkontur wird durch zusätzliche weit vorn angebrachte Quellen
ausgeglichen. Damit kann die durch
den Einfluß des Propellers modifizierte

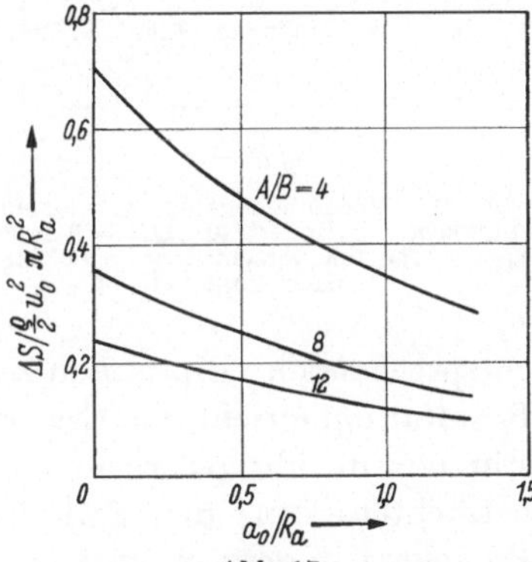

Abb. 17.
Verdrängungssog an einem elliptischen
Zylinder für $c_S = 1,25$ und $A/R_a = 10$
für verschiedene A/B-Werte nach POHL.

Druckverteilung am Zylinder berechnet werden, und aus ihr ergibt
sich durch Integration über die Körperoberfläche der Sog ΔS.

In Abb. 17 bis 19 ist der Verdrängungssog ΔS (in Einheiten von
$\frac{\varrho}{2} u_0^2 \pi R_a^2$) nach Ergebnissen von POHL dargestellt, und zwar in Abhängigkeit vom Propellerabstand a_0, vom Schubbelastungsgrad c_S und
vom Seitenverhältnis A/B (Völligkeit) des Schiffskörpers. Auch hier
zeigt sich wieder deutlich, wie die Sogwerte mit steigendem c_S und abnehmendem a_0 anwachsen. Außerdem ergeben die völligen Zylinder

natürlich einen höheren Sog als die schlanken. POHL berechnet in seiner Arbeit durch Mittelung über die Propellerscheibe außerdem die mittlere nominelle und effektive Nachstromziffer Λ_0 und Λ_e (in axialer Richtung). Ein Vergleich von Λ_e mit den ermittelten Sogziffern $\Xi = \Delta S /$ $\pi R_a^2 \frac{\varrho}{2} u_0^2 c_S$ zeigt, daß für schwache Propellerbelastung $\Xi \approx |\Lambda_e|$ ist, während bei großen c_S-Werten $\Xi \to 0$ geht, in Übereinstimmung mit der einfachen Formel (38).

Analoge Sogberechnungen hat POHL[1] auch für Rotationsellipsoide ausgeführt. Dabei zeigte es sich, daß der Sogwert für ein Rotationsellipsoid mit gleichem A, B, a_0 und c_S nur etwa 30 bis 40% des für den

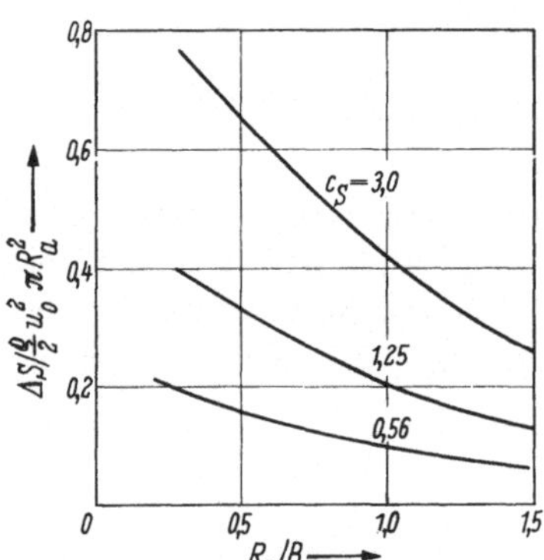

Abb. 18. Verdrängungssog an einem elliptischen Zylinder für $A/B = 8$ und $a_0 = 0,5 R_a$ für verschiedene c_S-Werte nach POHL.

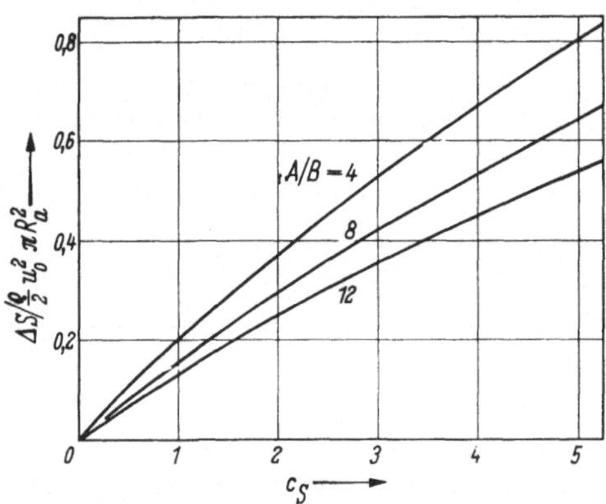

Abb. 19. Verdrängungssog an einem elliptischen Zylinder für $B = R_a$ und $a_0 = 0,5 R_a$ für verschiedene A/B-Werte nach POHL.

entsprechenden elliptischen Zylinder erhaltenen Wertes beträgt. Dieses Resultat entspricht der Erwartung. Die von POHL errechneten Sogwerte stimmen im übrigen recht gut mit Meßergebnissen überein. Schließlich betrachtet POHL[1] den Fall einer radial ungleichförmigen Belastung des Propellers, indem er eine in radialer Richtung veränderliche Senkenbelegung $e(r) = e_0 + e_1(r)$ der Propellerscheibe einführt[2]. Die Annahme einer nur in radialer Richtung ungleichförmigen Belastung des Propellers paßt allerdings strenggenommen nur zu Rotationskörpern, während für elliptische Zylinder auch eine Belastungsabhängigkeit in Umfangsrichtung berücksichtigt werden müßte. Das Ergebnis einer entsprechenden Rechnung für Rotationsellipsoide zeigt, daß der Sog bei radial ungleichförmiger Propellerbelastung bzw. Propelleranströmung um etwa 10 bis 20% höher liegt als bei entsprechender gleichmäßiger

---

[1] Vgl. die auf S. 132 genannte Arbeit.

[2] Eine auch in Umfangsrichtung variable Belastung würde den Formelapparat wesentlich komplizieren.

Belastung. Diese bei wirklichen Schiffsrümpfen noch wesentlich stärker ausgeprägte Sogerhöhung (bedingt durch die Ungleichförmigkeit des Nachstromes bzw. der Propellerbelastung, vgl. S. 128) ist damit von POHL[1] im einfachsten Fall wenigstens qualitativ auch theoretisch nachgewiesen worden. Im Hinblick auf eine Behandlung des Sogproblems bei einem in Umfangsrichtung ungleichförmig angeströmten Propeller hat TSAKONAS[2] eine Senkenbelegung der Propellerscheibe der Form $e(\varphi) = e_0 + e_1 \cos\varphi$ $(e_0, e_1 = \text{const})$ untersucht, und die von dieser Belegung induzierten Geschwindigkeiten berechnet. Der Schiffsrumpf wird dabei durch diskrete Einzelquellen und Einzelsenken approximiert, die auf seiner Symmetrieachse angeordnet sind.

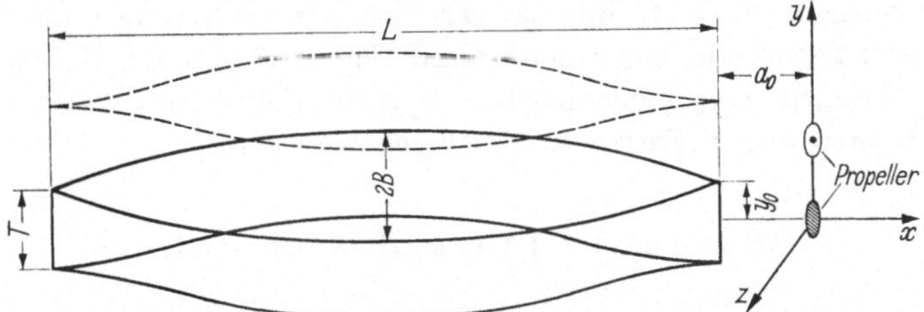

Abb. 20. Modell zur Berechnung des Verdrängungssoges nach NOWACKI.

NOWACKI behandelt in seiner bereits erwähnten Arbeit schon weitgehend schiffsrumpfähnliche Halbkörper $Z(x, y)$, die bis zur Wasseroberfläche (bei $y = y_0$) reichen und von dort durch Spiegelung zu Vollkörpern ergänzt werden (Abb. 20). Damit ist zugleich der Einfluß der Wasseroberfläche im Fall kleiner Froudescher Zahlen $\sqrt{\dfrac{u_0^2}{gL}}$ ($L =$ Schiffslänge) berücksichtigt[3]. Als Propellermodell verwendet NOWACKI eine (ebenfalls an der Wasseroberfläche gespiegelte) Senkenscheibe mit einer variablen Intensität $e(s, \psi)$, um einer in radialer Richtung und Umfangsrichtung veränderlichen Propellerbelastung Rechnung tragen zu können[4].

---

[1] Vgl. Fußnote 2 auf S. 132.

[2] TSAKONAS, S.: Analytical expressions for thrust deduction and wake fraction for potential flows. J. Ship Res. 2 (1958/59) H. 1.

[3] Für kleine Froudesche Zahlen ist die Randbedingung an der Wasseroberfläche mit derjenigen einer festen Wand gleich (vgl. Kap. V).

[4] Dieses geht bereits auf eine Anregung von DICKMANN und AMTSBERG (vgl. Fußnote auf S. 124) zurück und erscheint als eine zulässige Näherung, wenn die örtliche Belastung des Propellers so niedrig ist, daß jedes Flächenelement als Strahlpropeller für sich betrachtet werden kann, der vom Nachbarpropellerelement nicht beeinflußt wird. Dann gilt an Stelle von (32) mit Λ_x als axialer Nachstromziffer sinngemäß:

$$\frac{1}{u_0} e(s, \psi) = \sqrt{(1 + \Lambda_x(s, \psi))^2 + c_S} - 1 - \Lambda_x(s, \psi) \left(c_S = \frac{S}{\frac{\varrho}{2} u_0^2 \pi R_a^2} \right) \quad (\Lambda_x < 0).$$

Die Strömungsrandbedingung am Schiffsrumpf führt dann auf eine zwar allgemeinere, aber im Prinzip ähnliche Integralgleichung wie (41) zur Berechnung der auf der Rumpfoberfläche $Z(x, y)$ angeordneten Quelldichte $q(\xi, \eta)$. Die Integralgleichung kann ebenfalls iterativ gelöst werden; für die Einzelheiten der Lösungsmethode verweisen wir auf die Originalarbeit[1].

Während DREGER und POHL den vom Propeller auf den Schiffsrumpf ausgeübten Sog durch Integration des Druckfeldes am Schiffskörper ermittelten, berechnet NOWACKI den Sog aus der Nachstromverteilung Λ_x des Schiffsrumpfes in der Propellerebene. Und zwar kann nach DICK-MANN[2] die Sogkraft auch als die vom Nachstromfeld auf die Senkenscheibe ausgeübte Kraft interpretiert werden (d. h. quasi als die am Propeller auftretende Gegenkraft zum Sog bei dem im Kräftegleichgewicht befindlichen mechanischen System Schiffsrumpf—Propeller); diese ist nach einem Satz von BETZ gegeben durch[2]

$$\Delta S = \varrho\, u_0 \int\limits_{s=0}^{R_a} \int\limits_{\psi=0}^{2\pi} e(s, \psi)\, \Lambda_x(s, \psi)\, s\, ds\, d\psi. \tag{44}$$

Für die Sogberechnung verwendet NOWACKI die effektive Nachstromverteilung, mit der dann auch die entsprechende Senkenbelegung $e(s, \psi)$ bekannt ist. (Bei der Ausgangsrechnung zur Ermittlung des effektiven Nachstromes, d. h. bei der Lösung der Randbedingung am Schiffskörper wird zur Vereinfachung allerdings von einer konstanten Senkenbelegung ausgegangen.) Es zeigt sich, daß der Unterschied zwischen dem nominellen und dem effektiven Nachstromfeld (vgl. S. 123) für $c_S \approx 1$ noch gering ist; er steigt erwartungsgemäß mit wachsender Belastung des Propellers[3]. Die Sogberechnung liefert (in Anbetracht der verwendeten schiffsähnlichen Rumpfkörper) Werte, die auch quantitativ durchaus mit den aus der technischen Praxis bekannten Erfahrungen übereinstimmen. Abschließend untersucht NOWACKI den Einfluß, den die Ungleichförmigkeit des Nachstromes auf den Sog ausübt. Dafür wird zum Vergleich die Sogkraft ΔS_m bei einem entsprechenden homogenen Nachstrom mit der mittleren Nachstromziffer

$$(\Lambda_x)_m = \frac{1}{\pi R_a^2} \int\limits_{0}^{R_a} \int\limits_{0}^{2\pi} \Lambda_x(s, \psi)\, s\, ds\, d\psi$$

---

[1] NOWACKI, H.: Jb. Schiffbautechn. Ges., Bd. 57, Berlin/Göttingen/Heidelberg: Springer 1964.

[2] DICKMANN, H. E.: Ing.-Arch. 9 (1938) 452. — BETZ, A.: Ing.-Arch. 3 (1932) 454.

[3] Und zwar ist für $c_S = 1$ das $|\Lambda_x|_{\text{eff}}$ etwa 5 bis 7 % größer als $|\Lambda_x|_{\text{nom}}$; für $c_S = 8$ bereits etwa 25 bis 30 % größer.

berechnet. Es zeigt sich, daß die (in Übereinstimmung mit experimentellen Ergebnissen, vgl. S. 128) stets positive Differenz $(\varDelta S - \varDelta S_m)/$ $\left(\frac{\varrho}{2}\, u_0^2\, \pi\, R_a^2\right)$ nur unbedeutend von der Belastung c_S des Propellers abhängt und somit bei niedrigen c_S-Werten eine größere Bedeutung hat. Bei dem von NOWACKI untersuchten Schiffskörper ist $(\varDelta S - \varDelta S_m)/$ $\varDelta S_m \approx 0{,}2$ für $c_3 \approx 1$.

Bei der Untersuchung des Soges $\varDelta S$ gemäß Gl. (44) spaltet NOWACKI die Senkenbelegung $e\,(s,\, \psi)$ in einen der mittleren Anströmgeschwindigkeit $u_0\,(1 + \varLambda_{x_m})$ entsprechenden Anteil e_m und einen Zusatzanteil $e_1\,(s,\, \psi)$ auf. Entsprechend wird $\varLambda_x(s,\, \psi) = \varLambda_{x_m} + \varLambda_{x_1}(s,\, \psi)$ aufgeteilt. Damit läßt sich dann auch analytisch die bereits von DICKMANN erwähnte Möglichkeit begründen, daß ein schubloser Propeller in einem inhomogenen Nachstromfeld einen von Null verschiedenen Sog erzeugen kann.

Auch das der Senkenscheibe äquivalente Propellermodell des halbunendlichen Wirbelzylinders ist auf Fälle ungleichförmiger Belastung des Propellers ausgedehnt worden. Und zwar hat KORVIN-KROU-KOWSKI[1] vorgeschlagen, der beim wirklichen Propeller in radialer Richtung veränderlichen Flügelzirkulation dadurch Rechnung zu tragen, daß man zwei oder mehr koaxiale halbunendliche Wirbelzylinder anordnet. Dieses Modell wurde später von KOBYLINSKI[2] (vgl. Kap. II, Abschn. B,3, S. 97) verwendet, um Düsenschrauben zu berechnen. In einer weiteren Arbeit haben KORVIN-KROUKOWSKI und JACOBS[3] das Strömungsfeld eines halbunendlichen Wirbelzylinders mit der in der Form $\gamma = \gamma_0 \cos\varphi$ in Umfangsrichtung veränderlichen Belegung untersucht. In diesem Fall ist das Innere des Wirbelzylinders mit radial gerichteten freien Längswirbeln der Stärke $-\gamma_0 \sin\varphi$ ausgefüllt. Diese Erweiterungen des einfachsten Modells der homogenen Senkenscheibe bzw. des homogenen Wirbelzylinders entsprechen natürlich immer nur einem unendlich-flügeligen Propeller. Sie bedingen aber bereits eine wesentliche Komplikation des mathematischen Formalismus. In den Fällen, in denen die homogene Senkenscheibe bzw. der homogene Wirbelzylinder als Propellermodell für den Zweck der betreffenden Untersuchung nicht mehr ausreichend ist, dürfte es daher zweckmäßiger sein, an Stelle einer Erweiterung der einfachen Propellermodelle gleich die richtige Propellerwirbeltheorie zu verwenden. Auf dieser Theorie basieren die in Abschn. A dieses Kapitels dargestellten Methoden.

---

[1] KORVIN-KROUKOWSKI, B. V.: Stern propeller interaction with a streamline body of revolution. Intern. Shipbuild. Progr. 3 (1956) 3.

[2] KOBYLINSKI, L.: The calculation of nozzle propeller systems based on the theory of thin annular airfoils with arbitrary circulation distribution. Intern. Shipbuild. Progr. 8 (1961) 495.

[3] KORVIN-KROUKOWSKI, B. V., u. W. R. JACOBS: Circumferentially non uniform ship-propeller inflow. Intern. Shipbuild. Progr. 4 (1957) 520.

3. Sogberechnung mit Hilfe des linearisierten Propellerdruckfeldes

Eine eigentliche Behandlung des simultanen Randwertproblems zwischen dem Propeller und beliebigen Schiffskörpern mit Hilfe der in Abschn. A entwickelten Theorie des linearisierten Propellerdruckfeldes steht zur Zeit noch aus. Einen ersten Schritt in dieser Richtung haben jedoch Tsakonas und Jacobs[1] unternommen. Sie beschränken sich dabei zur Vereinfachung auf die Berechnung des zeitlichen Mittelwertes der Sogkraft, vernachlässigen also die durch die endliche Flügelzahl des Propellers bedingten instationären Sogschwankungen[2].

Wie wir aus Gl. (13) wissen, gibt die Verdrängungswirkung der endlich dicken Propellerflügelprofile keinen Beitrag zum stationären Mittel-

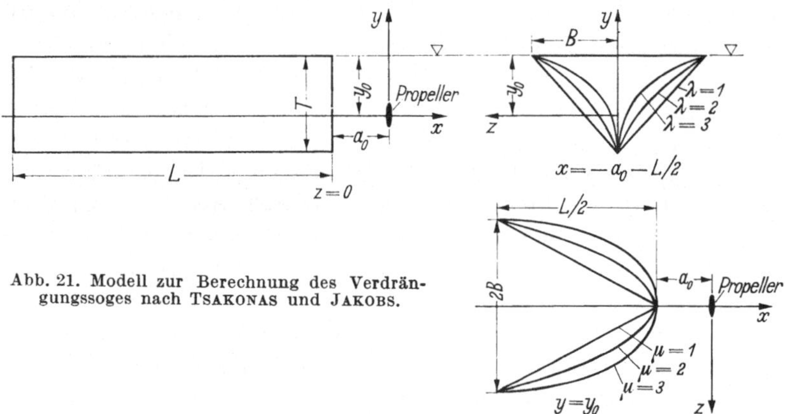

Abb. 21. Modell zur Berechnung des Verdrängungssoges nach Tsakonas und Jakobs.

wert des Druckfeldes; dieser ist vielmehr allein durch Gl. (7) bestimmt. Wenn wir noch wie bereits auf S. 105 annehmen, daß die Flügelzirkulation $\Gamma(r) = \Gamma_0$ unabhängig vom Radius r sei (Propeller bestehend aus konstanten gebundenen Stabwirbeln, schraubenförmigen Spitzenwirbeln und geradem Nabenwirbel) und außerdem die Näherungsformel $S = \dfrac{N}{2}\,\Gamma_0\,\omega\,R_a^2\,\varrho$ für den Propellerschub einführen, so folgt aus (7)

$$(P_\Gamma - P_0)\frac{\pi R_a^2}{S} = \frac{1}{2\pi} \int\limits_0^{R_a} \int\limits_0^{\pi} \frac{x\,s\,d\vartheta\,ds}{\sqrt{x^2 + r^2 + s^2 - 2\,r\,s\,\cos\vartheta}^{\,3}}. \tag{45}$$

Dabei haben wir den Index „Mittel" jetzt zur Vereinfachung weggelassen.

---

[1] Tsakonas, S., u. W. R. Jacobs: Analytical study of thrust deduction of a single screw thin ship. Intern. Shipbuild. Progr. 9 (1962) 65.
[2] Diese instationären Sogschwankungen lassen sich mit entsprechendem Aufwand jedoch prinzipiell mit Hilfe der Theorie aus Abschn. A berechnen, während die in Abschn. B,2 behandelten Methoden grundsätzlich nur den stationären Soganteil liefern.

Die Kontur $Z(x, y)$ des Schiffsrumpfes (vgl. Abb. 21), der bis an die Wasseroberfläche reichen soll, wird von Tsakonas und Jacobs[1] durch einen analytischen Potenzausdruck der Form

$$Z(x, y) = \pm\left(-\frac{x + a_0}{L/2}\right)^{1/\mu}\left(\frac{y + T - y_0}{T}\right)^{\lambda} B \qquad (\mu, \lambda \text{ ganz } \geqq 1) \qquad (46)$$

approximiert.

Dabei ist L die Länge des Schiffskörpers, $2B$ die Breite und T der Tiefgang (vgl. Abb. 21). Die Wasserlinie falle mit der Ebene $y = y_0$ zusammen. Der Mittschiffsspant ist dann durch $Z = \pm B[(y + T - y_0)/T]^{\lambda}$ und die Wasserlinienform durch $Z = \pm B\left[-\frac{2}{L}(x + a_0)\right]^{1/\mu}$ gegeben (vgl. Abb. 21).

Leider wird von Tsakonas und Jacobs die Strömungsrandbedingung an dem durch (46) dargestellten Schiffsrumpf nicht erfüllt. Die beiden Verfasser verzichten vollkommen darauf, etwa mit Hilfe von Singularitätensystemen das Strömungsfeld des Schiffskörpers zu ermitteln; oder anders ausgedrückt, es wird vorausgesetzt, daß das durch (45) gegebene Druckfeld des Propellers in homogener Anströmung durch die Verdrängungswirkung des Schiffsrumpfes nicht wesentlich verändert wird. Allerdings dürfte natürlich die Berechnung von Quellen-Senken-Verteilungen, die zur Darstellung der Strömung um Schiffskörper der schon ziemlich allgemeinen Form (46) geeignet sind, relativ schwierig sein. Immerhin erscheint diese Vernachlässigung in der Arbeit von Tsakonas und Jacobs als so schwerwiegend, daß die erhaltenen Ergebnisse nur eine qualitative (d. h. Wiedergabe der grundsätzlichen Form der Sogabhängigkeit von den verschiedenen auftretenden Parametern) aber keine quantitative Bedeutung haben dürften.

Nimmt man im Rahmen dieser Näherungstheorie an, daß im Gebiet der vorderen Schiffshälfte bereits wieder der ungestörte Druck P_0 herrscht, so ergibt sich die Sogkraft durch Integration der x-Komponente $+\frac{\partial Z}{\partial x}(P_{\Gamma} - P_0)$ [2] der Druckdifferenz $(P_{\Gamma} - P_0)$ über das Hinterschiff. Dabei kann die Integration aus Symmetriegründen noch auf den Bereich $Z > 0$ beschränkt werden. Man erhält also aus (45)[2]

$$\frac{\Delta S}{S} = \frac{1}{\pi^2}\frac{B}{R_a^2}\frac{1}{\mu}\int\limits_{x=-a_0-\frac{L}{2}}^{-a_0}\int\limits_{y=y_0-T}^{y_0}\int\limits_{s=0}^{R_a}\int\limits_{\vartheta=0}^{\pi} x(x + a_0)^{\frac{1}{\mu}-1}\left(-\frac{2}{L}\right)^{\frac{1}{\mu}} \times$$

$$\times\left(\frac{y + T - y_0}{T}\right)^{\lambda}\left[x^2 + y^2 + Z^2 + s^2 - 2\sqrt{y^2 + Z^2}\,s\cos\vartheta\right]^{-3/2} s\,d\vartheta\,ds\,dy\,dx. \qquad (47)$$

---

[1] Vgl. Fußnote 1 auf S. 138.

[2] Dabei wird der Richtungscosinus $\frac{\partial Z}{\partial x}\left[1 + \left(\frac{\partial Z}{\partial x}\right)^2 + \left(\frac{\partial Z}{\partial y}\right)^2\right]^{-1/2}$ wegen der vorausgesetzten schlanken Schiffsform linearisiert zu $\partial Z/\partial x$. Bei der Auswertung von Formel (47) wird unter der Wurzel im Nenner $Z^2 + y^2 \approx y^2$ gesetzt.

Für alle weiteren Einzelheiten, insbesondere für die Auswertung der
Formel (47) verweisen wir auf die Originalarbeit von Tsakonas und

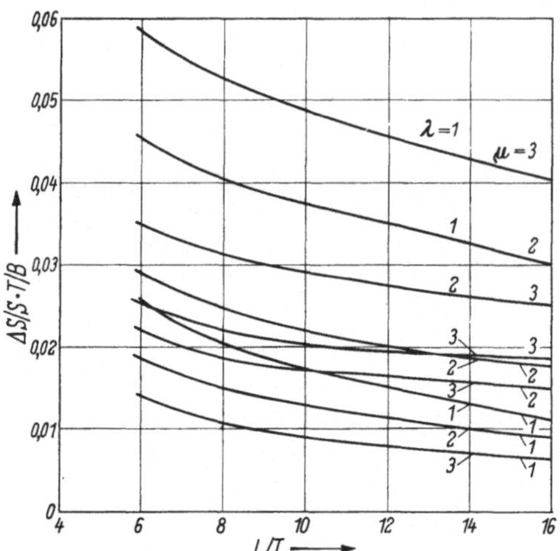

Abb. 22. Sog eines Schiffskörpers für $y_0 = 0{,}5\,T$ und
$a_0 = R_a = 0{,}375\,T$ für verschiedene Kombinationen
der Formparameter nach Tsakonas und Jakobs.

Jacobs. In Abb. 22 bis 23
sind einige Berechnungsergebnisse für den Ausdruck $(\varDelta S/S)$
(T/B) aufgezeichnet. Sie zeigen
wenigstens qualitativ, wie der
Sog von den Formparametern μ
und λ (durch die die Völligkeit
des Schiffsrumpfes charakterisiert ist) und vom Propellerabstand a_0 abhängt. In allen
Fällen ist dabei $R_a = 0{,}375\,T$.

Für den Sonderfall, daß die
Randbedingung an der freien
Wasseroberfläche durch diejenige an einer festen Wand
ersetzt werden kann (mit der
Randbedingung der Wasser-
oberfläche werden wir uns noch
eingehend in Kap. V befassen),
berücksichtigen Tsakonas und Jacobs in ihrer Arbeit auch den Einfluß der Wasseroberfläche auf die Sogkraft des Propellers. Um die Randbedingung an einer festen Wand (ebenen Platte), d. h. also hier an

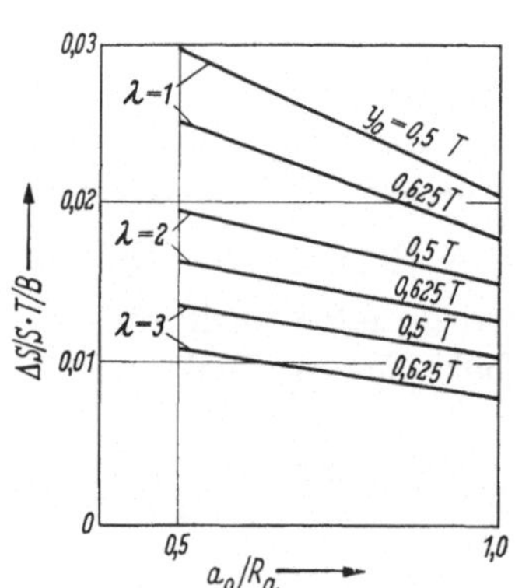

Abb. 23. Sog eines Schiffskörpers für $\mu = 1$,
$L/T = 8$ und $R_a = 0{,}375\,T$ für verschiedene
λ- und y_0/T-Werte nach Tsakonas und
Jacobs.

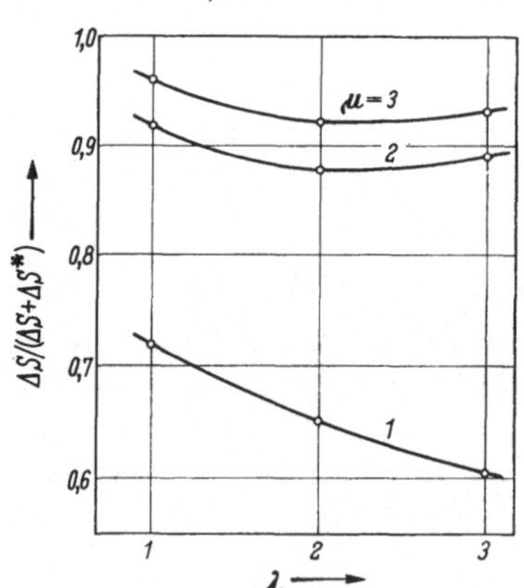

Abb. 24. Verhältnis zwischen dem Sog ohne und
mit Einfluß der freien Wasseroberfläche für
$a_0 \to 0$ und $y_0 = T$ für verschiedene Kombinationen der Formparameter des Schiffskörpers
nach Tsakonas und Jacobs.

der Wasseroberfläche zu erfüllen, muß man (wie wir aus Abschn. A,2
wissen) das Strömungsfeld des Originalpropellers dadurch ergänzen, daß

man das Feld eines an der Wand (Wasseroberfläche) gespiegelten Propellers hinzunimmt.

Zur Berechnung des durch die Wasseroberfläche bedingten zusätzlichen Soges ΔS^* wäre an sich das Druckfeld des gespiegelten Propellers über die Oberfläche des Originalkörpers zu integrieren. TSAKONAS und JACOBS gehen in ihrer Arbeit jedoch so vor, daß sie (was natürlich gleichbedeutend ist) das Druckfeld des Originalpropellers über die Oberfläche des gespiegelten Schiffskörpers integrieren. Es ist dann ΔS^* durch einen zu (47) analogen Ausdruck gegeben; in diesem ist lediglich an Stelle von (46) die Gleichung des an der Wasseroberfläche gespiegelten Schiffskörpers einzusetzen und die Integrationsgrenze bezüglich y entsprechend zu modifizieren. Abb. 24 zeigt für den Spezialfall $a_0 \to 0$ und $y_0 = T$ den Wert des Verhältnisses $\Delta S/(\Delta S + \Delta S^*)$ für verschiedene μ- und λ-Werte nach Ergebnissen von TSAKONAS und JACOBS[1]. Man erkennt, daß der Einfluß der Wasseroberfläche am geringsten ist in dem wirklichen Schiffskörpern am besten entsprechenden Fall $\mu = 3$.

Kapitel IV

Voith-Schneider-Propeller

A. Die Grundlagen der Theorie

Unter den für den Schiffsantrieb verwendeten Propulsionsorganen spielt nach dem Schraubenpropeller der sog. „Voith-Schneider-Propeller"[2] eine wichtige Rolle.

Und zwar einmal vom Standpunkt der schiffbaulichen Praxis aus wegen seiner verschiedenen vorteilhaften Eigenschaften. Von diesen sei hier nur die Tatsache erwähnt, daß es der Voith-Schneider-Propeller durch kontinuierliche Variation der Flügelsteigung gestattet, die erzeugte Schubkraft bei gleichbleibender Wellendrehzahl (d. h. auch Motordrehzahl) von Null bis zu ihrem Maximalwert kontinuierlich zu verändern. Außerdem kann durch eine entsprechende Phasenverschiebung bei der Flügelwinkelverteilung ein Schub in jeder beliebigen Richtung erzeugt werden; somit wird ein Schiffsruder überflüssig, und der Propeller dient gleichzeitig als Steuerorgan; er gibt dem Schiff eine

---

[1] Vgl. die auf S. 138 genannte Arbeit.

[2] Das Prinzip dieses Propellers stellt eine Erfindung von E. SCHNEIDER (Wien 1925) dar. Die Maschinenfabrik J. M. Voith (Heidenheim) übernahm die technische Ausführung.

hervorragende Manövrierfähigkeit. Für weitere in der Praxis wichtige Einzelheiten verweisen wir auf die technische Originalliteratur[1].

Außerdem ist die Strömung durch Voith-Schneider-Propeller aber auch vom Standpunkt der theoretischen Hydrodynamik aus von ganz besonderem Interesse. Wir werden uns im folgenden mit der Theorie dieser Strömung beschäftigen.

1. Die Bewegung der Propellerflügel

Auch beim Voith-Schneider-Propeller beruht wie beim Schraubenpropeller die Schuberzeugung auf dem Tragflügelprinzip, d. h. auf der zirkulationsbehafteten und mit einer resultierenden Kraftwirkung verbundenen Strömung um rotierende Flügel. Deren Spannweitenrichtung (z-Richtung) steht senkrecht auf der Fahrtrichtung des Schiffes bzw. auf der Anströmgeschwindigkeit u_0 gegen den Propeller; von dieser können wir ohne Beeinträchtigung der Allgemeinheit annehmen, daß sie in die Richtung der positiven x-Achse falle[2] (vgl. Abb. 1). Der einzelne Flügel mit der (im allgemeinen von z abhängigen) Profiltiefe $2\alpha R$ rotiert mit der Winkelgeschwindigkeit ω auf der Kreisbahn vom Radius R um den Propellermittelpunkt 0 (vgl. Abb. 2). Zusätzlich führt der Flügel durch Drehung um seinen immer auf dem Propellerkreis bleibenden Drehpunkt $\varphi = 0$ eine Drehbewegung so aus, daß der Winkel $\delta(t)$ (zwischen der Tangente an den Propellerkreis und der Skelettlinie des Profils im Drehpunkt $\varphi = 0$) nach einem vorgegebenen Flügelwinkelgesetz im Zuströmbereich des Propellerkreises negative und im Abströmbereich positive Werte annimmt. Dabei rechnen wir $\delta(t)$ positiv, wenn wie in Abb. 2 die Vorderkante des Flügels nach dem Innern des Propellerkreises gerichtet ist. Für die Darstellung der Kontur der Flügelprofile

---

[1] Vgl. z. B. H. KREITNER: Die hydraulischen Grundlagen des Voith-Schneider-Antriebes. Werft-Reederei-Hafen (1931) 185. — BAER, W.: Die Entwicklung des Voith-Schneider-Propellers nach dem Jahre 1945 und seine Anwendung. Schiff u. Hafen 4 (1952) 300. — Betriebsergebnisse mit dem Wassertreckertyp ,,Hornisse". Hansa 91 (1954) 2067. — Treckermanöver. Schiffstechnik 2 (1954) 79. — BAER, W., u. W. FORK: Die Entwicklung des Voith-Wassertreckers. Hansa 97 (1960) 1535. — MUELLER, H. F.: Recent developments in the design and application of the vertical axis propeller. Trans. Soc. Naval Arch. Marine Engin. 63 (1955) 4.

[2] Etwas anders als in den früheren Kap. I bis III verwenden wir kartesische Koordinaten x, y, z und in den Ebenen $z = $ const des Propellerkreises insbesondere Polarkoordinaten $x = r \cos\Phi = r \cos(\omega t + \varphi)$ $y = r \sin\Phi = r \sin(\omega t + \varphi)$ und als Integrationsvariable für Wirbelpunkte in gleicher Bedeutung $\xi = s \cos(\omega t + \psi)$, $\eta = s \sin(\omega t + \psi)$. Die Winkelkoordinate ωt gibt die momentane Lage des Flügeldrehpunktes $\varphi = 0$ auf dem Propellerkreis an, während die Winkelkoordinate φ $(\varphi_H \leqq \varphi \leqq \varphi_v)$ $(\varphi_H$ Hinterkante, φ_v Vorderkante) die Lage der einzelnen Punkte auf der Skelettlinie des Flügelprofils bezeichnet. Wir bezeichnen ferner mit u, v, w die x, y, z-Komponente der Absolutgeschwindigkeit.

(Skelettlinie) hat sich nach Isay[1] ein Ansatz der Form[1]

$$r(\varphi, t) = R[1 - \varphi \tan\delta(t) + \tfrac{1}{2}\varphi^2 \cdot \tau(t)] \approx R[1 - \varphi \tan\delta(t)];$$

$$\frac{\partial r}{\partial \varphi} = r'(\varphi, t) = -R\tan\delta(t) + \varphi R \cdot \tau(t); \quad (\varphi_H \leqq \varphi \leqq \varphi_v)$$

(1)

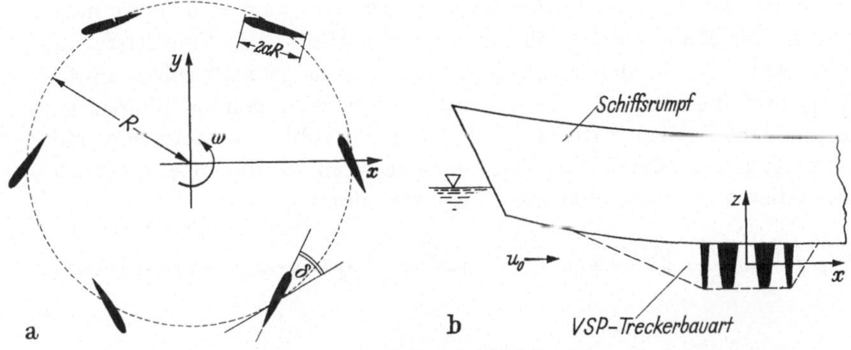

Abb. 1a u. b. Voith-Schneider-Propeller.

als geeignet erwiesen. Dabei ist $\tau(t)$ ein durch die Krümmung der Profil-skelettlinie bestimmter Parameter; auf ihn kommen wir gleich noch zurück. Der Vorderkantenwinkel φ_v und der Hinterkantenwinkel φ_H

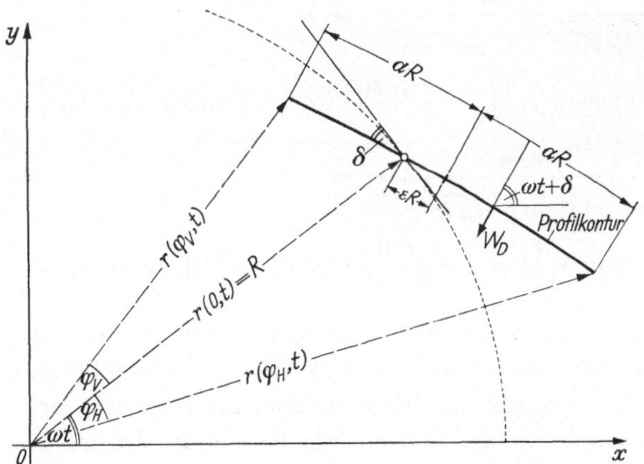

Abb. 2. Bezeichnungen und Geometrie des Flügelprofils.

sind so festzulegen, daß der Flügel mit der Kontur gemäß Gl. (1) die (natürlich während des Umlaufes auf der Kreisbahn gleichbleibende,

---

[1] Isay, W. H.: Anwendung und Ergebnisse der hydrodynamischen Theorie des Voith-Schneider-Propellers. Schiffstechnik 9 (1962) 27.

von δ unabhängige) Tiefe $2\alpha R$ hat. Es muß also

$$2\alpha R = \int\limits_{\varphi_H(t)}^{\varphi_\nu(t)} \sqrt{r^2 + r'^2}\, d\varphi \tag{2}$$

sein. In der technischen Praxis liegt der Drehpunkt $\varphi = 0$ meist nicht genau in der Mitte sondern in der vorderen Hälfte der Flügeltiefe mit dem Abstand (d. h. der Exzentrizität) εR vom geometrischen Profilmittelpunkt (vgl. Abb. 2). Da bei technisch vorkommenden Flügeln φ_H und φ_ν jedenfalls in der Regel $\leqq 0{,}2$ sind, ist es vollkommen ausreichend, in dem Wurzelausdruck des Bogenelementes in (2) die in φ quadratischen Glieder zu vernachlässigen. Es wird dann

$$\sqrt{r^2 + r'^2} \approx \frac{R}{\cos\delta}\sqrt{1 - \varphi(1 + \tau)\sin 2\delta} \approx \frac{R}{\cos\delta}\left(1 - \varphi(1 + \tau)\sin\delta\cos\delta\right). \tag{3}$$

Zunächst liegt es nahe (vgl. Abb. 2) zu setzen: $\varphi_H = -(\alpha + \varepsilon)\cos\delta$, $\varphi_\nu = (\alpha - \varepsilon)\cos\delta$. Es zeigt sich jedoch, daß diese Integrationsgrenzen die notwendige Bedingung (2) noch nicht erfüllen, selbst wenn gemäß der Linearisierung nach Formel (3) Glieder dritter Ordnung in α und ε vernachlässigt werden. Die richtigen φ_H- und φ_ν-Werte lauten vielmehr[1]

$$
\begin{aligned}
\varphi_H &= \frac{-(\alpha + \varepsilon)\cos\delta}{\sqrt[4]{1 + (\alpha + \varepsilon)(1 + \tau)\cos\delta\sin 2\delta}} \approx - \\[2mm]
&\approx -(\alpha + \varepsilon)\cos\delta(t)\left[1 - \frac{1 + \tau(t)}{2}(\alpha + \varepsilon)\sin\delta(t)\cos^2\delta(t)\right] \\[3mm]
\varphi_\nu &= \frac{(\alpha - \varepsilon)\cos\delta}{\sqrt[4]{1 - (\alpha - \varepsilon)(1 + \tau)\cos\delta\sin 2\delta}} \approx \\[2mm]
&\approx (\alpha - \varepsilon)\cos\delta(t)\left[1 + \frac{1 + \tau(t)}{2}(\alpha - \varepsilon)\sin\delta(t)\cos^2\delta(t)\right].
\end{aligned}
\tag{4}
$$

Wie man leicht nachrechnet, ist durch (4) unter Verwendung von (3) die Bedingung (2) tatsächlich bis auf Glieder dritter Ordnung in α und ε erfüllt. Die Kontur der Flügelprofile mit τ als Krümmungsparameter ist also durch die Gl. (1) und (4) bestimmt. In der Regel kann der Anteil $\frac{\tau}{2}\varphi^2$ in der Gleichung für r vernachlässigt werden. Der Parameter τ ist nun so zu bestimmen, daß die über Profiltiefe gemittelte Krümmung $(\varkappa)_m$ der Profilskelettlinie einen vorgegebenen von ωt unabhängigen Wert hat[1]. Vernachlässigen wir wie in (3) Glieder zweiter Ordnung in φ, so erhalten wir für die Krümmung $\varkappa$ der Profilkontur

---

[1] Vgl. W. H. Isay: Schiffstechnik 9 (1962) 27.

den Ausdruck

$$\varkappa = \frac{1}{R}\,\frac{1 + 2\tan^2\delta - \tau - \varphi(2 + 3\tau)\tan\delta}{\sqrt{1 + \tan^2\delta - 2\varphi(1 + \tau)\tan\delta^3}}\,,$$

und daraus folgt mit (3) und (4) die mittlere Krümmung

$$(\varkappa)_m = \frac{1}{2\alpha R}\int\limits_{\varphi_H}^{\varphi_V}\varkappa\,\sqrt{r^2 + r'^2}\,d\varphi = \frac{1}{R}\cos^3\delta(1 + 2\tan^2\delta - \tau) +$$

$$+ \frac{\varepsilon}{R}\sin\delta\,\cos^3\delta(3\tau^2\cos^2\delta + 3\tau\cos2\delta - 3\sin^2\delta - 1).$$

Der Krümmungsparameter $\tau(t)$ ist also aus der Gleichung

$$\tau = 1 + 2\tan^2\delta - R(\varkappa)_m\,\sqrt{1 + \tan^2\delta^3} +$$

$$+ \varepsilon\sin\delta(3\tau^2\cos^2\delta + 3\tau\cos2\delta - 3\sin^2\delta - 1) \quad (5)$$

am besten durch Iteration zu berechnen; in vielen Fällen dürfte es ausreichen, an Stelle von (5) die einfachere Relation

$$\tau \approx 1 + 2\tan^2\delta - R(\varkappa)_m\,\sqrt{1 + \tan^2\delta^3} \quad (6)$$

zu verwenden.

Für die spätere Formulierung der Strömungsrandbedingung benötigen wir noch die Drehgeschwindigkeit der Flügelprofile, und zwar ist diese für einen Profilpunkt φ gegeben durch (vgl. Abb. 2)

$$W_D = -\frac{1}{\cos\delta(t)}\,R\,\varphi\,\dot\delta(t),$$

und in Anbetracht der vorliegenden relativ kleinen Flügeltiefen lassen sich die x-Komponente u_D und y-Komponente v_D der Drehgeschwindigkeit ausreichend genau durch die Relation ausdrücken:

$$u_D = -\frac{R\,\varphi\,\dot\delta(t)}{\cos\delta(t)}\cos\big(\omega\,t + \delta(t)\big);\qquad v_D = -\frac{R\,\varphi\,\dot\delta(t)}{\cos\delta(t)}\sin\big(\omega\,t + \delta(t)\big). \quad (7)$$

2. Das Geschwindigkeitsfeld der gebundenen und freien Wirbel

In Anbetracht der Tatsache, daß die Strömung durch einen Voith-Schneider-Propeller weitgehend in Ebenen senkrecht zu den Propellerflügeln ($z = $ const) verläuft, war es naheliegend, für die Analyse des Strömungsfeldes die Methoden der zweidimensionalen Theorie heranzuziehen (so als ob die Propellerflügel in z-Richtung unendlich lang wären) und den Einfluß der endlichen Flügellänge später (vgl. Ziff. 4 b) durch eine Korrektur der Ergebnisse zu berücksichtigen. Es hat sich gezeigt, daß diese Methode zu einer brauchbaren Theorie führt.

Es sei an dieser Stelle darauf hingewiesen, daß (im Gegensatz zum Schraubenpropeller, vgl. Kap. I, Abschn. B) einer Theorie des „frei fahrenden" Voith-Schneider-Propellers durchaus eine technische Realität zukommt; wegen der jetzt immer mehr verbreiteten Trecker-Bauweise[1] stellt der Voith-Schneider-Propeller in homogener Anströmung heute sogar den in der Technik überwiegenden Fall dar.

Zum Aufbau des Strömungsfeldes eines Voith-Schneider-Propellers mit N Flügeln (in der Regel ist $N = 4$ oder $N = 6$) werden die Flügelprofile in der üblichen Weise durch gebundene Wirbeldichten $\gamma(\psi, t)$ ersetzt. Dabei ist es nur für den betrachteten Aufpunktflügel ($n = 0$) notwendig, die Wirbeldichte auf der Flügelprofilkontur selbst anzubringen[2]. Bei den Nachbarflügeln ($n \geq 1$) (deren Einfluß auf das Strömungsfeld am Aufpunktflügel nicht sehr groß ist) reicht es aus, die gebundene Wirbeldichte auf dem Propellerkreis $r = R$ anzuordnen, in Anlehnung an die übliche linearisierte Tragflügel-Profiltheorie. Damit lautet das Geschwindigkeitsfeld der gebundenen Wirbel des Propellers in der bekannten komplexen Zusammenfassung der ebenen Potentialströmung[3] in einem Aufpunkt (r, Φ):

$$u_\gamma - i\,v_\gamma = \frac{i}{2\pi} \int\limits_{\varphi_H(t)}^{\varphi_v(t)} \frac{\gamma(\psi,\,t)\,\sqrt{s^2(\psi,\,t) + s'^{\,2}(\psi,\,t)}\,d\psi}{r\,e^{i\Phi} - s(\psi,\,t)\,e^{i(\omega t + \psi)}} +$$

$$+ \frac{i}{2\pi} \sum_{n=1}^{N-1} \int\limits_{-\alpha-\varepsilon}^{\alpha-\varepsilon} \frac{\gamma\left(\psi,\,t + \dfrac{2\pi n}{\omega N}\right) R\,d\psi}{r\,e^{i\Phi} - R\,e^{i\left(\omega t + \psi + \frac{2\pi n}{N}\right)}}. \tag{8}$$

Dabei verstehen wir unter $s(\psi, t)$ bzw. $s'(\psi, t)$ die Polarkoordinatendarstellung der Profilkontur gemäß (1) mit ψ (an Stelle von φ) als Winkelkoordinate der Wirbelpunkte.

Die Gesamtzirkulation $R\,\Gamma(t)$ des Flügelprofils ist durch

$$R\,\Gamma(t) = \int\limits_{\varphi_H(t)}^{\varphi_v(t)} \gamma(\psi,\,t)\,\sqrt{s^2(\psi,\,t) + s'^{\,2}(\psi,\,t)}\,d\psi \tag{9}$$

gegeben.

---

[1] Bei dieser Bauart wird der Propeller in der vorderen Schiffshälfte frei unter dem Schiffskörper angebracht. Daher tritt praktisch kein Schubkraftverlust durch Sogwirkung auf! Für Einzelheiten der Bauart sei auf die Arbeiten von W. BAER (Fußnote 1 auf S. 142) verwiesen. (Vgl. auch Abb. 1.)

[2] ISAY, W. H.: Anwendung und Ergebnisse der hydrodynamischen Theorie des Voith-Schneider-Propellers. Schiffstechnik 9 (1962) 27. — Zur Behandlung der Strömung durch einen Voith-Schneider-Propeller mit kleinem Fortschrittsgrad. Ing.-Arch. 23 (1955) 379.

[3] Bei den hier verwendeten Formeln der ebenen Potentialströmung soll ein Wirbel als positiv bezeichnet werden, wenn er in der $x\,y$-Ebene im Uhrzeigersinn rotiert.

Auf die in elementarer Weise durchführbare Zerlegung von (8) in Real- und Imaginärteil wird hier verzichtet[1].

In der ebenen Strömung treten natürlich keine freien (durch die Umströmung der Flügelenden bedingten) Querwirbel auf (vgl. Kap. I, Abschn. A,1). Jedoch werden durch die zeitliche Änderung der gebundenen Zirkulation beim Umlauf der Flügel freie Längswirbel nach dem Thomsonschen Erhaltungssatz induziert, deren Geschwindigkeitsfeld wir nun berechnen wollen.

Zu diesem Zweck denken wir uns die einzelnen Propellerflügel ersetzt durch Punktwirbel gleicher Gesamtzirkulation $R\,\Gamma(t)$, die auf dem Propellerkreis $r = R$ jeweils in den Drehpunkten der Flügel angeordnet sind. Von den gebundenen Flügelwirbeln werden während des Flügelumlaufes dauernd freie Wirbel der Stärke

$$-R\frac{d\Gamma}{dt}\,dt = -R\,\dot\Gamma\left(t + \frac{\vartheta*}{\omega}\right)\frac{d\vartheta*}{\omega}, \qquad (\omega\,dt = d\vartheta*, \quad -\infty < \vartheta* \leq 0)$$

induziert, die mit der Anströmgeschwindigkeit u_0 hinter dem Propeller abschwimmen und somit auf den Zykloiden

$$X = R\cos(\omega\,t + \vartheta*) - \frac{u_0}{\omega}\,\vartheta*, \qquad Y = R\sin(\omega\,t + \vartheta*)$$

angeordnet sind. Alle freien Wirbel der N Propellerflügel induzieren also in einem Aufpunkt (r, Φ) das Geschwindigkeitsfeld[1]

$$u_f - i\,v_f = -\frac{i}{2\pi}\,\frac{R}{\omega}\sum_{n=0}^{N-1}\int_{-\infty}^{0}\frac{\dot\Gamma\left(t + \frac{2\pi n}{\omega N} + \frac{\vartheta*}{\omega}\right)d\vartheta*}{r\,e^{i\Phi} - R\,e^{i\left(\omega t + \frac{2\pi n}{N} + \vartheta*\right)} + \frac{u_0}{\omega}\,\vartheta*}. \qquad (10)$$

Formel (10) ist unter der in Wirklichkeit unzutreffenden Voraussetzung abgeleitet, daß die freien Wirbel sich gegenseitig nicht beeinflussen und (nach den Gesetzen der Potentialströmung) in unveränderter Stärke bis weit hinter dem Propeller erhalten bleiben. Es hat sich gezeigt[1], daß eine theoretische Auswertung der Formel (10) mit der Anordnung der freien Wirbel auf Zykloiden große Schwierigkeiten machen würde. Es ist daher naheliegend, zunächst einmal zu einer äquivalenten kontinuierlichen Verteilung der freien Wirbel überzugehen. Eine solche Umformung haben wir bereits in Kap. I, Abschn. B, Ziff. 1c, beim Schraubenpropeller durchgeführt. Sie kann hier ganz analog angewendet werden (für Einzelheiten verweisen wir auf die Originalarbeit des Verfassers[2]),

---

[1] Isay, W. H.: Ing.-Arch. 23 (1955) 379.

[2] Isay, W. H.: Zur Berechnung der Strömung durch Voith-Schneider-Propeller. Ing.-Arch. 24 (1956) 148.

und man erhält mit $\vartheta = \omega t + \dfrac{2\pi n}{N} + \vartheta^*$ aus (10)

$$u_f - i\,v_f \approx -\frac{i}{2\pi}\frac{R}{\omega}\sum_{k=0}^{\infty}\sum_{n=0}^{N-1}\int_{-\frac{2\pi}{N}(k+1)}^{-\frac{2\pi}{N}k}\frac{\dot{\Gamma}\left(t+\dfrac{2\pi n}{\omega N}+\dfrac{\vartheta^*}{\omega}\right)d\vartheta^*}{r\,e^{i\Phi}-R\,e^{i\left(\omega t-\frac{2\pi n}{N}+\vartheta^*\right)}-\dfrac{u_0}{\omega}\dfrac{2\pi k}{N}}$$

$$= -\frac{i}{2\pi}\frac{R}{\omega}\sum_{k=0}^{\infty}\sum_{n=0}^{N-1}\int_{-\frac{2\pi}{N}(k+1)+\omega t+\frac{2\pi n}{N}}^{-\frac{2\pi}{N}(k+1)+\omega t+\frac{2\pi}{N}(n+1)}\frac{\dot{\Gamma}(\vartheta/\omega)\,d\vartheta}{r\,e^{i\Phi}-R\,e^{i\vartheta}-\dfrac{u_0}{\omega}\dfrac{2\pi k}{N}}$$

$$= -\frac{i}{2\pi}\frac{R}{\omega}\sum_{k=0}^{\infty}\int_{0}^{2\pi}\frac{\dot{\Gamma}(\vartheta/\omega)\,d\vartheta}{r\,e^{i\Phi}-R\,e^{i\vartheta}-\dfrac{u_0}{\omega}\dfrac{2\pi k}{N}}\,;$$

und daraus folgt mit $\xi_k = \dfrac{u_0}{\omega}\dfrac{2\pi k}{N}$ und $\varDelta\,\xi_k = \dfrac{u_0}{\omega}\dfrac{2\pi}{N}$ aus der Definition des Integrals:

$$u_f - i\,v_f = -\frac{i}{2\pi\omega}\frac{\omega R}{u_0}\frac{N}{2\pi}\int_{0}^{\infty}\int_{0}^{2\pi}\frac{\dot{\Gamma}(\vartheta/\omega)\,d\vartheta\,d\xi}{r\,e^{i\Phi}-R\,e^{i\vartheta}-\xi}\,. \tag{11}$$

Die beiden Darstellungen (10) und (11) für das Geschwindigkeitsfeld der freien Wirbel sind tatsächlich weitgehend äquivalent, wie durch Proberechnungen überprüft werden konnte (vgl. Abb. 3). Formel (11) ist jedoch mathematisch wesentlich leichter auszuwerten, wie wir noch sehen werden.

Es zeigt sich nun, daß eine auf der Formel (11) bzw. (10) beruhende Theorie physikalisch falsche Resultate für die Flügelzirkulation und für die Flügelkräfte des Propellers liefern würde[1]. Dieses gilt vor allem für die im Abflußbereich des Propellerkreises befindlichen Flügel, die ja von den freien Wirbelschleppen der Flügel des Zuflußbereiches getroffen werden. Wir stoßen hier wieder auf die bereits beim Gegenlaufpropeller in Kap. I, Abschn. D, besprochene Tatsache: Es ist nicht möglich, eine physikalisch realistische Darstellung des Geschwindigkeitsfeldes der freien Wirbel für Aufpunkte in einiger Entfernung hinter dem erzeugenden Flügelwirbel zu erhalten, wenn die potentialtheoretische Voraussetzung zugrunde gelegt wird, daß die freien Wirbel in unveränderter Stärke erhalten bleiben und sich auch gegenseitig nicht vermischen.

---

[1] Vgl. W. H. Isay: Ing.-Arch. 24 (1956) 148.

Nun ist die turbulente Vermischung und der Zerfall der freien Wirbel in und hinter einem Voith-Schneider-Propeller ein in Wirklichkeit so komplizierter Vorgang, daß seine richtige theoretische Erfassung aussichtslos erscheint. Er wurde deshalb[1] vom Verfasser eine summarische

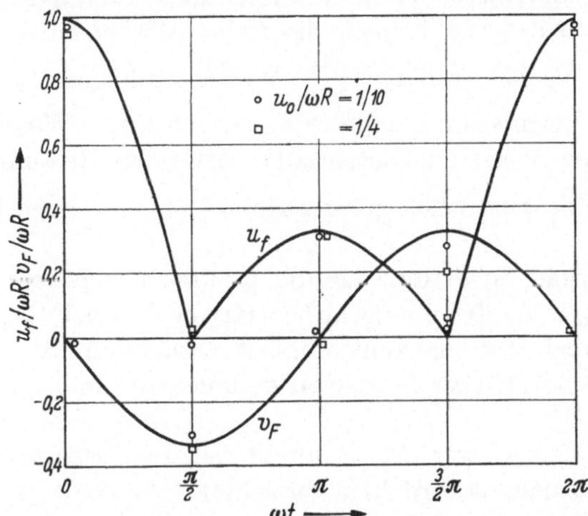

Abb. 3. Die von den freien Wirbel induzierten Geschwindigkeiten für die Zirkulationsverteilung $\Gamma(t) = -u_0 \cos\omega t$ und für $N = 4$. Ausgezogene Kurven: Rechnung nach Formel (11). Einzelpunkte: Rechnung nach Formel (10) für verschiedene Fortschrittsgrade.

Ersatzdarstellung für das Geschwindigkeitsfeld der in der turbulenten Strömung zerfallenden freien Wirbel abgeleitet, die sich für die Propellerberechnung bewährt hat. Dazu ersetzen wir den Voith-Schneider-Propeller mit N Flügeln durch eine kontinuierlich über den ganzen Umfang des Propellerkreises verteilte äquivalente Zirkulationsdichte der Stärke

$$\frac{N}{2\pi R}\,R\,\Gamma\!\left(\frac{\vartheta}{\omega}\right) \approx \frac{N}{6}\,\Gamma\!\left(\frac{\vartheta}{\omega}\right) \qquad (0 \le \vartheta \le 2\pi),$$

die die freien Wirbel erzeugt. Wir stellen dann die hinter dem Propeller abfließenden freien Wirbel durch eine kontinuierliche Folge von Kreiswirbelverteilungen der Dichte $-\dfrac{N}{6\omega}\,\dot{\Gamma}\!\left(\dfrac{\vartheta}{\omega}\right) d\vartheta$ dar $(0 \le \vartheta \le 2\pi)$. Das Geschwindigkeitsfeld der hinter dem Propeller abfließenden freien Wirbel ist somit in einem Aufpunkt (r, Φ) gegeben durch[1]

$$u_f - i\,v_f = -\frac{i}{2\pi\omega}\,\frac{N}{6}\int\limits_0^{\infty}\int\limits_0^{2\pi}\frac{\dot{\Gamma}(\vartheta/\omega)\,d\vartheta\,d\xi}{r\,e^{i\Phi} - R\,e^{i\vartheta} - \xi}\,. \tag{12}$$

Formel (12) liegt der gesamten Theorie des Voith-Schneider-Propellers zugrunde. Sie unterscheidet sich von der den üblichen potentialtheo-

---

[1] Vgl. Fußnote 1 auf S. 148.

retischen Vorstellungen entsprechenden Formel (11) durch den bei (12) fehlenden Vorfaktor $\dfrac{\omega R}{u_0}$. Der Unterschied zwischen beiden Darstellungen ist also um so größer, je kleiner der Fortschrittsgrad $\dfrac{u_0}{\omega R}$ des Propellers ist, und dieses ist auch anschaulich verständlich. Denn bei kleinem Fortschrittsgrad bleiben die freien Wirbel länger im Bereich des Propellers als bei größeren $\cdot\dfrac{u_0}{\omega R}$-Werten; infolgedessen spielt auch die turbulente Vermischung und der Zerfall der freien Wirbel (d. h. eben die Abweichung von dem potentialtheoretischen Strömungsbild) bei kleinem $\dfrac{u_0}{\omega R}$ eine wesentlich größere Rolle als bei größeren Fortschrittsgraden.

Wir vermerken noch, daß für die praktisch wichtige Standschubberechnung ($u_0 = 0$) die potentialtheoretische Formel (11) vollständig unbrauchbar wird. Auf eine zahlenmäßige Diskussion des Unterschiedes zwischen (11) und (12) an Beispielen kommen wir in Ziff. 2b noch zurück (Abschn. B).

Auf die in elementarer Weise durchführbare Zerlegung von (12) in Real- und Imaginärteil wird hier verzichtet.

3. Die Strömungsrandbedingung am Flügelprofil

Die Wirbeldichte $\gamma(\psi, t)$ der Propellerflügel muß nun so bestimmt werden, daß die durch Gl. (1) gegebene Profilkontur Stromlinie des gesamten Geschwindigkeitsfeldes wird. Mit u_0 als Anströmung, ω als Winkelgeschwindigkeit und den weiteren auftretenden Geschwindigkeiten gemäß Formel (7), (8) und (12) führt dieses offenbar auf die längs der Profilkontur zu erfüllende Bedingungsgleichung[1] (vgl. Abb. 2):

$$[u_0 - u_D + u_\gamma(r, \varphi + \omega t) + u_f(r, \varphi + \omega t)]\,[r\cos(\varphi + \omega t) +$$
$$+ r'\sin(\varphi + \omega t)] + [-v_D + v_\gamma(r, \varphi + \omega t) + v_f(r, \varphi + \omega t)]\,[r\sin(\varphi + \omega t) -$$
$$- r'\cos(\varphi + \omega t)] = -\omega r\sin(\varphi + \omega t)\,[r\cos(\varphi + \omega t) + r'\sin(\varphi + \omega t)] +$$
$$+ \omega r\cos(\varphi + \omega t)\,[r\sin(\varphi + \omega t) - r'\cos(\varphi + \omega t)] \equiv \omega r(-r'). \quad (13)$$

An sich ist in Gl. (13) für r und r' grundsätzlich der Ausdruck (1) einzusetzen. Nun haben wir aber sowohl bei dem Feld (8) die gebundenen Wirbel der Nachbarflügel als auch bei der Darstellung (12) die Flügelwirbel auf dem Kreisumfang $r = R$ angeordnet. Infolgedessen ist es konsequent, in der Randbedingung (13) ebenfalls $u_f(R, \varphi + \omega t)$, $v_f(R, \varphi + \omega t)$ einzusetzen, und das gleiche für u_γ, v_γ, soweit es sich um die Anteile der Nachbarflügel ($n \geq 1$) handelt. Dann ergibt sich aus (13) mit den Formeln (1), (3), (7), (8) und (12) sowie der Abkürzung

---

[1] Vgl. W. H. Isay: Ing.-Arch. 23 (1955) 379. — Schiffstechnik 9 (1962) 27.

$\chi = \xi/R$ nach einer im Prinzip elementaren Zwischenrechnung die folgende Integralgleichung zur Bestimmung der Flügelwirbeldichte $\gamma(\psi, t)$:

$$\omega R[\tan\delta(t) - \varphi\,\tau(t)]\,[1 - \varphi\tan\delta(t)] - u_0[1 - \varphi\tan\delta(t)]\cos(\varphi + \omega t) +$$

$$+ u_0[\tan\delta(t) - \varphi\,\tau(t)]\sin(\varphi + \omega t) - \frac{\varphi R\,\dot\delta(t)}{\cos\delta(t)}[1 - \varphi\tan\delta(t)] \times$$

$$\times \cos(\delta(t) - \varphi) - \frac{\varphi R\,\dot\delta(t)}{\cos\delta(t)}[\tan\delta(t) - \varphi\,\tau(t)]\sin(\delta(t) - \varphi) +$$

$$+ \frac{1}{4\pi}[\tan\delta(t) - \varphi\,\tau(t)]\sum_{n=0}^{N-1}\Gamma\left(t + \frac{2\pi n}{\omega N}\right) + \frac{N}{24\pi\omega}[1 - \varphi\tan\delta(t)] \times$$

$$\times \int_0^\infty \int_0^{2\pi} \dot\Gamma\left(\frac{\vartheta}{\omega}\right)\frac{\chi\sin(\varphi + \omega t) + \sin(\varphi + \omega t - \vartheta)}{1 + \frac{1}{2}\chi^2 - \cos(\varphi + \omega t - \vartheta) - \chi\cos(\varphi + \omega t) + \chi\cos\vartheta}\,d\vartheta\,d\chi +$$

$$+ \frac{N}{24\pi\omega}[\tan\delta(t) - \varphi\,\tau(t)] \times$$

$$\times \int_0^\infty \int_0^{2\pi} \dot\Gamma\left(\frac{\vartheta}{\omega}\right)\frac{\chi\cos(\varphi + \omega t) - 1 + \cos(\varphi + \omega t - \vartheta)}{1 + \frac{1}{2}\chi^2 - \cos(\varphi + \omega t - \vartheta) - \chi\cos(\varphi + \omega t) + \chi\cos\vartheta}\,d\vartheta\,d\chi -$$

$$- \frac{1}{4\pi}\Gamma(t)\,[\tan\delta(t) - \varphi\,\tau(t)]\sin^2\delta(t)$$

$$= \frac{1}{4\pi}\int_{\varphi_H(t)}^{\varphi_v(t)} \gamma(\psi, t)\cot\frac{1}{2}(\varphi - \psi)\left[\frac{1}{\cos\delta(t)} - \psi(1 + \tau(t))\sin\delta(t)\right]d\psi +$$

$$+ \frac{1}{4\pi}\sum_{n=1}^{N-1}\int_{-\alpha-\varepsilon}^{\alpha-\varepsilon} \gamma\left(\psi, t + \frac{2\pi n}{\omega N}\right)\cot\frac{1}{2}\left(\varphi - \psi - \frac{2\pi n}{N}\right)d\psi. \tag{14}$$

Zum Verständnis der Integralgleichung (14) bemerken wir noch: Für den in der Randbedingung (13) bei den gebundenen Wirbeln des Aufpunktflügels ($n = 0$) auftretenden Kernausdruck gilt in guter Näherung

$$\frac{r(\varphi, t)\,r'(\varphi, t) + r(\varphi, t)\,s(\psi, t)\sin(\varphi - \psi) - r'(\varphi, t)\,s(\psi, t)\cos(\varphi - \psi)}{r^2(\varphi, t) + s^2(\psi, t) - 2r(\varphi, t)\,s(\psi, t)\cos(\varphi - \psi)}$$

$$\approx \frac{1}{2}\cot\frac{1}{2}(\varphi - \psi) - \frac{1}{2}[\tan\delta(t) - \varphi\,\tau(t)]\,[1 - \sin^2\delta(t)]. \tag{15}$$

Für den Beweis der Relation (15) muß auf die Originalarbeit des Verfassers[1] verwiesen werden.

---

[1] ISAY, W. H.: Ergänzungen zur Theorie des Voith-Schneider-Propellers. Ing.-Arch. 26 (1958) 220. Dabei wird $r' = -R[\tan\delta - \varphi\tau]$ und $r \approx R - R\varphi\tan\delta$, $s \approx R - R\psi\tan\delta$ gesetzt. Außerdem wird davon Gebrauch gemacht, daß $|\varphi|$, $|\psi| \lesssim 0{,}2$ sind, und daß ferner z. B. $1 - (\varphi + \psi)\tan\delta + \tan^2\delta \approx 1 + \tan^2\delta$ gesetzt werden kann; denn $(\varphi + \psi)$ ist sehr klein, wenn man an die $^1/_4 - {}^3/_4$-Punkt-Methode denkt. Vgl. Gl. (36).

(14) stellt die Integralgleichung des Voith-Schneider-Propellers dar; sie gilt für jeden beliebigen Zeitpunkt des mit $(0 \leqq \omega t \leqq 2\pi)$ periodischen Problems und für den Bereich $\varphi_H \leqq \varphi \leqq \varphi_\nu$.

In Abschn. B werden wir uns noch eingehend mit den Methoden zur Auflösung der Gl. (14) befassen.

Hier sei lediglich noch eine Integralformel mitgeteilt, die für die Lösung der Integralgleichung benötigt wird, um die durch das Geschwindigkeitsfeld der freien Wirbel bedingten Integralausdrücke auszuwerten. Es gilt mit $\Phi = \omega t + \varphi$ $(\nu \geqq 1)$:

$$\frac{1}{2\pi} \int\limits_0^\infty \int\limits_0^{2\pi} e^{i\nu\vartheta} \frac{\chi \sin\Phi + \sin(\Phi - \vartheta)}{1 + \frac{1}{2}\chi^2 - \cos(\Phi - \vartheta) - \chi\cos\Phi + \chi\cos\vartheta} \, d\vartheta \, d\chi$$

$$= \begin{cases} \dfrac{i}{\nu} e^{i(\nu-1)\Phi} & \text{für} \quad \dfrac{\pi}{2} \leqq \Phi \leqq \dfrac{3\pi}{2}; \\[2ex] \dfrac{(-1)^\nu}{\nu} i\, e^{-i(\nu-1)\Phi} - \dfrac{i}{\nu} e^{i(\nu+1)\Phi} + \\[2ex] \qquad + \dfrac{(-1)^\nu}{\nu} i\, e^{-i(\nu+1)\Phi} & \text{für} \quad -\dfrac{\pi}{2} \leqq \Phi \leqq \dfrac{\pi}{2}; \end{cases}$$

$$\frac{1}{2\pi} \int\limits_0^\infty \int\limits_0^{2\pi} e^{i\nu\vartheta} \frac{\chi \cos\Phi - 1 + \cos(\Phi - \vartheta)}{1 + \frac{1}{2}\chi^2 - \cos(\Phi - \vartheta) - \chi\cos\Phi + \chi\cos\vartheta} \, d\vartheta \, d\chi$$

$$= \begin{cases} \dfrac{1}{\nu} e^{i(\nu-1)\Phi} & \text{für} \quad \dfrac{\pi}{2} \leqq \Phi \leqq \dfrac{3\pi}{2}; \\[2ex] \dfrac{(-1)^{\nu+1}}{\nu} e^{-i(\nu-1)\Phi} + \dfrac{1}{\nu} e^{i(\nu+1)\Phi} + \\[2ex] \qquad + \dfrac{(-1)^\nu}{\nu} e^{-i(\nu+1)\Phi} & \text{für} \quad -\dfrac{\pi}{2} \leqq \Phi \leqq \dfrac{\pi}{2}. \end{cases} \tag{16}$$

Entsprechend ergeben die Integrale mit $e^{-i\nu\vartheta}$ den konjugiert komplexen Wert, so daß leicht auch sin- und cos-Integrale aus (16) zusammengesetzt werden können. Für den Beweis der Formel (16) [die zuerst auszuführende Integration über ϑ erfolgt mit Hilfe der Residuenmethode über den Einheitskreis der komplexen Zahlenebene, die folgende Integration über χ ist elementar] verweisen wir auf die Originalarbeit[1]. Interessant ist, daß diese Integrale, durch die ja im wesentlichen der Einfluß der freien Wirbel charakterisiert wird, ganz verschieden sind, je nachdem ob sich der betrachtete Propellerflügel (Winkelkoordinate Φ) im II. und III. oder im I. und IV. Quadranten befindet. Dieses liegt natürlich daran, daß im letzteren Fall der Propellerflügel sich im Bereich der abfließenden freien Wirbel befindet, im ersteren aber nicht.

Mit Formel (16) in einem gewissen Zusammenhang stehen zwei weitere Integrale, die in ganz analoger Weise wie (16) verifiziert werden

---

[1] ISAY, W. H.: Ing.-Arch. 23 (1955) 379.

können. Diese Integrale werden benötigt, wenn man die Geschwindigkeiten berechnen will, die von den abfließenden freien Wirbeln am Ort der Propellerflügel induziert werden. Es gilt ($\Phi = \omega t + \varphi$; $\nu \geqq 1$):

$$\frac{1}{2\pi} \int\limits_0^\infty \int\limits_0^{2\pi} \frac{e^{i\nu\vartheta}(\sin\vartheta - \sin\Phi)\,d\vartheta\,d\chi}{1 + \tfrac{1}{2}\chi^2 - \cos(\Phi - \vartheta) - \chi\cos\Phi + \chi\cos\vartheta}$$

$$= \begin{cases} -\dfrac{i}{\nu}\,e^{i\nu\Phi} & \text{für} \quad \dfrac{\pi}{2} \leqq \Phi \leqq \dfrac{3\pi}{2}, \\[2ex] \dfrac{i}{\nu}\,e^{i\nu\Phi} - \dfrac{2i}{\nu}\,(-1)^\nu\,e^{-i\nu\Phi} & \text{für} \quad -\dfrac{\pi}{2} \leqq \Phi \leqq \dfrac{\pi}{2}, \end{cases} \tag{17}$$

$$\frac{1}{2\pi} \int\limits_0^\infty \int\limits_0^{2\pi} \frac{e^{i\nu\vartheta}(\cos\Phi - \cos\vartheta - \chi)\,d\vartheta\,d\chi}{1 + \tfrac{1}{2}\chi^2 - \cos(\Phi - \vartheta) - \chi\cos\Phi + \chi\cos\vartheta}$$

$$= -\frac{1}{\nu}\,e^{i\nu\Phi} \quad \text{für} \quad 0 \leqq \Phi \leqq 2\pi. \tag{18}$$

4. Die Flügelkräfte und der Wirkungsgrad

a) Die Berechnung der momentanen Flügelkräfte K_x und K_y in x- und y-Richtung (pro Längeneinheit in z-Richtung) erfolgt wie beim Schraubenpropeller mit Hilfe des Kutta-Joukowskischen Satzes. (Vgl. hierzu Kap. I, Abschn. A,2.)

Dabei legen wir für die Kraftberechnung den Wert der resultierenden Anströmgeschwindigkeit im Drehpunkt des Flügelprofils (und nicht genau im Druckmittelpunkt) zugrunde. Dieses hat sich aus verschiedenen Gründen als am zweckmäßigsten erwiesen, Zunächst, weil die Lage des Druckmittelpunktes oft nicht genau bekannt ist, und bei technischen Ausführungen der Drehpunkt fast immer bei etwa 30 bis 50% der Flügeltiefe liegt, also in der Nähe des Druckmittelpunktes. Ferner ist der Drehpunkt der einzige Punkt des Flügels, der eine gleichförmige Rotationsbewegung um den Mittelpunkt des Propellerkreises ausführt; dann kann für die Berechnung des Drehmomentes um den Mittelpunkt des Propellerflügelkreises auch ohne weiteres die Flügelkraftkomponente in Umfangsrichtung verwendet werden. Würde man sich dagegen bei der Kraftberechnung genau auf den Druckmittelpunkt des Profils beziehen, so müßte man das Drehmoment aus der Komponente der Flügelkraft berechnen, die in die momentane Bewegungsrichtung des Druckmittelpunktes fällt. Auch dann bestünden wegen des Einflusses der Lenkerkinematik noch gewisse Unsicherheiten, so daß das Ergebnis vom physikalischen Standpunkt aus eher ungenauer sein dürfte als dasjenige bei Verwendung des Drehpunktes als Bezugspunkt. Diese letztere Methode ist zudem rechnerisch bei weitem die einfachste. Man erhält[1]

---

[1] Vgl. W. H. Isay: Schiffstechnik 9 (1962) 27.

für die Flügelkräfte mit ϱ als Wasserdichte dann nach KUTTA-JOUKOWSKI:

$$K_x = -\varrho\,[-\omega R \cos\omega t + v_f(R, \omega t) + (\textstyle\sum' v_\Gamma)_{\omega t}]\,R\,\Gamma(t),$$
$$K_y = +\varrho\,[u_0 + \omega R \sin\omega t + u_f(R, \omega t) + (\textstyle\sum' u_\Gamma)_{\omega t}]\,R\,\Gamma(t). \tag{19}$$

Wie wir später bei der Auflösung der Integralgleichung (14) noch sehen werden, ergibt sich die Flügelzirkulation $\Gamma(t)$ als Fourier-Polynom der Form (sechs Glieder sind für die Bedürfnisse der Praxis im allgemeinen ausreichend genau):

$$\Gamma(t) = \sum_{\mu=0}^{6} B_\mu \cos\mu\,\omega\,t + \sum_{\mu=1}^{5} C_\mu \sin\mu\,\omega\,t. \tag{20}$$

Die Auswertung von Gl. (19) wird damit sehr einfach. Die von den freien Wirbeln im Punkte ωt des Propellerkreises induzierten Geschwindigkeiten sind unter Berücksichtigung von (12), (20), (17) und (18) gegeben durch:

$$u_f(R, \omega t) = \frac{N}{12}\,[-3B_1 \cos\omega t + C_1 \sin\omega t + B_2 \cos2\omega t -$$
$$-\,3C_2 \sin2\omega t - 3B_3 \cos3\omega t + C_3 \sin3\omega t + B_4 \cos4\omega t -$$
$$-\,3C_4 \sin4\omega t - 3B_5 \cos5\omega t + C_5 \sin5\omega t +$$
$$+\,B_6 \cos6\omega t] \qquad\qquad \left(-\frac{\pi}{2} \leqq \omega\,t \leqq \frac{\pi}{2}\right);$$

$$u_f(R, \omega t) = \frac{N}{12} \sum_{\mu=1}^{6} B_\mu \cos\mu\,\omega\,t +$$
$$+\,\frac{N}{12} \sum_{\mu=1}^{5} C_\mu \sin\mu\,\omega\,t \qquad\qquad \left(\frac{\pi}{2} \leqq \omega\,t \leqq \frac{3\pi}{2}\right);$$

$$v_f(R, \omega t) = -\frac{N}{12} \sum_{\mu=1}^{5} C_\mu \cos\mu\,\omega\,t +$$
$$+\,\frac{N}{12} \sum_{\mu=1}^{6} B_\mu \sin\mu\,\omega\,t \qquad\qquad (0 \leqq \omega\,t \leqq 2\pi).$$

$$\tag{21}$$

Die Anteile $\sum' u_\Gamma$, $\sum' v_\Gamma$ in Formel (19) bedeuten die von den gebundenen Wirbeln der Nachbarflügel im Drehpunkt des Aufpunktflügels induzierten Geschwindigkeiten. Für deren Berechnung können die Nachbarflügel durch Punktwirbel der entsprechenden Gesamtzirkulation ersetzt werden. Die Geschwindigkeit, die ein im Punkt $R\,e^{i\vartheta}$ der Propellerkreisbahn befindlicher Wirbel $R\,\Gamma(\vartheta/\omega)$ in einem anderen Punkt $R\,e^{i\omega t}$ der Kreisbahn induziert, ergibt sich nach elementarer Rechnung zu

$$u_\Gamma(\omega t) = \frac{1}{4\pi}\,\Gamma\!\left(\frac{\vartheta}{\omega}\right) \frac{\cos\frac{1}{2}(\omega t + \vartheta)}{\sin\frac{1}{2}(\omega t - \vartheta)}\;;\qquad v_\Gamma(\omega t) = \frac{1}{4\pi}\,\Gamma\!\left(\frac{\vartheta}{\omega}\right) \frac{\sin\frac{1}{2}(\omega t + \vartheta)}{\sin\frac{1}{2}(\omega t - \vartheta)}\;.$$

$$\tag{22}$$

Mit Hilfe von Formel (22) können die Geschwindigkeiten $\sum' u_\Gamma$, $\sum' v_\Gamma$ leicht berechnet werden.

Mit (19) erhalten wir ferner für das Drehmoment M der Flügelkraft

$$M = R\,K_y\,\cos\omega\,t - R\,K_x\,\sin\omega\,t. \tag{23}$$

Aus den Kräften und Momenten der einzelnen Flügel werden dann die Gesamtkräfte $K_x^{(p)}$, $K_y^{(p)}$ und das Gesamtmoment $M^{(p)}$ des Propellers additiv zusammengesetzt:

$$K_x^{(p)} = \sum_{n=0}^{N-1} K_x\left(\omega\,t + \frac{2\,\pi\,n}{N}\right); \qquad K_y^{(p)} = \sum_{n=0}^{N-1} K_y\left(\omega\,t + \frac{2\,\pi\,n}{N}\right);$$

$$M^{(p)} = \sum_{n=0}^{N-1} M\left(\omega\,t + \frac{2\,\pi\,n}{N}\right). \tag{24}$$

Mit

$$K^{(p)} = \sqrt{(K_x^{(p)})^2 + (K_y^{(p)})^2}$$

als resultierender Gesamtkraft (pro Längeneinheit in z-Richtung) des Propellers ergibt sich schließlich der induzierte Wirkungsgrad η_i zu:

$$\eta_i = \frac{u_0}{\omega}\,\frac{K^{(p)}}{M^{(p)}}. \tag{25}$$

b) In der bisherigen Theorie wurde die Strömung durch Voith-Schneider-Propeller als ebenes Problem behandelt, so als ob die Propellerflügel unendlich lang wären. Die in Wirklichkeit endliche Flügellänge und die Umströmung der Flügelenden bedingt wie bei einem gewöhnlichen Tragflügel freie Querwirbel, und das von diesen induzierte Geschwindigkeitsfeld müßte eigentlich in der Randbedingung am Flügel berücksichgt werden.

Die Entwicklung einer vollständig dreidimensionalen Theorie führt auf sehr große mathematische Schwierigkeiten, ergibt einen ganz unübersichtlichen Formalismus und scheidet deshalb aus für praktisch brauchbare Berechnungsverfahren. Auch einige andere komplizierten Ansätze zur Ergänzung der zweidimensionalen Theorie haben bisher nicht zu einem Erfolg geführt[1], es hat sich vielmehr als am zweckmäßigsten erwiesen, die folgende einfache Arbeitshypothese einzuführen:

Es soll angenommen werden, daß die durch den Einfluß der freien Quer- bzw. Kantenwirbel bedingte Verringerung der mittleren Flügelkraft gegenüber dem Berechnungsergebnis der ebenen Theorie ungefähr ebenso groß ist wie bei einem gewöhnlichen rechteckigen Tragflügel des entsprechenden Seitenverhältnis. Und die gleiche Abminderung soll auch für die resultierende Vortriebskraft des Propellers angenommen werden.

Da das obere Ende der Propellerflügel an eine annähernd glatte Wand anstößt, erhält man den entsprechenden Tragflügel durch Spiegelung des Propellerflügels an dieser Wand. In Anbetracht der relativ großen Seitenverhältnisse der sich dabei ergebenden Flügel kann der gesuchte

---

[1] Für Einzelheiten vgl. W. H. Isay: Schiffstechnik 9 (1962) 27.

Abminderungsfaktor $\Xi_K = K_A/K_{A_\infty}$ (K_{A_∞} = Auftriebskraft des Flügels in ebener Strömung, K_A = Auftriebskraft des Flügels bei Berücksichtigung der von den freien Querwirbeln induzierten Geschwindigkeit) aus der einfachen Traglinientheorie entnommen werden[1]. Natürlich kann man Ξ_K auch mit der erweiterten Traglinientheorie berechnen; diese hat bekanntlich[1] den Vorteil, daß der mit einer gewissen Unsicherheit behaftete Profilauftriebsbeiwert c_a' nicht auftritt.

Bezeichnen wir mit L die Flügellänge und ist ferner $K^{(p)}$ die gemäß Gl. (24) aus der ebenen Theorie für die mittlere Flügeltiefe $2\alpha R$ berechnete Propellerkraft (pro Längeneinheit in z-Richtung), so ist der gesamte Schub S des Propellers nach der oben erläuterten Konzeption gegeben durch

$$S = \Xi_K \, L \, K^{(p)}. \tag{26}$$

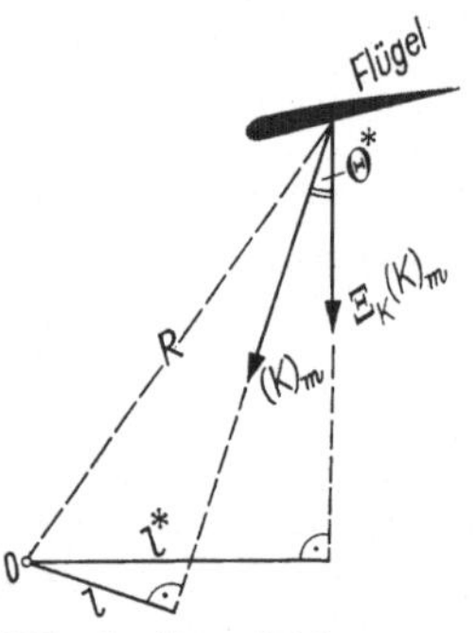

Abb. 4. Zur Wirkungsgradberechnung.

Nach der Festlegung des Abminderungsfaktors Ξ_K ist es möglich, durch eine einfache Betrachtung einen Anhaltspunkt dafür zu gewinnen, wie stark der nach der ebenen Theorie berechnete induzierte Wirkungsgrad η_i durch die freien Querwirbel vermindert wird. Aus der ebenen Theorie ist die mittlere Flügelkraft $(K)_m = \left(\sqrt{K_x^2 + K_y^2}\right)_m$ (gemittelt über den Umfang des Propellerkreises) und das mittlere Drehmoment $\frac{1}{N} M^{(p)}$ bekannt. Damit läßt sich der Hebelarm $l = \frac{1}{N} \frac{M^{(p)}}{(K)_m}$ definieren. Die durch den Einfluß der freien Querwirbel verminderte mittlere Flügelkraft ist dann $\Xi_K (K)_m$, und mit dem veränderten Hebelarm l^* wird ihr mittleres Moment $\Xi_K (K)_m l^*$. Ist ferner Θ^* der mittlere zusätzliche von den freien Querwirbeln am Flügel induzierte Anstellwinkel, so gilt (vgl. Abb. 4)

$$l^* = l \cos\Theta^* + R \sin\Theta^* \sqrt{1 - \frac{l^2}{R^2}}\,.$$

Der gesuchte wirkliche hydrodynamische Wirkungsgrad η wird damit

$$\eta = \frac{\Xi_K K^{(p)}}{\Xi_K M^{(p)} l^*/l} \frac{u_0}{\omega} = \eta_i \frac{l}{l^*}\,. \tag{27}$$

Für diese Näherungsbetrachtung kann als mittlere Anströmgeschwindigkeit am Propellerflügel dem Betrag nach die Umfangsgeschwindigkeit eingesetzt werden, so daß gilt

$$(K)_m = 2\pi\,\Theta\,\alpha\,R\,\varrho\,(\omega R)^2,$$

---

[1] Vgl. J. Weissinger: Neuere Entwicklungen in der Tragflügeltheorie bei inkompressibler Strömung. Z. Flugwiss. 4 (1956) 225.

und entsprechend mit Θ^* als zusätzlichem Anstellwinkel

$$\Xi_K(K)_m = 2\pi(\Theta - \Theta^*)\,\alpha\,R\,\varrho\,(\omega\,R)^2.$$

Daraus ergibt sich der für die Berechnung von l^* benötigte Wert von Θ^* zu

$$\Theta^* = \frac{(1 - \Xi_K)\,(K)_m}{2\,\pi\,\alpha\,R\,\varrho\,(\omega\,R)^2}\,.$$

B. Die Anwendung der Theorie

1. Diskussion und Umformung der Integralgleichung

Um die in Abschn. A in ihren physikalischen und mathematischen Grundlagen dargestellte Theorie bei der Berechnung der Strömung durch Voith-Schneider-Propeller anwenden zu können, sind nun noch geeignete Lösungsmethoden für die Integralgleichung (14) zu entwickeln.

Aus ihrem physikalischen Charakter als Flügel-Randbedingung und ebenso aus der mathematischen Form der Gl. (14) folgt, daß ihre Lösung $\gamma(\psi, t)$ in t die Periode $2\pi/\omega$ haben muß. Man wird also auf den Lösungsansatz

$$\gamma(\psi, t) = \sum_{\nu=-6}^{6} a\,(\psi)\,e^{i\nu\omega t}; \quad \Gamma(t) = \sum_{\nu=-6}^{6} A_\nu\,e^{i\nu\omega t} \quad \begin{pmatrix} a_{-\nu} = \bar{a}_\nu \\ A_{-\nu} = \bar{A}_\nu \end{pmatrix} \quad (28)$$

geführt, den wir bereits in Abschn. A in der äquivalenten Form (20) mit

$$A_\nu = \frac{1}{2}\,B_\nu - \frac{i}{2}\,C_\nu \qquad (B_\nu,\,C_\nu\ \text{reell}) \quad (29)$$

vorweggenommen hatten (sechs Fourier-Glieder haben sich für praktische Rechnungen als ausreichend genau erwiesen).

Um mit dem Ansatz (28) eine Lösungstheorie für die Integralgleichung (14) entwickeln zu können, benötigen wir eine einheitlich für alle Werte $0 \leq \Phi \leq 2\pi$ ($\Phi = \omega\,t + \varphi$) gültige analytische Darstellung für die beiden Doppelintegrale auf der linken Seite von (14). Dagegen liefert Formel (16) mit dem Ansatz (28) zwei getrennte Darstellungen für den Zuström- und Abströmbereich des Propellers. Man könnte nun daran denken, das Integral (16) für jedes einzelne ν durch eine im Bereich $0 \leq \Phi \leq 2\pi$ gültige Fourier-Entwicklung darzustellen. Es hat sich jedoch gezeigt, daß dieses praktisch nicht durchführbar ist. Denn eine solche Fourier-Entwicklung dürfte, damit der Ansatz (28) mit sechs Gliedern zur Lösung der Integralgleichung ausreicht, ebenfalls höchstens sechs Fourier-Glieder enthalten. Dieses ist jedoch für die höheren ν-Werte bei Formel (16) nicht mehr ausreichend genau möglich, wie man leicht einsieht[1]. Es hat sich aber gezeigt, daß es ohne weiteres möglich ist, bei

---

[1] Vgl. W. H. Isay: Ing.-Arch. 23 (1955) 379. Das Doppelintegral als Ganzes hat natürlich nicht die hohe Periodizität wie z. B. das einzelne Integral (16) für $\nu \geq 3$, so daß ein sechsgliedriges Fourier-Polynom eine ausreichende Approximation liefert.

Verwendung des Ansatzes (28) die Doppelintegrale auf der linken Seite von (14) *im ganzen* durch Fourier-Polynome mit sechs Gliedern ausreichend genau zu approximieren[1].

Für diese Approximation ist jedoch bereits die Kenntnis der Koeffizienten A_ν aus (28) erforderlich, so daß unsere Lösungsmethode praktisch auf ein Interationsverfahren führt. Der Weg zur Auflösung der Integralgleichung (14) ist also folgender:

Zuerst werden die Doppelintegrale auf der linken Seite von (14) weggelassen, und es wird so die erste Näherung $\overset{(1)}{\gamma}(\psi, t)$ bzw. $\overset{(1)}{\Gamma}(t)$ bestimmt; unter Verwendung dieser ersten Näherung wird für die Doppelintegrale (mittels harmonischer Analyse) eine im Bereich $0 \leqq \Phi \leqq 2\pi$ gültige Darstellung in Form eines sechsgliedrigen Fourier-Polynoms gewonnen, und mit dieser linken Seite von (14) wird die zweite Näherung $\overset{(2)}{\gamma}(\psi, t)$ bzw. $\overset{(2)}{\Gamma}(t)$ berechnet. Diese wiederum wird zur Berechnung der dritten Näherung in die linke Seite der Gl. (14) eingesetzt usw. Da der Kern der Integralgleichung dabei für alle Iterationsschritte unverändert bleibt, kann das Verfahren weitgehend schematisiert werden. Die Konvergenz hängt im wesentlichen von der Profiltiefe $2\alpha R$ ab; sie kann für Werte $\alpha < 0,2$ als gesichert gelten, wie praktische Rechnungen gezeigt haben. Außerdem läßt sich die Konvergenz ganz wesentlich beschleunigen, wenn man für die erste Näherung gleich eine (mit einiger Erfahrung leicht zu gewinnende) geschickte Schätzung für $\Gamma(t)$ verwendet, die dann lediglich noch verbessert werden muß. Im übrigen konvergiert das Iterationsverfahren alternierend, so daß man stets eine klare Übersicht über die Genauigkeit der erreichten Näherungslösung hat.

Wir führen für die beiden Doppelintegrale die Abkürzungen I und J ein; bei der m-ten Iteration wird dann mit (28), (29) und (16):

$$\overset{(m)}{I}(\Phi) \equiv \frac{1}{2\pi\omega} \int\limits_0^\infty \int\limits_0^{2\pi} \overset{(m)}{\dot{\Gamma}}\left(\frac{\vartheta}{\omega}\right) \frac{[\chi \sin\Phi + \sin(\Phi - \vartheta)]\,d\vartheta\,d\chi}{1 + \tfrac{1}{2}\chi^2 - \cos(\Phi - \vartheta) - \chi\cos\Phi + \chi\cos\vartheta}$$

$$= \begin{cases} -\sum\limits_{\nu=1}^{6} \{\overset{(m)}{B_\nu}\cos(\nu-1)\Phi + \overset{(m)}{C_\nu}\sin(\nu-1)\Phi\} & \left(\text{für } \frac{\pi}{2} \leqq \Phi \leqq \frac{3\pi}{2}\right) \\[2ex] -\sum\limits_{\nu=1}^{6}(-1)^\nu\{\overset{(m)}{B_\nu}\cos(\nu-1)\Phi - \overset{(m)}{C_\nu}\sin(\nu-1)\Phi\} + 2\sum\limits_{\nu=1}^{3}\{\overset{(m)}{B_{2\nu-1}}\cos 2\nu\,\Phi + \\[2ex] \qquad + \overset{(m)}{C_{2\nu}}\sin(2\nu+1)\Phi\} & \left(\text{für } -\frac{\pi}{2} \leqq \Phi \leqq \frac{\pi}{2}\right) \end{cases}$$

$$= \sum\limits_{\mu=-6}^{6} \overset{(m)}{I_\mu}\,e^{i\mu\Phi} \qquad\qquad (\text{für } 0 \leqq \Phi \leqq 2\pi,\ \text{mit } I_{-\mu} = \bar{I}_\mu). \quad (30)$$

---

[1] Vgl. Fußnote 1 auf S. 157.

$$\overset{(m)}{J}(\Phi) \equiv \frac{1}{2\pi\,\omega} \int\limits_{0}^{\infty} \int\limits_{0}^{2\pi} \overset{(m)}{\dot{\Gamma}}\left(\frac{\vartheta}{\omega}\right) \frac{[\chi\cos\Phi - 1 + \cos(\Phi - \vartheta)]\,d\vartheta\,d\chi}{1 + \tfrac{1}{2}\chi^2 - \cos(\Phi - \vartheta) - \chi\cos\Phi + \chi\cos\vartheta}$$

$$= \begin{cases} -\sum\limits_{\nu=1}^{6}\{\overset{(m)}{B_\nu}\sin(\nu-1)\,\Phi - \overset{(m)}{C_\nu}\cos(\nu-1)\,\Phi\} \quad \left(\text{für } \frac{\pi}{2} \leqq \Phi \leqq \frac{3\pi}{2}\right) \\[2ex] -\sum\limits_{\nu=1}^{6}(-1)^\nu\{\overset{(m)}{B_\nu}\sin(\nu-1)\,\Phi + \overset{(m)}{C_\nu}\cos(\nu-1)\,\Phi\} - 2\sum\limits_{\nu=1}^{3}\{\overset{(m)}{B_{2\nu-1}}\sin 2\nu\,\Phi - \\[2ex] \qquad - \overset{(m)}{C_{2\nu}}\cos(2\nu+1)\,\Phi\} \quad \left((\text{für } -\frac{\pi}{2} \leqq \Phi \leqq \frac{\pi}{2}\right) \end{cases}$$

$$= \sum\limits_{\mu=-6}^{0}\overset{(m)}{J_\mu}e^{i\mu\Phi} \qquad (\text{für } 0 \leqq \Phi \leqq 2\pi, \text{ mit } J_{-\mu} = \bar{J}_\mu). \quad (31)$$

Für die Auflösung der Integralgleichung (14) ist es in der Regel nicht notwendig, die genauen Werte für φ_ν und φ_H gemäß Formel (4) zu verwenden, sondern es kann dort $\sqrt[4]{''''} \approx 1$ gesetzt werden. Mit der Transformation

$$\varphi = -\alpha\cos\delta\cos\sigma - \varepsilon\cos\delta, \qquad \psi = -\alpha\cos\delta\cos\sigma^* - \varepsilon\cos\delta \quad (32)$$

wird dann zu den neuen Variablen σ, σ^* übergegangen. $\left(0 \leqq \dfrac{\sigma}{\sigma^*} \leqq \pi\right)$. Entsprechend der Transformation (32) wird auch in Gl. (3) beim Bogenelement $\sqrt{1 - \varphi(1 + \tau)\sin 2\delta} \approx 1$ gesetzt.

Darüber hinaus kann bei den Geschwindigkeitsanteilen der freien Wirbel und der gebundenen Wirbel der Nachbarflügel in Gl. (14) sogar einfach $\varphi \approx -\alpha\cos\sigma - \varepsilon$ ($\delta \approx 0$) gesetzt werden; dieses ist in Anbetracht des Aufbaus der für diese Geschwindigkeitsanteile verwendeten Formeln konsequent und auch ausreichend genau.

Bei der Umrechnung des Kerns der Integralgleichung (14) auf die Variablen σ, σ^* mit Hilfe der Transformation (32) ergeben sich noch wesentliche Vereinfachungen wegen der Kleinheit von α ($\alpha/2 < 0{,}1$). Man erhält z. B.[1]

$$\cot\frac{\varphi - \psi}{2} \approx \frac{2}{\alpha\cos\delta}\,\frac{1}{\cos\sigma^* - \cos\sigma};$$

$$\cot\frac{1}{2}\left(\varphi - \psi - \frac{2\pi}{3}\right) \approx \cot\left(\frac{\alpha}{2}\cos\sigma^* - \frac{\alpha}{2}\cos\sigma - \frac{\pi}{3}\right)$$

$$= -\frac{1}{\tan\dfrac{\pi}{3}}\,\frac{1 + \dfrac{\alpha}{2}(\cos\sigma^* - \cos\sigma)\tan\dfrac{\pi}{3}}{1 - \dfrac{\alpha}{2}\cot\dfrac{\pi}{3}(\cos\sigma^* - \cos\sigma)} \approx$$

$$\approx -\frac{1}{\tan\dfrac{\pi}{3}}\left[1 + \frac{\alpha}{2}\left(\tan\frac{\pi}{3} + \cot\frac{\pi}{3}\right)(\cos\sigma^* - \cos\sigma) + \cdots\right];$$

---

[1] Für Einzelheiten vgl. W. H. ISAY: Ing.-Arch. 23 (1955) 379 sowie Ing.-Arch. 24 (1956) 148.

entsprechend gestaltet sich die Umrechnung der weiteren Glieder. Berücksichtigt man außerdem, daß im Rahmen der mit der Transformation (32) vorgenommenen Vereinfachung auch

$$(1 - \varphi \tan\delta) \cos(\delta - \varphi) + (\tan\delta - \varphi\,\tau) \sin(\delta - \varphi) \approx \frac{1}{\cos\delta}$$

gesetzt werden kann, so ergibt sich die Integralgleichung (14) mit dem Lösungsansatz (28) und den Darstellungen (30) und (31) in der übersichtlicheren Form[1] [für die $(m+1)$-te Iteration]:

$$\sin\sigma[1 + (\alpha\cos\sigma + \varepsilon)\sin\delta(t)]\{2\omega R(\sin\delta(t) + (\alpha\cos\sigma + \varepsilon)\tau(t)\cos^2\delta(t)) -$$

$$- 2u_0 \cos\delta(t) \cos(\omega t - \alpha\cos\sigma - \varepsilon)\} + 2R\,\dot\delta(t)\sin\sigma(\alpha\cos\sigma + \varepsilon) +$$

$$+ 2u_0 \sin\sigma[\sin\delta(t) + (\alpha\cos\sigma + \varepsilon)\tau(t)\cos^2\delta(t)]\sin(\omega t - \alpha\cos\sigma - \varepsilon) +$$

$$+ \sin\sigma \cos\delta(t)\,[1 + (\alpha\cos\sigma + \varepsilon)\sin\delta(t)]\frac{N}{6}\sum_{\nu=-6}^{6}\overset{(m)}{I_\nu}\,e^{i\nu(\omega t - \alpha\cos\sigma - \varepsilon)} +$$

$$+ \sin\sigma\,[\sin\delta(t) + (\alpha\cos\sigma + \varepsilon)\tau(t)\cos^2\delta(t)]\frac{N}{6}\sum_{\nu=-6}^{6}\overset{(m)}{J_\nu}\,e^{i\nu(\omega t - \alpha\cos\sigma - \varepsilon)} +$$

$$+ \frac{1}{2\pi}\sin\sigma\,[\sin\delta(t) + (\alpha\cos\sigma + \varepsilon)\tau(t)\cos^2\delta(t)]\left\{N\overset{(m)}{A_0} + N\overset{(m)}{A_N}e^{iN\omega t} + \right.$$

$$+ N\overset{(m)}{A_{-N}}e^{-iN\omega t} - \sin^2\delta(t)\sum_{\nu=-6}^{6}\overset{(m)}{A_\nu}\,e^{i\nu t\omega}\Big\}$$

$$= \frac{1}{\pi}\sum_{\nu=-6}^{6}e^{i\nu\omega t}\int_0^\pi a_\nu^{(m+1)}(\sigma^*)\sin\sigma^* \times$$

$$\times \left\{\frac{\sin\sigma}{\cos\sigma^* - \cos\sigma} + \cos\delta(t)\sum_{\mu=1}^{3}\sum_{\lambda=0}^{3}b_{\mu\lambda}^{(\nu)}\sin\mu\,\sigma\cos\lambda\,\sigma^*\right\}d\sigma^*. \tag{33}$$

Dabei sind die ersten Koeffizienten $b_{\mu\nu}^{(\nu)}$ für einen sechsflügeligen Propeller bis auf Glieder 3. Ordnung in α gegeben durch:

$$b_{10}^{(\nu)} = -i\,\alpha\left(\sin\frac{\pi\nu}{3}\cot\frac{\pi}{6} + \sin\frac{2\pi\nu}{3}\cot\frac{\pi}{3}\right);$$

$$b_{20}^{(\nu)} = \frac{\alpha^2}{4}\left(\frac{1}{2}(-1)^\nu + \frac{\cos\dfrac{\pi\nu}{3}}{\sin^2\dfrac{\pi}{6}} + \frac{\cos\dfrac{2\pi\nu}{3}}{\sin^2\dfrac{\pi}{3}}\right); \quad b_{11}^{(\nu)} = -2b_{20}^{(\nu)}. \tag{34}$$

Und für einen vierflügeligen Propeller hat man:

$$b_{10}^{(\nu)} = -i\,\alpha\sin\frac{\pi\nu}{2}; \quad b_{20}^{(\nu)} = \frac{\alpha^2}{4}\left(\frac{1}{2}(-1)^\nu + 2\cos\frac{\pi\nu}{2}\right);$$

$$b_{11}^{(\nu)} = -2b_{20}^{(\nu)}. \tag{35}$$

---

[1] Vgl. Fußnote 1 auf S. 159.

Alle weiteren Koeffizienten (für die wir auf die Originalarbeiten des Verfassers verweisen müssen) sind von höherer Ordnung klein.

Verzichtet man auf die Bestimmung der Wirbeldichte $\gamma(\psi, t)$ (deren Kenntnis ja für die Berechnung der Flügelkräfte und des Wirkungsgrades nicht notwendig ist, vgl. Abschn. A, 4), so läßt sich die Gesamtzirkulation $R\,\Gamma(t)$ auch näherungsweise nach der aus der Tragflügeltheorie bewährten $^1/_4$—$^3/_4$-Punkt-Methode berechnen. Man ersetzt also die Flügelprofile durch jeweils in ihrem $^1/_4$-Punkt angebrachte Punktwirbel der Gesamtzirkulation des Flügels und erfüllt die Randbedingung, d. h. Gl. (14), im $^3/_4$ Punkt des Aufpunktflügels. Der $^1/_4$- bzw. $^3/_4$-Punkt ergibt sich aus Gl. (32) für $\sigma^* = 2\pi/3$ bzw. $\sigma = \pi/3$, und es werden die gleichen Vereinfachungen wie vorher vorgenommen. Damit erhalten wir die folgende Bestimmungsgleichung für die $(m + 1)$-te Iteration der Flügelzirkulation $R\,\Gamma(t)$:

$$
\frac{\overset{(m+1)}{\Gamma(t)}}{\pi\,\alpha} = -\left[1 + \left(\frac{\alpha}{2} + \varepsilon\right)\sin\delta(t)\right]\left\{2\omega R\left(\sin\delta(t) + \left(\frac{\alpha}{2} + \varepsilon\right)\tau(t)\cos^2\delta(t)\right) - \right.
$$

$$
\left. - 2u_0\cos\delta(t)\cos\left(\omega t - \frac{\alpha}{2} - \varepsilon\right)\right\} - 2R\,\dot\delta(t)\left(\frac{\alpha}{2} + \varepsilon\right) -
$$

$$
- 2u_0\left(\sin\delta(t) + \left(\frac{\alpha}{2} + \varepsilon\right)\tau(t)\cos^2\delta(t)\right)\sin\left(\omega t - \frac{\alpha}{2} - \varepsilon\right) -
$$

$$
- \cos\delta(t)\left[1 + \left(\frac{\alpha}{2} + \varepsilon\right)\sin\delta(t)\right]\frac{N}{6}\overset{(m)}{I}\left(\omega t - \frac{\alpha}{2} - \varepsilon\right) -
$$

$$
- \left(\sin\delta(t) + \left(\frac{\alpha}{2} + \varepsilon\right)\tau(t)\cos^2\delta(t)\right)\frac{N}{6}\overset{(m)}{J}\left(\omega t - \frac{\alpha}{2} - \varepsilon\right) -
$$

$$
- \frac{1}{2\pi}\cos\delta(t)\sum_{n=1}^{N-1}\overset{(m)}{\Gamma}\left(t + \frac{2\pi n}{\omega N}\right)\cot\left(\frac{\alpha}{2} + \frac{\pi n}{N}\right) -
$$

$$
- \frac{1}{2\pi}\left(\sin\delta(t) + \left(\frac{\alpha}{2} + \varepsilon\right)\tau(t)\cos^2\delta(t)\right) \times
$$

$$
\times \left\{\sum_{n=0}^{N-1}\overset{(m)}{\Gamma}\left(t + \frac{2\pi n}{\omega N}\right) - \sin^2\delta(t)\,\overset{(m)}{\Gamma(t)}\right\}. \tag{36}
$$

Im allgemeinen wird die Flügelwinkelverteilung $\delta(t)$ des Propellers in Form eines mehrgliedrigen Fourier-Polynoms oder auch nur punktweise gegeben sein. Eine entsprechende Darstellung ergibt sich dann aus Gl. (6) auch für den Krümmungsparameter $\tau(t)$.

Ein Blick auf die Integralgleichung (33) zeigt, daß in diesem allgemeinen Fall die Auflösungstheorie recht unübersichtlich und mühsam werden würde, denn Gl. (33) muß ja identisch in t erfüllt werden. Dafür ist es notwendig, die bekannte linke Seite und auch den stetigen Zusatzkern von (33) mit Hilfe einer harmonischen Analyse durch ein Fourier-Polynom in $e^{i\nu\omega t}$ mit von σ abhängigen Koeffizienten zu approximieren.

Man erhält dann durch Koeffizientenvergleich in $e^{i\nu\omega t}$ aus (33) sieben
($\nu = 0, 1, \ldots, 6$) von der Zeit unabhängige Integralgleichungen in
σ, σ^* zur Bestimmung der Funktionen $\sin\sigma^* \, a_\nu(\sigma^*)$. Die Separation
der Zeit in Gl. (33) wird jedoch wesentlich einfacher für den Sonderfall
kleiner Flügelwinkel δ, und wenn $\tan\delta$ außerdem etwa durch eine einfache cos-Kurve darstellbar ist (vgl. Ziff. 2). Trotzdem dieser Sonderfall
für die technische Praxis weniger Bedeutung hat, ist es wichtig, hierfür
wenigstens die Integralgleichung (33) exakt aufzulösen; denn man erhält
eine Möglichkeit, die Genauigkeit der einfacheren Berechnungsformel
zu überprüfen; dabei hat es sich gezeigt, daß die Genauigkeit der auf
der $^1/_4$—$^3/_4$-Punkt-Methode basierenden Gl. (36) für praktische Anwendungen vollkommen ausreichend ist[1]. Man kann somit im allgemeinen
auf die umständliche Auflösung der Gl. (33) verzichten und die Flügelzirkulation aus der einfacheren Berechnungsformel (36) ermitteln.

2. Lösung für kleine Steigungen und einfache Flügelwinkelkurven

a) Wir beschränken uns jetzt auf kleine Anstellwinkel δ der Propellerflügel gegenüber der Kreisbahn (d. h. also kleine Steigungen), so
daß

$$\delta \approx \sin\delta \approx \tan\delta; \quad \cos\delta \approx 1; \quad 1 + \alpha\sin\delta \approx 1 \qquad (37)$$

wird. Außerdem soll für die Flügelwinkelkurve ein einfaches cos-Gesetz

$$\delta(t) = \delta_0 \cos\omega\, t \qquad\qquad (\delta_0 > 0) \quad (38)$$

zugrunde gelegt werden. Außerdem sei die mittlere Profilkrümmung
$(\varkappa)_m = 1/R$, so daß $\tau(t) \approx 0$ wird. Ferner setzen wir $\varepsilon = 0$, legen also
den Drehpunkt in den Profilmittelpunkt.

Dann wird die Auflösung der Integralgleichung (33) sehr einfach.
Die linke Seite kann ohne Schwierigkeiten in die Form[2]

$$\sqrt{\frac{2}{\pi}} \sum_{\nu=-6}^{6} \sum_{\mu=1}^{3} \overset{(m)}{g_{\mu\nu}} \sin\mu\,\sigma\, e^{i\nu\omega t} \qquad (39)$$

gebracht werden, so daß der Koeffizientenvergleich in $e^{i\omega t\nu}$ unmittelbar
auf sieben einzelne Integralgleichungen für $\sin\sigma^* \, a_\nu(\sigma^*)$ ($\nu = 0, \ldots, 6$)
führt; diese haben den in der Hydrodynamik häufig auftretenden Typ
(A,10), dessen Lösungstheorie im Anhang dieses Buches dargestellt
ist. Wir verzichten an dieser Stelle auf die Mitteilung weiterer Einzelheiten und geben hier lediglich noch die Endformel für die Zirkulations-

---

[1] Vgl. W. H. Isay: Schiffstechnik 9 (1962) 27.

[2] Für alle Einzelheiten und Umrechnungen vgl. W. H. Isay: Ing.-Arch. 23
(1955) 379. Zum Beispiel wird $e^{-i\nu\alpha\cos\sigma} = 1 - i\,\nu\,\alpha\,\cos\sigma - \cdots$ in einer Reihe
entwickelt.

koeffizienten A_ν an; diese lautet[1]:

$$\overset{(m+1)}{A_\nu} = -\sqrt{2\pi}\,\alpha\,\frac{(1 + b_{20}^{(\nu)})\,\overset{(m)}{g_{1\nu}} + \overset{(m)}{g_{2\nu}} + \overset{(m)}{g_{3\nu}}}{1 - b_{10}^{(\nu)} - b_{20}^{(\nu)}}\,. \tag{40}$$

In Abb. 5 ist die auf diese Weise berechnete Zirkulationsvertei
lung $\Gamma(t)$ (in Einheiten von $\omega\,R$) für einen sechsflügeligen Voith-Schnei
der-Propeller mit $\alpha = 0{,}175 = 10°$ dargestellt (glatte Kurven), und
zwar für $\delta_0 = 1/4$, $u_0/\omega\,R = 1/16$ (Beispiel 1) und $\delta_0 = 1/2$, $u_0/\omega\,R = 1/4$

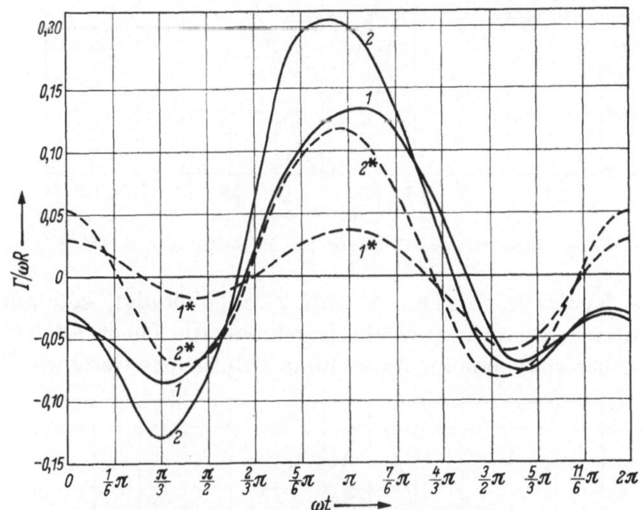

Abb. 5. Flügelzirkulation für die Beispiele 1, 2, 1*, 2*.

(Beispiel 2). Die Abb. 6 und 7 zeigen die nach Formel (19) berechneten
Flügelkräfte K_x und K_y in Einheiten von $\varrho\,\omega^2\,R^3$. Für den zeitlichen
Mittelwert der Gesamtkräfte nach Gl. (24) ergibt sich: (in Einheiten von
$\varrho\,\omega^2\,R^3$) $[\beta_K = \operatorname{arc\,tan}(K_y^{(p)}/K_x^{(p)})]$
Beispiel 1:

$$K_x^{(p)} = -0{,}280;\quad K_y^{(p)} = -0{,}015;\quad K^{(p)} = 0{,}280;\quad \beta_K = -177{,}0°,$$

Beispiel 2:

$$K_x^{(p)} = -0{,}376;\quad K_y^{(p)} = +0{,}048;\quad K^{(p)} = 0{,}380;\quad \beta_K = +172{,}8°.$$

Man erkennt, daß infolge des Einflusses der freien Wirbel die im Ab
flußbereich des Propellers befindlichen Flügel weniger zum Schub bei
tragen als die im Zuflußbereich befindlichen. Eine gleichmäßigere
Schubwirkung in beiden Bereichen läßt sich erzielen, wenn man den

---

[1] Vgl. Fußnote 2 auf S. 162.

Krümmungsradius der Flügelprofile größer als den des Propellerkreises macht; dieses ist in der Praxis auch meist der Fall.

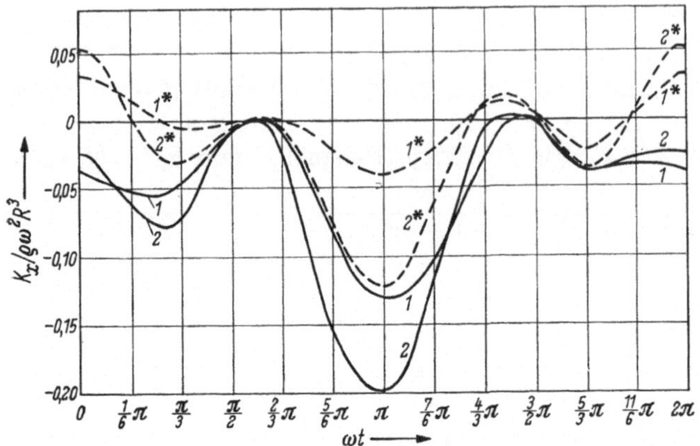

Abb. 6. Flügelkraft in x-Richtung für die Beispiele 1, 2, 1*, 2*.

b) Wie bereits in Abschn. A, Ziff. 2, angekündigt, soll nun noch genauer untersucht werden, welche Ergebnisse die Theorie liefert, wenn statt der bisher verwendeten Darstellung (12) für das Geschwindigkeits-

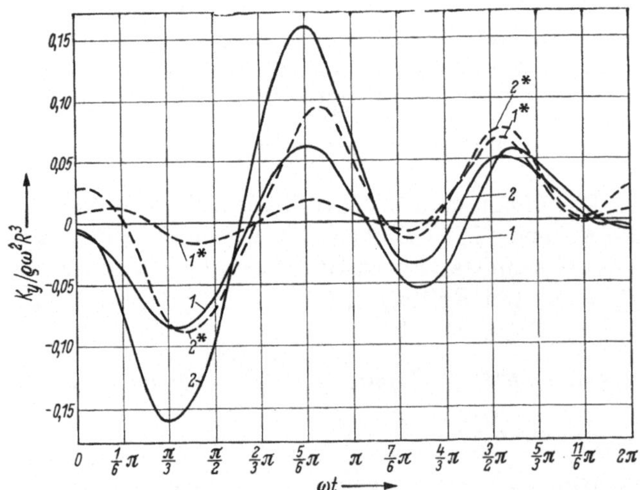

Abb. 7. Flügelkraft in y-Richtung für die Beispiele 1, 2, 1*, 2*.

feld der freien Wirbel die potentialtheoretische Formel (11) zugrunde gelegt wird. Die Randbedingungsintegralgleichung (14) und (33) bleibt bis auf den zusätzlichen Faktor $\dfrac{\omega R}{u_{\vartheta}}$ bei den Anteilen der freien Wirbel unverändert.

Für unsere Betrachtung wollen wir noch berücksichtigen, daß (im Sinne der normalen potentialtheoretischen Vorstellungen) die freien Wirbel ja nicht mit der Anströmgeschwindigkeit u_0, sondern mit der größeren Geschwindigkeit $u_0 + (u_f)_m$ hinter dem Propeller abfließen; dabei ist nach (17), (28) und (11)

$$(u_f)_m = \frac{1}{2\pi} \int_0^{2\pi} u_f(R\, e^{i\omega t})\, \omega\, dt = \frac{\omega R}{u_0 + (u_f)_m} \sum_{\nu=1}^{3} \frac{(-1)^\nu}{3\pi} \frac{N B_{2\nu-1}}{2\nu-1} \quad (41)$$

die mittlere von den freien Wirbeln selbst induzierte Geschwindigkeit. Wir verwenden also in Formel (11) statt $\dfrac{\omega R}{u_0}$ den Vorfaktor $\dfrac{\omega R}{u_0 + (u_f)_m}$[1]. Mit einem solchen Vorfaktor, der in der Regel größer als 2 sein wird, konvergiert das in Ziff. 1 beschriebene Iterationsverfahren zur Auflösung der Integralgleichung nicht mehr. Zur Auflösung der durch Formel (11) modifizierten Integralgleichung (33) mit den Einschränkungen (37) und (38) wird daher eine andere Methode[2] angewendet. Diese besteht darin, daß mit einer Ausgangsverteilung $\overset{(1)}{\Gamma}(t)$ mit unbekannten Koeffizienten B_ν, C_ν lediglich ein Iterationsschritt gerechnet wird, dessen Ergebnis $\overset{(2)}{\Gamma}(t)$ ebenfalls von den noch unbekannten Koeffizienten B_ν, C_ν abhängt. Letztere werden dann aus der Bedingung

$$\sum_{\nu=0}^{11} \left[\overset{(2)}{\Gamma}\left(\frac{\nu\pi}{6\omega}\right) - \overset{(1)}{\Gamma}\left(\frac{\nu\pi}{6\omega}\right) \right]^2 = \text{Minimum} \quad (42)$$

bestimmt[2], und als endgültige Lösung wird

$$\Gamma(t) = \tfrac{1}{2}\overset{(1)}{\Gamma}(t) + \tfrac{1}{2}\overset{(2)}{\Gamma}(t)$$

genommen, Es hat sich gezeigt, daß dieses Verfahren ausreichend genau ist, um einen guten Überblick über den Verlauf der Lösung zu erhalten. Allerdings liefert es ähnlich wie Gl. (36) nur $\Gamma(t)$ und nicht die Wirbeldichte $\gamma(\psi, t)$. Für die Durchführung dieser Rechnung ist noch die Kenntnis von $(u_f)_m$ erforderlich, das ja gemäß Formel (41) von den gerade erst zu bestimmenden Koeffizienten B_ν abhängt. Es stellt sich heraus, daß $(u_f)_m$ relativ unabhängig von dem Faktor $\dfrac{\omega R}{u_0}$ bzw. $\dfrac{\omega R}{u_0 + (u_f)_m}$ in Formel (11) ist; man erhält oft schon eine ausreichende Näherung, wenn man z. B. für $(u_f)_m$ den Wert nimmt, der sich für das gleiche Beispiel aus der normalen Theorie mit Formel (12) ergibt; d. h. mit Gl. (41) ohne Vorfaktor.

---

[1] Das entspricht also dem Fall mäßiger oder starker Belastung (vgl. Kap. I, Abschn. B, 2). Täten wir das nicht, so würden die mit (11) erhaltenen Ergebnisse noch unmöglicher sein.

[2] ISAY, W. H.: Ing.-Arch. 24 (1956) 148.

Für Beispiel 1 ist $(u_f)_m = 0{,}93\,u_0$, und für Beispiel 2 ergibt sich $(u_f)_m = 0{,}32\,u_0$. Somit soll für die Berechnung der Beispiele 1* bzw. 2* $\dfrac{\omega R}{u_0 + (u_f)_m} = 8$ bzw. $\dfrac{\omega R}{u_0 + (u_f)_m} = 3$ gesetzt werden[1]. Dabei bedeutet die Bezeichnung mit Stern, daß diese Beispiele sonst vollständig mit den früheren 1 und 2 übereinstimmen, nur daß jetzt an Stelle von (12) die Formel (11) verwendet wird. Die Ergebnisse für Γ, K_x, K_y der Beispiele 1* und 2* sind in den Abb. 5 bis 7 als gestrichelte Kurven eingetragen, so daß der Unterschied gegenüber Beispiel 1 und 2 klar hervortritt. Für die zeitlichen Mittelwerte der Gesamtkräfte nach Gl. (24) ergibt sich [in Einheiten von $\varrho\,\omega^2\,R^3$; $\beta_K = \arctan(K_y^{(p)}/K_x^{(p)})$]:

Beispiel 1*:

$$K_x^{(p)} = -0{,}028; \quad K_y^{(p)} = +0{,}0625; \quad K^{(p)} = 0{,}0685; \quad \beta_K = 114{,}0°\cdot$$

Beispiel 2*:

$$K_x^{(p)} = -0{,}129; \quad K_y^{(p)} = +0{,}073; \quad K^{(p)} = 0{,}1485; \quad \beta_K = 150{,}5°.$$

Aus den Abb. 5 bis 7 ist ohne weiteres zu erkennen, daß die für die Beispiele 1* und 2* erhaltenen Zirkulations- und Kraftwerte im Abflußbereich des Propellers $\left(-\dfrac{\pi}{2} \leqq \omega\,t \leqq \dfrac{\pi}{2}\right)$ physikalisch-technisch unsinnig sind. Das gleiche gilt für die Richtung der Gesamtkraft und ihre Größe; letztere erreicht nur knapp 25% bzw. knapp 40% des für Beispiel 1 bzw. 2 erhaltenen Wertes[2].

3. Lösung für beliebige Steigungen und Flügelwinkelkurven

Wie schon am Schluß von Ziff. 1 bemerkt wurde, erhält man die für Beispiel 1 und 2 durch Lösung der Integralgleichung gewonnenen Ergebnisse mit praktisch gleicher Genauigkeit auch mit Hilfe der Gl. (36), die auf der $^1/_4$—$^3/_4$-Punkt-Methode beruht[3]. Infolgedessen wird man in

---

[1] Das Ergebnis dieser Rechnung liefert dann nach Gl. (41) $(u_f)_m = 0{,}94\,u_0$, und $(u_f)_m = 0{,}36\,u_0$ für Beispiel 1* und 2*; d. h. die zunächst geschätzten $\dfrac{\omega R}{(u_0 + (u_f)_m)}$-Werte werden vom Ergebnis befriedigend reproduziert, so daß eine Wiederholungsrechnung nicht nötig ist.

[2] Auch systematische Experimente von van Manen zeigen, daß die gemessenen Propellerschubwerte etwa doppelt bis viermal so groß sind wie die nach einer rein potentialtheoretischen Rechnung (ohne Berücksichtigung des Wirbelzerfalles) erhaltenen Werte. Man vergleiche J. D. van Manen: Ergebnisse von systematischen Versuchen mit Propellern mit annähernd senkrecht stehender Achse; dazu die Diskussionsbemerkung von W. H. Isay: Jb. Schiffbautechn. Ges., Bd. 57, 1963, Berlin/Göttingen/Heidelberg: Springer 1964.

[3] Abgesehen natürlich von der Wirbeldichte $\gamma(\psi, t)$, für deren Berechnung wir in Abschn. C, 3 eine Näherungsmethode angeben werden.

allgemeinen Fällen, in denen die Relationen (37) und (38) keine Gültigkeit mehr haben, nur mit Formel (36) arbeiten. Das anzuwendende Iterationsverfahren ist ähnlich wie bei der Integralgleichung; die ein-

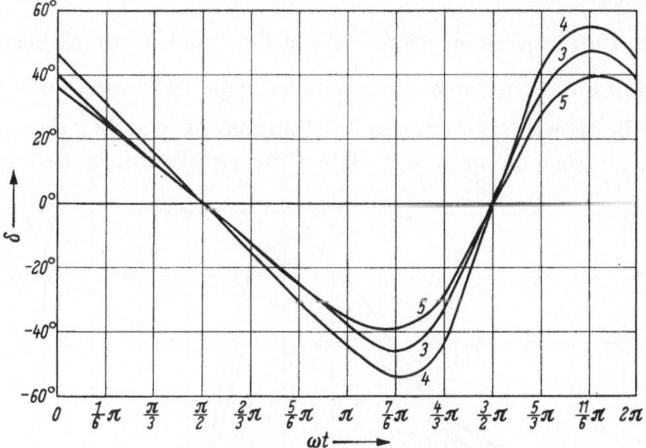

Abb. 8. Flügelwinkelkurven für die Beispiele 3, 4, 5.

zelnen Schritte sind aber einfacher: Die m-te Näherung[1] wird punktweise etwa an zwölf äquidistanten Stellen des Propellerkreises $\left[\omega\, t = \dfrac{\nu\,\pi}{6}\,,\right.$ $\nu = 0, 1, \ldots, 11$; die Schrittweite $\pi/6$ dürfte in den meisten Fällen

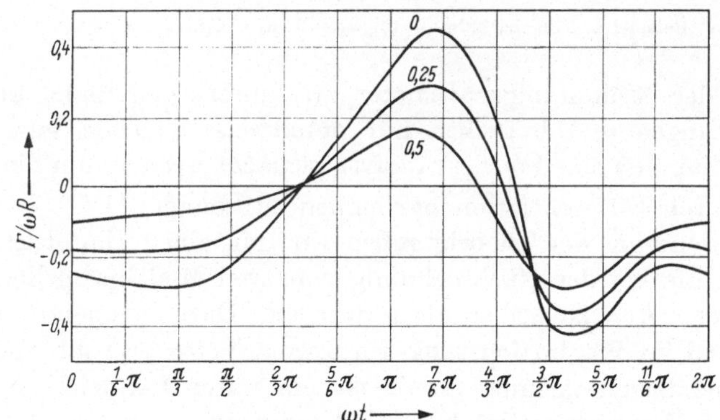

Abb. 9. Beispiel 3. Flügelzirkulation für $u_0 = 0$; $u_0 = 0{,}25\,\omega\,R$; $u_0 = 0{,}5\,\omega\,R$.

ausreichend genau sein] berechnet; aus diesen Einzelwerten wird dann für $\overset{(m)}{\varGamma}(t)$ mit Hilfe einer harmonischen Analyse ein analytischer Aus-

---

[1] Als Ausgangsnäherung dient wieder am besten eine Schätzung, oder es wird mit $\overset{(0)}{\varGamma} \equiv 0$ begonnen, wenn eine solche nicht möglich ist.

druck der Form (20) bzw. (28) aufgestellt, und daraus können die Funktionen $\overset{(m)}{I}(\omega t)$ und $\overset{(m)}{J}(\omega t)$ gemäß Formel (30) und (31) berechnet werden. Indem wir nunmehr $\overset{(m)}{\Gamma}(t)$, $\overset{(m)}{I}(\omega t)$ und $\overset{(m)}{J}(\omega t)$ in die rechte Seite der Gl. (36) einsetzen, erhalten wir die $(m+1)$-te Näherung $\overset{(m+1)}{\Gamma}(t)$ wieder an den zwölf Stellen $\omega t = \dfrac{\nu \pi}{6}$ des Propellerkreises, und so fahren wir fort. Die Konvergenz dieses Verfahrens ist wie bei der Integralgleichung gesichert für $\alpha < 0{,}2$. Die Flügelwinkelkurve $\delta(t)$ und ent-

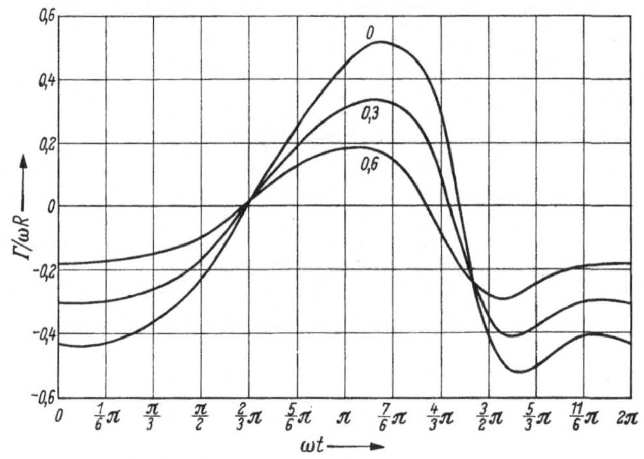

Abb. 10. Beispiel 4. Flügelzirkulation für $u_0 = 0$; $u_0 = 0{,}3\,\omega\,R$; $u_0 = 0{,}6\,\omega\,R$.

sprechend der Krümmungsparameter $\tau(t)$ unterliegen dabei keinerlei Einschränkungen und brauchen nur punktweise gegeben sein. Allerdings muß für $\delta(t)$ eine Fourier-Analyse gemacht werden, um die Funktion $\dot{\delta}(t)$ durch Differentiation bestimmen zu können.

Als Anwendung der Theorie geben wir nun einen Einblick[1] in die Ergebnisse, die bei der Nachrechnung von zwei Modellpropellern vom Durchmesser $2R = 20$ cm erhalten wurden. Diese Propeller wurden experimentell im Kavitationstank der Firma Voith erprobt und auch als Großausführung gebaut. Somit ist ein guter Vergleich zwischen Theorie und Experiment möglich. Und zwar ist:

Beispiel 3: Propeller mit sechs Flügeln („Hornisse"-Propeller) und der Normal-73-Gleitlenkerkinematik[1] bei voller Steigung. Die mittlere Flügeltiefe beträgt $2\alpha R = 0{,}350 R$, die Flügellänge $L = 0{,}91 R$ die Krümmung der Flügelprofile $(\varkappa)_m = \dfrac{1}{2R}$ die Exzentrizität des Drehpunktes $\varepsilon = 0{,}018$.

---

[1] Für Einzelheiten vgl. W. H. Isay: Schiffstechnik 9 (1962) 27.

Beispiel 4: Propeller mit vier Flügeln und der NN-82-Winkellenker-kinematik bei voller Steigung. Die mittlere Flügeltiefe beträgt $2\alpha\,R = 0{,}325\,R$, die Flügellänge $L = 1{,}25\,R$, die Krümmung der Flügelprofile $(\varkappa)_m = \dfrac{1}{3\,R}$, die Exzentrizität des Drehpunktes $\varepsilon = 0{,}016$.

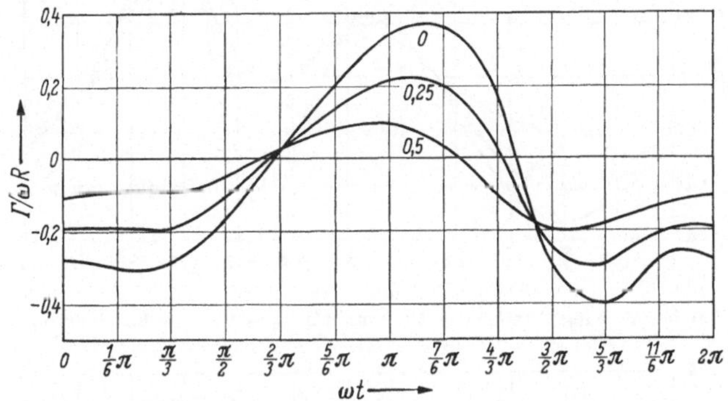

Abb. 11. Beispiel 5. Flügelzirkulation für $u_0 = 0$; $u_0 = 0{,}25\,\omega\,R$; $u_0 = 0{,}5\,\omega\,R$.

Beispiel 5: Der gleiche Propeller wie Beispiel 4, nur bei zurück-genommener Steigung.

In Abb. 8 sind die Flügelwinkelkurven $\delta(t)$ gezeichnet. Für die Berechnung des Krümmungsparameters $\tau(t)$ diente Gl. (6).

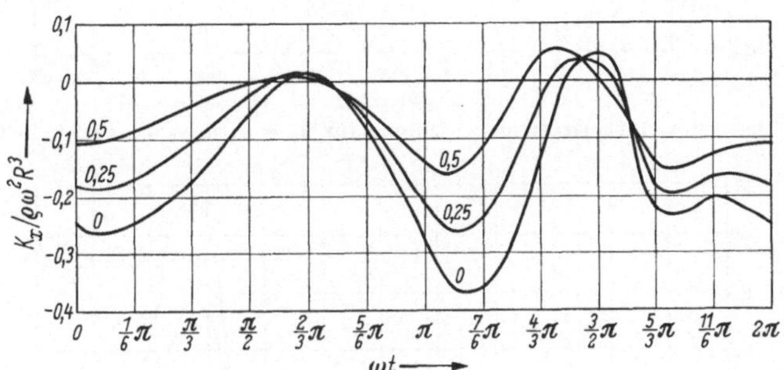

Abb. 12. Beispiel 3. Flügelkraft in x-Richtung für $u_0 = 0$; $u_0 = 0{,}25\,\omega\,R$; $u_0 = 0{,}5\,\omega\,R$.

Die Abb. 9 bis 11 zeigen (in Einheiten von $\omega\,R$) die Berechnungs-ergebnisse für die Flügelzirkulation $\Gamma(t)$ für verschiedene Fortschritts-grade $\dfrac{u_0}{\omega\,R}$. Die daraus mit Hilfe von Gl. (19) erhaltenen Flügelkräfte K_x und K_y (in Einheiten von $\varrho\,\omega^2\,R^3$) sind in Abb. 12 bis 17 dargestellt. Die Ergebnisse für die resultierenden Gesamtkräfte (in Einheiten von $\varrho\,\omega^2\,R^3$), ihre Richtung β_K sowie das Gesamtmoment (in Einheiten von $\varrho\,\omega^2\,R^4$) nach Gl. (24) (und zwar die zeitlichen Mittelwerte) zeigt die nachfolgende Tabelle. In ihr sind außerdem der Propellerschub S und die Wirkungs-

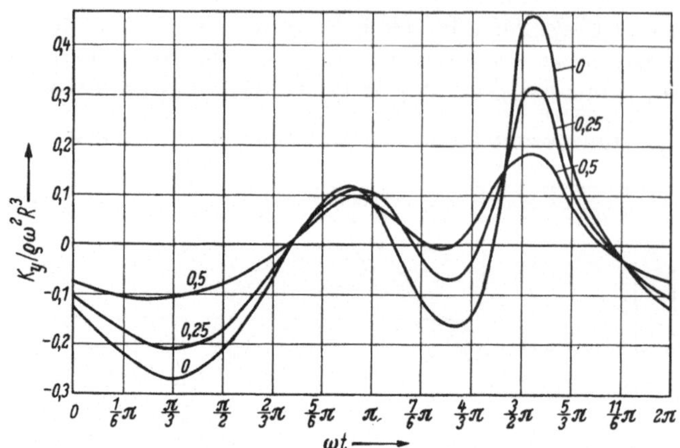

Abb. 13. Beispiel 3. Flügelkraft in y-Richtung für $u_0 = 0$, $u_0 = 0{,}25\,\omega\,R$; $u_0 = 0{,}5\,\omega\,R$.

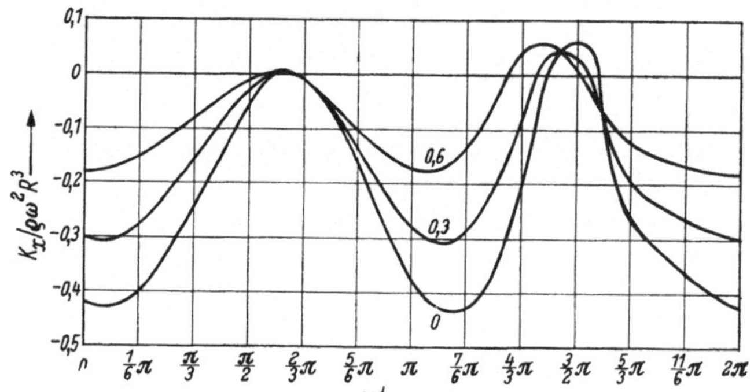

Abb. 14. Beispiel 4. Flügelkraft in x-Richtung für $u_0 = 0$; $u_0 = 0{,}3\,\omega\,R$; $u_0 = 0{,}6\,\omega\,R$.

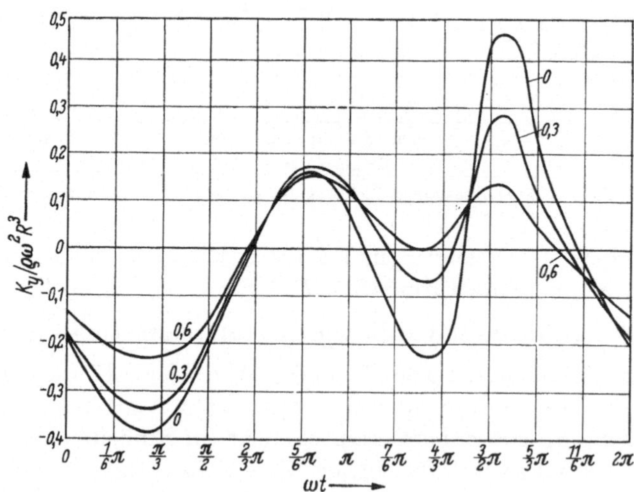

Abb. 15. Beispiel 4. Flügelkraft in y-Richtung für $u_0 = 0$; $u_0 = 0{,}3\,\omega\,R$; $u_0 = 0{,}6\,\omega\,R$.

grade η_i, η gemäß Gl. (26), (25) und (27) enthalten (S in Einheiten von $\varrho\,\omega^2\,R^3\,L$). Schließlich ist zum Vergleich der Wirkungsgrad η_0 ein-

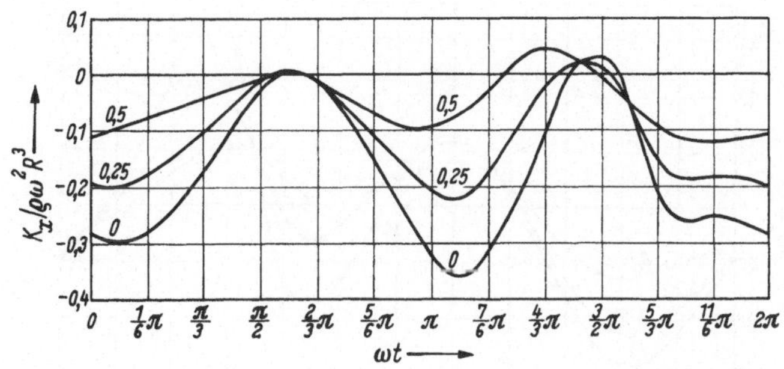

Abb. 16. Beispiel 5. Flügelkraft in x-Richtung für $u_0 = 0$; $u_0 = 0{,}25\,\omega\,R$; $u_0 = 0{,}5\,\omega\,R$.

getragen, der sich aus der einfachen Formel der Strahltheorie

$$\eta_0 = \frac{2}{1 + \sqrt{1 + c_S}}\;;\quad c_S = \frac{S}{\varrho\,u_0^2\,R\,L} = \text{Schubbelastungsgrad,}$$

ergeben würde. Für den Abminderungsfaktor $\varXi_K$ (vgl. Abschn. A, Ziff. 4b) ergibt sich sowohl aus der einfachen Traglinientheorie mit dem Auftriebswert $\dfrac{c_a'}{2\pi} = 0{,}92$ als auch aus der erweiterten Traglinientheorie für Beispiel 3 $\left(\text{Seitenverhältnis der Propellerflügel } \dfrac{L}{\alpha\,R} = 5{,}2\right)$

	Beispiel 3			Beispiel 4			Beispiel 5		
	$\frac{u_0}{\omega R} = 0$	$\frac{u_0}{\omega R} = 0{,}25$	$\frac{u_0}{\omega R} = 0{,}5$	$\frac{u_0}{\omega R} = 0$	$\frac{u_0}{\omega R} = 0{,}3$	$\frac{u_0}{\omega R} = 0{,}6$	$\frac{u_0}{\omega R} = 0$	$\frac{u_0}{\omega R} = 0{,}25$	$\frac{u_0}{\omega R} = 0{,}5$
$K_x^{(p)}$	$-0{,}961$	$-0{,}663$	$-0{,}364$	$-0{,}949$	$-0{,}653$	$-0{,}357$	$-0{,}690$	$-0{,}442$	$-0{,}193$
$K_y^{(p)}$	$-0{,}202$	$-0{,}107$	$+0{,}012$	$-0{,}210$	$-0{,}156$	$-0{,}091$	$-0{,}090$	$-0{,}044$	$+0{,}001$
$K^{(p)}$	$0{,}982$	$0{,}672$	$0{,}364$	$0{,}972$	$0{,}671$	$0{,}369$	$0{,}696$	$0{,}444$	$0{,}193$
β_K	$-168{,}1°$	$-170{,}8°$	$+178{,}1°$	$-167{,}5°$	$-166{,}6°$	$-165{,}7°$	$-172{,}6°$	$-174{,}3°$	$+179{,}7°$
$M^{(p)}$	$-0{,}270$	$-0{,}296$	$-0{,}223$	$-0{,}255$	$-0{,}317$	$-0{,}252$	$-0{,}135$	$-0{,}166$	$-0{,}108$
η_i	—	$0{,}568$	$0{,}816$	—	$0{,}635$	$0{,}879$	—	$0{,}669$	$0{,}893$
$(K)_m$	$0{,}259$	$0{,}184$	$0{,}114$	$0{,}350$	$0{,}253$	$0{,}160$	$0{,}256$	$0{,}171$	$0{,}094$
S	$0{,}628$	$0{,}430$	$0{,}233$	$0{,}670$	$0{,}463$	$0{,}255$	$0{,}480$	$0{,}306$	$0{,}133$
η	$0{,}97\,\eta_0$	$0{,}467$	$0{,}736$	$0{,}99\,\eta_0$	$0{,}515$	$0{,}789$	$1{,}12\,\eta_0$	$0{,}553$	$0{,}815$
η_0	—	$0{,}525$	$0{,}837$	—	$0{,}575$	$0{,}867$	—	$0{,}583$	$0{,}893$

der Wert 0,655 und für Beispiel 4 und 5 $\left(\text{Seitenverhältnis } \dfrac{L}{\alpha\,R} = 7{,}7\right)$ der Wert 0,71. In Anbetracht der Tatsache, daß die Propellerflügel wegen der durch die Abdeckungsscheibe bedingten Verluste doch nicht ganz mit einem durch Spiegelung entstandenen Tragflügel zu vergleichen sind, wurden für die Rechnung die Werte $\Xi_K = 0{,}64$ (Beispiel 3) und $\Xi_K = 0{,}69$ (Beispiele 4 und 5) verwendet.

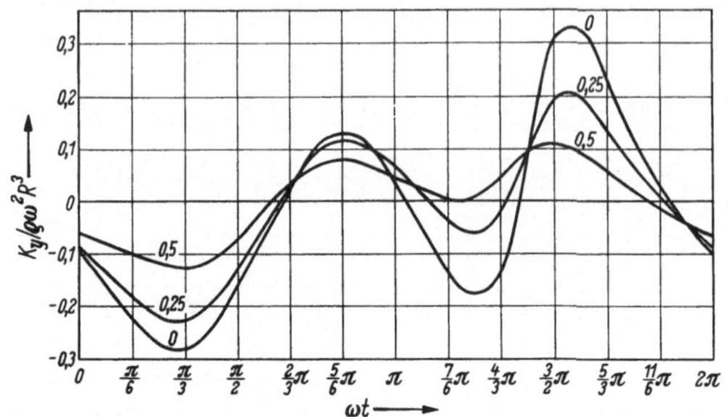

Abb. 17. Beispiel 5. Flügelkraft in y-Richtung für $u_0 = 0$; $u_0 = 0{,}25\,\omega\,R$; $u_0 = 0{,}5\,\omega\,R$.

Zum Vergleich von Theorie und Experiment sind in Abb. 18 bis 20 die theoretischen Schubwerte S und Wirkungsgrade η den bei Voith gemessenen Schubwerten und Wirkungsgraden gegenübergestellt[1].

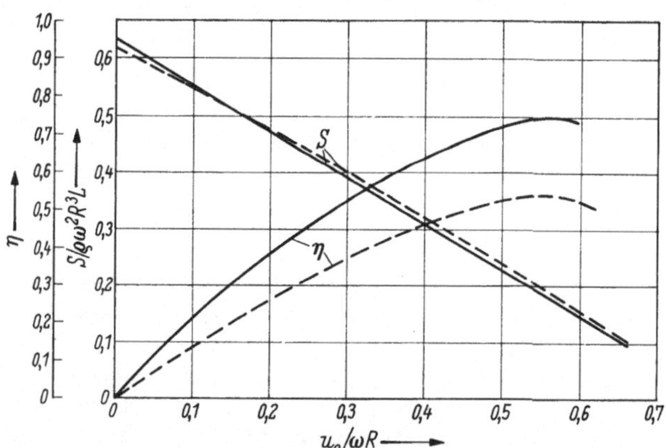

Abb. 18. Beispiel 3. Propellerschub S und Wirkungsgrad η nach Theorie (glatte Kurve) und Messung (gestrichelte Kurve).

Man erkennt eine gute Übereinstimmung zwischen den berechneten und gemessenen Schubwerten; die Unterschiede betragen meist weniger als 10%; nur bei Beispiel 4 mit der größten Steigung liegt der Standschubwert um 20% über dem Meßergebnis. In Anbetracht der Tatsache, daß bei großen Steigungen die Flügelprofile im Stand bereits etwas überzogen sein dürften, ist diese Differenz leicht erklärlich. Die aus Abb. 18 bis 20 ersichtlichen Unterschiede zwischen den berechneten

---

[1] Isay, W. H.: Schiffstechnik 9 (1962) 27.

und den gemessenen Wirkungsgraden sind durch zwei Umstände
bedingt: Einmal sind die gemessenen Wirkungsgrade [in denen noch

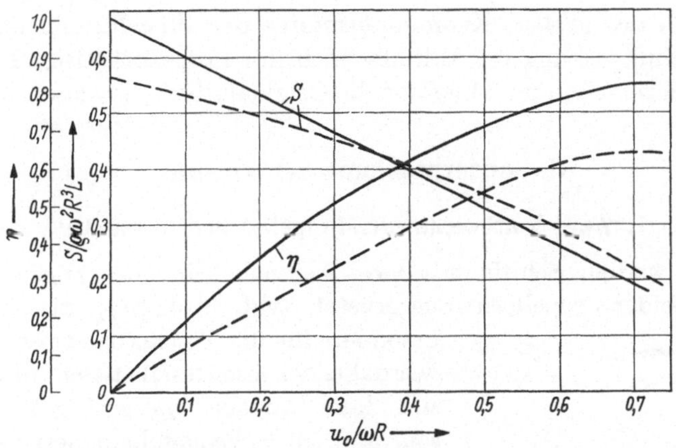

Abb. 19. Beispiel 4. Propellerschub S und Wirkungsgrad η nach Theorie (glatte Kurve) und
Messung (gestrichelte Kurve).

die Reibungseffekte der belasteten Lenkerkinematik enthalten sind; für
Einzelheiten vgl. die Originalarbeit[1]] um etwa 15 bis 20% niedriger als

die wirklichen hydro-
dynamischen Wirkungs-
grade. Zum anderen sind
die aus Formel (25) und
(27) erhaltenen η-Werte
zu hoch, denn das
Drehmoment (23) hängt
ziemlich stark von der
genauen Richtung der
Flügelkräfte ab; letztere
wird aber gegenüber
unserer Theorie noch
durch den Reibungs-
widerstand der Profile
etwas geändert. Immer-

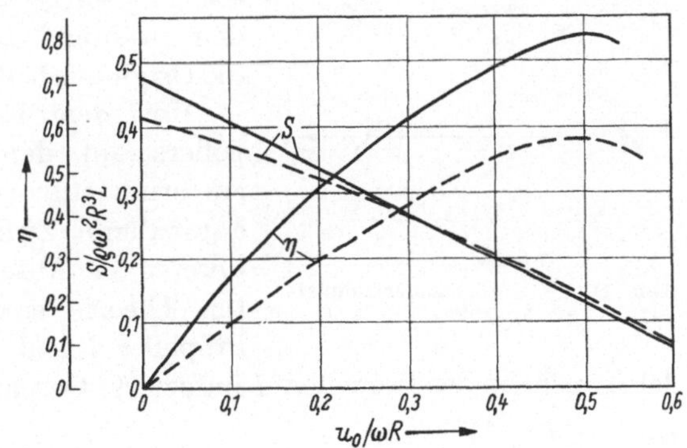

Abb. 20.
Beispiel 5. Propellerschub S und Wirkungsgrad η nach
Theorie (glatte Kurve) und Messung (gestrichelte Kurve).

hin liegen die berechneten Wirkungsgrade η, abgesehen vom Stand, noch
unter den Wirkungsgraden η_0 der Strahltheorie. Für eine Theorie ohne
Berücksichtigung der Profilreibung kann dieses Ergebnis als befriedigend
angesehen werden[1].

Die resultierende Propellerkraft ist bei den hier untersuchten Flügelwinkelkurven (Abb. 8) nicht genau entgegengesetzt zur Anströmung

---

[1] Vgl. Fußnote 1 auf S. 172.

gerichtet, sondern schließt mit letzterer einen kleinen Winkel ein. Diese auch in Wirklichkeit beobachtete Tatsache kann leicht durch eine geringe Phasenverschiebung bei der Flügelwinkelkurve ausgeglichen werden. Wegen des großen Krümmungsradius der Flügelprofile liegt die stärkere Schubwirkung im Abflußbereich des Propellerkreises. Für alle weiteren Einzelheiten muß hier auf die Originalarbeit verwiesen werden.

C. Sonderprobleme der Theorie

1. Zwei Voith-Schneider-Propeller nebeneinander

Häufig werden Schiffe mit zwei frei nebeneinander angeordneten Voith-Schneider-Propellern ausgerüstet (vgl. Abb. 21); dieses trifft besonders für die Treckerbauweise zu[1]. Es war daher wichtig, festzustellen, inwieweit sich diese Propeller gegenseitig beeinflussen, und ob es jedenfalls näherungsweise möglich ist, beide Propeller als Einzelpropeller zu behandeln[2]. Solche Untersuchungen wurden vom Verfasser durchgeführt; über ihre Methode und ihre Ergebnisse soll hier in großen Zügen berichtet werden, während für alle Einzelheiten auf die Originalarbeit[3] verwiesen werden muß.

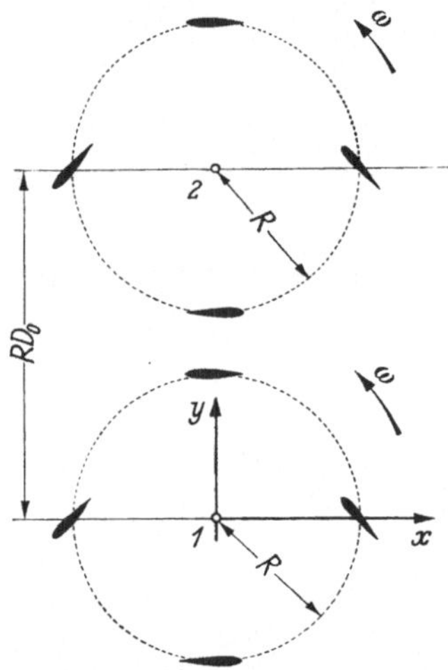

Abb. 21.　Voith-Schneider-Doppelpropeller.

Um den Einfluß des Nachbarpropellers auf den betrachteten Propeller zu ermitteln, wird ersterer durch eine äquivalente Zirkulationsdichte im Sinne unserer in Abschn. A, Ziff. 2, entwickelten Theorie ersetzt. Somit ist die vom Propeller *2* und seinen freien Wirbeln in der Kreisbahn des Propellers *1* induzierte Geschwindigkeit gegeben durch

$$u_2(1) - i\,v_2(1)$$

$$= \frac{i}{2\pi}\,\frac{N}{6}\int\limits_0^{2\pi}\frac{\Gamma_2(\vartheta/\omega)\,d\vartheta}{e^{i\Phi}-e^{i\vartheta}-iD_0} - \frac{i}{2\pi\omega}\,\frac{N}{6}\int\limits_0^{\infty}\int\limits_0^{2\pi}\frac{\dot{\Gamma}_2(\vartheta/\omega)\,d\vartheta\,d\chi}{e^{i\Phi}-e^{i\vartheta}-\chi-iD_0};\quad (43)$$

dabei ist $\chi = \xi/R$ und der Propellerabstand $D_0\,R > 2\,R$.

---

[1] Vgl. die auf S. 142 genannten Arbeiten von W. Baer, in denen technische Einzelheiten mitgeteilt sind.

[2] Dagegen spielt diese gegenseitige Beeinflussung bei einem Schiff mit zwei Schraubenpropellern wegen des zwischen ihnen liegenden Schiffsrumpfes überhaupt keine Rolle!

[3] Isay, W. H.: Ergänzungen zur Theorie des Voith-Schneider-Propellers. Ing.-Arch. 26 (1958) 220.

Analog ergibt sich die vom Propeller *1* in der Kreisbahn des Propellers *2* induzierte Geschwindigkeit

$$u_1(2) - i\,v_1(2). \tag{43*}$$

Die Randbedingung an den Flügeln der beiden Propeller ist jeweils von der Form (13) und lediglich durch die neu hinzutretenden Geschwindigkeitsanteile (43) und (43*) zu ergänzen. Man erhält dann zur Bestimmung der beiden Flügelzirkulationen $\Gamma_1(t)$, $\Gamma_2(t)$ bzw. $\gamma_1(\psi, t)$, $\gamma_2(\psi, t)$ ein simultanes Integralgleichungssystem[1] das prinzipiell ebenso aufgelöst wird wie die einzelne Gl. (14) (vgl. Abschn. B). Die Auswertung der durch (43) bedingten zusätzlichen Integralausdrücke wird mit Hilfe

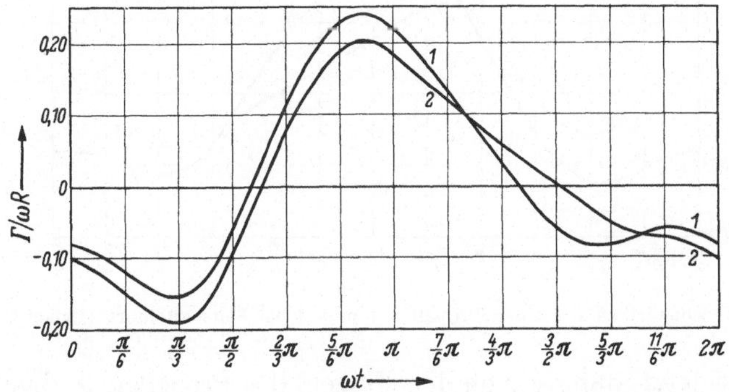

Abb. 22. Flügelzirkulation der Propeller *1* und *2* bei Geradeausfahrt (Beispiel 6).

von Integralformeln durchgeführt, die ähnlich wie (16) aufgebaut sind und ausgewertet werden. Dabei ist es von Vorteil, daß wegen $D_0 > 2$ gewisse auftretende Nenner in binomische Reihen entwickelt werden können.

Das Ergebnis dieser Rechnungen (auf deren Einzelheiten hier nicht eingegangen werden kann) zeigt[1], daß für den bei technischen Ausführungen häufig anzutreffenden Abstand $D_0 = 3$ zwar die resultierenden Gesamtkräfte $K_x^{(p)}$ bzw. $K^{(p)}$ für beide Propeller fast genau übereinstimmen; die örtliche Verteilung der Flügelzirkulation bzw. der Flügelkräfte weist jedoch beachtliche Unterschiede auf. In Abb. 22 sind die Zirkulationsverteilungen Γ_1, Γ_2 eines Voith-Schneider-Doppelpropellers (Beispiel 6) dargestellt, der in positiver x-Richtung angeströmt wird, und für dessen Flügelwinkelkurven bei beiden Propellern die Form $\delta(t) = \delta_0 \cos\omega\,t$ mit den Vereinfachungen (37) angenommen wurde. Außerdem wurde $N = 4$, $\delta_0 = \dfrac{1}{2}$, $\dfrac{u_0}{\omega R} = \dfrac{1}{4}$, $D_0 = 3$ und $\alpha = 0{,}175$ zugrunde gelegt ($\varepsilon = 0$, $\tau = 0$).

<hr>

[1] Vgl. W. H. Isay: Ing.-Arch. 26 (1958) 220.

Für zwei nebeneinanderliegende Voith-Schneider-Propeller ist auch die Untersuchung des Problems der Seitwärts- und Schrägfahrt von Wichtigkeit. Auf dieses Problem mit seinen vielfältigen und komplizierten Möglichkeiten kann hier nicht im entferntesten erschöpfend eingegangen werden. Lediglich die Behandlung der Seitwärtsfahrt sei hier kurz angedeutet[1].

Dabei mögen die beiden Propeller wie in Abb. 21 liegen; sie werden in Richtung der positiven y-Achse mit der Geschwindigkeit v_0 angeströmt bzw. sie bewegen sich in Richtung der negativen y-Achse

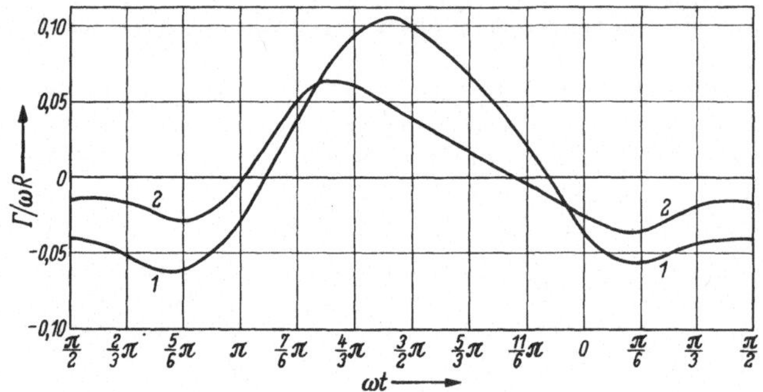

Abb. 23. Flügelzirkulation der Propeller *1* und *2* bei Seitwärtsfahrt (Beispiel 7).

Neuartig ist jetzt, daß die von den Flügeln des Propellers *1* abgehenden freien Wirbel durch den Propeller *2* hindurchfließen. Das Geschwindigkeitsfeld der freien Wirbel des Propellers *1* ist in einem beliebigen Punkt (r, Φ) gegeben durch

$$u_{f_1} - i\,v_{f_1} = -\frac{i}{2\,\pi\,\omega}\,\frac{N}{6}\int\limits_0^\infty\int\limits_0^{2\pi}\frac{\dot{\Gamma}_1(\vartheta/\omega)\,d\vartheta\,dy}{r\,e^{i\Phi} - R\,e^{i\vartheta} - i\,y}\,, \qquad (44)$$

während man für den Propeller *2* hat

$$u_{f_2} - i\,v_{f_2} = -\frac{i}{2\,\pi\,\omega}\,\frac{N}{6}\int\limits_0^\infty\int\limits_0^{2\pi}\frac{\dot{\Gamma}_2(\vartheta/\omega)\,d\vartheta\,dy}{r\,e^{i\Phi} - R\,e^{i\vartheta} - i\,y - i\,R\,D_0}\,. \qquad (45)$$

Die Randbedingung an den Propellerflügeln ist prinzipiell wie früher und der Rechnungsgang an sich auch, allerdings sind die durch (44) und (45) bedingten Integralausdrücke teilweise neuartig[1]. Die Auswertung macht jedoch keine Schwierigkeiten, wenn geeignete zu (16) analoge, aber wesentlich allgemeinere Integralformeln herangezogen werden.

Als Beispiel für die Seitwärtsfahrt sind in Abb. 23 die Zirkulationsverteilungen Γ_1, Γ_2 eines Voith-Schneider-Doppelpropellers dargestellt

---

[1] Vgl. Fußnote 1 auf S. 175.

(Beispiel 7) mit folgenden Daten: $N = 4$, $\dfrac{v_0}{\omega R} = \dfrac{1}{8}$, $\alpha = 0{,}175$, $D_0 = 3$, $\delta_0 = 0{,}25$; als Flügelwinkelkurve dient $\delta(t) = \delta_0 \sin \omega\, t$, mit den Vereinfachungen gemäß Gl. (37) ($\varepsilon = 0$, $\tau = 0$). Man erkennt deutlich, wie die Flügelzirkulation und damit auch die Flügelkräfte bei Propeller *2* herabgemindert werden, infolge des Durchflusses der von Propeller *1* stammenden freien Wirbel.

2. Voith-Schneider-Propeller im Nachstrom eines Schiffsrumpfes

Auch wenn der Voith-Schneider-Propeller am Heck des Schiffes angeordnet ist (bei der Treckerbauweise hat man ja sowieso einen frei fahrenden Propeller), spielt der Nachstrom des Schiffsrumpfes eine wesentlich geringere Rolle als beim Schraubenpropeller. Dieses liegt an der anders gestalteten und glatteren Heckform, welche bewirkt, daß durch den Schiffsrumpf die Zuströmung zum Voith-Schneider-Propeller gegenüber dem Freifahrzustand viel weniger modifiziert wird als beim Schraubenpropeller. Bei letzterem bedingt der Nachstrom ja eine grundlegende Veränderung des Strömungsfeldes, nämlich den Übergang vom stationären zum instationären Problem, während der Voith-Schneider-Propeller bereits frei fahrend instationär ist.

Lediglich um eine gewisse Vervollständigung der Theorie des frei fahrenden Propellers zu geben, hat der Verfasser untersucht[1], welchen Einfluß das Nachstromfeld einfacher Strömungskörper auf den Propeller ausübt. Für Einzelheiten muß auf die Originalarbeit[1] verwiesen werden; deren Ergebnisse werden jedoch durch die Tatsache beeinträchtigt, daß gerade für die Behandlung des Nachstromfeldes eine zweidimensionale Analyse nur wenig brauchbar ist. Die erhaltenen Ergebnisse haben somit höchstens qualitative, aber keine quantitative Bedeutung.

3. Die Tangentialgeschwindigkeit längs der Kontur der Flügelprofile

Für manche Probleme (wie z. B. Kavitationsuntersuchungen) ist die Kenntnis des Verlaufes der Tangentialgeschwindigkeit an der Saug- und Druckseite der Flügelprofile erforderlich. Um diesen mit den aus der üblichen Profiltheorie des Einzelflügels bekannten[2] Methoden berechnen zu können, benötigt man die Wirbeldichte $\gamma(\psi, t)$ und die Quellen-Senken-Dichte $q(\psi, t)$ der Profile. Wir werden im folgenden kurz andeuten, wie man mit Hilfe einer quasistationären Rechnung q

---

[1] Isay, W. H.: Der Voith-Schneider-Propeller im Nachstrom eines Schiffsrumpfes. Ing.-Arch. 25 (1957) 303.

[2] Vgl.: Schlichting, H., u. E. Truckenbrodt: Aerodynamik des Flugzeuges, Bd. I. Berlin/Göttingen/Heidelberg: Springer 1959. — Schlichting, H.: VDI-Forschungsheft 447 (1955). (Formeln zur Profiltheorie.)

und γ wenigstens näherungsweise für jeden Punkt $\omega\,t$ der Propellerkreisbahn berechnen kann.

Für q soll die aus der linearisierten Profiltheorie bekannte Beziehung verwendet werden[1]. Diese lautet hier mit $R_D(\psi)$ als Dickenverteilung der Propellerflügel und mit $\sqrt{(u_0 + \omega\,R\,\sin\omega\,t)^2 + \omega^2\,R^2\,\cos^2\omega\,t}$ als vereinfachter Anströmgeschwindigkeit gegen die Profile (vgl. Abb. 24)

$$\frac{1}{2}\,q(\psi, t) = \sqrt{(u_0 + \omega\,R\,\sin\omega\,t)^2 + \omega^2\,R^2\,\cos^2\omega\,t}\,\frac{1}{R}\,\frac{dR_D(\psi)}{d\psi}\,\cos\delta. \qquad (46)$$

Dabei gilt [mit der Gl. (32) entsprechenden Vereinfachung] die Schließungsbedingung

$$\int\limits_{-(\alpha+\varepsilon)\cos\delta}^{(\alpha-\varepsilon)\cos\delta} q(\psi, t)\,\frac{R\,d\psi}{\cos\delta} = 0 \qquad [R_D(\varphi_v) = R_D(\varphi_H) = 0]. \qquad (47)$$

Wie in der gewöhnlichen Profiltheorie kann auch hier bei der Berechnung der Zirkulation aus der Strömungsrandbedingung die von der Quellen-Senken-Verteilung q induzierte Geschwindigkeit vernachlässigt werden[1]. Dieses haben wir in Gl. (13) ja bereits stillschweigend vorausgesetzt. Würde man nämlich in der Randbedingung (13) auch die von der Quellen-Senken-Verteilung des Aufpunktflügels induzierten Geschwindigkeiten mit berücksichtigen, so ergäben sich auf der linken Seite der Integralgleichung (14) zusätzlich nur Glieder, die von höherer Ordnung klein

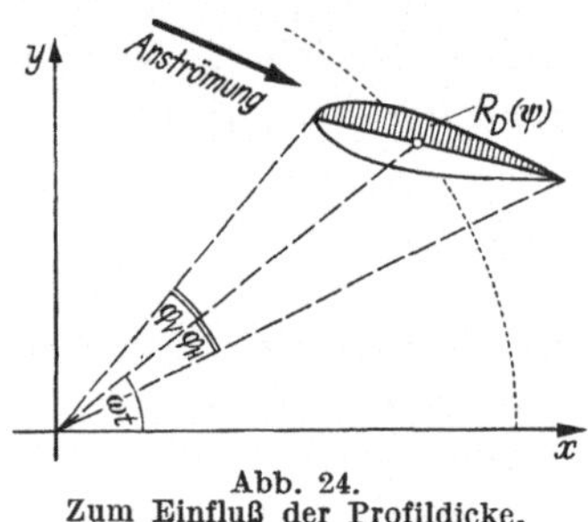

Abb. 24.
Zum Einfluß der Profildicke.

sind. Dieses gilt besonders auch deshalb, da es gemäß Gl. (36) für die Bestimmung der Flügelzirkulation im wesentlichen auf den Wert der Ausdrücke im $^3/_4$-Punkt $\varphi\left(\dfrac{3}{4}\right) \approx -\left(\dfrac{\alpha}{2} + \varepsilon\right)\cos\delta$ ankommt. Für q verwendet man den bekannten Ansatz der Profiltheorie

$$q(\sigma^*, t) = \omega\,R\left[d_0(t)\left(\tan\frac{\sigma^*}{2} - 2\sin\sigma^*\right) + d_2(t)\sin 2\sigma^* + \cdots\right], \qquad (48)$$

In der Regel ist aus der Randbedingung am Propellerflügel gemäß Gl. (36) nur die Flügelzirkulation $\Gamma(t)$ bekannt, während auf die Lösung der Integralgleichung (33) zur Bestimmung der Wirbeldichte $\gamma(\psi, t)$ verzichtet wird. In diesem Fall ist es möglich, $\gamma(\psi, t)$ mit Hilfe einer Näherungsmethode zu berechnen. Denn da $\Gamma(t)$ bekannt ist, kann das längs der Profilsehne des betrachteten Aufpunktflügels wirksame Geschwindigkeitfeld berechnet werden. Dieses besteht aus $\omega\,r$, u_0, u_f,

---

[1] Vgl. Fußnote 2 auf S. 177.

v_f, u_D, v_D sowie den von den Punktwirbeln der Nachbarflügel induzierten Geschwindigkeiten. Der Aufpunktflügel kann dann als Einzelflügel in dem eben berechneten Anströmgeschwindigkeitsfeld angesehen werden, und seine gesuchte Wirbeldichte $\gamma(\psi, t)$ läßt sich mit den üblichen Methoden[1] der Profiltheorie des Einzelflügels bestimmen. Dabei ergibt sich eine Genauigkeitskontrolle dieses Näherungsverfahrens aus der Tatsache, daß die mit der berechneten Wirbeldichte $\gamma(\psi, t)$ erhaltenen Γ-Werte wieder mit der vorher aus Gl. (36) bestimmten Flügelzirkulation $\Gamma(t)$ (diese liegt ja der Berechnung des Strömungsfeldes zugrunde) übereinstimmen müssen.

Kapitel V

Einfluß der Wasseroberfläche auf Tragflügel und Propeller

Im Rahmen des vorliegenden, der Propellertheorie gewidmeten Buches wäre es naheliegend, in diesem Kapitel lediglich den Einfluß der freien Wasseroberfläche auf die Propellerströmung zu behandeln. Die große Bedeutung dieses leider sehr komplizierten Problems (das bis heute noch nicht unter allgemeinen Bedingungen gelöst ist) wird ohne weiteres aus der Anschauung klar. Denn in der Regel arbeitet ein am Schiffsheck befindlicher Schraubenpropeller nahe der Wasseroberfläche, ja bei schwach beladenen Schiffen schlagen die Propellerflügel oft sogar aus dem Wasser heraus. Für die Untersuchung mancher heute noch ungeklärter praktisch wichtiger Probleme, wie z. B. der Luftansaugung durch die Propellerflügel, ist eine genaue Analyse des Strömungsfeldes solcher Flügel nahe der Wasseroberfläche unerläßliche Voraussetzung.

Ähnlich wie die normale Theorie der Propeller im allseitig unbegrenzten Medium auf den Ergebnissen der entsprechenden Tragflügelströmung aufbaut, so wird man auch bei der Untersuchung des Einflusses der freien Wasseroberfläche auf Propellerflügel Gebrauch machen von den Methoden, die bereits zur Behandlung gewöhnlicher Tragflügel in der Nähe der freien Wasseroberfläche (sog. „Unterwassertragflügel") entwickelt wurden.

Wir werden daher zunächst in den Abschn. A und B dieses Kapitels einen Überblick über die Theorie der Unterwassertragflügel geben. Dieses erscheint auch insofern angebracht, als im deutschen Sprachbereich über dieses Gebiet noch keine zusammenfassende Darstellung

---

[1] Vgl. Fußnote 2 auf S. 177.

vorliegt[1]. Wir beschränken uns dabei jedoch auf das reine Tragflügelproblem und gehen auf das Stabilitätsverhalten von Tragflügelbooten im Seegang nicht ein, begnügen uns hierbei vielmehr mit einigen Literaturhinweisen.

An der Grenzfläche zwischen Wasser und Luft bewirken kleine Geschwindigkeitsschwankungen in der Luft wegen der (im Verhältnis zur Wasserdichte ϱ) geringen Luftdichte praktisch keine Luftdruckschwankungen (Bernoullische Gleichung). Als Randbedingung an der freien Wasseroberfläche ergibt sich also zunächst: Luftdruck $p_L = \mathrm{const.}$ Daraus folgt bei Vernachlässigung der Oberflächenspannung des Wassers[2], daß auch der Wasserdruck p_W an der Oberfläche konstant sein muß.

Wie sich gezeigt hat, kann in guter Näherung vorausgesetzt werden, daß die von Tragflügeln und Propellern an der Wasseroberfläche hervorgerufenen Störgeschwindigkeiten klein sind gegen die Fahrtgeschwindigkeit der Unterwassertragflügel bzw. klein gegen die Rotationsgeschwindigkeit der Propellerflügel. Infolgedessen ist es möglich, die Bernoullische Gleichung zu linearisieren. In unserem mit dem Unterwassertragflügel (vgl. Abb. 1) bzw. wie in Kap. I mit dem Propellermittelpunkt fest verbundenen Koordinatensystem erscheint die Fahrtgeschwindigkeit als Anströmung u_0. Wir bezeichnen[3] mit Φ das Geschwindigkeitspotential der Tragflügelströmung bzw. der Propellerströmung; ferner sei Φ_0 das Potential einer der Anströmung (Fahrtgeschwindigkeit) u_0 überlagerten wellenförmigen Störbewegung (Seegang), deren Geschwindigkeiten ebenfalls klein gegen u_0 sind. Damit lautet die linearisierte Bernoullische Gleichung

$$\frac{\partial}{\partial t}(\Phi + \Phi_0) + u_0 \frac{\partial}{\partial x}(\Phi + \Phi_0) + g(Y - y_0) = c(t).$$

Dabei gibt $Y(x, z, t)$ die genaue Form der Wasseroberfläche an, deren mittlere Höhe mit der Ebene $Y = y_0$ zusammenfalle. Weit vor dem Flügel bzw. dem Propeller übt dieser keinen Einfluß mehr aus; es bleibt dort also (für $x \to -\infty$)

$$g\big(Y(x, z, t) - y_0\big) = c(t) - \frac{\partial \Phi_0}{\partial t} - u_0 \frac{\partial \Phi_0}{\partial x}.$$

Da bei einer wellenförmigen Anströmung der über einen beliebig großen Längenbereich Δx integrierte Ausdruck $\lim\limits_{x \to -\infty} (Y - y_0)$ zu jedem Zeitpunkt t hinreichend klein bleiben muß, folgt $c(t) = 0$.

---

[1] Im Gegensatz zur normalen Tragflügeltheorie, deren Kenntnis in diesem Buch vorausgesetzt wird. Vgl. H. SCHLICHTING, u. E. TRUCKENBRODT: Aerodynamik des Flugzeuges, Bd. I u. II, Berlin/Göttingen/Heidelberg: Springer 1959/60.

[2] Die Oberflächenspannung spielt in der Regel keine wesentliche Rolle; für Ausnahmen vgl. Abschn. C, Ziff. 1d.

[3] Die Bezeichnungen für die Geschwindigkeitskomponenten sind in diesem Kap. genau wie in Kap. I.

Damit ergibt sich für die Form der freien Wasseroberfläche:

$$Y(x, z, t) = -\frac{1}{g}\frac{\partial}{\partial t}(\Phi + \Phi_0) - \frac{u_0}{g}\frac{\partial}{\partial x}(\Phi + \Phi_0) + y_0 \quad (y = y_0). \quad (1)$$

Die kinematische Strömungsbedingung an der Wasseroberfläche lautet in linearisierter Form

$$\frac{dY}{dt} = \frac{\partial Y}{\partial t} + u_0\frac{\partial Y}{\partial x} = \frac{\partial}{\partial y}(\Phi + \Phi_0),$$

und unter Berücksichtigung von (1) folgt damit:

$$\frac{\partial^2}{\partial t^2}(\Phi + \Phi_0) + 2u_0\frac{\partial^2}{\partial x \partial t}(\Phi + \Phi_0) + u_0^2\frac{\partial^2}{\partial x^2}(\Phi + \Phi_0) +$$
$$+ g\frac{\partial}{\partial y}(\Phi + \Phi_0) = 0 \quad (\text{für } y = y_0). \quad (2)$$

Dieses ist die Randbedingung der freien Wasseroberfläche, der das Geschwindigkeitspotential des behandelten Problems zusätzlich zu den sonst noch auftretenden Bedingungen genügen muß. In Anbetracht der vorgenommenen Linearisierungen ist es konsequent, die Gl. (2) längs der Ebene $y = y_0$ zu erfüllen[1]. Da die Anströmungswellenbewegung unabhängig von dem in der Flüssigkeit befindlichen Tragflügel oder Propeller der Relation (2) genügen muß, gilt auch für Φ allein die Bedingung

$$\frac{\partial^2\Phi}{\partial t^2} + 2u_0\frac{\partial^2\Phi}{\partial x \partial t} + u_0^2\frac{\partial^2\Phi}{\partial x^2} + g\frac{\partial\Phi}{\partial y} = 0 \quad (\text{für } y = y_0). \quad (2')$$

A. Stationäre Theorie der Unterwassertragflügel

1. Das Geschwindigkeitsfeld eines Unterwassertragflügels

Wie wir noch sehen werden, ist durch die Randbedingung (2) eine wesentliche Komplikation der Tragflügelströmung bedingt. Wir beginnen daher mit dem stationären Problem (dann ist $\Phi_0 \equiv 0$) und beschränken

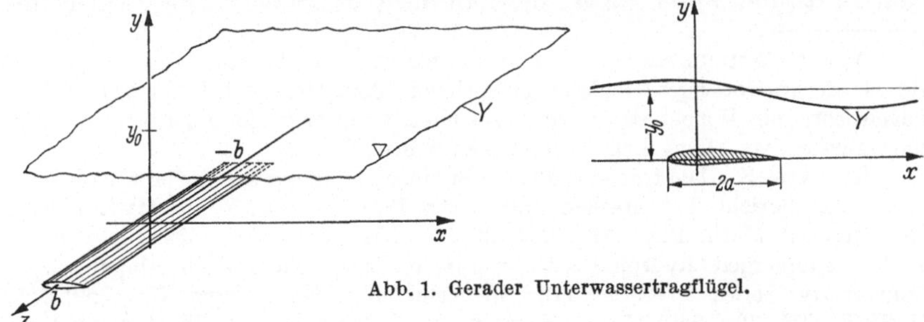

Abb. 1. Gerader Unterwassertragflügel.

---

[1] Eine für Tragflügelströmungen verwendbare Theorie, bei der die Randbedingung (2) längs einer gekrümmten Fläche erfüllt wird, ist bisher noch nicht bekannt.

uns außerdem auf das Formelsystem der erweiterten Traglinientheorie[1]. Der Tragflügel wird also durch einen gebundenen (bei $x = 0$, $y = 0$ und $-b \leqq z \leqq b$ angeordneten) Stabwirbel der Zirkulation $\Gamma(z)$ ersetzt, von dem die freien Querwirbel abgehen. Das Geschwindigkeitspotential dieses Tragflügelmodells im allseitig unbegrenzten Medium lautet bekanntlich[1] vgl. Abb. 1

$$\Phi_1 = \frac{1}{4\pi} \int\limits_{-b}^{b} \Gamma(\zeta) \frac{y}{y^2 + (z - \zeta)^2} \left(1 + \frac{x}{\sqrt{x^2 + y^2 + (z - \zeta)^2}}\right) d\zeta. \qquad (3)$$

Φ_1 muß nun durch weitere Potentialanteile so ergänzt werden, daß die stationäre Randbedingung der Wasseroberfläche

$$u_0^2 \frac{\partial^2 \Phi}{\partial x^2} + g \frac{\partial \Phi}{\partial y} = 0 \qquad \text{(für } y = y_0) \qquad (4)$$

erfüllt wird.

Für diese von mehreren Forschern in ähnlicher Form durchgeführte[2] Rechnung erweist sich die Darstellung (3) für das Potential Φ_1 als wenig geeignet. Vielmehr ist es zweckmäßig[2], die auf KÁRMÁN[3] zurückgehende Integraldarstellung

$$\Phi_1 = \frac{1}{4\pi} \int\limits_{-b}^{b} \Gamma(\zeta)\, d\zeta \int\limits_{0}^{\infty} \cos\mu(z - \zeta) \times$$

$$\times \left\{ e^{-\mu y} + \frac{2}{\pi} \int\limits_{0}^{\infty} e^{-\sqrt{\lambda^2 + \mu^2}\, y} \frac{\sin\lambda x}{\lambda}\, d\lambda \right\} d\mu \qquad (y > 0) \qquad (5)$$

zu verwenden. Die Identität der beiden Formeln (3) und (5) bestätigt man leicht, da die Integration in Gl. (5) mit der Substitution

$$\lambda = \sigma \sin\vartheta, \quad \mu = \sigma \cos\vartheta, \quad d\lambda\, d\mu = \sigma\, d\sigma\, d\vartheta \qquad (6)$$

elementar ausgeführt werden kann.

Im Sonderfall $g = 0$ ist die Randbedingung (4) sofort zu erfüllen, indem zu Φ_1 das Potential Φ_2 eines an der Wasseroberfläche gespiegelten

---

[1] Vgl. H. SCHLICHTING u. E. TRUCKENBRODT: Aerodynamik des Flugzeuges, Bd. II, Berlin/Göttingen/Heidelberg: Springer 1960. Dabei wird hier in der Tragflügeltheorie ein Wirbel als positiv bezeichnet, wenn er in der xy-Ebene im Uhrzeigersinn rotiert. (Umgekehrt wie in Kap. I bis III.)

[2] KRIENES, K.: Die tragende Fläche in einer Strömung mit freier Flüssigkeitsoberfläche. Bericht TH Dresden und Berlin 1951. — WU, Y. T.: Hydrofoils of finite span. J. Math. Phys. 33 (1954) 207. — NISHIYAMA, T.: Lifting-line theory of the submerged hydrofoil of finite span. Soc. Nav. Arch. Japan, 60th Anniversary Series 2 (1957) 116; J. Amer. Soc. Nav. Engrs. 71 (1959) 511; 71 (1959) 693; 72 (1960) 153. — KAPLAN, P., J. P. BRESLIN, u. W. JACOBS: Evaluation of the theory for the flow pattern of a hydrofoil of finite span. J. Ship Res. 3 (1959/60) H. 4.

[3] v. KÁRMÁN, TH.: Neue Darstellung der Tragflügeltheorie. Z. angew. Math. Mech. 15 (1935) 56.

Wirbels gleicher Zirkulation hinzugefügt wird:

$$\Phi_2 = -\frac{1}{4\pi} \int\limits_{-b}^{b} \Gamma(\zeta)\, d\zeta \int\limits_{0}^{\infty} \cos\mu(z-\zeta) \times$$

$$\times \left\{ e^{\mu(y-2y_0)} + \frac{2}{\pi} \int\limits_{0}^{\infty} \frac{\sin\lambda x}{\lambda}\, e^{\sqrt{\lambda^2+\mu^2}(y-2y_0)}\, d\lambda \right\} d\mu$$

$$= \frac{1}{4\pi} \int\limits_{-b}^{b} \Gamma(\zeta)\, \frac{y-2y_0}{(y-2y_0)^2+(z-\zeta)^2} \left(1 + \frac{x}{\sqrt{x^2+(y-2y_0)^2+(z-\zeta)^2}} \right) d\zeta.$$

$$(7)$$

In diesem Fall der Vernachlässigung des Einflusses der Schwerkraft $(g=0)$ ist $\Phi = \Phi_1 + \Phi_2$ bereits das gesuchte Geschwindigkeitspotential, das allen Bedingungen genügt. Betrachtet man umgekehrt den Fall sehr kleiner Anströmgeschwindigkeiten (setzt also $u_0 = 0$), so stellt $\Phi = \Phi_1 - \Phi_2$ die gesuchte Lösung dar, wie man leicht nachrechnet. Für die Erfüllung der vollständigen Randbedingung (4) wird zunächst der Ansatz $\Phi = \Phi_1 + \Phi_2 + \Phi_3$ gemacht[1] mit

$$\Phi_3 = \frac{1}{2\pi} \int\limits_{-b}^{b} \Gamma(\zeta)\, d\zeta \int\limits_{0}^{\infty} \cos\mu(z-\zeta) \times$$

$$\times \left\{ e^{\mu(y-2y_0)} + \frac{2}{\pi} \int\limits_{0}^{\infty} \frac{\sin\lambda x}{\lambda}\, e^{\sqrt{\lambda^2+\mu^2}(y-2y_0)}\, F(\lambda,\mu)\, d\lambda \right\} d\mu,$$

wobei die noch unbekannte Funktion $F(\lambda,\mu)$ aus (4) bestimmt wird. Man erhält

$$\Phi_3 = \frac{1}{2\pi} \int\limits_{-b}^{b} \Gamma(\zeta)\, d\zeta \int\limits_{0}^{\infty} \cos\mu(z-\zeta) \times$$

$$\times \left\{ e^{\mu(y-2y_0)} - \frac{2}{\pi} \int\limits_{0}^{\infty} \frac{\sin\lambda x}{\lambda}\, \frac{g\sqrt{\lambda^2+\mu^2}\, e^{\sqrt{\lambda^2+\mu^2}(y-2y_0)}}{u_0^2\lambda^2 - g\sqrt{\lambda^2+\mu^2}}\, d\lambda \right\} d\mu. \quad (8)$$

Für die weitere Rechnung ist es zweckmäßig, die Abkürzungen

$$\varkappa_0 = g/u_0^2; \quad z^* = z - \zeta; \quad y^* = 2y_0 - y \quad (y^* > 0) \quad (9)$$

einzuführen. Es ist nunmehr der von der Schwerkraft abhängige Anteil des Potentials Φ_3 genauer zu untersuchen; wir bezeichnen diesen mit Φ_3^* und erhalten mit der Transformation (6):

$$\Phi_3^* = \frac{i}{4\pi^2} \int\limits_{-b}^{b} \Gamma(\zeta)\, d\zeta \int\limits_{0}^{\pi/2} d\vartheta \int\limits_{0}^{\infty} \frac{\varkappa_0}{\sin^3\vartheta}\, \frac{e^{-\sigma y^*}}{\sigma - \dfrac{\varkappa_0}{\sin^2\vartheta}} \times$$

$$\times (e^{iz^*\sigma\cos\vartheta} + e^{-iz^*\sigma\cos\vartheta})(e^{ix\sigma\sin\vartheta} - e^{-ix\sigma\sin\vartheta})\, d\sigma. \quad (10)$$

---

[1] Vgl. Fußnote 2 auf S. 182.

Die Integration über σ kann mit Hilfe der bekannten Integralformel[1]

$$\int\limits_0^\infty \frac{1}{\sigma-\alpha}\,e^{-\sigma(y^*\pm iA)}\,d\sigma = -e^{-\alpha(y^*\pm iA)}\left[E_i(\alpha\,y^*\pm i\,\alpha\,A)+\pi\,i\right] \quad (\alpha>0) \tag{11}$$

sofort ausgeführt werden, und man erhält:

$$\Phi_3^* = \frac{i\,\varkappa_0}{4\,\pi^2}\int\limits_{-b}^b \Gamma(\zeta)\,d\zeta\int\limits_0^{\pi/2}\frac{1}{\sin^3\vartheta}\times$$

$$\times\Big\{e^{-\frac{\varkappa_0}{\sin^2\vartheta}(y^*+iz^*\cos\vartheta+ix\sin\vartheta)}\left[E_i\left(\frac{\varkappa_0}{\sin^2\vartheta}(y^*+iz^*\cos\vartheta+ix\sin\vartheta)\right)+\pi\,i\right]+$$

$$+\,e^{-\frac{\varkappa_0}{\sin^2\vartheta}(y^*-iz^*\cos\vartheta+ix\sin\vartheta)}\left[E_i\left(\frac{\varkappa_0}{\sin^2\vartheta}(y^*-iz^*\cos\vartheta+ix\sin\vartheta)\right)+\pi\,i\right]-$$

$$-\,e^{-\frac{\varkappa_0}{\sin^2\vartheta}(y^*-iz^*\cos\vartheta-ix\sin\vartheta)}\left[E_i\left(\frac{\varkappa_0}{\sin^2\vartheta}(y^*-iz^*\cos\vartheta-ix\sin\vartheta)\right)+\pi\,i\right]-$$

$$-\,e^{-\frac{\varkappa_0}{\sin^2\vartheta}(y^*+iz^*\cos\vartheta-ix\sin\vartheta)}\left[E_i\left(\frac{\varkappa_0}{\sin^2\vartheta}(y^*+iz^*\cos\vartheta-ix\sin\vartheta)\right)+\pi\,i\right]\Big\}\,d\vartheta. \tag{12}$$

Für manche Untersuchungen erweist es sich als vorteilhaft, mit der Transformation

$$\chi=\frac{\varkappa_0}{\sin^2\vartheta},\quad \sin\vartheta=\sqrt{\frac{\varkappa_0}{\chi}},\quad \cos\vartheta=\sqrt{\frac{\chi-\varkappa_0}{\chi}} \tag{13}$$

das Potential Φ_3^* in folgender Form darzustellen:

$$\Phi_3^* = \frac{i}{8\,\pi^2}\int\limits_{-b}^b \Gamma(\zeta)\,d\zeta\int\limits_{\varkappa_0}^\infty \sqrt{\frac{\chi}{\chi-\varkappa_0}}\times$$

$$\times\Big\{e^{-y^*\chi-iz^*\sqrt{\chi(\chi-\varkappa_0)}-ix\sqrt{\chi\varkappa_0}}\left[E_i\left(y^*\chi+iz^*\sqrt{\chi(\chi-\varkappa_0)}+ix\sqrt{\chi\varkappa_0}\right)+\pi\,i\right]+$$

$$+\,e^{-y^*\chi+iz^*\sqrt{\chi(\chi-\varkappa_0)}-ix\sqrt{\chi\varkappa_0}}\left[E_i\left(y^*\chi-iz^*\sqrt{\chi(\chi-\varkappa_0)}+ix\sqrt{\chi\varkappa_0}\right)+\pi\,i\right]-$$

$$-\,e^{-y^*\chi+iz^*\sqrt{\chi(\chi-\varkappa_0)}+ix\sqrt{\chi\varkappa_0}}\left[E_i\left(y^*\chi-iz^*\sqrt{\chi(\chi-\varkappa_0)}-ix\sqrt{\chi\varkappa_0}\right)+\pi\,i\right]-$$

$$-\,e^{-y^*\chi-iz^*\sqrt{\chi(\chi-\varkappa_0)}+ix\sqrt{\chi\varkappa_0}}\left[E_i\left(y^*\chi+iz^*\sqrt{\chi(\chi-\varkappa_0)}-ix\sqrt{\chi\varkappa_0}\right)+\pi\,i\right]\Big\}\,d\chi. \tag{14}$$

---

[1] Für den Beweis dieser Formel wird auf die Lehrbücher der Mathematischen Physik verwiesen, in denen die E_i-Funktion (Integralexponentielle) behandelt wird. Außerdem vergleiche man eine Arbeit des Verfassers im Ing.-Arch. 29 (1960) 163.

Unter Benutzung der asymptotischen Entwicklung der E_i-Funktion[1]

$$e^{-Z}\,E_i(Z) = \frac{1}{Z} + \frac{1!}{Z^2} + \frac{2!}{Z^3} + \cdots \quad \left(-\frac{\pi}{2} < \mathrm{arc}\,(Z) < \frac{5\pi}{2}\,;\ Z\ \text{komplex}\right);$$

$$(15)$$

weist man leicht nach, daß der Integrand in Formel (12) für $\vartheta = 0$ stetig bleibt. Ebenso zeigt man, daß das Integral in (14) existiert, da für große χ-Werte der Integrand $\sim \chi^{-3/2}$ ist.

Weit vor dem Flügel muß natürlich das Potential verschwinden, da der Flügel dort keinen Einfluß ausüben kann, d. h., es muß $\lim\limits_{x \to -\infty} \Phi = 0$ sein. Nun entnimmt man aus Formel (3), (5) und (7) sofort $\lim\limits_{x \to -\infty} (\Phi_1 + \Phi_2) = 0$. Weiter ergibt sich aus (8) und (14) unter Verwendung von (15):

$$\lim_{x \to -\infty} \Phi_3 = \frac{1}{2\pi} \int\limits_{-b}^{b} \Gamma(\zeta)\, d\zeta\, \frac{y^*}{y^{*2} + z^{*2}} +$$

$$+ \frac{1}{4\pi^2} \lim_{x \to -\infty} \int\limits_{-b}^{b} \Gamma(\zeta)\, d\zeta \int\limits_{\varkappa_0}^{\infty} \left\{ \frac{z^*\sqrt{\chi - \varkappa_0} + x\sqrt{\varkappa_0}}{y^{*2}\chi + (z^*\sqrt{\chi - \varkappa_0} + x\sqrt{\varkappa_0})^2} - \right.$$

$$\left. - \frac{z^*\sqrt{\chi - \varkappa_0} - x\sqrt{\varkappa_0}}{y^{*2}\chi + (z^*\sqrt{\chi - \varkappa_0} - x\sqrt{\varkappa_0})^2} \right\} \frac{d\chi}{\sqrt{\chi - \varkappa_0}} +$$

$$+ \frac{1}{2\pi} \lim_{x \to -\infty} \int\limits_{-b}^{b} \Gamma(\zeta)\, d\zeta \int\limits_{\varkappa_0}^{\infty} \sqrt{\frac{\chi}{\chi - \varkappa_0}} \times$$

$$\times\, e^{-y^*\chi} \cos\left(z^*\sqrt{\chi(\chi - \varkappa_0)}\right) \cos\left(x\sqrt{\chi\varkappa_0}\right) d\chi. \tag{16}$$

Nun ist der zweite Anteil in Formel (16) gerade entgegengesetzt gleich dem ersten[2], so daß nur der dritte wellenförmige Anteil in (16) übrigbleibt. Mit der Substitution $x^2\chi = \tau$ erkennt man leicht, daß dieser Anteil für $x \to -\infty$ verschwindet; somit ist $\lim\limits_{x \to -\infty} \Phi_3 = 0$, wie es sein muß[3]. Es bestände wegen des Verhaltens für $x \to -\infty$ also keine Notwendigkeit, ein Zusatzpotential Φ_4 einzuführen, das entgegengesetzt gleich dem dritten Glied in Formel (16) ist. Immerhin erscheint es physikalisch wenig plausibel, daß der wellenförmige Anteil in (16) sowohl vor dem Flügel als auch in gleicher Form mit umgekehrtem Vorzeichen hinter dem Flügel ($x \to \infty$) vorhanden ist. Die unbedingte Notwendigkeit, die

---

[1] Vgl. Fußnote 1 auf S. 184. Die Vertrautheit mit den Eigenschaften der E_i-Funktion muß in diesem Kapitel vorausgesetzt werden.

[2] Der Beweis folgt durch die elementar mögliche Auswertung des Integrals über χ, wenn $\chi - \varkappa_0 = \tau^2$ gesetzt wird.

[3] Weit hinter dem Flügel ist $\lim\limits_{x \to \infty} \Phi_3 = -2 \lim\limits_{x \to \infty} \Phi_2$.

bisherige Lösung $\Phi_1 + \Phi_2 + \Phi_3$ durch den weiteren Anteil

$$\Phi_4 = -\frac{1}{2\pi} \int\limits_{-b}^{b} \Gamma(\zeta)\, d\zeta \int\limits_{\varkappa_0}^{\infty} \sqrt{\frac{\chi}{\chi - \varkappa_0}} \times$$
$$\times\, e^{-y^* \varkappa} \cos\left(z^* \sqrt{\chi(\chi - \varkappa_0)}\right) \cos\left(x \sqrt{\chi\,\varkappa_0}\right) d\chi \qquad (17)$$

bzw.[1]

$$\Phi_4 = -\frac{\varkappa_0}{\pi} \int\limits_{-b}^{b} \Gamma(\zeta)\, d\zeta \int\limits_{0}^{\pi/2} \frac{1}{\sin^3\vartheta}\, e^{-\frac{\varkappa_0}{\sin^2\vartheta}\, y^*} \cos\left(z^* \varkappa_0 \frac{\cos\vartheta}{\sin^2\vartheta}\right) \cos\left(\frac{x\,\varkappa_0}{\sin\vartheta}\right) d\vartheta \qquad (17')$$

zu ergänzen (und damit auch eine physikalisch plausible Form des Potentials zu erhalten) folgt aus einem anderen Grund: Das gesuchte Gesamtpotential Φ muß ja für $\varkappa_0 \to 0$ wieder in die Form $\Phi = \Phi_1 + \Phi_2$ übergehen, es muß also $\lim\limits_{\varkappa_0 \to 0}(\Phi_3 + \Phi_4) = 0$ sein.

Nun ist $\lim\limits_{\varkappa_0 \to 0}\Phi_3^* = 0$. Diese Tatsache folgt zunächst einfach aus Formel (14), indem man dort $\varkappa_0 = 0$ setzt, da der Integrand dann verschwindet. Ein genauer Beweis, der in Anbetracht des unendlichen Integrationsintervalls notwendig wäre, kann mit Hilfe der asymptotischen Entwicklung der E_i-Funktion geführt werden[2].

Damit wird also

$$\lim\limits_{\varkappa_0 \to 0}\Phi_3 = \frac{1}{2\pi} \int\limits_{-b}^{b} \Gamma(\zeta)\, d\zeta \int\limits_{0}^{\infty} e^{-\mu y^*} \cos\mu\, z^*\, d\mu.$$

Andererseits folgt aus (17) $\lim\limits_{\varkappa_0 \to 0}\Phi_4 = -\lim\limits_{\varkappa_0 \to 0}\Phi_3$, und somit hat das Gesamtpotential

$$\Phi = \Phi_1 + \Phi_2 + \Phi_3 + \Phi_4 \qquad (18)$$

genau die verlangte Eigenschaft. Φ erfüllt auch die beiden weiteren notwendigen Bedingungen

$$\lim\limits_{\varkappa_0 \to \infty}\Phi = \Phi_1 - \Phi_2; \qquad \lim\limits_{y_0 \to \infty}\Phi = \Phi_1,$$

wie man sich ohne Schwierigkeiten überzeugt[2].

Das Potential $\Phi(x, y, z)$ gemäß (18) stellt somit die gesuchte Lösung dar; aus ihm erhält man durch Differentiation das Geschwindigkeitsfeld des Unterwassertragflügels[3].

---

[1] Wie man leicht nachrechnet, genügt Φ_4 für sich der Randbedingung (4); außerdem ist $\lim\limits_{x \to \pm\infty} \Phi_4 = 0$.

[2] Für eine ausführlichere Darstellung dieser Beweise vergleiche man z. B. eine Arbeit des Verfassers im Ing.-Arch. 33 (1963/64) 51.

[3] Bei der Bildung der Ableitungen des Anteils Φ_3^* geht man zweckmäßig von der Darstellung (10) aus und vollzieht später die Integration über σ.

Das Potential (18) bezieht sich auf den geraden Unterwassertragflügel. Bei Tragflügelbooten finden häufig V-förmige Flügel (vgl. Abb. 2) Verwendung, die eine gewisse Analogie zu den Pfeilflügeln der Flugzeugaerodynamik haben. Das (18) entsprechende, für einen V-Flügel gültige Potential wurde von NISHIYAMA[1] berechnet. Für die Einzelheiten verweisen wir auf die Originalarbeiten.

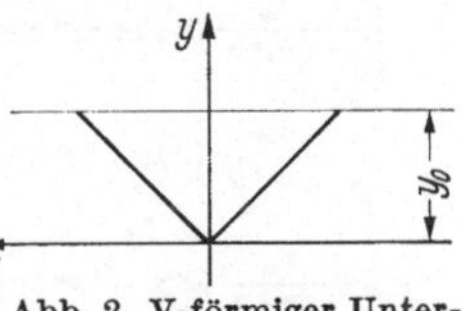

Abb. 2. V-förmiger Unterwassertragflügel.

In einer weiteren Arbeit hat NISHIYAMA[2] den Einfluß untersucht, der von seitlichen Begrenzungswänden (wie z. B. bei einem Schlepptank) auf Unterwassertragflügel ausgeübt wird.

Unterwassertragflügel in endlich tiefem Wasser (Flachwasser) wurden von BRESLIN[3] behandelt; für den zweidimensionalen Fall liegt darüber eine Analyse des Verfassers vor[4]. Für alle Einzelheiten dieser Theorien muß auf die betreffenden Originalarbeiten verwiesen werden.

2. Die Randbedingung am Flügelprofil

a) Für die Berechnung der Zirkulation aus der Randbedingung am Flügelprofil wird die erweiterte Traglinientheorie verwendet; der Flügel wird durch einen in $^1/_4$ der Flügeltiefe liegenden tragenden Wirbel $\Gamma(\zeta)$ ersetzt und die Randbedingung in dem Punkt $^3/_4$ der Flügeltiefe erfüllt.

Ist $2a$ die Flügeltiefe, und liegt der tragende Wirbel wie in Ziff. 1 in der z-Achse, so benötigen wir die Geschwindigkeitskomponenten für die Randbedingung auf der Linie $x = a$, $y = 0$ (Abb. 1).

Mit δ_a als Neigung der Skelettlinie des Flügels im $^3/_4$-Punkt lautet die Randbedingung am Flügel

$$u_0\, \delta_a + \delta_a \frac{\partial \Phi}{\partial x}\bigg|_{y=0,\, x=a} = \frac{\partial \Phi}{\partial y}\bigg|_{y=0,\, x=a}. \tag{19}$$

Die Geschwindigkeitskomponenten $\partial\Phi/\partial x$ und $\partial\Phi/\partial y$ werden dabei noch genau wie in der gewöhnlichen Tragflügeltheorie nach der von WEISSINGER[5] angegebenen Methode durch partielle Integration umgeformt, indem man die Tatsache ausnutzt, daß ja $\Gamma(b) = \Gamma(-b) = 0$

---

[1] NISHIYAMA, T.: Lifting-line theory of the submerged hydrofoil of finite span. J. Amer. Soc. Nav. Engrs. 71 (1959) 693. — Method for estimating the lateral statical stability of hydrofoil craft. J. Amer. Soc. Nav. Engrs. 74 (1962) 711.

[2] NISHIYAMA, T.: Lifting-line theory of the submerged hydrofoil of finite span. J. Amer. Soc. Nav. Engrs. 72 (1960) 353.

[3] BRESLIN, J. P.: The wave and induced drag of a hydrofoil of finite span in water of limited depth. J. Ship Res. 5 (1961/62) H. 2.

[4] ISAY, W. H.: Zur Theorie der Unterwassertragflügel in endlich tiefem Wasser. Schiffstechnik 8 (1961) 43.

[5] WEISSINGER, J.: Über eine Erweiterung der Prandtlschen Theorie der tragenden Linie. Math. Nachr. 2 (1949) 46.

ist. Zum Beispiel wird nach (8) und (10)

$$\frac{\partial \Phi_3}{\partial y}\bigg|_{x=0,\,x=a} = -\frac{1}{4\pi^2} \int\limits_{-b}^{b} \frac{d\Gamma}{d\zeta}\,d\zeta \int\limits_{0}^{\pi/2} \frac{\varkappa_0\,d\vartheta}{\sin^3\vartheta\cos\vartheta} \times$$

$$\times \left\{ e^{-\frac{\varkappa_0}{\sin^2\vartheta}(2y_0+iz^*\cos\vartheta+ia\sin\vartheta)} \left[E_i\left(\frac{\varkappa_0}{\sin^2\vartheta}(2y_0+iz^*\cos\vartheta+ia\sin\vartheta)\right)+\pi i \right] + \right.$$

$$+ e^{-\frac{\varkappa_0}{\sin^2\vartheta}(2y_0-iz^*\cos\vartheta-ia\sin\vartheta)} \left[E_i\left(\frac{\varkappa_0}{\sin^2\vartheta}(2y_0-iz^*\cos\vartheta-ia\sin\vartheta)\right)+\pi i \right] -$$

$$- e^{-\frac{\varkappa_0}{\sin^2\vartheta}(2y_0-iz^*\cos\vartheta+ia\sin\vartheta)} \left[E_i\left(\frac{\varkappa_0}{\sin^2\vartheta}(2y_0-iz^*\cos\vartheta+ia\sin\vartheta)\right)+\pi i \right] -$$

$$\left. - e^{-\frac{\varkappa_0}{\sin^2\vartheta}(2y_0+iz^*\cos\vartheta-ia\sin\vartheta)} \left[E_i\left(\frac{\varkappa_0}{\sin^2\vartheta}(2y_0+iz^*\cos\vartheta-ia\sin\vartheta)\right)+\pi i \right] \right\} +$$

$$+ \frac{1}{2\pi} \int\limits_{-b}^{b} \frac{d\Gamma}{d\zeta}\,d\zeta\,\frac{z^*}{4y_0^2+z^{*2}}\,.$$

In dieser Weise und unter Verwendung der Transformation (13) erhält man aus (19) die folgende Integralgleichung für die Flügelzirkulation:

$$-2u_0\,\delta_a = \frac{1}{\pi} \int\limits_{-b}^{b} \frac{d\Gamma(\zeta)}{d\zeta} \left\{ \frac{1}{z-\zeta} + H(z,\zeta) \right\} d\zeta \qquad \left(-b \leqq \frac{z}{\zeta} \leqq b \right) \quad (20)$$

mit dem stetigen Kernanteil

$$H(z,\zeta) = \frac{1}{2}\,\frac{1}{z-\zeta} \left\{ \sqrt{1+\left(\frac{z-\zeta}{a}\right)^2} - 1 \right\} - \frac{1}{2}\,\frac{z-\zeta}{4y_0^2+(z-\zeta)^2} +$$

$$+ \frac{1}{\sqrt{a^2+4y_0^2+(z-\zeta)^2}} \left\{ \frac{1}{2}\,\frac{a(z-\zeta)}{4y_0^2+a^2} + \frac{1}{2}\,\frac{a(z-\zeta)}{4y_0^2+(z-\zeta)^2} - \frac{\delta_a y_0(z-\zeta)}{4y_0^2+a^2} \right\} +$$

$$+ \frac{1}{4\pi} \int\limits_{\varkappa_0}^{\infty} \frac{\chi}{\chi-\varkappa_0} \left\{ e^{-f_1}[E_i(f_1)+\pi i] + e^{-\bar{f}_1}[E_i(\bar{f}_1)+\pi i] - \right.$$

$$\left. - e^{-f_2}[E_i(f_2)+\pi i] - e^{-\bar{f}_2}[E_i(\bar{f}_2)+\pi i] \right\} d\chi +$$

$$+ \frac{i\delta_a}{4\pi} \int\limits_{\varkappa_0}^{\infty} \frac{\sqrt{\chi\varkappa_0}}{\chi-\varkappa_0} \left\{ e^{-f_1}[E_i(f_1)+\pi i] - e^{-\bar{f}_1}[E_i(\bar{f}_1)+\pi i] - \right.$$

$$\left. - e^{-f_2}[E_i(f_2)+\pi i] + e^{-\bar{f}_2}[E_i(\bar{f}_2)+\pi i] \right\} d\chi +$$

$$+ \int\limits_{\varkappa_0}^{\infty} \frac{\chi}{\chi-\varkappa_0}\,e^{-2y_0\chi} \sin\big((z-\zeta)\sqrt{\chi(\chi-\varkappa_0)}\big) \cos\big(a\sqrt{\chi\varkappa_0}\big)\,d\chi +$$

$$+ \delta_a \int\limits_{\varkappa_0}^{\infty} \frac{\sqrt{\chi\varkappa_0}}{\chi-\varkappa_0}\,e^{-2y_0\chi} \sin\big((z-\zeta)\sqrt{\chi(\chi-\varkappa_0)}\big) \sin\big(a\sqrt{\chi\varkappa_0}\big)\,d\chi.$$

$$f_1 = 2y_0\chi + i(z-\zeta)\sqrt{\chi(\chi-\varkappa_0)} + ia\sqrt{\chi\varkappa_0}.$$

$$f_2 = 2y_0\chi - i(z-\zeta)\sqrt{\chi(\chi-\varkappa_0)} + ia\sqrt{\chi\varkappa_0}. \qquad (21)$$

Die Integrale über die E_i-Funktionen in (21) existieren, da die Singularität der Integranden bei $\chi = \varkappa_0$ nur von der Ordnung $^1/_2$ ist, und sich die Integranden außerdem für große χ-Werte verhalten wie $\chi^{-3/2}$. Für $\varkappa_0 \to 0$ verschwinden in (21) sämtliche Integrale bis auf das vorletzte, so daß der Kern H die Form annimmt, die man für $\varkappa_0 = 0$ aus $\Phi_1 + \Phi_2$ auch direkt erhalten würde. Analog läßt sich auch für den Grenzübergang $\varkappa_0 \to \infty$ nachweisen, daß der Kern die Form annimmt, die sich aus $\Phi_1 - \Phi_2$ direkt ergibt. Für $y_0 \to \infty$ nimmt H die bekannte Form des bei einem Flügel im unbegrenzten Medium auftretenden Kernes an[1].

Die Integralgleichung (20) gehört wieder zu einem in der Hydrodynamik häufig auftretenden Typ; die Auflösungstheorie ist im Anhang dieses Buches dargestellt, so daß wie hier nicht näher darauf eingehen brauchen.

b) Die Randbedingung der erweiterten Traglinientheorie führt auf den immerhin recht komplizierten Kern (21), zu dessen Auswertung ein elektronischer Rechenautomat erforderlich ist. Um den Rechenaufwand zu vermindern, hat NISHIYAMA[2] die Flügelzirkulation aus der bekannten Formel der einfachen Traglinientheorie

$$\Gamma(z) = c_a' u_0 a \left[\delta_0 + \frac{1}{u_0} \left. \frac{\partial \Phi}{\partial y} \right|_{y=0,\, x=0} \right] \tag{22}$$

berechnet. Dabei wird für die y-Komponente der induzierten Geschwindigkeit der einfachere Wert am Ort der tragenden Linie

$$\left. \frac{\partial \Phi}{\partial y} \right|_{y=0,\, x=0} = -\frac{1}{4\pi} \int\limits_{-b}^{b} \frac{d\Gamma(\zeta)}{d\zeta} \frac{d\zeta}{z-\zeta} +$$

$$+ \frac{1}{4\pi} \int\limits_{-b}^{b} \Gamma(\zeta)\, d\zeta \int\limits_{0}^{\infty} \mu\, e^{-2\mu y_0} \cos\mu(z-\zeta)\, d\mu -$$

$$- \frac{1}{2\pi} \int\limits_{-b}^{b} \Gamma(\zeta)\, d\zeta \int\limits_{\varkappa_0}^{\infty} \frac{\chi\sqrt{\chi}}{\sqrt{\chi - \varkappa_0}}\, e^{-2\chi y_0} \cos\left((z-\zeta)\sqrt{\chi(\chi-\varkappa_0)}\right) d\chi \tag{23}$$

eingesetzt und die x-Komponente $\partial\Phi/\partial x$ gegen u_0 vernachlässigt. Bezeichnet man mit $\Gamma_\infty(z)$ die aus der einfachen Traglinientheorie berechnete Zirkulation des Flügels im unbegrenzten Medium ($y_0 \to \infty$)

---

[1] Für eine ausführlichere Diskussion solcher Grenzübergänge vergleiche man z. B. eine Arbeit des Verfassers im Ing.-Arch. 33 (1963/64) 51.

[2] NISHIYAMA, T.: Lifting-line theory of the submerged hydrofoil of finite span. Soc. Nav. Arch. Japan, 60th Anniv. Ser. 2 (1957) 116; J. Amer. Soc. Nav. Engrs. 71 (1959) 511.

und setzt außerdem näherungsweise[1]

$$\frac{1}{4\pi}\int\limits_{-b}^{b}\frac{d\Gamma_\infty(\zeta)}{d\zeta}\frac{d\zeta}{z-\zeta}\approx\frac{1}{4\pi}\int\limits_{-b}^{b}\frac{d\Gamma(\zeta)}{d\zeta}\frac{d\zeta}{z-\zeta},$$

so ergibt sich für die Berechnung der Zirkulation des Unterwassertragflügels die lineare Integralgleichung 2. Art mit stetigem Kern:

$$\Gamma_\infty(z)=\Gamma(z)-c_a'\,a(z)\int\limits_{-b}^{b}\Gamma(\zeta)\left\{\frac{1}{4\pi}\int\limits_{0}^{\infty}\mu\,e^{-2\mu y_0}\cos\mu(z-\zeta)\,d\mu-\right.$$

$$\left.-\frac{1}{2\pi}\int\limits_{\varkappa_0}^{\infty}\frac{\varkappa\sqrt{\varkappa}}{\varkappa-\varkappa_0}\,e^{-2\varkappa y_0}\cos\big((z-\zeta)\sqrt{\varkappa(\varkappa-\varkappa_0)}\big)\,d\varkappa\right\}d\zeta.\qquad(24)$$

Gl. (24), in der $\Gamma_\infty(z)$ als bekannt anzusehen ist, wurde von Nishiyama[1] mit einem Näherungsverfahren (Nyström-Methode) aufgelöst. Abb. 3

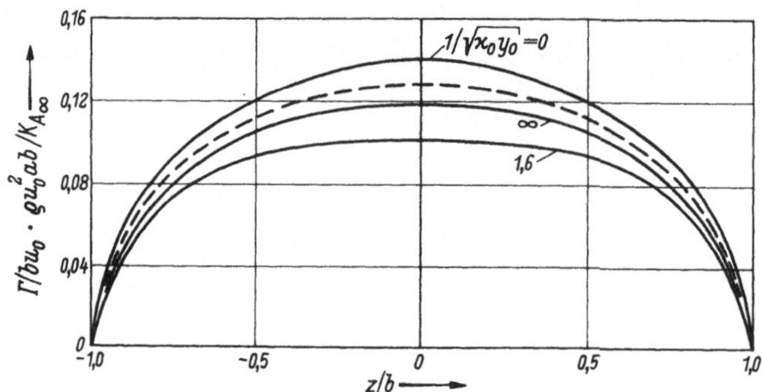

Abb. 3. Zirkulation eines geraden Unterwassertragflügels vom Seitenverhältnis 5 für verschiedene Froudesche Zahlen $(\varkappa_0\,y_0)^{-1/2}$ und für $y_0=2a_0$ nach Nishiyama. Die gestrichelte Kurve bezieht sich auf den Fall $y_0\to\infty$ (unbegrenztes Wasser).

zeigt nach Ergebnissen von Nishiyama den Verlauf der Zirkulation $\Gamma(z)$ bei verschiedenen $\dfrac{u_0}{\sqrt{g\,y_0}}$-Werten (Froudeschen Zahlen) für einen Flügel vom Seitenverhältnis $b/a=5$, dem Auftriebsbeiwert $c_a'=0,85\cdot2\pi$ und $y_0=2a_0$. Dabei wurde im unbegrenzten Medium die elliptische Auftriebsverteilung $(a_0=a(0))$

$$\Gamma_\infty(z)=\frac{2}{\pi}\frac{1}{\varrho\,b\,u_0}\,K_{A\infty}\sqrt{1-(z/b)^2}\qquad\left(a=\frac{1}{2b}\int\limits_{-b}^{b}a(z)\,dz\right)$$

zugrunde gelegt (K_{A_∞} ist die Gesamtauftriebskraft des Flügels im unbegrenzten Medium). In Abb. 4 ist das Verhältnis der über Spannweite

---

[1] Vgl. Fußnote 2 auf S. 189.

gemittelten Zirkulation $(\Gamma)_m$ zur mittleren Zirkulation $(\Gamma_\infty)_m = K_{A_\infty}/$ $2\,b\,\varrho\,u_0$ im unbegrenzten Medium dargestellt. Und zwar für verschiedene b/a-Werte und $y_0 = 2a_0$. Zum Vergleich ist in Abb. 4 außerdem noch beim Seitenverhältnis $b/a = \infty$ (ebene Theorie)[1] als gestrichelte Kurve der Fall $y_0 = a$ berücksichtigt.

Das in Abb. 4 enthaltene Ergebnis ist physikalisch plausibel und leicht zu deuten: Für kleine Froudesche Zahlen, d. h. $\varkappa_0 \to \infty$, bewirkt der Einfluß der Wasseroberfläche eine geringe Erhöhung der Zirkulation bzw. der Auftriebskraft des Flügels entsprechend der Tatsache, daß dann die Randbedingung (4) in diejenige der festen Wand $(\partial\Phi/\partial y = 0)$ übergeht. Für große Froudesche Zahlen $(\varkappa_0 \to 0)$ liefert die Randbedingung (4) in der Form $\partial\Phi/\partial x = 0$ eine Verkleinerung der Flügel-

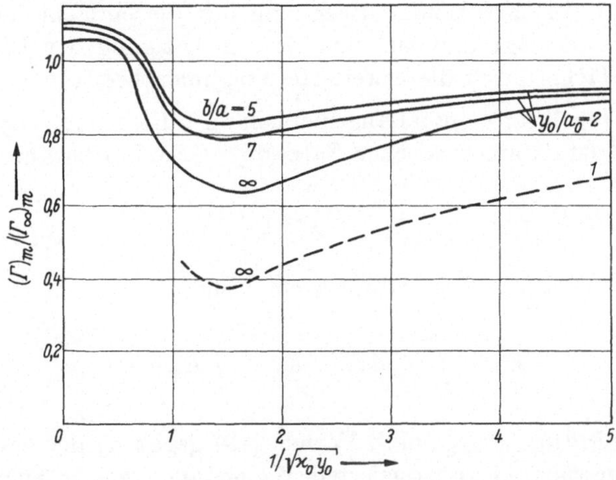

Abb. 4. Verhältnis der über Spannweite gemittelten Zirkulation $(\Gamma)_m$ zu der entsprechenden Zirkulation $(\Gamma_\infty)_m$ im unbegrenzten Wasser $(y_0 \to \infty)$ bei geraden Unterwassertragflügeln für verschiedene Seitenverhältnisse b/a und y_0/a_0-Werte, nach Nishiyama.

zirkulation. In dem praktisch wichtigsten dazwischenliegenden Bereich muß die volle Randbedingung (4) erfüllt werden, und hier bewirkt der Einfluß der freien Wasseroberfläche eine wesentliche Verminderung der Flügelzirkulation bzw. der Auftriebskraft. Diese Abminderung ist physikalisch durch die Tatsache bedingt, daß gerade im Bereich mittlerer $\dfrac{1}{\sqrt{\varkappa_0\,y_0}}$-Werte an der Wasseroberfläche hinter dem Flügel ein nachlaufendes Wellensystem vorhanden ist; zu seiner Erzeugung muß Energie aufgebracht werden, die für den Flügelauftrieb verlorengeht. In Ziff. 3 dieses Abschnittes werden wir die Form der freien Wasseroberfläche

---

[1] Die relativ einfache ebene stationäre Theorie werden wir in Abschn. B dieses Kapitels gleich zusammen mit der instationären Theorie behandeln.

noch genauer untersuchen. Dabei zeigt es sich, daß die Amplitude des erwähnten Wellensystems bei Flügeln endlicher Spannweite mit zunehmender Entfernung vom Flügel auf Null abnimmt, während bei unendlicher Spannweite (ebene Theorie) der Amplitudenwert in unveränderter Größe erhalten bleibt[1]. So erklärt es sich auch, daß die Abminderung der Zirkulation mit zunehmendem Seitenverhältnis b/a des Flügels ebenfalls zunimmt und für $b/a = \infty$ einen Grenzwert erreicht, wie man aus Abb. 4 erkennt. Diese Abminderung wird außerdem um so größer, je kleiner das Verhältnis y_0/a_0 ist. Die Übereinstimmung der theoretischen Resultate mit Meßergebnissen ist recht gut[2]; allerdings ist die Abminderung $(\Gamma_m)/(\Gamma_\infty)_m$ bei Seitenverhältnissen $b/a \leqq 5$ um etwa 2 bis 5% größer als sich nach der Rechnung von NISHIYAMA gemäß Abb. 4 ergibt. Dieses liegt offenbar daran, daß NISHIYAMA bei seiner auf Gl. (24) beruhenden Rechnung nur die einfache Traglinientheorie zugrunde legt und auf eine Berücksichtigung der Effekte der tragenden Fläche durch die erweiterte Traglinientheorie verzichtet.

c) Die Flügelkräfte (pro Längeneinheit in z-Richtung) ergeben sich nach dem Kutta-Joukowskischen Satz (vgl. Kap. I, Abschn. A,2) zu

$$
K_x = -\varrho\, \Gamma\, \frac{\partial \Phi}{\partial y}\bigg|_{y=0,\,x=0}; \quad
K_y = \varrho\, \Gamma\left[u_0 + \frac{\partial \Phi}{\partial x}\bigg|_{y=0,\,x=0}\right], \quad (25)
$$

und daraus folgen die Gesamtkräfte am Flügel

$$
K_w = \int\limits_{-b}^{b} K_x\, dz; \quad K_A = \int\limits_{-b}^{b} K_y\, dz. \tag{26}
$$

Dabei ist $(\partial \Phi/\partial y)_{y=0,\,x=0}$ durch Formel (23) gegeben; der erste Anteil liefert den gewöhnlichen induzierten Widerstand, wie er auch im unbegrenzten Medium ($y_0 \to \infty$) vorhanden ist; der dritte Anteil in (23) ergibt den sog. Wellenwiderstand. Der Ausdruck $(\partial \Phi/\partial x)_{y=0,\,x=0}$ kann leicht aus dem allgemeinen Potential Φ gemäß Formel (18) berechnet werden[3], er wird häufig gegenüber u_0 vernachlässigt. In diesem Fall sind K_y bzw. K_A direkt proportional zu $\Gamma(z)$ bzw. $(\Gamma)_m$. Abb. 5 zeigt den Gesamtwiderstand K_W (in Einheiten von $K_{A\infty}^2/2\varrho\, u_0^2\, a\, b$) nach Ergebnissen von NISHIYAMA für verschiedene Seitenverhältnisse b/a, und $y_0 = 2a_0$ bei dem bereits auf S. 190 behandelten Flügel. Die gestrichelten Linien in Abb. 5 beziehen sich auf den Fall des unbegrenzten Mediums

---

[1] Für $k_0 = 0$ und $k_0 = \infty$ existiert kein nachlaufendes Wellensystem, wie man mit Hilfe der beiden Lösungen $\Phi_1 + \Phi_2$ und $\Phi_1 - \Phi_2$ leicht erkennt (vgl. S. 183).

[2] Man vergleiche z. B. die Meßergebnisse von S. SCHUSTER u. H. SCHWANECKE: Über den Einfluß der Wasseroberfläche auf die Auftriebsverteilung von Tragflügeln. Schiffstechnik 4 (1957) 117.

[3] Dabei liefert der Potentialanteil Φ_1 keinen Beitrag.

$(y_0 \to \infty)$. Man erkennt, daß die Maxima des Widerstandes gerade den Minima der Zirkulation bzw. des Auftriebes entsprechen (vgl. Abb. 4).

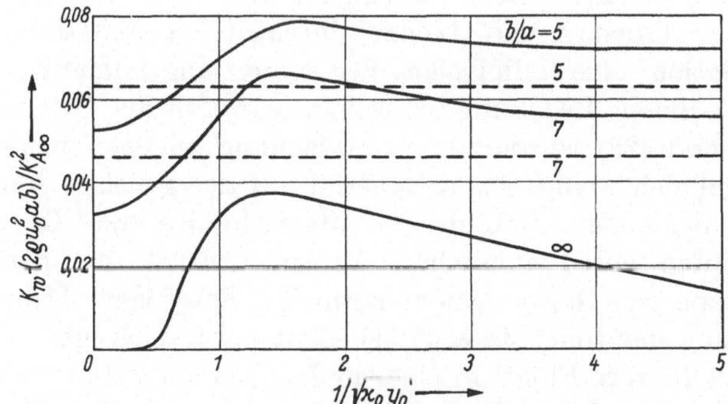

Abb. 5. Induzierter Gesamtwiderstand bei geraden Unterwassertragflügeln verschiedener Seitenverhältnisse b/a und für $y_0 = 2 a_0$, nach NISHIYAMA. Die gestrichelten Linien geben den Widerstand der betreffenden Flügel im unbegrenzten Wasser $(y_0 \to \infty)$ an.

d) Für Tragflügelboote ist die Behandlung zweier hintereinander fahrender Unterwassertragflügel (vgl. Abb. 6) wichtig. Während der hintere Flügel den vorderen nicht beeinflußt (da der Abstand zwischen beiden Flügeln in der Regel mindestens zehn Flügeltiefen beträgt), muß jedoch in der Randbedingung am hinteren Flügel unbedingt der vom Wirbelsystem des vorderen Flügels induzierte Anstellwinkel berücksichtigt werden.

Wir bezeichnen das Potential des vorderen bei $x = 0$ liegenden Flügels mit $\Phi^{(1)}$, den Flügelabstand mit L, die Flügeltiefen mit $2 a_1$ bzw. $2 a_2$ und vernachlässigen die induzierte Geschwindigkeit $\partial \Phi^{(1)}/\partial x$ gegen u_0. Dann ist der am hinteren Flügel induzierte Anstellwinkel

$$\delta^* = \frac{1}{u_0} \left(\frac{\partial \Phi_1^{(1)}}{\partial y} + \frac{\partial \Phi_2^{(1)}}{\partial y} + \frac{\partial \Phi_3^{(1)}}{\partial y} + \frac{\partial \Phi_4^{(1)}}{\partial y} \right)_{y=0,\, x=L+a_2}. \tag{27}$$

In der Regel dürfte es möglich sein, bei der Berechnung von δ^* in Anbetracht der großen x-Werte die asymptotische Entwicklung der E_i-Funktion zu verwenden. Ist L so groß, daß man sich hierbei auf das erste Glied beschränken und außerdem

$$(L + a_2)\left((L + a_2)^2 + 4 y_0^2 + (z - \zeta)^2\right)^{-1/2} \approx 1 \text{ usw.}$$

setzen kann, so ergibt sich für δ^* die übersichtliche Näherungsformel

$$\delta^* \approx -\frac{1}{2\pi u_0} \int\limits_{-b}^{b} \frac{d\Gamma(\zeta)}{d\zeta} \left\{ \frac{1}{z - \zeta} - \frac{z - \zeta}{4 y_0^2 + (z - \zeta)^2} + \right.$$

$$\left. + 2 \int\limits_{\varkappa_0}^{\infty} \frac{\chi\, e^{-2 y_0 \chi}}{\chi - \varkappa_0} \sin\left[(z - \zeta)\sqrt{\chi(\chi - \varkappa_0)}\right] \cos\left[(L + a_2)\sqrt{\chi \varkappa_0}\right] d\chi \right\} d\zeta. \tag{28}$$

In (28) sind alle „lokalen Effekte" der näheren Umgebung des vorderen Flügels nicht mehr vorhanden. Eine Diskussion des induzierten Anstellwinkels δ^* unter Berücksichtigung der lokalen Effekte wurde von Kaplan, Breslin und Jacobs durchgeführt und dabei für die Flügelzirkulation eine elliptische Verteilung angenommen. Für die Einzelheiten dieser Rechnung verweisen wir auf die Originalarbeit[1]. In Gl. (27) und (28) wurde zur Vereinfachung angenommen, daß der zweite Flügel sich wenigstens annähernd auf der gleichen Höhe $y = 0$ befinde wie der erste. Infolgedessen entspricht das erste Glied in (28) dem bekannten aerodynamischen Abwindausdruck im Bereich der Wirbelschleppe weit hinter einem normalen Tragflügel. Dabei ist der Aufrollvorgang der freien Querwirbel nicht berücksichtigt.

Fährt der hintere Flügel in einer anderen Höhe $y \neq 0$, so muß das erste Glied in (28) durch den aus der normalen Tragflügeltheorie bekannten, außerhalb der freien Wirbelschleppe gültigen Abwindausdruck ersetzt werden, während im zweiten und dritten Glied von (28) lediglich $2y_0 - y$ statt $2y_0$ zu schreiben ist.

Dieser dritte wellenförmige Anteil bedingt, daß δ^* bzw. sein Mittelwert über Spannweite $(\delta^*)_m$ je nach dem Wert des Ausdruckes $\dfrac{g\,L}{u_0^2} = \varkappa_0\,L$ positiv oder negativ sein kann. Es ist somit durch geeignete Wahl des Flügelabstandes L möglich, einen positiven Anstellwinkel δ^* zu erhalten. Dadurch wird ein Teil der bei der Erzeugung des Wellensystems am ersten Flügel verlorenen Energie zur Auftriebserhöhung am zweiten Flügel nutzbar gemacht. Eine genaue quantitative Analyse dieses Problems wurde bisher allerdings nur unter Verwendung des einfacheren Formelsystems der ebenen Theorie durchgeführt[2]. Dabei ergab sich z. B. für zwei gleiche Flügel mit $\dfrac{y_0\,g}{u_0^2} = 0{,}1$ für $\dfrac{L\,g}{u_0^2} = 4$ der Wert $\Gamma_2/\Gamma_1 = 1{,}27$ und für $\dfrac{L\,g}{u_0^2} = 1$ der Wert $\Gamma_2/\Gamma_1 = 0{,}81$. ($\Gamma_1$ bzw. Γ_2 ist die Zirkulation des vorderen bzw. hinteren Flügels).

Wie wir bereits erwähnt haben (vgl. S. 191), bewirkt der Unterwassertragflügel hinter sich und auch über sich eine wellenförmige Deformation der freien Wasseroberfläche, auf deren Berechnung wir in Ziff. 3 dieses Abschnittes noch genauer eingehen werden. Bei der Ableitung des Geschwindigkeitspotentials und der Behandlung der Randbedingung am Flügel wurde die als ungestörte Ebene vorausgesetzte Wasseroberfläche im Abstand y_0 über dem Flügel angenommen. Bei der Berechnung der genauen Form $Y(x, z)$ der Wasseroberfläche gemäß

---

[1] Kaplan, P., J. P. Breslin u. W. Jacobs: Evaluation of the theory for the flow pattern of a hydrofoil of finite span. J. Ship Res. 3 (1959/60) H. 4.

[2] Nishiyama, T.: Hydrodynamical investigation on the submerged hydrofoil III. J. Amer. Soc. Nav. Engrs. 71 (1959) 135. — Isay, W. H.: Zur Theorie der nahe der Wasseroberfläche fahrenden Tragflächen. Ing.-Arch. 27 (1959) 295.

Ziff. 3 wird sich (wie auch anschaulich zu erwarten ist) aber herausstellen, daß die Wasseroberfläche über und hinter dem Flügel eine wellenförmige gekrümmte Fläche und keine Ebene darstellt. Eigentlich müßte also nun bei einer Iterationsrechnung die Oberflächenrandbedingung (4) längs dieser gekrümmten Fläche (statt längs der Ebene $y = y_0$) erfüllt werden. Leider stößt eine Theorie, bei der die Randbedingung (4) längs einer gekrümmten Fläche erfüllt werden soll, auf sehr große mathematische Schwierigkeiten; es ist bisher nicht gelungen, eine derartige Theorie so zu entwickeln, daß sie auch für praktisch vorkommende Fälle auswertbar ist[1]. Man kann jedoch näherungsweise auch mit den Hilfsmitteln der in diesem Abschnitt dargestellten voll linearisierten Theorie den infolge der Deformation der Wasseroberfläche veränderten (gegenüber dem Wert bei ungestörter Oberfläche) Abstand zwischen Flügel und Wasseroberfläche berücksichtigen. Dieses geschieht mit Hilfe eines Iterationsverfahrens:

In erster Näherung wird die Randbedingung (4) längs der Ebene $y = y_0$ im Abstand y_0 über dem Flügel erfüllt und die Flügelzirkulation Γ aus Gl. (20) bestimmt. Damit kann die Form $Y(x, z)$ der freien Wasseroberfläche über und hinter (in einer gewissen Entfernung vor dem Flügel ist in jedem Fall $Y = y_0$) dem Flügel gemäß Ziff. 3 berechnet werden; daraus läßt sich die mittlere Höhe[2]

$$(Y)_m = \frac{1}{F} \iint\limits_{(F)} Y(x, z)\, dx\, dz \tag{29}$$

der Wasseroberfläche in der Umgebung des Flügels bestimmen. Wenn nun $(Y)_m$ wesentlich (etwa 20% und mehr) von dem bei der Ausgangsrechnung vorausgesetzten Wert y_0 abweicht, so muß die Berechnung der Flügelzirkulation $\Gamma(z)$ aus Gl. (20) wiederholt werden, indem nun

---

[1] In einigen in den letzten Jahren erschienenen Veröffentlichungen insbesondere sowjetischer Autoren wird zwar im zweidimensionalen Fall die Oberflächenrandbedingung formal auch längs gekrümmter Kurven erfüllt; jedoch werden in diesen Arbeiten im wesentlichen rein mathematische Fragen (wie z. B. Existenz und Eindeutigkeit von Lösungen der Randwertprobleme) untersucht; es wird aber keine für die numerische Berechnung praktisch vorkommender Tragflügelprobleme geeignete Theorie angegeben. Abgesehen davon wird in der Regel die Methode der konformen Abbildungen verwendet, die ja grundsätzlich auf zweidimensionale Strömungsprobleme beschränkt ist.

[2] Vgl. W. H. Isay: Ing.-Arch. 27 (1959)/60 295. — Es wird über einen Bereich (F) in der Umgebung des Flügels integriert. Bei eingehenden numerischen Untersuchungen (die sich allerdings auf das ebene Problem beschränkten) hat der Verfasser einen Integrationsbereich in x-Richtung verwendet, der sich vor und hinter dem Flügel über je drei Flügeltiefen erstreckte. Im dreidimensionalen Fall dürfte zusätzlich in z-Richtung etwa über drei Spannweiten zu integrieren sein. — $(Y)_{m1}$ und $(Y)_{m2}$ bezeichnen die mittlere Höhe in der Umgebung des vorderen und hinteren Flügels; dabei ist der Integrationsbereich entsprechend zu nehmen.

$(Y)_m$ an Stelle von y_0 eingesetzt wird. In analoger Weise kann gegebenenfalls eine zweite Iteration erfolgen. Wie sich (jedenfalls beim ebenen Problem) gezeigt hat[1], ist im allgemeinen bei einem Einzelflügel bzw. bei dem vorderen Flügel eines Tandemsystems (Tragflügelbootes) eine Wiederholungsrechnung nicht erforderlich, da genügend genau $(Y)_{m1} \approx y_0$ ist (vgl. Abb. 6). Anders ist es jedoch bei dem hinteren Flügel eines Tandemsystems; in dessen Umgebung wird durch das Wellensystem

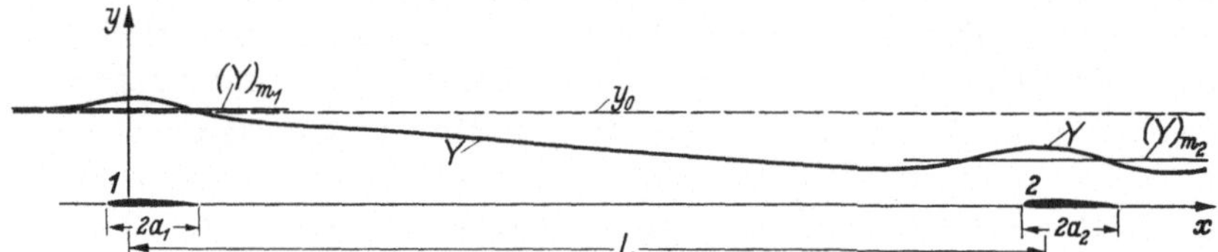

Abb. 6. Tandemflügelsystem (Tragflügelboot). Schematische Darstellung der Deformation der Wasseroberfläche.

des vorausfahrenden vorderen Flügels die mittlere Höhe $(Y)_{m2}$ der Wasseroberfläche wesentlich gegenüber dem bei der Ausgangsrechnung vorausgesetzten Wert y_0 verändert (vgl. Abb. 6). Somit ist zur Bestimmung der Zirkulation $\Gamma_2(z)$ des hinteren Flügels in der Regel eine Wiederholungsrechnung mit dem modifizierten Abstand $(Y)_{m2}$ notwendig. Die Konvergenz ist jedoch so gut, daß eine zweite Iteration nur selten erforderlich sein wird. Zum Beispiel ergab sich[1] für ein Tandemflügelsystem mit den Werten

$$a_1 = a_2 = y_0 = a; \qquad \frac{a\,g}{u_0^2} = 0{,}1; \qquad L = 20a; \qquad \delta_{a_1} = \delta_{a_2} = -0{,}1$$

bei der Ausgangsrechnung $\Gamma_1 = 0{,}347\,a\,u_0$; $\Gamma_2 = 0{,}458\,a\,u_0$ und $(Y)_{m1} = y_0$, $(Y)_{m2} \approx 0{,}5y_0$. Die Wiederholungsrechnung mit $(Y)_{m2}$ statt y_0 lieferte dann $\Gamma_1 = 0{,}347\,a\,u_0$; $\Gamma_2 = 0{,}390\,a\,u_0$ und $(Y)_{m1} \approx y_0$, $(Y)_{m2} \approx 0{,}5y_0$. Eine zweite Iteration war also nicht erforderlich.

3. Die Form der Wasseroberfläche

Die Form Y der freien Wasseroberfläche ist aus der Gl. (1) zu berechnen, die im stationären Fall lautet:

$$Y(x,z) = y_0 - \frac{u_0}{g}\,\frac{\partial \Phi}{\partial x} \qquad\qquad (y = y_0). \quad (30)$$

Mit den in Ziff. 1 angegebenen Formeln ist $\partial \Phi/\partial x$ leicht zu bestimmen; z. B. wird

$$\frac{\partial \Phi_3}{\partial x}\bigg|_{y=y_0} = -\frac{\varkappa_0}{2\pi^2} \int\limits_{-b}^{b} \Gamma(\zeta)\,d\zeta \;\times$$

---

[1] Vgl. Fußnote 2 auf S. 195.

$$\times \int\limits_0^{\pi/2} \frac{1}{\sin^2\vartheta} \left[\frac{y_0}{y_0^2 + (z^*\cos\vartheta + x\sin\vartheta)^2} + \frac{y_0}{y_0^2 + (z^*\cos\vartheta - x\sin\vartheta)^2} \right] d\vartheta +$$

$$+ \frac{\varkappa_0^2}{4\pi^2} \int\limits_{-b}^{b} \Gamma(\zeta)\, d\zeta \int\limits_0^{\pi/2} \frac{1}{\sin^4\vartheta} \left\{ e^{-\frac{\varkappa_0}{\sin^2\vartheta}(y_0 + i z^*\cos\vartheta + i x\sin\vartheta)} \times \right.$$

$$\times \left[E_i\left(\frac{\varkappa_0}{\sin^2\vartheta}(y_0 + i z^*\cos\vartheta + i x\sin\vartheta) \right) + \pi i \right] +$$

$$+ e^{-\frac{\varkappa_0}{\sin^2\vartheta}(y_0 - i z^*\cos\vartheta - i x\sin\vartheta)} \left[E_i\left(\frac{\varkappa_0}{\sin^2\vartheta}(y_0 - i z^*\cos\vartheta - i x\sin\vartheta) \right) + \pi i \right] +$$

$$+ e^{-\frac{\varkappa_0}{\sin^2\vartheta}(y_0 + i z^*\cos\vartheta - i x\sin\vartheta)} \left[E_i\left(\frac{\varkappa_0}{\sin^2\vartheta}(y_0 + i z^*\cos\vartheta - i x\sin\vartheta) \right) + \pi i \right] +$$

$$+ e^{-\frac{\varkappa_0}{\sin^2\vartheta}(y_0 - i z^*\cos\vartheta + i x\sin\vartheta)} \times$$

$$\times \left. \left[E_i\left(\frac{\varkappa_0}{\sin^2\vartheta}(y_0 - i z^*\cos\vartheta + i x\sin\vartheta) \right) + \pi i \right] \right\} d\vartheta.$$

Der Integrand ist bei $\vartheta = 0$ stetig, da das erste Integral sich dann gegen den ersten Anteil des zweiten Integrals [asymptotische Entwicklung (15) für den Integranden!] weghebt.

Verwenden wir noch die Transformation (13), so erhalten wir für die Form der Wasseroberfläche den Ausdruck:

$$Y = \frac{1}{u_0}\, \frac{1}{4\pi^2} \int\limits_{-b}^{b} \Gamma(\zeta)\, d\zeta \times$$

$$\times \int\limits_{\varkappa_0}^{\infty} \left[\frac{y_0\chi}{y_0^2\chi + (z^*\sqrt{\chi - \varkappa_0} + x\sqrt{\varkappa_0})^2} + \frac{y_0\chi}{y_0^2\chi + (z^*\sqrt{\chi - \varkappa_0} - x\sqrt{\varkappa_0})^2} \right] \frac{d\chi}{\sqrt{\varkappa_0(\chi - \varkappa_0)}} -$$

$$- \frac{1}{u_0}\, \frac{1}{8\pi^2} \int\limits_{-b}^{b} \Gamma(\zeta)\, d\zeta \times$$

$$\times \int\limits_{\varkappa_0}^{\infty} \left\{ e^{-y_0\chi - i z^*\sqrt{\chi(\chi - \varkappa_0)} - i x\sqrt{\chi\varkappa_0}} \left[E_i\left(y_0\chi + i z^*\sqrt{\chi(\chi - \varkappa_0)} + i x\sqrt{\chi\varkappa_0} \right) + \pi i \right] + \right.$$

$$+ e^{-y_0\chi + i z^*\sqrt{\chi(\chi - \varkappa_0)} + i x\sqrt{\chi\varkappa_0}} \left[E_i\left(y_0\chi - i z^*\sqrt{\chi(\chi - \varkappa_0)} - i x\sqrt{\chi\varkappa_0} \right) + \pi i \right] +$$

$$+ e^{-y_0\chi - i z^*\sqrt{\chi(\chi - \varkappa_0)} + i x\sqrt{\chi\varkappa_0}} \left[E_i\left(y_0\chi + i z^*\sqrt{\chi(\chi - \varkappa_0)} - i x\sqrt{\chi\varkappa_0} \right) + \pi i \right] +$$

$$+ e^{-y_0\chi + i z^*\sqrt{\chi(\chi - \varkappa_0)} - i x\sqrt{\chi\varkappa_0}} \left[E_i\left(y_0\chi - i z^*\sqrt{\chi(\chi - \varkappa_0)} + i x\sqrt{\chi\varkappa_0} \right) + \pi i \right] \right\} \times$$

$$\times \frac{\chi\, d\chi}{\sqrt{\varkappa_0(\chi - \varkappa_0)}} - \frac{1}{u_0}\, \frac{1}{2\pi} \int\limits_{-b}^{b} \Gamma(\zeta)\, d\zeta \times$$

$$\times \int\limits_{\varkappa_0}^{\infty} e^{-y_0\chi} \cos\left(z^*\sqrt{\chi(\chi - \varkappa_0)} \right) \sin\left(x\sqrt{\chi\varkappa_0} \right) \frac{\chi\, d\chi}{\sqrt{\varkappa_0(\chi - \varkappa_0)}} + y_0. \tag{31}$$

Wie wir bereits auf S. 196 erläutert haben, ist es praktisch vor allem wichtig, die Funktion Y in einiger Entfernung $(x/a \gg 1)$ hinter dem Flügel zu berechnen, um bei einem Tandemsystem die vom Wellensystem des vorderen Flügels am Ort des hinteren Flügels verursachte Deformation der Wasseroberfläche ermitteln zu können. Unter Verwendung der asymptotischen Entwicklung (15) der E_i-Funktion folgt aus (31) für $x/a \gg 1$ näherungsweise der einfachere Ausdruck:

$$
\begin{aligned}
Y \approx{} & -\frac{1}{u_0}\frac{1}{\pi}\int\limits_{-b}^{b}\Gamma(\zeta)\,d\zeta\int\limits_{\varkappa_0}^{\infty}e^{-y_0\chi}\cos\left(z^*\sqrt{\chi(\chi-\varkappa_0)}\right)\sin\left(x\sqrt{\chi\varkappa_0}\right)\frac{\chi\,d\chi}{\sqrt{\varkappa_0(\chi-\varkappa_0)}} - \\[2mm]
& -\frac{1}{u_0}\frac{1}{4\pi^2}\int\limits_{-b}^{b}\Gamma(\zeta)\,d\zeta\int\limits_{\varkappa_0}^{\infty}\left\{\frac{y_0^2\chi-\left(z^*\sqrt{\chi-\varkappa_0}+x\sqrt{\varkappa_0}\right)^2}{\left[y_0^2\chi+\left(z^*\sqrt{\chi-\varkappa_0}+x\sqrt{\varkappa_0}\right)^2\right]^2} + \right.\\[2mm]
& \left. +\frac{y_0^2\chi-\left(z^*\sqrt{\chi-\varkappa_0}-x\sqrt{\varkappa_0}\right)^2}{\left[y_0^2\chi+\left(z^*\sqrt{\chi-\varkappa_0}-x\sqrt{\varkappa_0}\right)^2\right]^2}\right\}\frac{d\chi}{\sqrt{\varkappa_0(\chi-\varkappa_0)}} + y_0 . \qquad (32)
\end{aligned}
$$

In einiger Entfernung vor dem Flügel $(-x/a \gg 1)$ gilt an Stelle von (32) eine andere Näherungsformel für Y; in dieser fehlt der wellenförmige erste Anteil, und es tritt nur das zweite Integral aus (32) auf; dieses ist invariant gegenüber der Substitution $x \parallel -x$ und ist somit im Grunde ein sog. „lokaler" Term, der für die Untersuchung des Wellensystems weit hinter dem Flügel keine Bedeutung hat. Eine genaue Diskussion des ersten Anteils in Formel (32) wurde von KAPLAN, BRESLIN und JACOBS[1] durchgeführt. Mit der Substitution

$$\chi = \frac{\varkappa_0}{\cos^2\psi}$$

ergibt sich[1]

$$
Y \approx -\frac{1}{u_0}\frac{1}{\pi}\int\limits_{-b}^{b}\Gamma(\zeta)\,d\zeta \times
$$

$$
\times \int\limits_{-\pi/2}^{\pi/2}\frac{\varkappa_0}{\cos^4\psi}\,e^{-\frac{\varkappa_0}{\cos^2\psi}\left(y_0 - i\,x\cos\psi - i(z-\zeta)\sin\psi\right)} \times
$$

$$
\times\, d\psi + y_0 ; \qquad (33)
$$

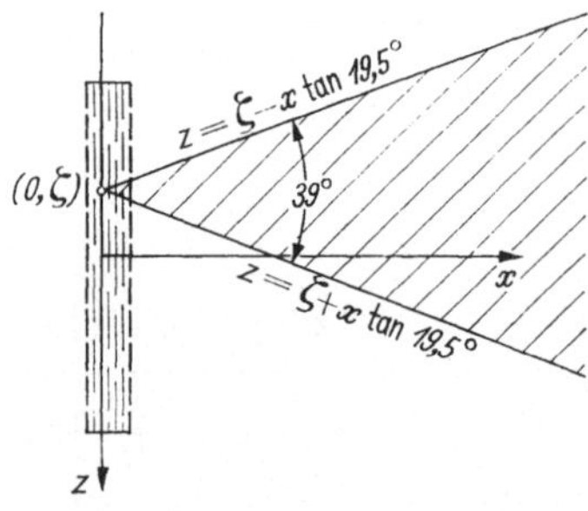

Abb. 7. Dreieckiger Bereich der von einem Flügelelement $\Gamma(\zeta)$ erzeugten Oberflächenwellen mit merklicher Amplitude, nach KAPLAN, BRESLIN und JACOBS.

dabei ist der Imaginärteil des Integrals (33) zu nehmen. Dieses Integral wurde von KAPLAN, BRESLIN und JACOBS mit Hilfe der Methode der stationären Phase ausgewertet; für alle Einzelheiten dieser Rechnung

---

[1] KAPLAN, P., J. P. BRESLIN u. W. JACOBS: Evaluation of the theory for the flow pattern of a hydrofoil of finite span. J. Ship Res. 3 (1959/60) H. 4.

müssen wir auf die Originalarbeit verweisen[1]. Es ergibt sich dabei, daß die von einem Flügelelement erzeugten Wellen mit wesentlich von Null verschiedener Amplitude in einem Bereich liegen, der durch die Grenzen

$$-\frac{1}{2\sqrt{2}} \leq \frac{z-\zeta}{x} \leq \frac{1}{2\sqrt{2}} = \tan 19{,}5° \qquad (34)$$

$\left(\text{mit hinreichend großem Wert von } \varkappa_0 \sqrt{x^2+(z-\zeta)^2}\right)$

gegeben ist, d.h. also durch einen dreieckigen Bereich mit etwa 39° Öffnungswinkel (vgl. Abb. 7). Hinter dem gesamten Tragflügel hat man dann einen Wellenbereich, wie er in Abb. 8 dargestellt ist. Wie eine weitere Untersuchung (für die wieder auf die Originalarbeit verwiesen werden muß) zeigt, treten in diesem Wellenbereich zwei verschiedene Wellenformen auf, die sich überlagern; die Amplituden (Maxima) der einen Form verlaufen im wesentlichen transversal zur Fahrtrichtung des Flügels, während die der anderen zunächst parallel zur Fahrtrichtung beginnen und dann seitlich divergieren (vgl. Abb. 9).

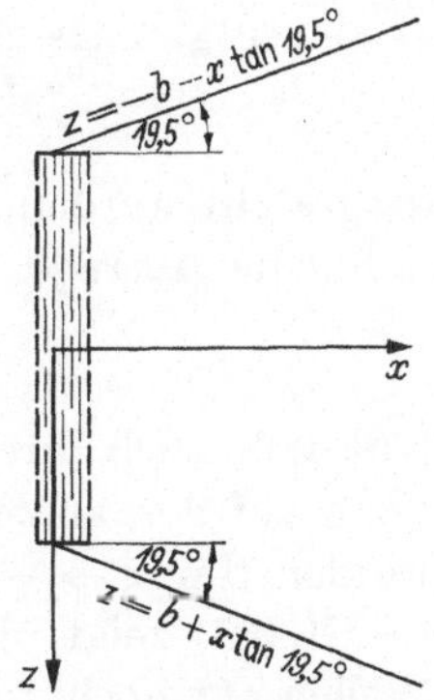

Abb. 8. Oberflächenwellenbereich hinter dem gesamten Tragflügel, nach KAPLAN, BRESLIN und JACOBS.

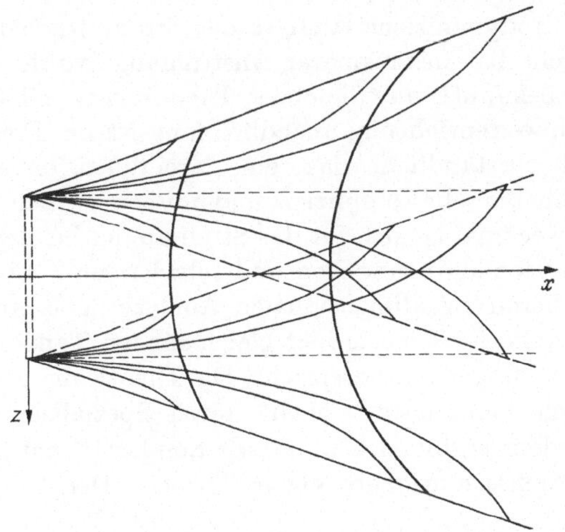

Abb. 9. Schematische Darstellung der Form der Oberflächenwellen hinter einem Unterwassertragflügel, nach KAPLAN, BRESLIN, JACOBS.

Wie KAPLAN, BRESLIN und JACOBS ferner zeigen, kann für sehr große x-Werte $\left(\text{d. h. } x/b \gg 1,\ \arc\tan\left(\frac{z \pm b}{x}\right) \to 0\right)$ das Wellenprofil (33)

---

[1] Vgl. Fußnote 1 auf S. 198.

näherungsweise (bis auf Glieder, deren Amplituden mit $1/\varkappa_0\, x$ abnehmen) in der einfachen Form

$$Y \approx -\frac{\varkappa_0}{u_0}\sqrt{\frac{2}{\pi}}\, e^{-\varkappa_0 y_0}\, \frac{1}{\sqrt{\varkappa_0\, x}}\, \sin\left(\varkappa_0\, x + \frac{\pi}{4}\right) \int\limits_{-b}^{b} \Gamma(\zeta)\, d\zeta + y_0 \qquad (35)$$

dargestellt werden. Natürlich ist $\lim\limits_{x \to \infty} Y = y_0$; dieses letztere Resultat, d. h., die Aussage

$$\lim_{x \to \pm\infty} (Y - y_0) = 0$$

läßt sich auch direkt aus der vollständigen Gl. (31) beweisen. Hierfür kann auf den analogen Beweis für das Potential Φ in Ziff. 1 verwiesen werden (für $x \to -\infty$).

Gl. (35) zeigt, daß sehr weit hinter dem Flügel die Amplitude der Wellen nur noch von dem Integral über die Flügelzirkulation und nicht mehr von der speziellen Form $\Gamma(\zeta)$ abhängt. Dieses Ergebnis ist auch anschaulich verständlich.

B. Instationäre Theorie der Unterwassertragflügel

1. Das Geschwindigkeitsfeld eines Unterwassertragflügels

Für die hydrodynamische Analyse des Strömungsfeldes von Unterwassertragflügeln bei instationärer Anströmung wurde bisher (soweit dem Verfasser bekannt[1]) nur die ebene Theorie verwendet, so als ob die Flügel in Spannweitenrichtung unendlich lang wären. Dieses wird durch den Umstand verständlich, daß eine dreidimensionale instationäre Theorie formelmäßig sehr kompliziert und unübersichtlich werden würde; es war somit zweckmäßig, sich für das Studium der bei der instationären Strömung auftretenden neuartigen und schwierigen Probleme zunächst mit der einfacheren zweidimensionalen Analyse zu begnügen.

Wir entwickeln die Theorie hier gleich für ein Tandemflügelsystem, wie es einem Tragflügelboot entspricht. Die Theorie des einzelnen Unterwassertragflügels kann daraus leicht durch Spezialisierung gewonnen werden. Außerdem ergibt sich dabei als Sonderfall natürlich noch die (besonders einfache) stationäre ebene Theorie. Der Ursprung unseres

---

[1] Ansätze für eine dreidimensionale Theorie beschränken sich bisher auf den Fall sehr hoher Froudescher Zahlen $\dfrac{u_0}{\sqrt{g\,a}} \to \infty$ [d. h. $g = 0$, Vernachlässigung des Schwerkrafteinflusses], in dem man zur Erfüllung der Randbedingung an der Wasseroberfläche mit dem einfachen Spiegelungsprinzip auskommt. Vgl. M. T. LANDAHL, H. ASHLEY and S. M. WIDNALL: Some free surface effects on unsteady hydrodynamic loads and hydroelasticity. 4th Symposium on Naval Hydrodynamics, Washington 1962.

Koordinatensystems falle mit dem $^1/_4$-Punkt des vorderen Flügels 1 zusammen; den Abstand zwischen den $^1/_4$-Punkten beider Flügel bezeichnen wir mit L (vgl. Abb. 6).

Der instationäre Charakter des Strömungsfeldes der Unterwassertragflügel kann durch verschiedene Umstände bedingt sein. Der nächstliegende Fall ist wohl derjenige, daß die Flügel des Bootes mit konstanter Geschwindigkeit u_0 durch ein periodisches Wellenfeld fahren. Man wird dann auf ein zeitlich periodisches Randwertproblem geführt, und die Lösungstheorie ist für diesen Fall am weitesten ausgebaut und am übersichtlichsten; aus diesem Grunde werden wir uns im folgenden auch hauptsächlich mit diesem Problem beschäftigen. Am Schluß dieser Ziff. 1 kommen wir unter d) noch kurz auf den Fall beliebiger aperiodischer Bewegungen zu sprechen.

a) Die Anströmung relativ zu unserem Flügelsystem bestehe aus der konstanten Grundströmung u_0 (Fahrtgeschwindigkeit) und einem ihr überlagerten wellenförmigen Anteil; letzterer wird hier als ebene Sinuswelle mit dem Potential

$$\Phi_0 = e^{\mu \varkappa_0 (y - y_0)} \left[B\, e^{i(\omega t - \mu \varkappa_0 x)} + \bar{B}\, e^{-i(\omega t - \mu \varkappa_0 x)} \right], \tag{36}$$

angesetzt ($B = \text{const}$). Da Φ_0 natürlich für sich allein der Oberflächenrandbedingung (2) genügen muß, ergibt sich für μ mit der Abkürzung

$$\Omega = \frac{\omega}{u_0 \varkappa_0} = \frac{\omega u_0}{g}$$

die Bedingungsgleichung $\mu^2 - 2\mu\,\Omega - \mu + \Omega^2 = 0$, mit den beiden positiven Wurzeln

$$\mu_1 = \Omega + \tfrac{1}{2} + \sqrt{\Omega + \tfrac{1}{4}}; \quad \mu_2 = \Omega + \tfrac{1}{2} - \sqrt{\Omega + \tfrac{1}{4}}. \tag{37}$$

Die Phasengeschwindigkeit der durch (36) gegebenen Wellen ist $u_0\,\dfrac{\Omega}{\mu}$; man erhält

$$\frac{\Omega}{\mu_1} = \frac{\Omega}{\Omega + \tfrac{1}{2} + \sqrt{\Omega + \tfrac{1}{4}}}, \quad \frac{\Omega}{\mu_2} = \frac{\Omega}{\Omega + \tfrac{1}{2} - \sqrt{\Omega + \tfrac{1}{4}}},$$

$$\lim_{\Omega \to \infty} \frac{\Omega}{\mu_1} = 1; \quad \lim_{\Omega \to \infty} \frac{\Omega}{\mu_2} = 1; \quad \lim_{\Omega \to 0} \frac{\Omega}{\mu_1} = 0; \quad \lim_{\Omega \to 0} \frac{\Omega}{\mu_2} = \infty.$$

Der Ansatz (36) liefert also zwei verschiedene mögliche Wellenformen. Bei der einen (μ_1) ist, bezogen auf unser Koordinatensystem, die Phasengeschwindigkeit kleiner, bei der anderen (μ_2) größer als die Fahrtgeschwindigkeit u_0 des Tragflügelsystems. Oder anders ausgedrückt, μ_1 charakterisiert eine mit dem Boot mitlaufende, μ_2 eine dem Boot entgegenlaufende Welle. In Anbetracht der bei Tragflügelbooten üblichen relativ hohen Fahrgeschwindigkeit u_0 (50 km/h und mehr) kann in der

Regel vorausgesetzt werden, daß

$$\Omega > \tfrac{1}{4} \tag{38}$$

ist[1]. Diese Ungleichung ist für die weitere Theorie von Bedeutung. Wir beginnen die Behandlung des instationären Strömungsfeldes der Unterwassertragflügel, indem wir zunächst das Geschwindigkeitspotential Φ_γ eines an der Stelle $(\xi, 0)$ liegenden Wirbelelementes der Stärke

$$\gamma(\xi, t) = \varepsilon_0(\xi) + \varepsilon_1(\xi) e^{i\omega t} + \bar{\varepsilon}_1(\xi) e^{-i\omega t} \tag{39}$$

berechnen. Dabei folgen wir im wesentlichen einer Darstellung des Verfassers[2]. In dem Ansatz

$$\Phi_\gamma = \frac{\gamma(\xi, t)}{2\pi} \int\limits_0^\infty e^{-\lambda y} \sin\lambda(x-\xi) \frac{d\lambda}{\lambda} -$$

$$- \frac{\gamma(\xi, t)}{2\pi} \int\limits_0^\infty e^{-\lambda(2y_0-y)} \sin\lambda(x-\xi) \frac{d\lambda}{\lambda} + \Phi_\gamma^* + \Phi_\gamma^{**} \tag{40}$$

---

[1] $\Omega = \tfrac{1}{4}$ liefert $\Omega/\mu_1 = 0{,}17$ und $\Omega/\mu_2 = 5{,}8$; dieses bedeutet, daß die Phasengeschwindigkeit der Wellen in Fahrtrichtung des Bootes schon $0{,}83\,u_0$, entgegen der Fahrtrichtung sogar $4{,}8\,u_0$ beträgt. Normalerweise wird die Phasengeschwindigkeit der Wasserwellen aber kaum die hohe Fahrtgeschwindigkeit eines Tragflügelbootes erreichen oder übertreffen. Aus dem gleichen Grunde kann in der Regel in dem Ansatz für Φ_0 auch von einem an sich möglichen weiteren Glied

$$e^{\mu \varkappa_0(y-y_0)} e^{i(\omega t + \mu \varkappa_0 x)}$$

abgesehen werden. Denn dieses Glied würde Wellen entsprechen, deren Phase sich in gleicher Richtung wie das Tragflügelboot, aber mit noch größerer Geschwindigkeit als dieses bewegt, d. h. Wellen, die das Boot überholen. Zudem würden reelle mögliche μ-Werte nur für $\Omega \leqq \tfrac{1}{4}$ existieren:

$$\mu_{3,4} = \frac{1}{2} - \Omega \pm \sqrt{\frac{1}{4} - \Omega}\,; \qquad \lim_{\Omega \to 1/4} \frac{\Omega}{\mu_3} = 1; \qquad \lim_{\Omega \to 1/4} \frac{\Omega}{\mu_4} = 1;$$

$$\lim_{\Omega \to 0} \frac{\Omega}{\mu_3} = 0; \qquad \lim_{\Omega \to 0} \frac{\Omega}{\mu_4} = \infty\,.$$

Eine theoretische Untersuchung des Falles $\Omega \leqq \tfrac{1}{4}$ findet man bei Crimi P. u. I. C. Statler: Forces and moments on an oscillating hydrofoil. 4th Symposium on Naval Hydrodynamics, Washington 1962. — Kaplan, P.: The waves generated by the forward motion of oscillatory pressure distributions. Proc. 5th Midwestern Conference on Fluid Mechanics, 1957.

[2] Isay, W. H.: Zur Theorie der Unterwassertragflügel bei wellenförmiger Anströmung. Ing.-Arch. 29 (1960) 160. — Zur Berechnung der Unterwassertragflügel bei wellenförmiger Anströmung. Ing.-Arch. 30 (1961) 201. — Für alle Zwischenrechnungen und Beweise muß auf diese beiden Arbeiten verwiesen werden, da wir uns hier aus Platzgründen mit einer knappen Darstellung der Theorie begnügen müssen. Für $g \to 0$, d. h. hohe Froudesche Zahlen, folgt aus (42): $\lim\limits_{g \to 0} \Phi_\gamma^* = 0$, $\lim\limits_{g \to 0} \Phi_\gamma^{**} = 0$ (Vernachlässigung der Schwerkraft).

stellen die ersten beiden Glieder das bekannte Potential eines Wirbels in ebener, allseitig unbegrenzter Strömung und des an der Ebene $y = y_0$ gespiegelten Wirbels dar. Das Zusatzpotential Φ_γ^* ist so zu bestimmen, daß es zusammen mit den beiden ersten Gliedern in (40) der Relation (2') genügt. Das Zusatzpotential Φ_γ^{**} muß dann für sich der Gl. (2') genügen, und es ist ferner so zu berechnen, daß gilt

$$\lim_{x \to -\infty} \frac{\partial \Phi_\gamma}{\partial x} = 0, \qquad \lim_{x \to -\infty} \frac{\partial \Phi_\gamma}{\partial y} = 0, \qquad \lim_{x \to -\infty} \frac{\partial \Phi_\gamma}{\partial t} = 0, \qquad (41)$$

denn der Wirbel übt ja weit voraus keinen Störungseinfluß mehr aus[1]. Das gesuchte Wirbelpotential lautet dann[2]:

$$\Phi_\gamma = \frac{1}{2\pi} \left(\varepsilon_0(\xi) + \varepsilon_1(\xi)\, e^{i\omega t} + \overline{\varepsilon_1(\xi)}\, e^{-i\omega t} \right) \times$$

$$\times \int_0^\infty [e^{-\lambda y} - e^{-\lambda y^*}] \sin \lambda (x - \xi)\, \frac{d\lambda}{\lambda} +$$

$$+ \frac{i}{2\pi} \varepsilon_1(\xi)\, e^{i\omega t} \int_0^\infty \left[\frac{e^{-\mu \varkappa_0 y^* + i\mu \varkappa_0 (x - \xi)}}{\mu^2 - \mu + 2\mu \Omega + \Omega^2} - \frac{e^{-\mu \varkappa_0 y^* - i\mu \varkappa_0 (x - \xi)}}{\mu^2 - \mu - 2\mu \Omega + \Omega^2} \right] d\mu -$$

$$- \frac{i}{2\pi} \overline{\varepsilon_1(\xi)}\, e^{-i\omega t} \int_0^\infty \left[\frac{e^{-\mu \varkappa_0 y^* - i\mu \varkappa_0 (x - \xi)}}{\mu^2 - \mu + 2\mu \Omega + \Omega^2} - \frac{e^{-\mu \varkappa_0 y^* + i\mu \varkappa_0 (x - \xi)}}{\mu^2 - \mu - 2\mu \Omega + \Omega^2} \right] d\mu -$$

$$- \frac{1}{\pi} \varepsilon_0(\xi) \int_0^\infty e^{-\mu \varkappa_0 y^*} \frac{\sin \mu \varkappa_0 (x - \xi)}{\mu(\mu - 1)}\, d\mu - \varepsilon_0(\xi)\, e^{-\varkappa_0 y^*} \cos \varkappa_0 (x - \xi) -$$

$$- \frac{\varepsilon_1(\xi)}{2} \frac{e^{i\omega t}}{\mu_1 - \mu_2} \left[e^{-\mu_1 \varkappa_0 y^* - i\mu_1 \varkappa_0 (x - \xi)} - e^{-\mu_2 \varkappa_0 y^* - i\mu_2 \varkappa_0 (x - \xi)} \right] -$$

$$- \frac{\overline{\varepsilon_1(\xi)}}{2} \frac{e^{-i\omega t}}{\mu_1 - \mu_2} \left[e^{-\mu_1 \varkappa_0 y^* + i\mu_1 \varkappa_0 (x - \xi)} - e^{-\mu_2 \varkappa_0 y^* + i\mu_2 \varkappa_0 (x - \xi)} \right] \qquad (42)$$

$$(2y_0 - y = y^*).$$

Dabei ist der Anteil Φ_γ^{**} durch die Glieder ohne Integral in (42) gegeben, die für sich der Bedingung (2') genügen, da μ_1, μ_2 Wurzeln der Gleichung $\mu^2 - 2\mu \Omega - \mu + \Omega^2 = 0$ sind.

Das Geschwindigkeitspotential der ebenen stationären Theorie ist als Sonderfall $\varepsilon_1 \equiv 0$ in (42) enthalten. Eine ausführliche Untersuchung dieses Potentials findet man in verschiedenen Arbeiten der stationären Theorie[3].

---

[1] Denn für $\Omega > 1/4$ ist sowohl die Phasen- als auch die Gruppengeschwindigkeit $u_0 \dfrac{d\Omega}{d\mu}$ der auftretenden Wellen positiv.

[2] Vgl. Fußnote 2 auf S. 202.

[3] NISHIYAMA, T.: Hydrodynamical investigation on the submerged hydrofoil. J. Amer. Soc. Nav. Engrs. 70 (1958) 559; 70 (1958) 663; 71 (1959) 135. — ISAY, W. H.: Zur Theorie der nahe der Wasseroberfläche fahrenden Tragflächen. Ing.-Arch. 27 (1959/60) 295.

Das Potential Φ_γ gemäß (42) hat alle geforderten Eigenschaften; wie man leicht nachrechnet, erfüllt es die Randbedingung (2') und genügt auch den Relationen (41). Um das letztere zu erkennen, muß Φ_γ weiter ausgewertet werden; dazu benötigt man neben der Formel (11) die folgenden weiteren Integralformeln, für deren Beweis auf die genannten Originalarbeiten des Verfassers verwiesen werden muß:

$$\int\limits_0^\infty e^{-\mu(y^*+ix)}\frac{d\mu}{\mu+\alpha\pm i\beta}$$
$$= -e^{-(\alpha\pm i\beta)(-y^*-ix)}\left[E_i\big((\alpha\pm i\beta)(-y^*-ix)\big)+2\pi i\right]; \quad (43)$$

$$\int\limits_0^\infty e^{-\mu(y^*-ix)}\frac{d\mu}{\mu+\alpha\pm i\beta} = -e^{-(\alpha\pm i\beta)(-y^*+ix)}E_i\big((\alpha\pm i\beta)(-y^*+ix)\big).$$
$$(44)$$
$$(\alpha\geqq 0,\quad \beta>0,\quad x>0).$$

Bei der Verwendung der Formeln (43) und (44)[1] zur Auswertung des Potentials (42) sind α und β unter Berücksichtigung der Relation (38) in folgender Weise definiert:

$$\mu^2-\mu+2\mu\,\Omega+\Omega^2 = (\mu+\alpha-i\beta)(\mu+\alpha+i\beta). \qquad (45)$$
$$\alpha = \Omega-\tfrac{1}{2};\quad \beta = \sqrt{\Omega-\tfrac{1}{4}}\,.$$

b) Mit dem Potential (42) kann nunmehr das von den gebundenen Wirbeln $\gamma(\xi,t)$, $\left(-\dfrac{a}{2}\leqq\xi\leqq\dfrac{3}{2}a\right)$ eines Unterwassertragflügels induzierte Geschwindigkeitsfeld

$$u_\gamma = \int\limits_{-a/2}^{3a/2}\frac{\partial\Phi_\gamma}{\partial x}\,d\xi, \qquad v_\gamma = \int\limits_{-a/2}^{3a/2}\frac{\partial\Phi_\gamma}{\partial y}\,d\xi$$

berechnet werden. Man erhält:

$$u_\gamma = \frac{1}{2\pi}\int\limits_{-a/2}^{3a/2}\left[\varepsilon_0(\xi)+\varepsilon_1(\xi)\,e^{i\omega t}+\overline{\varepsilon_1(\xi)}\,e^{-i\omega t}\right]\times$$

$$\times\left[\frac{y}{(x-\xi)^2+y^2}-\frac{y^*}{(x-\xi)^2+y^{*2}}\right]d\xi +$$

$$+\frac{\varkappa_0}{2\pi}\int\limits_{-a/2}^{3a/2}\varepsilon_0(\xi)\left\{e^{-\varkappa_0 y^*-i\varkappa_0(x-\xi)}\left[E_i\big(\varkappa_0 y^*+i\varkappa_0(x-\xi)\big)+\pi i\right]+\right.$$

---

[1] Beim Übergang von x zu $-x$, d. h. von Formel (43) zu (44) bleibt das Ergebnis gerade infolge des zusätzlichen Gliedes $2\pi i$ stetig; denn bei diesem Übergang wird der Verzweigungsschnitt der E_i-Funktion längs der negativen reellen Achse gekreuzt. Dieses erkennt man sofort, wenn man die bekannte Reihendarstellung für die E_i-Funktion ansetzt:

$$E_i(z) = 0{,}5772 - \pi i + \log z + \sum_{n=1}^\infty \frac{1}{n\,n!}\,z^n.$$

$$+ e^{-\varkappa_0 y^* + i \varkappa_0 (x-\xi)} \left[E_i\big(\varkappa_0 y^* - i \varkappa_0 (x-\xi)\big) + \pi i \right] +$$

$$+ 2\pi e^{-\varkappa_0 y^*} \sin \varkappa_0 (x-\xi) \} \, d\xi -$$

$$- \frac{\varkappa_0}{2\pi} e^{i\omega t} \int\limits_{-a/2}^{3a/2} \varepsilon_1(\xi) \{\ldots\} \, d\xi - \frac{\varkappa_0}{2\pi} e^{-i\omega t} \int\limits_{-a/2}^{3a/2} \overline{\varepsilon_1(\xi)} \, \overline{\{\ldots\}} \, d\xi;$$

$$\tag{46}$$

$$\{\ldots\} = \frac{1}{2}\left(1 - i\,\frac{\alpha}{\beta}\right) \int\limits_0^\infty \frac{e^{-\mu \varkappa_0 (y^* - ix + i\xi)}}{\mu + \alpha + i\beta} \, d\mu +$$

$$+ \frac{1}{2}\left(1 + i\,\frac{\alpha}{\beta}\right) \int\limits_0^\infty \frac{e^{-\mu \varkappa_0 (y^* - ix + i\xi)}}{\mu + \alpha - i\beta} \, d\mu +$$

$$+ \frac{\mu_1}{\mu_1 - \mu_2} \int\limits_0^\infty \frac{e^{-\mu \varkappa_0 (y^* + ix - i\xi)}}{\mu - \mu_1} \, d\mu + \frac{\mu_2}{\mu_2 - \mu_1} \int\limits_0^\infty \frac{e^{-\mu \varkappa_0 (y^* + ix - i\xi)}}{\mu - \mu_2} \, d\mu -$$

$$- \frac{i\pi \mu_1}{\mu_1 - \mu_2} e^{-\mu_1 \varkappa_0 (y^* + ix - i\xi)} - \frac{i\pi \mu_2}{\mu_2 - \mu_1} e^{-\mu_2 \varkappa_0 (y^* + ix - i\xi)}.$$

$$v_\gamma = - \frac{1}{2\pi} \int\limits_{-a/2}^{3a/2} \left[\varepsilon_0(\xi) + \varepsilon_1(\xi)\, e^{i\omega t} + \overline{\varepsilon_1(\xi)}\, e^{-i\omega t} \right] \times$$

$$\times \left[\frac{x - \xi}{(x-\xi)^2 + y^2} + \frac{x - \xi}{(x-\xi)^2 + y^{*2}} \right] d\xi +$$

$$+ \frac{i\varkappa_0}{2\pi} \int\limits_{-a/2}^{3a/2} \varepsilon_0(\xi) \{ e^{-\varkappa_0 y^* - i\varkappa_0 (x-\xi)} \left[E_i\big(\varkappa_0 y^* + i\varkappa_0 (x-\xi)\big) + \pi i \right] -$$

$$- e^{-\varkappa_0 y^* + i\varkappa_0 (x-\xi)} \left[E_i\big(\varkappa_0 y^* - i\varkappa_0 (x-\xi)\big) + \pi i \right] +$$

$$+ 2\pi i\, e^{-\varkappa_0 y^*} \cos \varkappa_0 (x-\xi) \} \, d\xi +$$

$$+ \frac{i\varkappa_0}{2\pi} e^{i\omega t} \int\limits_{-a/2}^{3a/2} \varepsilon_1(\xi) \{\ldots\} \, d\xi - \frac{i\varkappa_0}{2\pi} e^{-i\omega t} \int\limits_{-a/2}^{3a/2} \overline{\varepsilon_1(\xi)} \, \overline{\{\ldots\}} \, d\xi;$$

$$\tag{47}$$

$$\{\ldots\} = \frac{1}{2}\left(1 - i\,\frac{\alpha}{\beta}\right) \int\limits_0^\infty \frac{e^{-\mu \varkappa_0 (y^* - ix + i\xi)}}{\mu + \alpha + i\beta} \, d\mu +$$

$$+ \frac{1}{2}\left(1 + i\,\frac{\alpha}{\beta}\right) \int\limits_0^\infty \frac{e^{-\mu \varkappa_0 (y^* - ix + i\xi)}}{\mu + \alpha - i\beta} \, d\mu -$$

$$- \frac{\mu_1}{\mu_1 - \mu_2} \int\limits_0^\infty \frac{e^{-\mu \varkappa_0 (y^* + ix - i\xi)}}{\mu - \mu_1} \, d\mu - \frac{\mu_2}{\mu_2 - \mu_1} \int\limits_0^\infty \frac{e^{-\mu \varkappa_0 (y^* + ix - i\xi)}}{\mu - \mu_2} \, d\mu +$$

$$+ \frac{i\pi \mu_1}{\mu_1 - \mu_2} e^{-\mu_1 \varkappa_0 (y^* + ix - i\xi)} + \frac{i\pi \mu_2}{\mu_2 - \mu_1} e^{-\mu_2 \varkappa_0 (y^* + ix - i\xi)}.$$

Durch die zeitliche Änderung der gebundenen Wirbel werden in bekannter Weise freie Wirbel induziert, die mit der Anströmung u_0

hinter dem Unterwassertragflügel abfließen. Der kleine wellenförmige Anteil der Anströmung und die gegenseitige Beeinflussung der freien Wirbel wird dabei vernachlässigt. Ein an der Stelle $(\xi, 0)$ liegender gebundener Wirbel der Stärke $\gamma(\xi, t)$ induziert eine kontinuierliche Folge von freien Wirbeln

$$-\frac{\partial}{\partial t}\gamma\left(\xi, t - \frac{X-\xi}{u_0}\right) dt$$

$$= -i\frac{\omega}{u_0}\left[\varepsilon_1(\xi)\, e^{i\omega t}\, e^{-i\frac{\omega}{u_0}(X-\xi)} - \overline{\varepsilon_1(\xi)}\, e^{-i\omega t}\, e^{i\frac{\omega}{u_0}(X-\xi)}\right] dX \qquad (48)$$

$$(\xi \leqq X < \infty).$$

Wir wollen dabei annehmen, daß alle diese freien Wirbel den gleichen Abstand y_0 von der Wasseroberfläche behalten, und wir vernachlässigen außerdem den Zerfall der freien Wirbel in der realen Strömung. Dieses ist natürlich nur für die unmittelbare Umgebung hinter der Tragfläche näherungsweise richtig. Da jedoch die in der Nähe der Tragfläche befindlichen freien Wirbel den größten Einfluß ausüben, erscheint es zulässig, bei der Berechnung der von den freien Wirbeln am Ort der Tragfläche selbst induzierten Geschwindigkeiten u_f, v_f diese Vereinfachungen einzuführen[1]. Unter Verwendung des Potentials (42) ergibt sich dann:

$$u_f = \frac{i}{2\pi}\frac{\omega}{u_0} e^{i\omega t}\int_{-a/2}^{3a/2}\varepsilon_1(\xi)\{\ldots\}\, d\xi - \frac{i}{2\pi}\frac{\omega}{u_0} e^{-i\omega t}\int_{-a/2}^{3a/2}\overline{\varepsilon_1(\xi)}\,\overline{\{\ldots\}}\, d\xi;$$

$$\{\ldots\} = \int_{\xi}^{\infty} e^{-i\frac{\omega}{u_0}(X-\xi)}\left[\frac{y^*}{(x-X)^2 + y^{*2}} - \frac{y}{(x-X)^2 + y^2}\right] dX +$$

$$+ i\int_0^{\infty}\frac{e^{-\mu\varkappa_0(y^*-ix+i\xi)}}{\mu+\Omega}\, d\mu - \frac{\alpha+i\beta-\Omega}{2\beta}\int_0^{\infty}\frac{e^{-\mu\varkappa_0(y^*-ix+i\xi)}}{\mu+\alpha+i\beta}\, d\mu +$$

$$+ \frac{\alpha-i\beta-\Omega}{2\beta}\int_0^{\infty}\frac{e^{-\mu\varkappa_0(y^*-ix+i\xi)}}{\mu+\alpha-i\beta}\, d\mu -$$

$$- \frac{e^{-\mu_1\varkappa_0 y^*}}{\mu_1-\mu_2} I(x, y^*, \xi, \mu_1) - \frac{e^{-\mu_2\varkappa_0 y^*}}{\mu_2-\mu_1} I(x, y^*, \xi, \mu_2) -$$

$$- \left[\begin{array}{l}\dfrac{\pi\mu_1 e^{-\mu_1\varkappa_0 y^*}}{(\mu_1-\mu_2)(\mu_1-\Omega)}\left(e^{-i\frac{\omega}{u_0}(x-\xi)} - e^{-i\mu_1\varkappa_0(x-\xi)}\right) \quad (\text{für } x > \xi) \\[2ex] \qquad\qquad 0 \qquad\qquad (\text{für } x < \xi)\end{array}\right] -$$

$$- \left[\begin{array}{l}\dfrac{\pi\mu_2 e^{-\mu_2\varkappa_0 y^*}}{(\mu_2-\mu_1)(\mu_2-\Omega)}\left(e^{-i\frac{\omega}{u_0}(x-\xi)} - e^{-i\mu_2\varkappa_0(x-\xi)}\right) \quad (\text{für } x > \xi) \\[2ex] \qquad\qquad 0 \qquad\qquad (\text{für } x < \xi)\end{array}\right].$$

$$(49)$$

---

[1] Für die Berechnung der von den freien Wirbeln des vorderen Flügels am Ort der hinteren Tragfläche induzierten Geschwindigkeiten vergleiche man unter c).

$$v_f = \frac{1}{2\pi}\,\frac{\omega}{u_0}\,e^{i\omega t} \int\limits_{-a/2}^{3a/2} \varepsilon_1(\xi)\,\{\ldots\}\,d\xi + \frac{1}{2\pi}\,\frac{\omega}{u_0}\,e^{-i\omega t}\int\limits_{-a/2}^{3a/2}\overline{\varepsilon_1(\xi)}\,\overline{\{\ldots\}}\,d\xi;$$

$$\{\ldots\} = i\int\limits_{\xi}^{\infty} e^{-i\frac{\omega}{u_0}(X-\xi)}\left[\frac{x-X}{(x-X)^2+y^{*2}} + \frac{x-X}{(x-X)^2+y^2}\right]dX +$$

$$+\,i\int\limits_{0}^{\infty}\frac{e^{-\mu\varkappa_0(y^*-ix+i\xi)}}{\mu+\Omega}\,d\mu - \frac{\alpha+i\beta-\Omega}{2\beta}\int\limits_{0}^{\infty}\frac{e^{-\mu\varkappa_0(y^*-ix+i\xi)}}{\mu+\alpha+i\beta}\,d\mu +$$

$$+\,\frac{\alpha-i\beta-\Omega}{2\beta}\int\limits_{0}^{\infty}\frac{e^{-\mu\varkappa_0(y^*-ix+i\xi)}}{\mu+\alpha-i\beta}\,d\mu +$$

$$+\,\frac{e^{-\mu_1\varkappa_0 y^*}}{\mu_1-\mu_2}\,I(x,y^*,\xi,\mu_1) + \frac{e^{-\mu_2\varkappa_0 y^*}}{\mu_2-\mu_1}\,I(x,y^*,\xi,\mu_2) +$$

$$+\left[\begin{array}{ll}\dfrac{\pi\mu_1\,e^{-\mu_1\varkappa_0 y^*}}{(\mu_1-\mu_2)(\mu_1-\Omega)}\left(e^{-i\frac{\omega}{u_0}(x-\xi)}-e^{-i\mu_1\varkappa_0(x-\xi)}\right) & (\text{für } x>\xi)\\[2ex] 0 & (\text{für } x<\xi)\end{array}\right] +$$

$$+\left[\begin{array}{ll}\dfrac{\pi\mu_2\,e^{-\mu_2\varkappa_0 y^*}}{(\mu_2-\mu_1)(\mu_2-\Omega)}\left(e^{-i\frac{\omega}{u_0}(x-\xi)}-e^{-i\mu_2\varkappa_0(x-\xi)}\right) & (\text{für } x>\xi)\\[2ex] 0 & (\text{für } x<\xi)\end{array}\right].$$

$$\tag{50}$$

Dabei ist I eine Abkürzung für das Integral

$$I(x,y^*,\xi,\mu_1) \equiv \mu_1\int\limits_{\xi}^{\infty} e^{-i\frac{\omega}{u_0}(X-\xi)}\left[e^{-i\mu_1\varkappa_0(x-X)}\left\{C_i\big(\mu_1\varkappa_0(x-X)\big)+\right.\right.$$

$$\left.\left.+\,i\,S_i\big(\mu_1\varkappa_0(x-X)\big)+i\,\frac{\pi}{2}\right\} + \int\limits_{0}^{\mu_1\varkappa_0 y^*} e^{\vartheta}\,\frac{\vartheta-i\mu_1\varkappa_0(x-X)}{\vartheta^2+\mu_1^2\varkappa_0^2(x-X)^2}\,d\vartheta\right]\varkappa_0\,dX. \tag{51}$$

Für die Auswertung dieses Integrals sowie der anderen in den Gl. (49) und (50) auftretenden Integrale über X muß auf die Originalarbeit verwiesen werden[1].

Eine analytisch äquivalente, jedoch formelmäßig etwas von (46), (47), (49) und (50) abweichende Darstellung für das Geschwindigkeitsfeld der gebundenen und freien Wirbel hat NISHIYAMA[2] angegeben; doch wird von ihm auf das Problem des Tandemflügelsystems (Tragflügelbootes) nicht eingegangen.

---

[1] ISAY, W. H.: Ing.-Arch. 29 (1960) 160. C_i und S_i bedeuten Integralcosinus und Integral sinus.

[2] NISHIYAMA, T.: Unsteady characteristics of the submerged hydrofoil performing heave or pitch at constant forward speed under sinusoidal waves. 4th Symposium on Naval Hydrodynamics, Washington 1962.

c) Bei einem Tandemflügelsystem beeinflußt (genau wie bei stationärer Strömung, vgl. Abschn. A, Ziff. 2d) der hintere Flügel den vorderen praktisch gar nicht, während die vom Wirbelsystem des vorderen Flügels am hinteren Flügel induzierten Geschwindigkeiten in der Randbedingung berücksichtigt werden müssen. Auch die Wasseroberfläche in der Umgebung des hinteren Flügels wird durch den vorausfahrenden Flügel deformiert. Nach der in Ziff. 2d von Abschn. A angegebenen Methode wird der stationäre Anteil dieser Deformation bei der Randbedingung am hinteren Flügel berücksichtigt; dagegen sollen die instationären Tiefenschwankungen vernachlässigt werden[1], die durch die wellenförmige Wasseroberfläche sowie durch Tauch- und Stampfbewegungen des Flügels bedingt sind.

Das von den Flügeln *1* und *2* jeweils am eigenen Flügel induzierte Geschwindigkeitsfeld ist durch die Ausdrücke (46), (47), (49) und (50) gegeben. Das von den gebundenen Wirbeln des Flügels *1* am Ort des Flügels *2* $\left(-\dfrac{a_2}{2} + L \leqq x_2 \leqq \dfrac{3a_2}{2} + L; \text{ vgl. Abb. 6}\right)$ induzierte Feld wird ebenfalls aus Formel (46) und (47) berechnet; in Anbetracht der großen dabei in Frage kommenden x-Werte ist es zweckmäßig, bei der Auswertung der Integrale (11), (43) und (44) die asymptotische Entwicklung (15) der E_i-Funktion zu verwenden[2].

Wesentlich schwieriger ist die richtige Erfassung des Geschwindigkeitsfeldes, das die freien Wirbel des Flügels *1* am Ort des Flügels *2* induzieren. Denn in den Darstellungen (49) und (50) ist ja der in der wirklichen Strömung auftretende turbulente Zerfall der freien Wirbel nicht berücksichtigt; man kann daher keinesfalls erwarten, daß die Formeln (49) und (50) für x-Werte weit hinter Flügel *1*, d. h. am Ort von Flügel *2*, noch physikalisch reale Werte liefern. Der Verfasser hat versucht, den Zerfall der freien Wirbel näherungsweise durch Anbringung eines multiplikativen Abklingfaktors $e^{-\varkappa_0 \tau (X - \xi_1)}$ $(\xi_1 \leqq X < \infty)$ bei Formel (48) zu beschreiben. Der Nachteil dieser Methode ist jedoch, daß der Wert von τ aus der Theorie nicht entnommen werden kann, so daß hier eine Unsicherheit besteht. Glücklicherweise hat sich gezeigt, daß der Wert von τ in der Randbedingungsgleichung keinen starken Einfluß ausübt. Dieses liegt vor allem daran, daß die (in Ziff. 2 noch zu berechnenden) von der Stampf- und Tauchbewegung des Flügels stammenden Geschwindigkeitsanteile einen wesentlichen Einfluß auf die Randbedingung haben und die Bedeutung der freien Wirbel demgegenüber zurücktritt. Es genügt somit, wenn man einen gegenüber etwaigen

---

[1] Andernfalls würde die schon verwickelte Theorie noch wesentlich komplizierter; es zeigt sich, daß diese Vernachlässigung für kleine Wellenamplituden gerechtfertigt ist.

[2] Isay, W. H.: Ing.-Arch. 30 (1961) 201.

Variationen möglichst unempfindlichen Mittelwert von τ in die Rechnung einsetzt. Ein solcher Mittelwert wurde vom Verfasser durch einen Integrationsprozeß über den Zerfallbereich der freien Wirbel gewonnen; für die Einzelheiten dieser Rechnung verweisen wir auf die Originalarbeit[1].

Die Auswertung der dabei auftretenden Integrale wird dadurch vereinfacht, daß für diese Näherungsrechnung wegen des großen Abstandes der beiden Flügel asymptotische Entwicklungen verwendet werden können.

d) Auf ein weiteres instationäres Problem (und zwar auch ohne eine wellenförmige Anströmung gegen den Flügel) führt die Untersuchung von beliebigen, insbesondere auch aperiodischen Fahrbewegungen eines Unterwassertragflügels. Hierunter fallen z. B. die Anfahrvorgänge und einmalige Geschwindigkeitsänderungen. Die Fahrgeschwindigkeit $u_0 = u_0(t)$ ist dann eine Funktion der Zeit, und an Stelle von (2') gilt die allgemeinere Oberflächenrandbedingung

$$\frac{\partial^2 \Phi}{\partial t^2} + 2 u_0 \frac{\partial^2 \Phi}{\partial x\,\partial t} + u_0^2 \frac{\partial^2 \Phi}{\partial x^2} + \frac{d u_0}{dt}\,\frac{\partial \Phi}{\partial x} + g\,\frac{\partial \Phi}{\partial y} = 0 \quad \text{(für } y = y_0\text{)}. \quad (52)$$

Das der Gleichung (52) genügende Potential eines Wirbels wurde von KAPLAN[2] berechnet. Für die Auswertung der auf diesem Potential basierenden Theorie müssen natürlich spezielle Annahmen über die Form der Tragflügelbewegung, d. h. der Funktion $u_0(t)$ gemacht werden.

KAPLAN untersuchte den Anfahrvorgang eines Flügels (bei dem ja eine freie Wirbelschleppe endlicher Länge auftritt), er behandelte außerdem ebenfalls einen mit konstanter Geschwindigkeit in regulärem Seegang fahrenden Flügel sowie einen Flügel, der vertikale Schwingungsbewegungen ausführt. Allerdings sind in dieser Theorie noch manche Vereinfachungen enthalten; so wird teilweise die Flügelzirkulation nicht aus der vollständigen Randbedingung am Flügel unter Berücksichtigung der Wasseroberfläche bestimmt; auch auf das Problem des Tandemflügelsystems wird nicht eingegangen.

In einer kürzlich veröffentlichten Arbeit hat SHEBALOV[3] das Potential eines Wirbels unter Berücksichtigung der Randbedingung (52) aufgestellt und damit gewisse Fahrvorgänge mit vorgegebener Anfangsbedingung diskutiert.

---

[1] Vgl. Fußnote 2 auf S. 208.

[2] KAPLAN, P.: A hydrodynamic theory for the forces on hydrofoils in unsteady motion. Diss. Stevens Institute of Technology. Hoboken 1955. — The forces acting on hydrofoils in unsteady motion. Proc. 9th Int. Congress Applied Mechanics, Brüssel 1956. — KAPLAN, P.: Theoretical analysis of hydrofoil motions in waves using unsteady flow theory. Proc. 10th Int. Congress Applied Mechanics, Stresa 1960.

[3] SHEBALOV, A. N.: On the wave resistance and lift of a plan contour of arbitrary form in unsteady motion under a free surface. J. applied Mathematics Mechanics 26 (1963) 1673 (PMM, Original russisch).

2. Die Randbedingung an einem Tandemflügelsystem
(Tragflügelboot)

a) Bevor wir aus der Randbedingung an den Flügeln die Integralgleichungen zur Berechnung der Flügelzirkulationen

$$\left.\begin{aligned}
\gamma_1(\xi_1, t) &= \varepsilon_0^{(1)}(\xi_1) + \varepsilon_1^{(1)}(\xi_1)\,e^{i\omega t} + \overline{\varepsilon_1^{(1)}(\xi_1)}\,e^{-i\omega t}, \\[2mm]
\Gamma_1(t) &= E_0^{(1)} + E_1^{(1)}\,e^{i\omega t} + \bar{E}_1^{(1)}\,e^{-i\omega t} = \int\limits_{-a_1/2}^{3\,a_1/2} \gamma_1(\xi_1, t)\,d\xi_1, \\[2mm]
\gamma_2(\xi_2, t) &= \varepsilon_0^{(2)}(\xi_2) + \varepsilon_1^{(2)}(\xi_2)\,e^{i\omega t} + \overline{\varepsilon_1^{(2)}(\xi_2)}\,e^{-i\omega t}, \\[2mm]
\Gamma_2(t) &= E_0^{(2)} + E_1^{(2)}\,e^{i\omega t} + \bar{E}_1^{(2)}\,e^{-i\omega t} = \int\limits_{-a_2/2+L}^{3\,a_2/2+L} \gamma_2(\xi_2, t)\,d\xi_2
\end{aligned}\right\} \tag{53}$$

ableiten können, müssen wir noch die Stampf- und Tauchgeschwindigkeiten der Flügel berechnen[1].

Es sei M die Masse des Tragflügelbootes und S sein Schwerpunkt, ferner $L = L_1 + L_2$ (Abb. 10). Wir nehmen an, daß die Masse der Flügel

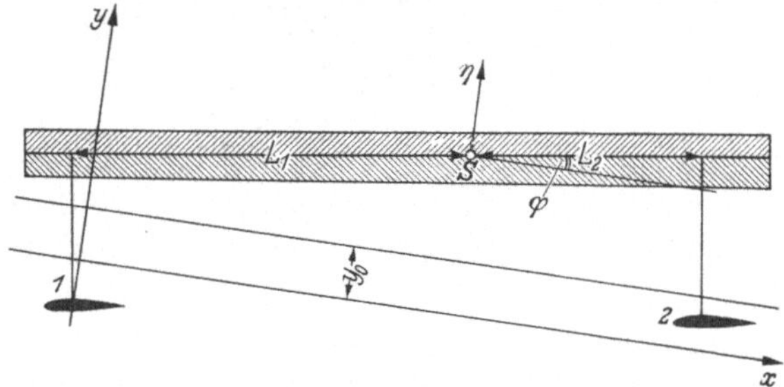

Abb. 10. Schematische Skizze, zur Erläuterung der Tauch- und Stampfbewegung eines Tragflügelbootes, nach ISAY.

gegenüber der Bootsmasse vernachlässigbar ist und sehen auch von Dämpfungseinflüssen des Wassers ab. Damit lautet die Bewegungsgleichung des Schwerpunktes (und auch damit des ganzen Bootes, wenn Durchbiegungen vernachlässigt werden) für das Tauchen

$$M\,\ddot{\eta} \approx -M\,g + \varrho\,u_0\,\Gamma_1(t) + \varrho\,u_0\,\Gamma_2(t).$$

Da die Masse M im zeitlichen Mittel mit dem Auftrieb im Gleichgewicht ist, gilt bei voll ausgetauchtem Bootskörper

$$M\,g = \varrho\,u_0\,(E_0^{(1)} + E_0^{(2)}),$$

---

[1] Diese dürfen in der Randbedingung am Flügel nur weglassen werden, wenn Flügel untersucht werden, die zum Beispiel in einem Prüfstand fest montiert sind.

und damit ergibt sich unter Berücksichtigung der Periodizitätsbedingung $\eta\left(t + \dfrac{2\pi}{\omega}\right) = \eta(t)$ die gesuchte Tauchgeschwindigkeit der Flügel[1]:

$$\dot{\eta}(t) = -\frac{g\,i}{\omega}\,\frac{E_1^{(1)} + E_1^{(2)}}{E_0^{(1)} + E_0^{(2)}}\,e^{i\omega t} + \frac{g\,i}{\omega}\,\frac{\bar{E}_1^{(1)} + \bar{E}_1^{(2)}}{E_0^{(1)} + E_0^{(2)}}\,e^{-i\omega t}. \tag{54}$$

Bezogen auf den Schwerpunkt als Drehpunkt lautet die Bewegungsgleichung für das Stampfen bei kleinem Stampfwinkel φ und mit Θ als Trägheitsmoment des Bootes

$$\Theta\,\ddot{\varphi} \approx -L_1\,\varrho\,u_0\,\Gamma_1(t) + L_2\,\varrho\,u_0\,\Gamma_2(t).$$

Auch für die Stampfbewegung besteht die Periodizitätsbedingung

$$\varphi\left(t + \frac{2\pi}{\omega}\right) = \varphi(t). \quad \text{Weiter sei} \quad \frac{\omega}{2\pi}\int\limits_0^{2\pi/\omega}\varphi(t)\,dt = \varphi_0 \equiv 0,\quad \text{denn ein von}$$

Null verschiedener mittlerer Neigungswinkel φ_0 kann ohne weiteres mit in die Flügelprofilneigungen einbezogen werden. Dann ergibt sich

$$L_1\,E_0^{(1)} = L_2\,E_0^{(2)}; \quad L_1 = \frac{L\,E_0^{(2)}}{E_0^{(1)} + E_0^{(2)}}; \quad L_2 = \frac{L\,E_0^{(1)}}{E_0^{(1)} + E_0^{(2)}},$$

und die Integration liefert

$$\dot{\varphi}(t) = \frac{i\,g}{\omega}\,\frac{M\,L}{\Theta}\left[\frac{E_1^{(1)}E_0^{(2)} - E_1^{(2)}E_0^{(1)}}{[E_0^{(1)} + E_0^{(2)}]^2}\,e^{i\omega t} - \frac{\bar{E}_1^{(1)}E_0^{(2)} - \bar{E}_1^{(2)}E_0^{(1)}}{[E_0^{(1)} + E_0^{(2)}]^2}\,e^{-i\omega t}\right];$$
$$\varphi(t) = \int\limits^t \dot{\varphi}(t)\,dt. \tag{55}$$

Für die Randbedingung an den Flügeln ist die y-Komponente der Stampfgeschwindigkeit wesentlich; sie ist näherungsweise gegeben durch $-L_1\,\dot{\varphi}$ bei Flügel 1 und $L_2\,\dot{\varphi}$ bei Flügel 2. Die entsprechenden x-Komponenten werden als von höherer Ordnung klein vernachlässigt[2]. Andernfalls würde die Theorie durch nichtlineare Glieder sehr

---

[1] Vgl. W. H. Isay: Ing.-Arch. 30 (1961) 201. Wie bereits in Ziff. 1c gesagt, soll dabei die Tauchtiefe der Flügel als ungefähr konstant angesehen werden.

[2] In den Bewegungsgleichungen für das Stampfen und Tauchen haben wir die Flügelkräfte in y-Richtung in der einfachsten Form $K_y = \varrho\,u_0\,\Gamma(t)$ angesetzt. Wie vom Verfasser gezeigt wurde, entsprechen die auf diese Weise erhaltenen Bewegungsgleichungen der einfachen Form (ohne Berücksichtigung der Dämpfungswirkung des Wassers), wie sie von G. Weinblum eingeführt wurden [vgl. G. Weinblum: Schiffstechnik 5 (1958) 2. — W. H. Isay: Ing.-Arch. 30 (1961) 201] und mehrfach bei schwingungsmechanischen Stabilitätsuntersuchungen von Tragflügelsystemen verwendet wurden [vgl. P. Kaplan u. W. Jacobs: Dynamic performance of scaled surface piercing hydrofoil craft in waves. Davidson Lab. Rep. 704 (1959), Stev. Inst. of Technology]. — F. Ogilvie hat bei der Entwicklung einer verbesserten Theorie mit Recht darauf hingewiesen, daß bei einem

Fortsetzung S. 212 unten

kompliziert, und es müßte auch die Annahme einer konstanten Flügel-
tauchtiefe y_0 aufgegeben werden. Damit würde unsere grundlegende
Ausgangsformel (42) für das Geschwindigkeitspotential eines Wirbels
ihre Gültigkeit verlieren.

b) Mit $f_1'(x_1)$ und $f_2'(x_2)$ als den Neigungen der Flügelskelettlinien
lauten die Randbedingungen am Flügel 1 und 2:

$$[f_1'(x_1) + \varphi(t)] \left[u_0 + \frac{\partial \Phi_0}{\partial x} + u_{\gamma_1} + u_{f_1}\right]_{\substack{x=x_1 \\ y=0}}$$

$$= \left[\frac{\partial \Phi_0}{\partial y} + v_{\gamma_1} + v_{f_1} - \dot{\eta} + L_1\,\dot{\varphi}\right]_{\substack{x=x_1 \\ y=0}},$$

$$[f_2'(x_2) + \varphi(t)] \left[u_0 + \frac{\partial \Phi_0}{\partial x} + u_{\gamma_1} + u_{f_1} + u_{\gamma_2} + u_{f_2}\right]_{\substack{x=x_2 \\ y=0}}$$

$$= \left[\frac{\partial \Phi_0}{\partial y} + v_{\gamma_1} + v_{f_1} + v_{\gamma_2} + v_{f_2} - \dot{\eta} - L_2\,\dot{\varphi}\right]_{\substack{x=x_2 \\ y=0}}. \tag{56}$$

Da nach den Voraussetzungen der linearen Theorie sowohl φ als
auch $\frac{\partial \Phi_0}{\partial x}$, u_γ, u_f klein gegen u_0 sind, können wir die Produkte $\varphi\,\frac{\partial \Phi_0}{\partial x}$,
$\varphi\,u_\gamma$, $\varphi\,u_f$ in der Randbedingung (56) vernachlässigen; aus (56) ergeben sich
durch Koeffizientenvergleich in 1, $e^{i\omega t}$, $e^{-i\omega t}$ sechs Integralgleichungen,
von denen nur vier wesentlich sind, denn mit ε_1 ist ja auch $\bar{\varepsilon}_1$ bekannt.
Der Koeffizientenvergleich der zeitunabhängigen Glieder in (56) liefert
die beiden Integralgleichungen für $\varepsilon_0^{(1)}(\xi_1)$, $\varepsilon_0^{(2)}(\xi_2)$:

$$-2u_0 f_1'(x_1) = \frac{1}{\pi} \int\limits_{-a_1/2}^{3a_1/2} \varepsilon_0^{(1)}(\xi_1) \left\{\frac{1}{x_1 - \xi_1} + H(x_1, \xi_1)\right\} d\xi_1$$

$$-2u_0 f_2'(x_2) - \frac{1}{\pi}\left(\frac{1}{L+a_2} + H(L+a_2, 0)\right) E_0^{(1)}$$

$$= \frac{1}{\pi} \int\limits_{-\frac{a_2}{2}+L}^{\frac{3a_2}{2}+L} \varepsilon_0^{(2)}(\xi_2) \left\{\frac{1}{x_2 - \xi_2} + H(x_2, \xi_2)\right\} d\xi_2$$

$$\left(-\frac{a_1}{2} \leqq x_1 \leqq \frac{3a_1}{2}; \quad L - \frac{a_2}{2} \leqq x_2 \leqq L + \frac{3a_2}{2}\right). \tag{57}$$

genaueren Ansatz für die Kraft K_y nach dem Kutta-Joukowskischen Satz noch
ein weiteres lineares Glied der Form

$$\varrho\,\frac{\partial \Phi_0}{\partial x}\,E_0$$

bei K_y auftreten würde (bedingt durch den wellenförmigen Anteil der Anströmung),
dessen Größe unter Umständen für die Flügelbewegung von Bedeutung sein wird
[vgl. F. Ogilvie: The theoretical prediction of the longitudinal motions of hydrofoil craft. J. Ship Res. 3 (1959/60) H. 3]. Allerdings wird in dieser Arbeit der Einfluß der freien Wasseroberfläche auf die Wirbelverteilung der Flügel nicht berücksichtigt.

Dabei ist $H(x, \xi)$ eine stetige Funktion:

$$H(x, \xi) = \frac{x - \xi - 2 y_0 \, f'(x)}{(x - \xi)^2 + 4 y_0^2} +$$

$$+ 2 \pi \, \varkappa_0 \, f'(x) \, e^{-2\varkappa_0 y_0} \sin \varkappa_0 (x - \xi) + 2 \pi \, \varkappa_0 \, e^{-2\varkappa_0 y_0} \cos \varkappa_0 (x - \xi) +$$

$$+ \varkappa_0 \big(f'(x) - i\big) \, e^{-2\varkappa_0 y_0 - i\varkappa_0 (x - \xi)} \left[E_i \big(2\varkappa_0 \, y_0 + i \, \varkappa_0 (x - \xi)\big) + \pi \, i \right] +$$

$$+ \varkappa_0 \big(f'(x) + i\big) \, e^{-2\varkappa_0 y_0 + i\varkappa_0 (x - \xi)} \left[E_i \big(2\varkappa_0 \, y_0 - i \, \varkappa_0 (x - \xi)\big) + \pi \, i \right]. \quad (58)$$

Zur Erläuterung der linken Seite der zweiten Gl. (57) bemerken wir noch: Für die Berechnung der vom Wirbelsystem des vorderen Flügels am hinteren Flügel induzierten Geschwindigkeit ist es in jedem Falle ausreichend, die $^1/_4 - ^3/_4$-Punkt-Methode anzuwenden, d. h. den vorderen Flügel durch einen Punktwirbel der Zirkulation $\Gamma_1(t)$ bei $\xi_1 = 0$ zu ersetzen und für die am hinteren Flügel induzierte Geschwindigkeit deren Wert im $^3/_4$-Punkt $L + a_2$ zu nehmen[1].

Die Auflösungstheorie von Integralgleichungen des Typs (57) ist im Anhang dieses Buches ausführlich dargestellt, so daß wir hier nicht weiter darauf eingehen brauchen. Es zeigt sich also, daß im Rahmen der hier vorgelegten linearen Theorie die stationären Mittelwerte der Zirkulation unabhängig[2] sind von der wellenförmigen Anströmung und der durch sie ausgelösten Tauch- und Stampfbewegung der Flügel. Bei der effektiven Durchführung der Rechnung wird also zunächst der stationäre Anteil des Strömungsfeldes bestimmt; erst danach kann mit der Behandlung des instationären Anteils begonnen werden. Durch Koeffizientenvergleich in $(e^{i \omega t})$ ergeben sich aus (56) die beiden folgenden Integralgleichungen für $\varepsilon_1^{(1)}(\xi_1)$, $\varepsilon_1^{(2)}(\xi_2)$:

$$2\mu_1 \varkappa_0 \, B_1\big(1 + i \, f_1'(x_1)\big) \, e^{-\mu_1 \varkappa_0 (y_0 + i x_1)} + 2\mu_2 \varkappa_0 \, B_2\big(1 + i \, f_1'(x_1)\big) \times$$

$$\times e^{-\mu_2 \varkappa_0 (y_0 + i x_1)} - 2 u_0 \, \frac{M L}{\Theta} \, \frac{1}{\varkappa_0 \, \Omega^2} \, \frac{E_1^{(1)} E_0^{(2)} - E_1^{(2)} E_0^{(1)}}{[E_0^{(1)} + E_0^{(2)}]^2} +$$

$$+ \frac{2g \, i}{\omega} \, \frac{E_1^{(1)} + E_1^{(2)}}{E_0^{(1)} + E_0^{(2)}} + \frac{2g \, i}{\omega} \, \frac{M L^2}{\Theta} \, E_0^{(2)} \, \frac{E_1^{(1)} E_0^{(2)} - E_1^{(2)} E_0^{(1)}}{[E_0^{(1)} + E_0^{(2)}]^3}$$

$$= \frac{1}{\pi} \int\limits_{-a_1/2}^{3 a_1/2} \varepsilon_1^{(1)}(\xi_1) \left\{ \frac{1}{x_1 - \xi_1} - \frac{i \, \omega}{u_0} \ln \left| \frac{x_1}{a_1} - \frac{\xi_1}{a_1} \right| + h(x_1, \xi_1) \right\} d\xi_1; \quad (59)$$

---

[1] Zur Vereinfachung wurde bei den Gl. (56) und (57) angenommen, daß Flügel 2 sich auf der gleichen Höhe $(y = 0)$ befinde wie Flügel 1. Bei der Wiederholungsrechnung gemäß Abschnitt A, Ziff. 2d ist in $H(x_2, \xi_2)$ der Wert y_0 durch $(Y)_{m2}$ zu ersetzen, und in $H(L + a_2, 0)$ der Wert $2y_0$ durch $y_0 + (Y)_{m2}$ (vgl. Abb. 6). — Wenn beide Flügel sich auf verschiedener Höhe befinden, ändert sich der Ausdruck für $H(L + a_2, 0)$ geringfügig; für Einzelheiten vgl. die genannten Arbeiten des Verfassers. Es ist dann zweckmäßiger, die ungestörte freie Wasseroberfläche als Nullniveau zu nehmen. Entsprechendes gilt auch für die zweite Integralgleichung (59) mit den Kernanteilen (60) und (61) und dem Wellenanteil der Ausströmung.

[2] Das wäre nicht mehr der Fall, wenn in der Randbedingung (56) nichtlineare Glieder wie $\varphi \, u_y$ usw. berücksichtigt würden.

$$2\mu_1 \varkappa_0 B_1 \big(1 + i\, f_2'(x_2)\big)\, e^{-\mu_1 \varkappa_0 (y_0 + i x_2)} + 2\mu_2 \varkappa_0 B_2 \big(1 + i\, f_2'(x_2)\big) \times$$

$$\times\, e^{-\mu_2 \varkappa_0 (y_0 + i x_2)} - 2u_0\, \frac{ML}{\Theta}\, \frac{1}{\varkappa_0\, \Omega^2}\, \frac{E_1^{(1)}\, E_0^{(2)} - E_1^{(2)}\, E_0^{(1)}}{[E_0^{(1)} + E_0^{(2)}]^2} +$$

$$+\, \frac{2g\, i}{\omega}\, \frac{E_1^{(1)} + E_1^{(2)}}{E_0^{(1)} + E_0^{(2)}} - \frac{2g\, i}{\omega}\, \frac{ML^2}{\Theta}\, E_0^{(1)}\, \frac{E_1^{(1)}\, E_0^{(2)} - E_1^{(2)}\, E_0^{(1)}}{[E_0^{(1)} + E_0^{(2)}]^3} -$$

$$-\, \frac{1}{\pi}\, h_{21}(L + a_2,\, 0)\, E_1^{(1)}$$

$$= \frac{1}{\pi} \int\limits_{-\frac{a_2}{2}+L}^{\frac{3a_2}{2}+L} \varepsilon_1^{(2)}(\xi_2) \left\{ \frac{1}{x_2 - \xi_2} - \frac{i\,\omega}{u_0} \ln\left| \frac{x_2}{a_2} - \frac{\xi_2}{a_2} \right| + h(x_2,\, \xi_2) \right\} d\xi_2. \tag{59}$$

Dabei ist $h(x,\, \xi)$ eine stetige Funktion:

$$h(x,\, \xi) = \frac{x - \xi - 2y_0\, f'(x)}{(x - \xi)^2 + 4y_0^2} - \frac{\varkappa_0}{2} \big(i + f'(x)\big) \times$$

$$\times \left[\left(1 - i\, \frac{\alpha}{\beta}\right) \int\limits_0^\infty \frac{e^{-\varkappa_0 (2y_0 - i x + i\xi)\mu}}{\mu + \alpha + i\beta}\, d\mu + \left(1 + i\, \frac{\alpha}{\beta}\right) \int\limits_0^\infty \frac{e^{-\mu \varkappa_0 (2y_0 - i x + i\xi)}}{\mu + \alpha - i\beta}\, d\mu \right] +$$

$$+\, \varkappa_0 \big(i - f'(x)\big) \left[\frac{\mu_1}{\mu_1 - \mu_2} \int\limits_0^\infty \frac{e^{-\mu \varkappa_0 (2y_0 + i x - i\xi)}}{\mu - \mu_1}\, d\mu + \right.$$

$$+\, \frac{\mu_2}{\mu_2 - \mu_1} \int\limits_0^\infty \frac{e^{-\mu \varkappa_0 (2y_0 + i x - i\xi)}}{\mu - \mu_2}\, d\mu - \frac{i\,\pi\,\mu_1}{\mu_1 - \mu_2}\, e^{-\mu_1 \varkappa_0 (2y_0 + i x - i\xi)} -$$

$$-\, \frac{i\,\pi\,\mu_2}{\mu_2 - \mu_1}\, e^{-\mu_2 \varkappa_0 (2y_0 + i x - i\xi)} \right] + \left[\frac{\omega}{u_0}\, \frac{\alpha + i\beta - \Omega}{2\beta} \int\limits_0^\infty \frac{e^{-\mu \varkappa_0 (2y_0 - i x + i\xi)}}{\mu + \alpha + i\beta}\, d\mu - \right.$$

$$-\, \frac{i\,\omega}{u_0} \int\limits_0^\infty \frac{e^{-\mu \varkappa_0 (2y_0 - i x + i\xi)}}{\mu + \Omega}\, d\mu - \frac{\omega}{u_0}\, \frac{\alpha - i\beta - \Omega}{2\beta} \int\limits_0^\infty \frac{e^{-\mu \varkappa_0 (2y_0 - i x + i\xi)}}{\mu + \alpha - i\beta}\, d\mu \right] \times$$

$$\times \big(1 - i\, f'(x)\big) - i\, \frac{\omega}{u_0} \left[\int\limits_\xi^\infty e^{-i\frac{\omega}{u_0}(X - \xi)}\, \frac{(x - X) - 2y_0\, f'(x)}{(x - X)^2 + 4y_0^2}\, dX + \right.$$

$$+ \int\limits_\xi^\infty e^{-i\frac{\omega}{u_0}(X - \xi)}\, \frac{dX}{x - X} - \ln\left| \frac{x}{a} - \frac{\xi}{a} \right| \right] -$$

$$-\, \frac{\omega}{u_0} \big(1 + i\, f'(x)\big) \left[\frac{e^{-2\mu_1 \varkappa_0 y_0}}{\mu_1 - \mu_2}\, I(x,\, 2y_0,\, \xi,\, \mu_1) + \frac{e^{-2\mu_2 \varkappa_0 y_0}}{\mu_2 - \mu_1}\, I(x,\, 2y_0,\, \xi,\, \mu_2) \right] -$$

$$-\frac{\omega}{u_0}\left(1+i\,f'(x)\right)\left[\begin{array}{l}\dfrac{\pi\,\mu_1\,e^{-2\,\mu_1\varkappa_0 y_0}}{(\mu_1-\mu_2)\,(\mu_1-\Omega)}\left(e^{-i\frac{\omega}{u_0}(x-\xi)}-e^{-i\,\mu_1\varkappa_0(x-\xi)}\right)\quad(\text{für } x>\xi)\\[3mm] \qquad\qquad 0 \qquad\qquad (\text{für } x<\xi)\end{array}\right]-$$

$$-\frac{\omega}{u_0}\left(1+i\,f'(x)\right)\left[\begin{array}{l}\dfrac{\pi\,\mu_2\,e^{-2\cdot\mu_2\varkappa_0 y_0}}{(\mu_2-\mu_1)\,(\mu_2-\Omega)}\left(e^{-i\frac{\omega}{u_0}(x-\xi)}-e^{-i\,\mu_2\varkappa_0(x-\xi)}\right)\quad(\text{für } x>\xi)\\[3mm] \qquad\qquad 0 \qquad\qquad (\text{für } x<\xi)\end{array}\right]-$$

$$\tag{60}$$

Ferner ist

$$h_{21}(L+a_2,0)=\frac{1}{L+a_2}+\frac{L+a_2-2\,y_0\,f_2'}{(L+a_2)^2+4\,y_0^2}-\frac{\varkappa_0}{2}\,(i+f_2')\times$$

$$\times\left[\left(1-i\,\frac{\alpha}{\beta}\right)\int_0^\infty\frac{e^{-\mu\varkappa_0(2\,y_0-iL-ia_2)}}{\mu+\alpha+i\beta}\,d\mu+\left(1+i\,\frac{\alpha}{\beta}\right)\int_0^\infty\frac{e^{-\mu\varkappa_0(2\,y_0-iL-ia_2)}}{\mu+\alpha-i\beta}\,d\mu\right]+$$

$$+\varkappa_0(i-f_2')\left[\frac{\mu_1}{\mu_1-\mu_2}\int_0^\infty\frac{e^{-\mu\varkappa_0(2\,y_0+iL+ia_2)}}{\mu-\mu_1}\,d\mu+\right.$$

$$+\frac{\mu_2}{\mu_2-\mu_1}\int_0^\infty\frac{e^{-\mu\varkappa_0(2\,y_0+iL+ia_2)}}{\mu-\mu_2}\,d\mu-\frac{i\,\pi\,\mu_1}{\mu_1-\mu_2}\,e^{-\mu_1\varkappa_0(2\,y_0+iL+ia_2)}-$$

$$\left.-\frac{i\,\pi\,\mu_2}{\mu_2-\mu_1}\,e^{-\mu_2\varkappa_0(2\,y_0+iL+ia_2)}\right]+$$

$$+2(1+i\,f_2')\,\frac{\omega}{u_0}\left\{\frac{\pi\,\mu_1}{\mu_1-\mu_2}\,e^{-\mu_1\varkappa_0(2\,y_0+iL+ia_2)}\left[\frac{1}{\mu_1-\Omega+i\,\tau}\right]_m+\right.$$

$$\left.+\frac{\pi\,\mu_2}{\mu_2-\mu_1}\,e^{-\mu_2\varkappa_0(2\,y_0+iL+ia_2)}\left[\frac{1}{\mu_2-\Omega+i\,\tau}\right]_m\right\}-$$

$$-\frac{\omega}{u_0}\left\{\frac{2}{\varkappa_0(L+a_2)}+\frac{2f_2'}{\Omega^2\,\varkappa_0^2(L+a_2)^2}-f_2'\,\frac{2\,y_0}{\varkappa_0(L+a_2)^2}\right\}\left[\frac{1}{\Omega-i\,\tau}\right]_m+$$

$$+2\,i\,\frac{\omega}{u_0}\,\frac{1}{\varkappa_0^2(L+a_2)^2}\left[\frac{1}{(\Omega-i\,\tau)^2}\right]_m,\tag{61}$$

und dabei bedeutet z. B.

$$\left[\frac{1}{\mu_1-\Omega+i\,\tau}\right]_m\equiv\frac{\varkappa_0 L}{3}\int_{3/\varkappa_0 L}^{6/\varkappa_0 L}\frac{d\tau}{\mu_1-\Omega+i\,\tau}.$$

Diese Ausdrücke sind durch die Mittelwertbildung für den Zerfall-parameter τ der freien Wirbel bedingt (vgl. Ziff. 1c).

Für die Auflösung der Gln. (59) wird wieder auf die im Anhang dar-gestellte Theorie verwiesen. Die Berechnung der Kerne $h(x,\xi)$ erfordert allerdings einen großen Rechenaufwand; daher ist es zweckmäßig, sich in den Fällen, in denen man nur die Gesamtzirkulation $\Gamma(t)$, nicht aber die Wirbeldichte $\gamma(\xi, t)$ bestimmen will, mit der Anwendung der $1/4-3/4$-Punkt-Methode zu begnügen, d. h., die Flügel werden durch Punktwirbel in ihrem $1/4$-Punkt ersetzt, und die Randbedingung wird im $3/4$-Punkt erfüllt. Durch Vergleich mit Ergebnissen, die durch Auflösung der Integralgleichungen erhalten wurden, hat sich gezeigt, daß die $1/4-3/4$-Methode ausreichend genau ist.

Die nachfolgende Tabelle zeigt an einigen Beispielen Berechnungsergebnisse[1] für die Flügelzirkulationen $\Gamma_1(t)$, $\Gamma_2(t)$ von Tandemflügelsystemen. In allen Fällen ist dabei $a_1 = a_2 = y_0$ und $(Y)_{m2} = \tfrac{1}{2} y_0$; $f_1' = f_2' = -0{,}1$. Um die Übersichtlichkeit der Ergebnisse zu erhöhen, wurde als Wellenanteil der Anströmung entweder nur eine mit dem Boot mitlaufende (μ_1) oder nur eine dem Boot entgegenlaufende (μ_2) Welle angesetzt. Die Wasseroberfläche hat dann nach Gl. (1) und (36) entweder die Form (Fall 1)

$$\frac{1}{y_0}\, Y = 1 + B^* \sin(\omega t - \mu_1 \varkappa_0 x); \qquad B^* = 2(\Omega - \mu_1)\frac{B}{u_0 y_0}$$

oder die Form (Fall 2)

$$\frac{1}{y_0}\, Y = 1 + B^* \sin(\omega t - \mu_2 \varkappa_0 x); \qquad B^* = 2(\Omega - \mu_2)\frac{B}{u_0 y_0}\,.$$

B^* ist eine reine Zahl; durch sie ist die Wellenamplitude bestimmt. Für die Beispiele wurden ferner die Werte $\dfrac{M L^2}{\Theta} = 10$ und $\dfrac{L}{a_1} = 20$ zugrunde gelegt, wie sie bei normalen Tragflügelbooten vorkommen.

Der instationäre Anteil der Flügelzirkulation ist durch die Größe der Amplitude $2\sqrt{E_1\,\overline{E}_1}$ charakterisiert [vgl. Formel (53)].

$\varkappa_0 y_0$	Ω	Ω/μ_1	Ω/μ_2	Fall	$\dfrac{E_0^{(1)}}{a_1 u_0}$	$\dfrac{E_0^{(2)}}{a_2 u_0}$	$\dfrac{2\sqrt{E_1^{(1)}\overline{E}_1^{(1)}}}{a_1 u_0 B^*}$	$\dfrac{2\sqrt{E_1^{(2)}\overline{E}_1^{(2)}}}{a_2 u_0 B^*}$
0,1	2π	0,673	1,487	1	0,347	0,390	0,170	0,197
				2	0,347	0,390	0,100	0,182
0,1	$\tfrac{2}{3}\pi$	0,506	1,976	1	0,347	0,390	0,092	0,123
				2	0,347	0,390	0,058	0,073
0,05	4π	0,755	1,324	1	0,410	0,285	0,128	0,129
				2	0,410	0,285	0,116	0,130
0,05	$\tfrac{4}{3}\pi$	0,617	1,621	1	0,410	0,285	0,153	0,111
				2	0,410	0,285	0,081	0,071

Die durch die Stampf- und Tauchbewegung bewirkte Auslenkung der Flügel gegenüber ihrer Mittellage ist bei Flügel *1* gegeben durch $[\eta(t) - \eta_0 - L_1 \varphi(t)]$ und bei Flügel *2* durch $[\eta(t) - \eta_0 + L_2 \varphi(t)]$;

---

[1] Für weitere Einzelheiten vgl. W. H. Isay: Ing.-Arch. 30 (1961) 201.

[vgl. (54) und (55)]. η_0 gibt die Mittellage des Bootsschwerpunktes an. In der folgenden Tabelle sind die Amplituden der Flügelbewegung enthalten (in Einheiten von B^*).

$\varkappa_0 y_0$	Ω	Fall	$[\varphi]_{max}$	$\dfrac{1}{y_0}[\eta-\eta_0]_{max}$	$\dfrac{1}{y_0}[\eta-\eta_0-L_1\varphi]_{max}$	$\dfrac{1}{y_0}[\eta-\eta_0+L_2\varphi]_{max}$
0,1	2π	1	0,0022	0,129	0,121	0,139
		2	0,0178	0,072	0,162	0,216
0,1	$\frac{2}{3}\pi$	1	0,0603	0,638	0,744	0,983
		2	0,0096	0,413	0,343	0,486
0,05	4π	1	0,0106	0,024	0,085	0,132
		2	0,0114	0,008	0,090	0,141
0,05	$\frac{4}{5}\pi$	1	0,0108	0,439	0,420	0,493
		2	0,0331	0,220	0,316	0,485

Eine Betrachtung der Ergebnisse zeigt zunächst, daß die kombinierte Stampf- und Tauchbewegung der Flügel mit zunehmender Frequenz ω (d. h. auch zunehmendem Ω) der anregenden Wasserwellen abnimmt. Dieses entspricht auch der Anschauung. Ferner ergibt sich, daß die Flügelbewegung in allen Fällen am hinteren Flügel größere Amplituden aufweist als am vorderen. Eine allgemeiner gültige Aussage darüber, wie sich die Bewegung des Bootes in den Fällen *1* und *2* (d. h. bei mitlaufenden bzw. entgegenlaufenden Wellen) unterscheidet, läßt sich aus den wenigen zur Verfügung stehenden Resultaten noch nicht entnehmen.

Die Gültigkeit der Theorie und ihrer Ergebnisse ist natürlich auf kleine Wellenamplituden beschränkt; hierfür kann man einen Anhaltspunkt gewinnen, wenn man z. B. bedenkt, daß die maximale Auslenkung (Amplitude) bei der Bewegung des Flügels *2* (im Fall *1* bei $\Omega = \frac{2}{3}\pi$) gleich $y_0 B^*$ ist. Da der mittlere Abstand zwischen Flügel *2* und der Wasseroberfläche (wie sich in Ziff. 3 herausstellen wird) selbst nur $0{,}5\,y_0$ beträgt, so würde der Flügel schon für $B^* = \frac{1}{2}$ die Wasseroberfläche berühren; dieses ist natürlich nach den der Theorie zugrunde liegenden Voraussetzungen ganz unzulässig. Dazu kommt, daß auch noch die in Ziff. 3 zu berechnende instationäre Verformung der Wasseroberfläche zu berücksichtigen ist. Eine eingehendere Untersuchung zeigt[1], daß für die hier mitgeteilten Beispiele die maximal zulässigen B^*-Werte etwa zwischen 0,07 und 0,21 liegen.

Untersuchungen darüber, wie stark sich eine Vernachlässigung des Einflusses der Wasseroberfläche auf die Flügelzirkulation auswirken würde, wurden von NISHIYAMA[2] durchgeführt.

---

[1] ISAY, W. H.: Ing.-Arch. 30 (1961) 201.

[2] NISHIYAMA, T.: Unsteady characteristics of the submerged hydrofoil performing heave or pitch at constant forward speed under sinusoidal waves. 4th Symposium on Naval Hydrodynamics, Washington 1962.

c) Die resultierenden Flügelkräfte in x- und y-Richtung K_x und K_y werden wie üblich mit Hilfe des Kutta-Joukowskischen Satzes berechnet. (Vgl. auch Kap. I, Abschn. A,2.) Dabei sind in der am Flügel wirksamen Geschwindigkeit selbstverständlich auch die Stampf- und Tauchgeschwindigkeiten sowie alle durch die freie Wasseroberfläche bedingten Geschwindigkeitsanteile zu berücksichtigen. Die Flügel werden durch Punktwirbel $\Gamma_1(t)$, $\Gamma_2(t)$ ersetzt, die im jeweiligen $^1/_4$-Punkt angeordnet sind.

Bei der Berechnung der Geschwindigkeit v_f im $^1/_4$-Punkt des Flügels tritt dann der formal unendliche Grenzwert [vgl. Formel (50)]

$$\lim_{x \to 0} \int_0^\infty e^{-i \frac{\omega}{u_0} X} \frac{dX}{x - X} = i \frac{\pi}{2} + 0,5772 + \ln \frac{\omega a}{u_0} + \lim_{x \to 0} \ln \left| \frac{x}{a} \right|$$

auf. Dieser beruht darauf[1], daß näherungsweise von der Wirbeldichte zum Punktwirbel übergegangen wird; d. h., man ersetzt den eigentlichen Kraftausdruck

$$\int_{-a/2}^{3a/2} \gamma(x, t) \, v_f(x, 0, t) \, dx \quad \text{durch} \quad v_f(0, 0, t) \, \Gamma(t).$$

Diese Näherung ist für stetige Geschwindigkeitsanteile ausreichend; für den singulären Anteil muß man die Wirbeldichte beibehalten, so daß

$$\Gamma(t) \lim_{x \to 0} \ln \left| \frac{x}{a} \right| = \int_{-a/2}^{3a/2} \gamma(x, t) \ln \left| \frac{x}{a} \right| dx$$

zu setzen ist. Beschränkt man sich näherungsweise auf den ersten Birnbaumschen Anteil, so erhält man mit $\gamma(x, t) = \dfrac{1}{a \pi} \Gamma(t) \sqrt{\dfrac{1,5 a - x}{0,5 a + x}}$ als Ergebnis:

$$\lim_{x \to 0} \ln \left| \frac{x}{a} \right| = -\frac{1}{2} - \ln 2.$$

Dieser Wert ist für die Kraftberechnung zu verwenden[2]. Im übrigen bietet die Bestimmung der Flügelkräfte keine Schwierigkeiten, wenn auch die expliziten Formelausdrücke natürlich wieder recht umfangreich werden. Die Kraftkomponenten K_x und K_y setzen sich jeweils aus drei Anteilen zusammen:

Ein von B^* unabhängiger, positiver stationärer Anteil (dieser liefert bei K_x den Wellenwiderstand, welcher in der Regel etwa 2 bis 4% des

---

[1] Isay, W. H.: Ing.-Arch. 29 (1960) 160.
[2] Zu dem gleichen Ergebnis kommt man auch, wenn man umgekehrt zunächst bei der Berechnung von $v_f(0, 0, t)$ die Wirbeldichte beibehält und dann bildet: $v_f(0, 0, t) \, \Gamma(t)$.

stationären Auftriebes beträgt); ferner ein in B^* linearer Anteil, der im Zeitmittel verschwindet; schließlich ein in B^* quadratischer Anteil, der von höherer Ordnung klein ist. Für die Einzelheiten wird auf die genannten Originalarbeiten des Verfassers verwiesen.

3. Die Form der Wasseroberfläche

Die Form Y der freien Wasseroberfläche ist aus Gl. (1) zu berechnen. Dabei kann der Unterwassertragflügel durch einen in seinem $^1/_4$-Punkt angeordneten Punktwirbel gleicher Gesamtzirkulation ersetzt werden. Diese Methode hat sich als ausreichend genau erwiesen. Man erhält für die Wasseroberfläche in der Umgebung des vorderen Flügels eines Tandemsystems (der hintere Flügel übt hier keinen Einfluß aus) den folgenden Ausdruck[1]:

$$Y = y_0 + y_0\, B_1^* \sin(\omega t - \mu_1 \varkappa_0 x) + y_0\, B_2^* \sin(\omega t - \mu_2 \varkappa_0 x) +$$

$$+ \frac{1}{2\pi}\, \frac{E_0^{(1)}}{u_0} \left[\int_0^\infty \frac{e^{-\mu \varkappa_0 (y_0 + i x)}}{\mu - 1}\, d\mu + \int_0^\infty \frac{e^{-\mu \varkappa_0 (y_0 - i x)}}{\mu - 1}\, d\mu - 2\pi\, e^{-\varkappa_0 y_0} \sin \varkappa_0 x \right] +$$

$$+ \frac{1}{u_0}\, \frac{1}{2\pi}\, \{\ldots\}\, E_1^{(1)}\, e^{i\omega t} + \frac{1}{u_0}\, \frac{1}{2\pi}\, \overline{\{\ldots\}}\, \overline{E}_1^{(1)}\, e^{-i\omega t}\,;$$

$$\{\ldots\} = \frac{1}{2}\left(1 - i\frac{\alpha}{\beta}\right) \int_0^\infty \frac{e^{-\mu \varkappa_0 (y_0 - i x)}}{\mu + \alpha + i\beta}\, d\mu + \frac{1}{2}\left(1 + i\frac{\alpha}{\beta}\right) \int_0^\infty \frac{e^{-\mu \varkappa_0 (y_0 - i x)}}{\mu + \alpha - i\beta}\, d\mu +$$

$$+ \frac{\mu_1 - \Omega}{\mu_1 - \mu_2}\left(\int_0^\infty \frac{e^{-\mu \varkappa_0 (y_0 + i x)}}{\mu - \mu_1}\, d\mu - i\pi\, e^{-\mu_1 \varkappa_0 (y_0 + i x)} \right) +$$

$$+ \frac{\mu_2 - \Omega}{\mu_2 - \mu_1}\left(\int_0^\infty \frac{e^{-\mu \varkappa_0 (y_0 + i x)}}{\mu - \mu_2}\, d\mu - i\pi\, e^{-\mu_2 \varkappa_0 (y_0 + i x)} \right) +$$

$$+ i\frac{\Omega}{\mu_1}\, \frac{\mu_1 - \Omega}{\mu_1 - \mu_2}\, e^{-\mu_1 \varkappa_0 y_0}\, I(x, y_0, 0, \mu_1) +$$

$$+ i\frac{\Omega}{\mu_2}\, \frac{\mu_2 - \Omega}{\mu_2 - \mu_1}\, e^{-\mu_2 \varkappa_0 y_0}\, I(x, y_0, 0, \mu_2) +$$

$$+ \left[\begin{array}{ll} \dfrac{i\pi\Omega}{\mu_1 - \mu_2}\, e^{-\mu_1 \varkappa_0 y_0}\left(e^{-i\frac{\omega}{u_0} x} - e^{-i\mu_1 \varkappa_0 x} \right) & (\text{für } x > 0) \\[2mm] 0 & (\text{für } x < 0) \end{array} \right] +$$

$$+ \left[\begin{array}{ll} \dfrac{i\pi\Omega}{\mu_2 - \mu_1}\, e^{-\mu_2 \varkappa_0 y_0}\left(e^{-i\frac{\omega}{u_0} x} - e^{-i\mu_2 \varkappa_0 x} \right) & (\text{für } x > 0) \\[2mm] 0 & (\text{für } x < 0) \end{array} \right]. \qquad (62)$$

---

[1] Siehe Fußnote 1 auf S. 218.

Für die Auswertung der Gl. (62) werden die Integralformeln (11), (43), (44) und (51) herangezogen. Man erkennt dann leicht, daß für $x \to -\infty$ nur noch der Anteil der wellenförmigen Anströmung übrigbleibt[1]. Für x-Werte in einigem Abstand vom Flügel ($x/y_0 \gg 1$) kommt dem zeitabhängigen Anteil in der Darstellung (62) keine reale Bedeutung mehr zu, da der Zerfallvorgang der freien Wirbel in (62) nicht berücksichtigt ist. Diese Tatsache ist bei der Berechnung der Wasseroberfläche in der Umgebung des hinteren Flügels zu berücksichtigen. Dort gibt Formel (62) [natürlich jetzt bezogen auf Flügel 2] den Einfluß des Flügels 2 und den der wellenförmigen Anströmung auf die Form der Wasseroberfläche wieder; dazu tritt noch additiv ein Ausdruck ΔY, der den Einfluß des Flügels 1 auf die Oberfläche in der Umgebung des Flügels 2 darstellt. Man erhält[2]:

$$\Delta Y = \frac{1}{2\pi}\,\frac{E_0^{(1)}}{u_0}\left[\int\limits_0^\infty \frac{e^{-\mu\varkappa_0(y_0+ix)}}{\mu-1}\,d\mu + \right.$$

$$\left. + \int\limits_0^\infty \frac{e^{-\mu\varkappa_0(y_0-ix)}}{\mu-1}\,d\mu - 2\pi\,e^{-\varkappa_0 y_0}\sin\varkappa_0\,x\right] +$$

$$+ \frac{1}{u_0}\,\frac{1}{2\pi}\{\ldots\}\,E_1^{(1)}\,e^{i\omega t} + \frac{1}{u_0}\,\frac{1}{2\pi}\,\overline{\{\ldots\}}\,\overline{E}_1^{(1)}\,e^{-i\omega t};$$

$$\{\ldots\} = \frac{1}{2}\left(1 - i\,\frac{\alpha}{\beta} + i\,\frac{\Omega}{\beta}\right)\int\limits_0^\infty \frac{e^{-\mu\varkappa_0(y_0-ix)}}{\mu+\alpha+i\beta}\,d\mu +$$

$$+ \frac{1}{2}\left(1 + i\,\frac{\alpha}{\beta} - i\,\frac{\Omega}{\beta}\right)\int\limits_0^\infty \frac{e^{-\mu\varkappa_0(y_0-ix)}}{\mu+\alpha-i\beta}\,d\mu +$$

$$+ \frac{\mu_1-\Omega}{\mu_1-\mu_2}\left(\int\limits_0^\infty \frac{e^{-\mu\varkappa_0(y_0+ix)}}{\mu-\mu_1}\,d\mu - i\pi\,e^{-\mu_1\varkappa_0(y_0+ix)}\right) +$$

$$+ \frac{\mu_2-\Omega}{\mu_2-\mu_1}\left(\int\limits_0^\infty \frac{e^{-\mu\varkappa_0(y_0+ix)}}{\mu-\mu_2}\,d\mu - i\pi\,e^{-\mu_2\varkappa_0(y_0+ix)}\right) -$$

$$- 2\pi\,i\,\Omega\,\frac{\mu_1-\Omega}{\mu_1-\mu_2}\,e^{-\mu_1\varkappa_0(y_0+ix)}\left[\frac{1}{\mu_1-\Omega+i\tau}\right]_m -$$

$$- 2\pi\,i\,\Omega\,\frac{\mu_2-\Omega}{\mu_2-\mu_1}\,e^{-\mu_2\varkappa_0(y_0+ix)}\left[\frac{1}{\mu_2-\Omega+i\tau}\right]_m -$$

$$- \left(\frac{2i}{\varkappa_0 x} + \frac{2}{\Omega}\,\frac{1}{(\varkappa_0 x)^2}\right)\left[\frac{1}{\Omega-i\tau}\right]_m - \frac{2}{(\varkappa_0 x)^2}\left[\frac{1}{(\Omega-i\tau)^2}\right]_m. \tag{63}$$

---

[1] In Gl. (62) kann auch wahlweise entweder B_1^* oder B_2^* Null gesetzt werden; vgl. die Beispiele in Ziff. 2b.

[2] Vgl. Ing.-Arch. 30 (1961) 201.

Dabei sind die Ausdrücke der Form $\left[\dfrac{1}{\Omega - i\tau}\right]_m$ usw. (als Abkürzung für

$\dfrac{\varkappa_0 L}{3} \displaystyle\int\limits_{3/\varkappa_0 L}^{6/\varkappa_0 L} \dfrac{d\tau}{\Omega - i\tau}$ usw.$\bigg)$ durch die Mittelwertbildung für den Zerfallpara-

meter τ der freien Wirbel bedingt (vgl. Ziff. 1c).

In Abb. 11 und 12 ist für die bereits in Ziff. 2b behandelten Tragflügelsysteme (jeweils für einen Ω-Wert) die Form der freien Wasser-

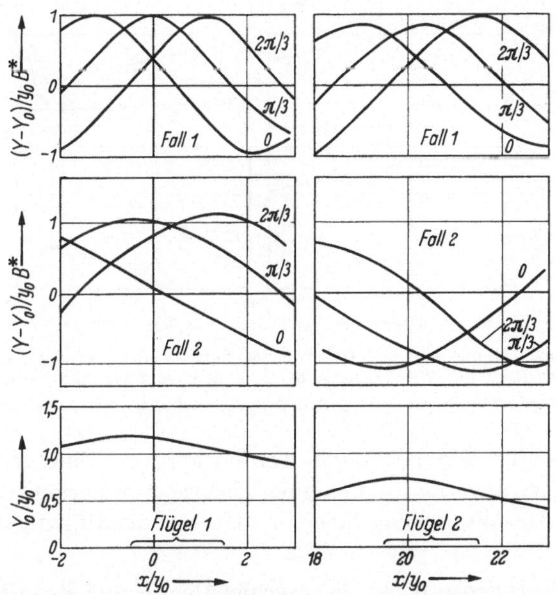

Abb. 11. Stationärer Anteil und instationärer (für Fall 1 und 2 und für $\omega t = 0$, $\pi/3$, $2\pi/3$) Anteil der Deformation der Wasseroberfläche über dem vorderen und hinteren Flügel eines Tandemflügelsystems mit $\Omega = 2\pi$ und $\varkappa_0 y_0 = 0{,}1$; $y_0 = a_1 = a_2$ nach ISAY.

oberfläche in der Umgebung des vorderen und hinteren Flügels dargestellt, und zwar getrennt der stationäre und der instationäre Anteil. Dabei haben wir den stationären Anteil mit Y_0 bezeichnet. Gemäß Formel (29) ergibt sich (allerdings integriert über einen größeren Bereich als er in Abb. 11 und 12 gezeichnet wurde) $(Y)_{m1} \approx y_0$ und $(Y)_{m2} \approx \tfrac{1}{2} y_0$. Der instationäre Anteil $Y - Y_0$ der Oberflächenform hängt in erster Linie von der anregenden Wasserwelle (36) ab; man erkennt deutlich den Unterschied zwischen der kürzeren ($\Omega = 2\pi$, Abb. 11) und der längeren ($\Omega = \tfrac{4}{3}\pi$, Abb. 12) Welle. Dieser Unterschied zwischen den Wellenlängen $\dfrac{2\pi}{\mu_1 \varkappa_0}$, $\dfrac{2\pi}{\mu_2 \varkappa_0}$ tritt auch beim Vergleich der Fälle *1* und *2* hervor.

Auch in dieser Beziehung sind der Gültigkeit der behandelten Theorie insofern Grenzen gesetzt, als Anströmungswellen, bei denen das Verhältnis von Wellenlänge zu Flügeltiefe zu klein wird, nur mit noch ver-

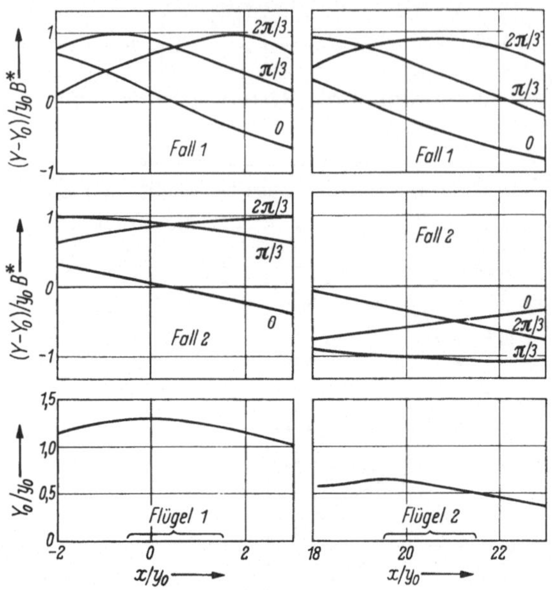

Abb. 12. Stationärer Anteil und instationärer (für Fall 1 und 2 und für $\omega t = 0$, $\pi/3$, $2\pi/3$) Anteil der Deformation der Wasseroberfläche über dem vorderen und hinteren Flügel eines Tandemflügelsystems mit $\Omega = \dfrac{4}{3}\pi$ und $\varkappa_0\, y_0 = 0.05$; $y_0 = a_1 = a_2$ nach ISAY.

kleinerten Amplituden behandelt werden können. Eine genaue Grenze ist dabei schwer angebbar, da es eine Theorie mit Berücksichtigung der Krümmung der Wasseroberfläche in der Randbedingung bisher nicht gibt.

C. Der Einfluß der Wasseroberfläche auf Propeller

Wir haben in Abschn. A und B gesehen, welchen Aufwand die Berücksichtigung der Randbedingung (2′) bereits für die Theorie des normalen Tragflügels bedingt, dessen Strömungsfeld ja einfacher als dasjenige eines Propellers ist. Betrachtet man nun einen Flügel eines Schraubenpropellers, der gerade unterhalb der Wasseroberfläche vorbeirotiert, so kann dieser für einen kurzen Zeitraum etwa mit einem Tragflügel verglichen werden, der mit Spannweitenrichtung senkrecht zur Wasseroberfläche fährt. Natürlich ist die wirkliche Propellerströmung schon durch ihren instationären Charakter wesentlich komplizierter; jedoch erscheint es plausibel, daß näherungsweise jedenfalls für einen kurzen Zeitraum eine gewisse Analogie zwischen beiden Problemen besteht. Es erscheint daher zweckmäßig, die einfachere Theorie des senkrecht zur Wasseroberfläche fahrenden Tragflügels genauer zu diskutieren, bevor mit der Untersuchung der eigentlichen Propellerströmung begonnen wird. Dieses letztere Problem ist in strenger Form [d. h. bei Berücksichtigung der vollen Randbedingung (2′)] bisher ungelöst, eine Näherungsmethode zur Untersuchung des Einflusses der Wasseroberfläche auf die Wirbelverteilung eines Propellers werden wir in Ziff. 2 behandeln.

1. Tragflügel senkrecht zur Wasseroberfläche

Der Tragflügel erstrecke sich in Spannweitenrichtung (y-Richtung) über den Bereich $-b \leqq \dfrac{y}{\eta} \leqq b$ und werde nach der erweiterten Trag-linientheorie durch einen Wirbel $\Gamma(\eta)$ ersetzt, den wir ohne Einschrän-kung der Allgemeinheit in die y-Achse unseres Koordinaten-systems legen können (vgl. Ab-bildung 13). Der Flügel befinde sich in einer homogenen Anströ-mung mit der Geschwindigkeit u_0 in Richtung der positiven x-Achse.

a) Das Geschwindigkeitspoten-tial eines solchen Flügels wurde von NISHIYAMA[1] durch Speziali-sierung aus dem Potential eines V-Flügels (vgl. Abb. 2) mit ver-

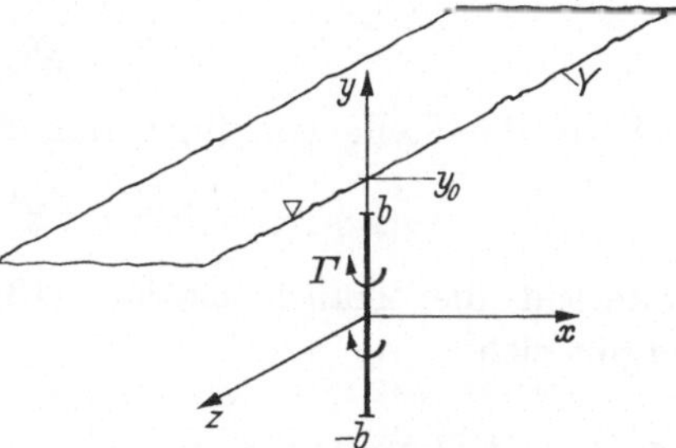

Abb. 13. Tragende Linie (Flügel) senkrecht zur Wasseroberfläche.

schwindendem Öffnungswinkel gewonnen. Wir werden hier eine leichter zugängliche direkte Herleitung des Potentials geben, wie sie vom Ver-fasser entwickelt wurde[2].

Für das vorliegende Problem ist es zweckmäßig, für das Potential eines Flügels im unbegrenzten Medium[3]

$$\Phi_1 = \frac{1}{4\pi} \int\limits_{-b}^{b} \Gamma(\eta)\, \frac{z}{(y-\eta)^2 + z^2}\left(1 + \frac{x}{\sqrt{x^2 + (y-\eta)^2 + z^2}}\right) d\eta \quad (64)$$

an Stelle von (5) die Integraldarstellung

$$\Phi_1 = \frac{1}{4\pi} \int\limits_{-b}^{b} \Gamma(\eta)\, d\eta \int\limits_{0}^{\infty} \sin\mu\, z \left\{ e^{-\mu |y-\eta|} + \right.$$

$$\left. + \frac{2}{\pi} \int\limits_{0}^{\infty} e^{-\sqrt{\lambda^2 + \mu^2}\,|y-\eta|}\, \frac{\sin\lambda\, x}{\lambda}\, \frac{\mu\, d\lambda}{\sqrt{\lambda^2 + \mu^2}} \right\} d\mu \quad (65)$$

---

[1] NISHIYAMA, T.: Lifting-line theory of the submerged hydrofoil of finite span. J. Amer. Soc. Nav. Engrs. 71 (1959) 693.

[2] ISAY, W. H.: Zur Theorie des senkrecht zur Wasseroberfläche gerichteten Tragflügels (Propellerflügels) unter Berücksichtigung der Oberflächenspannung des Wassers. Ing.-Arch. 33 (1963/64) 51.

[3] Wie in den Kap. I bis III wird auch in Abschn. C dieses Kapitels ein Wirbel als positiv gerechnet, wenn er im mathematisch positiven Sinn rotiert.

zu verwenden. Die Identität der Formeln (64) und (65) läßt sich mit der Substitution (6) in Formel (65) durch elementare Integration beweisen[1].

Die weitere Berechnung des vollständigen, der Oberflächenbedingung (4) genügenden Potentials

$$\Phi = \Phi_1 + \Phi_2 + \Phi_3 + \Phi_4 \tag{66}$$

erfolgt in analoger Weise wie in Abschn. A, Ziff. 1. Dabei wird vorausgesetzt, daß der Flügel die Wasseroberfläche nicht berühre, also daß

$$y_0 > b \tag{67}$$

sei. An die Stelle von (9) treten die Abkürzungen

$$\varkappa_0 = g/u_0^2; \quad y^* = 2y_0 - y - \eta, \qquad (y^* > 0) \tag{68}$$

während die Transformation (13) unverändert erhalten bleibt. Es ergibt sich[1]:

$$\Phi_2 = -\frac{1}{4\pi} \int_{-b}^{b} \Gamma(\eta)\, d\eta \int_0^\infty \sin\mu z \left\{ e^{-\mu y^*} + \frac{2}{\pi} \int_0^\infty e^{-\sqrt{\lambda^2+\mu^2}\, y^*} \frac{\sin\lambda x}{\lambda} \frac{\mu\, d\lambda}{\sqrt{\lambda^2+\mu^2}} \right\} d\mu$$

$$= -\frac{1}{4\pi} \int_{-b}^{b} \Gamma(\eta)\, \frac{z}{y^{*2}+z^2} \left(1 + \frac{x}{\sqrt{x^2+y^{*2}+z^2}} \right) d\eta. \tag{69}$$

$$\Phi_3 = \frac{1}{2\pi} \int_{-b}^{b} \Gamma(\eta)\, d\eta \int_0^\infty \sin\mu z \left\{ e^{-\mu y^*} + \frac{2}{\pi} \int_0^\infty \frac{g\mu\, e^{-\sqrt{\lambda^2+\mu^2}\, y^*}}{g\sqrt{\lambda^2+\mu^2} - u_0^2 \lambda^2} \frac{\sin\lambda x}{\lambda}\, d\lambda \right\} d\mu$$

$$= \frac{1}{2\pi} \int_{-b}^{b} \Gamma(\eta)\, d\eta \left[\frac{z}{y^{*2}+z^2} - \right.$$

$$-\frac{1}{4\pi} \int_{\varkappa_0}^\infty \left\{ e^{-y^*\chi + iz\sqrt{\chi(\chi-\varkappa_0)} + ix\sqrt{\chi\varkappa_0}} \left[E_i\left(y^*\chi - iz\sqrt{\chi(\chi-\varkappa_0)} - ix\sqrt{\chi\varkappa_0}\right) + \pi i \right] + \right.$$

$$+ e^{-y^*\chi - iz\sqrt{\chi(\chi-\varkappa_0)} - ix\sqrt{\chi\varkappa_0}} \left[E_i\left(y^*\chi + iz\sqrt{\chi(\chi-\varkappa_0)} + ix\sqrt{\chi\varkappa_0}\right) + \pi i \right] -$$

$$- e^{-y^*\chi + iz\sqrt{\chi(\chi-\varkappa_0)} - ix\sqrt{\chi\varkappa_0}} \left[E_i\left(y^*\chi - iz\sqrt{\chi(\chi-\varkappa_0)} + ix\sqrt{\chi\varkappa_0}\right) + \pi i \right] -$$

$$- e^{-y^*\chi - iz\sqrt{\chi(\chi-\varkappa_0)} + ix\sqrt{\chi\varkappa_0}} \left[E_i\left(y^*\chi + iz\sqrt{\chi(\chi-\varkappa_0)} - ix\sqrt{\chi\varkappa_0}\right) + \pi i \right] \right\} d\chi; \tag{70}$$

$$\Phi_4 = -\frac{1}{2\pi} \int_{-b}^{b} \Gamma(\eta)\, d\eta \int_{\varkappa_0}^\infty e^{-y^*\chi} \sin\left(z\sqrt{\chi(\chi-\varkappa_0)}\right) \cos\left(x\sqrt{\chi\varkappa_0}\right) d\chi. \tag{71}$$

---

[1] Vgl. Fußnote 2 auf S. 223.

Wie man nachweisen kann, genügt das Potential (66) auch den weiteren Bedingungen[1]

$$\lim_{x \to -\infty} \Phi = 0; \quad \lim_{y_0 \to \infty} \Phi = \Phi_1; \quad \lim_{\varkappa_0 \to 0} \Phi = \Phi_1 + \Phi_2; \quad \lim_{\varkappa_0 \to \infty} \Phi = \Phi_1 - \Phi_2.$$

b) An Stelle von Gl. (19) haben wir jetzt

$$u_0\, \delta_a = \frac{\partial \Phi}{\partial z}\bigg|_{z=0,\, x=a}$$

als Randbedingung am Flügelprofil, da $\dfrac{\partial \Phi}{\partial x}\bigg|_{z=0,\, x=a} = 0$ ist. Es ergibt sich wieder eine Integralgleichung der Form

$$-2 u_0\, \delta_a = \frac{1}{\pi} \int\limits_{-b}^{b} \frac{d\Gamma(\eta)}{d\eta} \left\{ \frac{1}{y-\eta} + H(y,\eta) \right\} d\eta \quad \left(-b \leqq \frac{y}{\eta} \leqq b\right) \quad (20')$$

mit dem stetigen Kernanteil[1]

$$H(y,\eta) = \frac{1}{2}\,\frac{1}{y-\eta}\left\{\sqrt{1 + \left(\frac{y-\eta}{a}\right)^2} - 1\right\} - \frac{1}{2}\,\frac{1}{y^*}\left\{\sqrt{1 + \left(\frac{y^*}{a}\right)^2} - 1\right\} -$$

$$- \frac{i}{2\pi} \int\limits_{\varkappa_0}^{\infty} \sqrt{1 - \frac{\varkappa_0}{\chi}}\, \left\{ e^{-y^*\chi + i a \sqrt{\chi \varkappa_0}}\left[E_i\!\left(y^* \chi - i a \sqrt{\chi \varkappa_0}\right) + \pi i\right] - \right.$$

$$\left. - e^{-y^*\chi - i a \sqrt{\chi \varkappa_0}}\left[E_i\!\left(y^* \chi + i a \sqrt{\chi \varkappa_0}\right) + \pi i\right] \right\} d\chi -$$

$$- \int\limits_{\varkappa_0}^{\infty} \sqrt{1 - \frac{\varkappa_0}{\chi}}\, e^{-y^*\chi} \cos\!\left(a \sqrt{\chi \varkappa_0}\right) d\chi. \tag{72}$$

Abb. 14 zeigt die mit dem Kern (72) erhaltenen Ergebnisse[2] für die Zirkulation $\Gamma'(y)$ bei einem Rechteckflügel vom Seitenverhältnis $b/a = 4$, und mit $\delta_a = -0{,}2$ und $y_0/b = 1{,}01$. Die gestrichelte Kurve bezieht sich auf den gleichen Flügel im unbegrenzten Medium. Wie zu erwarten war, ist durch den Einfluß der freien Wasseroberfläche eine Unsymmetrie der Auftriebsverteilung bedingt. In Abb. 15 ist das Verhältnis der über Spannweite gemittelten Zirkulation $(\Gamma')_m$ zur mittleren Zirkulation $(\Gamma_\infty)_m$ im unbegrenzten Medium dargestellt[2]. Und zwar für verschiedene b/a-Werte und $y_0/b = 1{,}01$. Die gestrichelte Kurve bezieht sich auf den Fall $y_0/b = 1{,}05$. Ähnlich wie beim normalen Unterwassertragflügel (vgl. Abb. 4) bewirkt der Einfluß der Wasseroberfläche bei kleinen Froudeschen Zahlen eine Erhöhung, bei großen eine Abminderung der Flügelzirkulation, die beide um so ausgeprägter sind, je kleiner das Seitenverhältnis des Flügels ist. Letzteres entspricht auch der An-

---

[1] Isay, W. H.: Ing.-Arch. 33 (1963/64) 51.
[2] Ausgewertet von K. Brunnstein.

schauung. Der wesentliche Unterschied zwischen dem normalen und dem senkrechten Flügel besteht darin, daß bei letzterem die starke Abminderung des Auftriebes bei mittleren Froudeschen Zahlen nicht auftritt. Daraus läßt sich schließen, daß das nachlaufende Wellensystem

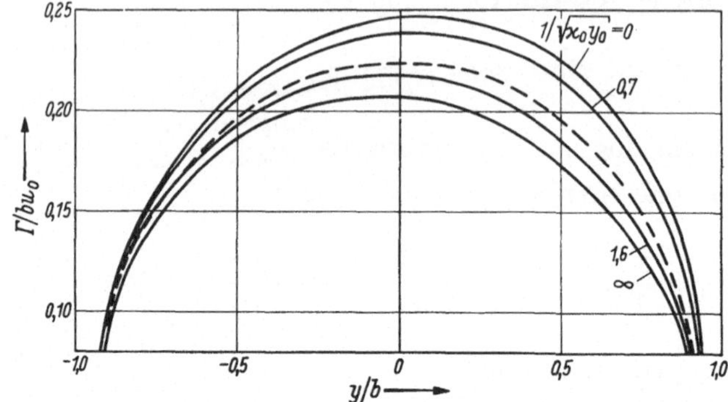

Abb. 14. Zirkulation eines senkrechten Unterwassertragflügels vom Seitenverhältnis 4 und mit $\delta_a = -0{,}2$ und $y_0/b = 1{,}01$ für verschiedene Froudesche Zahlen $(\varkappa_0 y_0)^{-1/2}$ nach ISAY. Die gestrichelte Kurve bezieht sich auf den Fall $y_0 \to \infty$ (unbegrenztes Wasser).

beim senkrechten Unterwassertragflügel eine wesentlich geringere Bedeutung hat und seine Erzeugung einen relativ kleineren Energieaufwand bedingt, als bei einem Flügel, der parallel zur Wasseroberfläche fährt. Auch dieses Resultat ist anschaulich ohne weiteres verständlich. Ergebnisse, die den in Abb. 15 dargestellten sehr ähnlich sind, hat

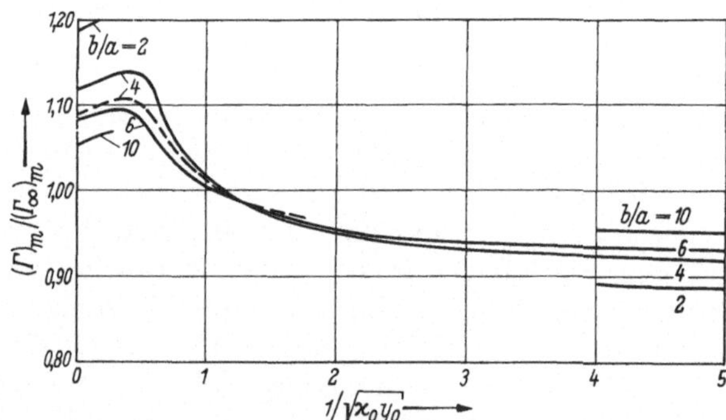

Abb. 15. Verhältnis der über Spannweite gemittelten Zirkulation $(\Gamma)_m$ zu der entsprechenden Zirkulation $(\Gamma_\infty)_m$ im unbegrenzten Wasser $(y_0 \to \infty)$ bei senkrechten Unterwassertragflügeln für verschiedene Seitenverhältnisse b/a und y_0/b-Werte, nach ISAY.

auch NISHIYAMA[1] mit seiner Theorie erhalten, jedoch ist der Einfluß der Wasseroberfläche noch schwächer als in Abb. 15. Letztere Abweichung ist dadurch erklärlich, daß NISHIYAMA bei seinen Untersuchungen nur die einfache Traglinientheorie verwendet.

---

[1] Vgl. Fußnote auf S. 223.

c) Für die Flügelkräfte (pro Längeneinheit in y-Richtung) liefert der Kutta-Joukowskische Satz

$$K_x = \varrho \, \frac{\Gamma(y)}{4\pi} \int_{-b}^{b} \frac{d\Gamma(\eta)}{d\eta} \, \frac{d\eta}{y-\eta} +$$

$$+ \varrho \, \frac{\Gamma(y)}{4\pi} \int_{-b}^{b} \Gamma(\eta) \left[2 \int_{\varkappa_0}^{\infty} e^{-y^*\chi} \sqrt{\chi(\chi-\varkappa_0)}\, d\chi - \frac{1}{y^{*\,2}} \right] d\eta, \qquad (73)$$

$$K_z = \varrho \, u_0 \, \Gamma(y),$$

und daraus folgen mit Formel (26) die Gesamtkräfte K_W und K_A. Das erste Glied bei K_x stellt den gewöhnlichen induzierten Widerstand eines

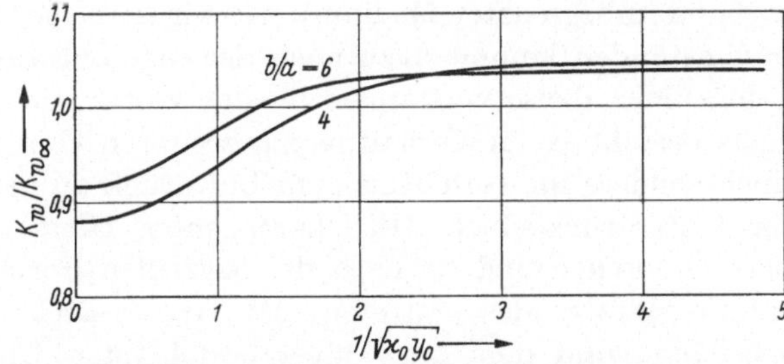

Abb. 16. Induzierter Gesamtwiderstand im Verhältnis zum induzierten Widerstand im unbegrenzten Wasser ($y_0 \to \infty$) bei senkrechten Unterwassertragflügeln verschiedener Seitenverhältnisse b/a und für $y_0/b \approx 1$ nach Nishiyama.

Tragflügels im unbegrenzten Medium dar; das durch die freie Wasseroberfläche bedingte Zusatzglied bei K_x ist dagegen relativ unbedeutend (vgl. Abb. 16). Es ist negativ für große und positiv für kleine $\varkappa_0$-Werte.

Schließlich liefert Gl. (30) für die Form der Wasseroberfläche ($y^* = y_0 - \eta$):

$$Y = \frac{1}{u_0} \, \frac{1}{4\pi^2} \int_{-b}^{b} \Gamma(\eta)\, d\eta \int_{\varkappa_0}^{\infty} \left[\frac{z\sqrt{\chi-\varkappa_0} + x\sqrt{\varkappa_0}}{y^{*\,2}\chi + (z\sqrt{\chi-\varkappa_0} + x\sqrt{\varkappa_0})^2} + \right.$$

$$\left. + \frac{z\sqrt{\chi-\varkappa_0} - x\sqrt{\varkappa_0}}{y^{*\,2}\chi + (z\sqrt{\chi-\varkappa_0} - x\sqrt{\varkappa_0})^2} \right] \frac{d\chi}{\sqrt{\varkappa_0}} + \frac{1}{u_0} \, \frac{i}{8\pi^2} \int_{-b}^{b} \Gamma(\eta)\, d\eta \, \times$$

$$\times \int_{\varkappa_0}^{\infty} \left\{ e^{-y^*\chi + iz\sqrt{\chi(\chi-\varkappa_0)} + ix\sqrt{\chi\varkappa_0}} \left[E_i\big(y^*\chi - iz\sqrt{\chi(\chi-\varkappa_0)} - ix\sqrt{\chi\varkappa_0}\big) + \pi i \right] + \right.$$

$$+ e^{-y^*\chi + iz\sqrt{\chi(\chi-\varkappa_0)} - ix\sqrt{\chi\varkappa_0}} \left[E_i\big(y^*\chi - iz\sqrt{\chi(\chi-\varkappa_0)} + ix\sqrt{\chi\varkappa_0}\big) + \pi i \right] -$$

$$- e^{-y^*\chi - iz\sqrt{\chi(\chi-\varkappa_0)} - ix\sqrt{\chi\varkappa_0}} \left[E_i\big(y^*\chi + iz\sqrt{\chi(\chi-\varkappa_0)} + ix\sqrt{\chi\varkappa_0}\big) + \pi i \right] -$$

$$- e^{-v^*\chi - iz\sqrt{\chi(\chi-\varkappa_0)} + ix\sqrt{\chi\varkappa_0}}\left[E_i\left(y^*\chi + iz\sqrt{\chi(\chi-\varkappa_0)} - ix\sqrt{\chi\varkappa_0}\right) + \pi i\right]\right\} \times$$

$$\times \sqrt{\frac{\chi}{\varkappa_0}}\,d\chi - \frac{1}{u_0}\,\frac{1}{2\pi}\int\limits_{-b}^{b} \Gamma(\eta)\,d\eta \times$$

$$\times \int\limits_{\varkappa_0}^{\infty} \sqrt{\frac{\chi}{\varkappa_0}}\,e^{-v^*\chi}\sin\left(z\sqrt{\chi(\chi-\varkappa_0)}\right)\sin\left(x\sqrt{\chi\varkappa_0}\right)d\chi + y_0. \tag{74}$$

Dabei ist wieder $\lim\limits_{x\to\pm\infty} Y = y_0$.

d) Der Einfluß der freien Wasseroberfläche auf einen in ihrer Nähe befindlichen Propellerflügel beschränkt sich nicht immer nur auf eine Veränderung der Zirkulations- bzw. Kraftverteilung am Flügel (gegenüber den Werten im unbegrenzten Medium), wie wir sie bisher berechnet haben. Unter Umständen kommt dazu noch der sog. Luftansaugungseffekt, der in folgender Weise verstanden werden kann: Auf der Saugseite des Flügels besteht ja im Verhältnis zur weiteren Umgebung des Flügels und insbesondere im Verhältnis zum Luftdruck an der Wasseroberfläche ein Unterdruckgebiet. Hier kann unter Umständen eine Kavitationsblase entstehen und (je nach der speziellen Form der vorliegenden Strömung) folgendes eintreten: Die Wasserdecke zwischen der Wasseroberfläche und dem am Flügel bestehenden Unterdruckgebiet (bzw. der Kavitationsblase) vermag den herrschenden Druckgradienten nicht mehr aufzufangen; es bildet sich unter dem Einfluß dieses Druckgradienten eine Strömung von der Wasseroberfläche in Richtung auf das Unterdruckgebiet aus, mit der Oberflächenluft in das Unterdruckgebiet (bzw. die Kavitationsblase) am Flügel eingesaugt wird. Dieser Luftansaugungsvorgang führt natürlich zu einer weitgehenden Störung der Strömung am Propellerflügel und zu unerwünschten Vibrationen.

Eine Untersuchung der Luftansaugung hat daher für die Praxis erhebliche Bedeutung. Es ist verständlich, daß eine volle theoretische Analyse dieses sehr komplizierten instationären Problems heute noch nicht annähernd möglich ist, und daher ist man im wesentlichen auf Modellversuche angewiesen. Bei diesen werden vielfach nur kleine Anströmgeschwindigkeiten (manchmal nur von der Größenordnung 1 m/sek) verwendet, und bei solchen kleinen Geschwindigkeiten kann die Oberflächenspannung des Wassers bereits von Bedeutung sein.

Letzteres ist bei den in der technischen Großausführung auftretenden hohen Geschwindigkeiten nicht der Fall, so daß sich hier auch die Frage stellt, inwieweit die Ergebnisse von Modellversuchen eine sichere Vorhersage für das Verhalten des Flügels in der technischen Großausführung gestatten.

Um einen theoretischen Überblick über den Einfluß der Oberflächenspannung zu gewinnen, wurde als erster Schritt das stationäre Strömungsfeld eines senkrecht zur Wasseroberfläche fahrenden Flügels mit Berücksichtigung der Oberflächenspannung berechnet[1].

Die Bedingung Luftdruck $P_L = \text{const}$ an der Wasseroberfläche bleibt dabei bestehen. Jedoch ist nunmehr der Wasserdruck P_W an der Oberfläche $Y(x, z)$ bei linearisierter Krümmung gegeben durch[2]

$$P_W = P_L - \tau_0 \frac{\partial^2 Y}{\partial x^2} - \tau_0 \frac{\partial^2 Y}{\partial z^2} ,$$

mit τ_0 als Konstante der Oberflächenspannung. Berücksichtigt man, daß weit vor dem Flügel ($x \to -\infty$) keine Störung der mittleren Oberflächenhöhe vorliegen kann, so folgt aus der linearisierten Bernoullischen Gleichung die Bedingung

$$u_0 \frac{\partial \Phi}{\partial x} + g\, Y - \frac{\tau_0}{\varrho} \frac{\partial^2 Y}{\partial x^2} - \frac{\tau_0}{\varrho} \frac{\partial^2 Y}{\partial z^2} = g\, y_0 \quad (\text{für } y = y_0). \quad (75)$$

Mit

$$\frac{\partial Y}{\partial x} = \frac{1}{u_0} \frac{\partial \Phi}{\partial y}$$

und unter Berücksichtigung der Tatsache, daß Φ der Laplaceschen Gleichung genügen muß, erhält man aus (75) die neue, an die Stelle von (4) tretende kinematische Oberflächenrandbedingung

$$u_0^2 \frac{\partial^2 \Phi}{\partial x^2} + g \frac{\partial \Phi}{\partial y} + \frac{\tau_0}{\varrho} \frac{\partial^3 \Phi}{\partial y^3} = 0 \quad (\text{für } y = y_0). \quad (76)$$

Das der Gl. (76) genügende Potential Φ setzt sich wie (66) wieder aus vier Anteilen zusammen[2]. Φ_1 und Φ_2 sind durch Formel (65) und (69) gegeben, während man für Φ_3 und Φ_4 die Ausdrücke erhält:

$$\Phi_3 = \frac{1}{2\pi} \int\limits_{-b}^{b} \Gamma(\eta)\, d\eta \int\limits_{0}^{\infty} \sin\mu\, z \times$$

$$\times \left\{ e^{-\mu y^*} + \frac{2}{\pi} \int\limits_{0}^{\infty} \frac{\mu \left(g + \frac{\tau_0}{\varrho} \lambda^2 + \frac{\tau_0}{\varrho} \mu^2 \right) e^{-\sqrt{\lambda^2 + \mu^2}\, y^*}}{g\sqrt{\lambda^2 + \mu^2} - u_0^2 \lambda^2 + \frac{\tau_0}{\varrho} \sqrt{\lambda^2 + \mu^2}^{\,3}} \frac{\sin\lambda\, x}{\lambda} d\lambda \right\} d\mu, \quad (77)$$

$$\Phi_4 = -\frac{1}{2\pi} \int\limits_{-b}^{b} \Gamma(\eta)\, d\eta \int\limits_{\frac{2\varkappa_0}{1+\sqrt{1-4/\varDelta_0}}}^{\frac{\varkappa_0}{2} \varDelta_0 \left(1+\sqrt{1-4/\varDelta_0}\right)} e^{-y^* \chi} \times$$

$$\times \cos\left(x \sqrt{\chi \varkappa_0 + \frac{\chi^3}{\varkappa_0 \varDelta_0}} \right) \sin\left(z \sqrt{\chi^2 - \chi \varkappa_0 - \frac{\chi^3}{\varkappa_0 \varDelta_0}} \right) d\chi. \quad (78)$$

---

[1] Erste (von BRUNNSTEIN erhaltene) Auswertungsergebnisse dieser Theorie zeigen, daß der Einfluß der Oberflächenspannung nur für $\varDelta_0 \leqq 10^4$ und auch dann nur für $\sqrt{\varkappa_0\, y_0} < 1$ eine Vergrößerung von $(\Gamma)_m$ um wenige Prozent liefert.

[2] ISAY, W. H.: Ing.-Arch. 33 (1963/64) 51.

Dabei ist zur Abkürzung

$$\varDelta_0 = \frac{\varrho \, u_0^4}{g \, \tau_0}.$$

gesetzt. Um uns einen Überblick über die Größenordnung der neu eingeführten Kennzahl $\varDelta_0$ zu verschaffen, bedenken wir, daß bei normalen Wassertemperaturen von 10 bis 20 °C $\tau_0 \approx 75 \cdot 10^{-6} \frac{\text{kg}}{\text{cm}}$ ist. Außerdem ist $\varrho \approx 10^{-6} \frac{\text{kg} \cdot \text{sek}^2}{\text{cm}^4}$ und $g \approx 10^3 \frac{\text{cm}}{\text{sek}^2}$.

Bei der sehr niedrigen Fahrgeschwindigkeit $u_0 = 1 \, \text{m/sek}$ (etwa für Modellversuche) ergibt sich dann $\varDelta_0 = \frac{4}{3} \cdot 10^3$, und bei $u_0 = 10 \, \text{m/sek}$ hat man $\varDelta_0 = \frac{4}{3} \cdot 10^7$. Man erkennt, daß der $\varDelta_0$-Wert im allgemeinen groß sein wird; $\tau_0 = 0$ entspricht $\varDelta_0 = \infty$. Für die Einzelheiten der weiteren Auswertung des Potentials (77) wird auf die Originalarbeit[1] des Verfassers verwiesen. Dort wird auch gezeigt, daß die Ausdrücke (77) und (78) für $\varDelta_0 \to \infty$ wieder in die Form (70) und (71) übergehen. In analoger Weise wie vorher ergibt sich für die Berechnung der Flügelzirkulation eine Integralgleichung vom Typ (20′), nur daß ihr Kern komplizierter ist als (72); wie es sein muß, nimmt er im Grenzübergang $\varDelta_0 \to \infty$ wieder die Form (72) an. Entsprechendes gilt auch für die Flügelkräfte.

Die Form der freien Wasseroberfläche ist nunmehr aus der allgemeineren Formel

$$Y = y_0 + \frac{1}{u_0} \int\limits_{-\infty}^{x} \frac{\partial \varPhi}{\partial y} \, dx \qquad \text{(für } y = y_0\text{)} \quad (79)$$

zu bestimmen; die einfachere in Gl. (30) angegebene Darstellung für Y basierte auf der Oberflächenrandbedingung in der Form (4), die ja nur bei Vernachlässigung der Oberflächenspannung gültig ist. In diesem letzteren Fall sind die Formeln (79) und (30) identisch. Auch das explizite, mit Hilfe von (79) berechnete Ergebnis für Y nimmt für $\varDelta_0 \to \infty$ wieder die Form (74) an. Für alle Einzelheiten muß auf die Originalarbeit verwiesen werden.

2. Schraubenpropeller bei vereinfachter Randbedingung an der Wasseroberfläche

Auf Grund der in Ziff. 1 besprochenen Ergebnisse der Theorie des am ehesten mit einem Propellerflügel zu vergleichenden senkrechten Unterwassertragflügels erscheint es naheliegend, bei der Behandlung des Schraubenpropellers die Randbedingung (1) bzw. (2′) zu vereinfachen. In Anbetracht der relativ hohen Umfangsgeschwindigkeit, die Propellerflügel in der Nähe der Wasseroberfläche haben, ist vor allem

---

[1] Vgl. Fußnote 2 auf S. 229.

der Bereich höherer Froudescher Zahlen von Bedeutung[1]; in diesem Bereich kann der Einfluß der Schwerkraft vernachlässigt werden, sofern man die Ergebnisse der Theorie des senkrechten Unterwassertragflügels als richtungsweisend für die Behandlung des Propellers ansieht (vgl. Abb. 15). Vom Seegang an der Wasseroberfläche soll zur Vereinfachung abgesehen werden;

mit Φ als dem Geschwindigkeitspotential der Propellerströmung lautet die Randbedingung an der Wasseroberfläche dann nach (1):

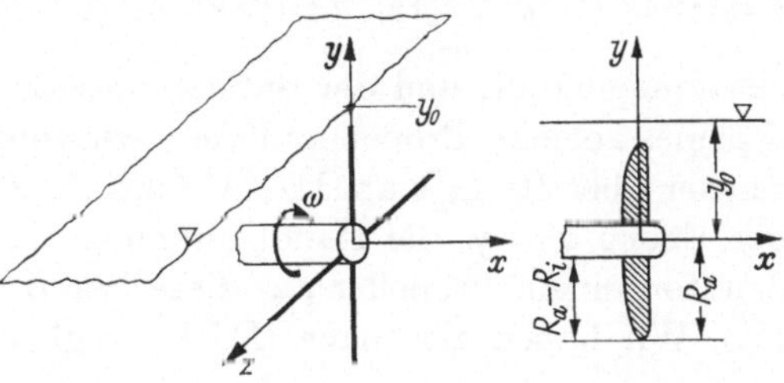

Abb. 17. Schraubenpropeller unter der Wasseroberfläche.

$$\frac{\partial \Phi}{\partial t} + u_0 \frac{\partial \Phi}{\partial x} = 0$$

$$\text{(für } y = y_0\text{).} \qquad (80)$$

Den Ursprung unseres Koordinatensystems legen wir in den Mittelpunkt des (frei fahrenden) Schraubenpropellers, der mit der konstanten Geschwindigkeit u_0 in Richtung der positiven x-Achse angeströmt wird[2] (vgl. Abb. 17).

Das Geschwindigkeitspotential des Propellers im unbegrenzten Medium lautet nach Formel (I,10) und (III,18)

$$\Phi_1 = - \frac{1}{4\pi} \sum_{n=0}^{N-1} \int_{R_i}^{R_a} \int_0^\infty \frac{\Gamma\left(s, \varphi_0 + \frac{2\pi n}{N} + \psi\right) \times \left[x - k_0 \psi + y \frac{k_0}{s} \sin\left(\varphi_0 + \frac{2\pi n}{N} + \psi\right) - z \frac{k_0}{s} \cos\left(\varphi_0 + \frac{2\pi n}{N} + \psi\right)\right]}{\sqrt{\left\{(x - k_0 \psi)^2 + \left[y - s \cos\left(\varphi_0 + \frac{2\pi n}{N} + \psi\right)\right]^2 + \left[z - s \sin\left(\varphi_0 + \frac{2\pi n}{N} + \psi\right)\right]^2\right\}^3}} \times s\, d\psi\, ds. \qquad (81)$$

Ferner ist (vgl. Kap. III, Abschn. A, Ziff. 1) $d\varphi_0 = -\omega\, dt$, und somit lautet die Oberflächenbedingung (80) endgültig:

$$-\omega \frac{\partial \Phi}{\partial \varphi_0} + u_0 \frac{\partial \Phi}{\partial x} = 0 \qquad \text{(für } y = y_0\text{).} \qquad (82)$$

---

[1] Die maßgebende Fahrgeschwindigkeit des Flügels ist mindestens $U = \sqrt{u_0^2 + 0{,}25\,\omega^2 (R_i + R_a)^2}$; für einen normalen mit 120 Uml/min ($\omega = 4\pi$ sek^{-1}) rotierenden Schiffspropeller ist z. B.: $0{,}5\,(R_i + R_a) = 1{,}2$ m; $u_0 = 8$ m/sek; $y_0 = 2{,}2$ m; somit wird die Froudesche Zahl $U/\sqrt{g\,y_0} = 3{,}64$, d. h., der Wert liegt in dem genannten Bereich.

[2] Genau wie in Kap. I und III verwenden wir kartesische und Zylinderkoordinaten und verwenden auch sonst die gleichen Bezeichnungen.

Die Relation (82) wird erfüllt, indem man zu dem Feld (81) des Originalpropellers noch dasjenige eines an der Wasseroberfläche gespiegelten Propellers hinzunimmt, dessen Flügelzirkulation Γ_2 mit derjenigen des Originalpropellers durch die Gleichung

$$\Gamma_2\left(s,\varphi_{02}+\frac{2\pi n}{N}+\psi_2\right)=\Gamma\left(s,\varphi_0+\frac{2\pi n}{N}+\psi\right)=\Gamma_2\left(s,\pi-\varphi_0-\frac{2\pi n}{N}-\psi\right)$$

zusammenhängt, und der entgegengesetzt herumrotiert. Das Potential Φ_2 eines solchen Propellers haben wir (nur mit entgegengesetztem Vorzeichen) bereits in Kap. III, Abschn. A, Ziff. 2, bestimmt, als wir längs der Ebene $y=y_0$ die Randbedingung einer festen Wand erfüllten, um den von einem Propeller auf diese Wand ausgeübten Druck zu berechnen. Wir haben also nach (III,17) (vgl. Abb. III,6):

$$\Phi_2=\frac{1}{4\pi}\sum_{n=0}^{N-1}\int_{R_i}^{R_a}\int_0^\infty\frac{\left\{\Gamma\left(s,\varphi_0+\frac{2\pi n}{N}+\psi\right)\left[x-k_0\psi-(y-2y_0)\frac{k_0}{s}\sin\left(\varphi_0+\frac{2\pi n}{N}+\psi\right)-z\frac{k_0}{s}\cos\left(\varphi_0+\frac{2\pi n}{N}+\psi\right)\right]s\,d\psi\,ds\right\}}{\sqrt{\left\{(x-k_0\psi)^2+\left[y-2y_0+s\cos\left(\varphi_0+\frac{2\pi n}{N}+\psi\right)\right]^2+\left[z-s\sin\left(\varphi_0+\frac{2\pi n}{N}+\psi\right)\right]^2\right\}^3}}. \quad (83)$$

Man erkennt unmittelbar, daß das Potential

$$\Phi=\Phi_1+\Phi_2$$

der Bedingung (82) an der Wasseroberfläche genügt, und zwar ist sowohl $\partial\Phi/\partial\varphi_0\big|_{y-y_0}=0$, als auch $\partial\Phi/\partial x\big|_{y-y_0}=0$, so daß auch im Stand für $u_0=0$ die Erfüllung der Relation (82) gesichert ist.

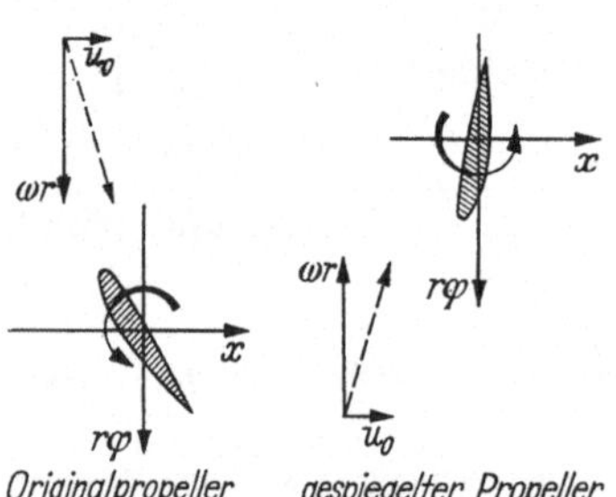

Abb. 18.
Zylinderschnitt am Flügel des Originalpropellers und des an der Wasseroberfläche gespiegelten Propellers.

Der gespiegelte Propeller erweist sich übrigens technisch gesehen als „Zurückzieher" mit Kraftwirkung in positiver x-Richtung (vgl. Abb. 18).

Um ausgehend von diesem Modell für die Propellerströmung näherungsweise zu untersuchen, welchen Einfluß die Wasseroberfläche auf die Zirkulationsverteilung der Propellerflügel (und damit auch auf die Flügelkräfte) ausübt, hat der Verfasser noch zwei weitere Vereinfachungen eingeführt[1]:

---

[1] ISAY, W. H.: Der Schraubenpropeller nahe der freien Wasseroberfläche und im Flachwasser. Ing.-Arch. 31 (1962) 194.

Zunächst wird Γ als unabhängig von der Winkelkoordinate φ_0 angenommen; dieses trifft natürlich bei Berücksichtigung des Einflusses der Wasseroberfläche auch für einen frei fahrenden Propeller nicht mehr zu, jedoch haben die Rechnungen ergeben, daß die Schwankungen der Flügelzirkulation Γ in Umfangsrichtung (auch wenn die Propellerflügel die Wasseroberfläche beinahe berühren[1]) maximal kaum $\pm 10\%$ betragen und somit in einer Näherungstheorie vernachlässigt werden können.

Außerdem wird bei der Berechnung der von den freien Querwirbeln (freie Längswirbel treten ja wegen der Voraussetzung $\partial \Gamma / \partial \varphi_0 = 0$ nicht auf) am betrachteten Propellerflügel (für $x = 0$, $y = r \cos\varphi_0$, $z = r \sin\varphi_0$) induzierten Geschwindigkeiten die aus Kap. I,B, Ziff. 1 c, bekannte, räumlich kontinuierliche Wirbelverteilung verwendet. Die freien Querwirbel des gespiegelten Propellers induzieren dann am Flügel des Originalpropellers die Axialgeschwindigkeit[2]

$$u_Q^{(2)} = \frac{N}{8\pi^2} \int\limits_{R_i}^{R_a} \frac{d\Gamma(s)}{ds} \times$$

$$\times \int\limits_0^{2\pi} \int\limits_0^{\infty} \frac{[(y - 2y_0)\cos\vartheta - z\sin\vartheta + s]\, s\, d\xi}{\sqrt{\xi^2 + (y - 2y_0 + s\cos\vartheta)^2 + (z - s\sin\vartheta)^2}^3}\, \frac{1}{k_0}\, d\vartheta\, ds = 0 \qquad (84)$$

und die Umfangsgeschwindigkeit[2]

$$V_Q^{(2)} = -\frac{N}{8\pi^2} \int\limits_{R_i}^{R_a} \frac{d\Gamma(s)}{ds} \times$$

---

[1] Ein Herausschlagen der Flügel aus der Wasseroberfläche kann mit der hier dargelegten Methode nicht behandelt werden und wird daher ausgeschlossen.

[2] Für die Auswertung dienen die Integralformeln (Einzelheiten in der Originalarbeit):

$$\frac{1}{2\pi} \int\limits_0^{2\pi} \frac{(y - 2y_0)\cos\vartheta - z\sin\vartheta + s}{(y - 2y_0 + s\cos\vartheta)^2 + (z - s\sin\vartheta)^2}\, d\vartheta = 0 ;$$

$$\frac{1}{2\pi} \int\limits_0^{2\pi} \frac{(y - 2y_0)\cos\varphi_0 + z\sin\varphi_0 + s\cos(\varphi_0 + \vartheta)}{(y - 2y_0 + s\cos\vartheta)^2 + (z - s\sin\vartheta)^2}\, d\vartheta = \frac{(y - 2y_0)\cos\varphi_0 + z\sin\varphi_0}{(y - 2y_0)^2 + z^2} ;$$

$$\frac{1}{2\pi} \int\limits^{2\pi} \frac{\sin(\varphi_0 + \vartheta)\, d\vartheta}{\sqrt{4y_0^2 - 4y_0\, r\cos\varphi_0 - 4y_0\, s\cos\vartheta + r^2 + s^2 + 2r\, s\cos(\varphi_0 + \vartheta)}}$$

$$= \frac{y_0\, s\sin\varphi_0\, \sqrt{4y_0^2 - 4y_0\, r\cos\varphi_0 + r^2 + s^2}}{(4y_0^2 - 4y_0\, r\cos\varphi_0 + r^2 + s^2)^2 - 2{,}4s^2(4y_0^2 - 4y_0\, r\cos\varphi_0 + r^2)} ;$$

dabei ist die letzte eine Näherungsformel $(y_0 > R_a)$.

$$\times \int\limits_{0}^{2\pi} \int\limits_{0}^{\infty} \frac{(y - 2y_0)\cos\varphi_0 + z\sin\varphi_0 + s\cos(\varphi_0 + \vartheta) + \xi\,\dfrac{1}{k_0}\,s\sin(\varphi_0 + \vartheta)}{\sqrt{\xi^2 + (y - 2y_0 + s\cos\vartheta)^2 + (z - s\sin\vartheta)^2}^{\,3}}\,d\xi\,d\vartheta\,ds$$

$$= -\frac{N}{4\pi}\,\frac{1}{k_0}\int\limits_{R_i}^{R_a} \frac{d\Gamma(s)}{ds}\,\frac{y_0\,s^2\sin\varphi_0\,\sqrt{4y_0^2 - 4y_0\,r\cos\varphi_0 + r^2 + s^2}\,ds}{(4y_0^2 - 4y_0\,r\cos\varphi_0 + r^2 + s^2)^2 - 2{,}4\,s^2\,(4y_0^2 - 4y_0\,r\cos\varphi_0 + r^2)}.$$

$$\tag{85}$$

Die von den gebundenen Wirbeln des gespiegelten Propellers induzierten Geschwindigkeiten können als klein vernachlässigt werden. Dieses hat sich bei der Auswertung der Ergebnisse gezeigt[1].

Für die Berechnung der Zirkulation $\Gamma(r)$ aus der Randbedingung am Flügelprofil wurde vom Verfasser die einfache Traglinientheorie herangezogen (vgl. Kap. I,B, Ziff. 2a). Mit (84) und (85) als zusätzlich auftretenden Geschwindigkeiten erhält man an Stelle von (I,30) die Gleichung

$$\Gamma(r) = \frac{\omega\,r\tan\delta_0 - u_0}{\dfrac{2}{c_a'}\,\dfrac{1}{l\cos\delta_0} + \dfrac{N}{4\pi r}\left(\tan\delta_0 + \dfrac{r}{k_0}\right)} - \frac{\dfrac{N}{4\pi}\tan\delta_0}{\dfrac{2}{c_a'\,l\cos\delta_0} + \dfrac{N}{4\pi r}\left(\tan\delta_0 + \dfrac{r}{k_0}\right)} \times$$

$$\times \frac{1}{k_0}\int\limits_{R_i}^{R_a} \frac{d\Gamma(s)}{ds}\,\frac{y_0\,s^2\sin\varphi_0\,\sqrt{4y_0^2 - 4y_0\,r\cos\varphi_0 + r^2 + s^2}\,ds}{(4y_0^2 - 4y_0\,r\cos\varphi_0 + r^2 + s^2)^2 - 2{,}4\,(4y_0^2 - 4y_0\,r\cos\varphi_0 + r^2)}. \tag{86}$$

Das Integralglied auf der rechten Seite von (86) ist durch den Einfluß der Wasseroberfläche bedingt. Für $y_0 \to \infty$ verschwindet es, hat aber auch für $y_0 \gtrless R_a$ nur den Charakter eines Korrekturgliedes. Dadurch ist es möglich, die Flügelzirkulation Γ aus Gl. (86) in bequemer Weise durch Iteration zu bestimmen; dabei wird von der Γ-Verteilung des Propellers im unbegrenzten Medium (d. h. dem ersten Glied) ausgegangen. In der Regel ist überhaupt nur ein Iterationsschritt erforderlich. Für die numerische Auswertung des Integrals ist es zweckmäßig, mit der bekannten Transformation (I,24) zu trigonometrischen Variablen überzugehen und $\Gamma(r)$ in der Form (I,44) durch eine Fourier-Sinusreihe darzustellen. Der stetige Integrand wird dabei durch ein zweidimensionales Fourier-Polynom der Form (A,7) (vgl. den Anhang) approximiert.[1] φ_0 hat dabei die Bedeutung eines Parameters. Abb. 19 zeigt die Berechnungsergebnisse für die Flügelzirkulation bei verschiedenen Flügelstellungen φ_0 für einen Schraubenpropeller mit folgenden

---

[1] Für weitere Einzelheiten vergleiche die Originalarbeit Ing.-Arch. 31 (1962) 194.

Daten:

$$N = 4; \qquad R_i/R_a = 0{,}2; \qquad c_a' = 2\pi; \qquad \tan\delta_0 = \frac{1}{\pi}\,\frac{R_a}{r};$$

$$\frac{u_0}{\omega R_a} = 0{,}2; \qquad k_0 = 0{,}2\,R_a; \qquad y_0/R_a = 1{,}05.$$

Als Flügelform wurde ein Flügel mittlerer Tiefe $l(r)$ zugrunde gelegt, entsprechend den in der nachfolgenden Tabelle enthaltenen Werten:

r/R_a	0,20	0,2536	0,40	0,60	0,80	0,9464	1,00
$\dfrac{l\cos\delta_0}{2r}$	0,460	0,455	0,445	0,410	0,340	0,170	0,00

Aus Abb. 19 ist zu erkennen, daß der Einfluß der Wasseroberfläche auf die Wirbelverteilung der Propellerflügel relativ gering ist; die Abwei-

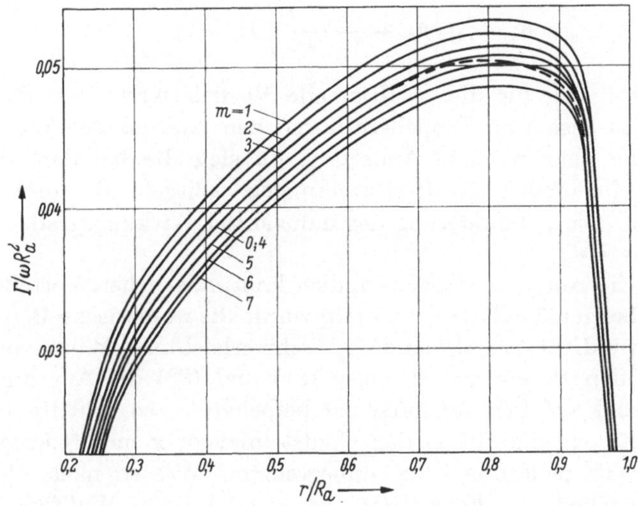

Abb. 19. Flügelzirkulation bei verschiedenen Flügelstellungen $\varphi_0 = m\,\pi/4$ bei einem vierflügeligen Schraubenpropeller für $y_0 = 1{,}05\,R_a$ nach ISAY. Die gestrichelte Kurve bezieht sich auf die Flügelstellung $\varphi_0 = 0$ bei Anordnung der freien Wirbel auf Schraubenflächen.

chung der Zirkulation Γ von ihrem Wert im unbegrenzten Wasser beträgt nur etwa $\pm 6\%$ bei dem hier behandelten Beispiel und geht auch für $\dfrac{y_0}{R_a} = 1{,}01$ nicht über $\pm 10\%$ hinaus. Der Einfluß der Flügelzahl ist dabei gering. Dieses Ergebnis entspricht insofern der Erwartung, als ja auch beim senkrechten Unterwassertragflügel der Einfluß der Wasseroberfläche auf die Auftriebsverteilung gering ist (vgl. Ziff. 1). Dort ist dieser Einfluß sogar im wesentlichen auf den in der Nähe der

Wasseroberfläche befindlichen Teil der Flügelspannweite beschränkt, während er sich beim Propellerflügel bis zur Nabe hin deutlich bemerkbar macht. Neuartig beim Propellerflügel ist, daß der Einfluß der Wasseroberfläche auch bei den hier vorausgesetzten großen Froudeschen Zahlen teilweise auftriebsverstärkend ($0 < \varphi_0 < \pi$) und teilweise auftriebsvermindernd ($\pi < \varphi_0 < 2\pi$) wirkt. Dieses liegt daran, daß die durch die Wasseroberfläche bedingte Zusatzgeschwindigkeit $V_Q^{(2)}$ (85) stets eine Komponente in negativer y-Richtung, d. h. von der Wasseroberfläche weggerichtet, enthält, während die relative Anströmung gegen den Flügel für $0 < \varphi_0 < \pi$ von der Wasseroberfläche weggerichtet und für $\pi < \varphi_0 < 2\pi$ zur Wasseroberfläche hingerichtet ist.

Ein ähnliches Verhalten wie die Zirkulation zeigen auch die Flügelkräfte (pro Längeneinheit in radialer Richtung)

$$K_x = -\varrho \left(\omega\, r - \frac{N\,\Gamma}{4\pi\, r} + V_Q^{(2)} \right) \Gamma;$$

$$K_\varphi = \varrho \left(u_0 + \frac{1}{k_0}\, \frac{N\,\Gamma}{4\pi} \right) \Gamma. \tag{87}$$

Dabei ergibt sich für die resultierende Vortriebskraft und das Drehmoment des gesamten Propellers durch den Einfluß der Wasseroberfläche keine nennenswerte Änderung, da sich die bei den einzelnen Flügeln auftretenden Kraftschwankungen weitgehend untereinander ausgleichen. Die Abminderung des induzierten Wirkungsgrades beträgt weniger als 1%.

Durch die Annahme einer räumlich kontinuierlichen Verteilung der freien Wirbel gemäß Gl. (84) und (85) wurde die numerische Berechnung der Geschwindigkeiten $u_Q^{(2)}$ und $V_Q^{(2}$ sehr erleichtert. Würde man entsprechend den Potentialausdrücken (81) und (83) die Anordnung der freien Wirbel auf Schraubenflächen beibehalten, so erhielte man zunächst natürlich eine durch den Goldsteinfaktor $\varkappa$ modifizierte Zirkulation der Propellerflügel im unbegrenzten Wasser nach Gl. (I,30). [Im ersten Glied von Formel (86) ist $\varkappa = 1$.] Diese Modifikation (die lediglich als eine andere Ausgangsverteilung der Zirkulation angesehen werden kann), ist nicht wesentlich für die vorliegende Untersuchung, bei der es nur auf den Einfluß der Wasseroberfläche ankommt. Wie vom Verfasser näher untersucht wurde[1], würde eine Anordnung der freien Wirbel auf Schraubenflächen praktisch die gleichen Aussagen über den Einfluß der Wasseroberfläche liefern, wie wir sie bereits mit der einfachen Gl. (86) gewonnen haben. Lediglich für die Flügelstellung $\varphi_0 = 0$ erhielte man gegenüber dem bisherigen Ergebnis eine gering-

---

[1] Für die Einzelheiten muß auf die Originalarbeit Ing.-Arch. 31 (1962) 194 verwiesen werden.

fügige Abminderung der Zirkulation Γ in der Nähe der Flügelspitze (vgl. die gestrichelte Kurve in Abb. 19).

Abschließend sei noch erwähnt, daß man in analoger Weise auch den Einfluß des Wasserbodens (Flachwassers) allein oder auch zusammen mit der Wasseroberfläche behandeln kann. Dabei ist das Feld des am

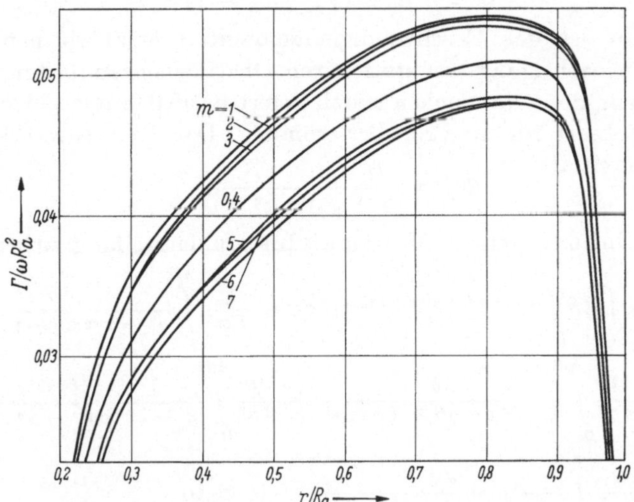

Abb. 20. Flügelzirkulation bei verschiedenen Flügelstellungen $\varphi_0 = m\,\pi/4$ bei einem vierflügeligen Schraubenpropeller im Flachwasser für $y_0 = h = 1{,}05\,R_a$ nach Isay

Boden gespiegelten Propellers durch das Geschwindigkeitspotential (III,17) gegeben; lediglich y_0 ist durch $(-h)$ zu ersetzen, wenn der Wasserboden bei $y = -h$ angenommen wird. Abb. 20 zeigt für das bereits behandelte Beispiel die Flügelzirkulation bei einem Zusammenwirken von Wasseroberfläche und Wasserboden ($h/R_a = 1{,}05$). Man erkennt, daß sich beide Effekte einander verstärkend überlagern[1].

3. Untersuchung des Einflusses der Wasseroberfläche mit dem Senkenmodell des Propellers

Wir konnten in Ziff. 2 die wirkliche Propellerströmung nur unter Vernachlässigung der Schwerkraft in der Randbedingung (82) der Wasseroberfläche behandeln. Dadurch ging die Möglichkeit verloren, mit den Ergebnissen der Theorie auch die Deformation der Wasseroberfläche über dem Propeller sowie das nachlaufende Wellensystem des Propellers zu berechnen.

---

[1] Vgl. Fußnote 1 auf S. 236.

Um sich hier wenigstens einen ungefähren Überblick zu verschaffen, wird man nach DICKMANN[1] auf das einfache Senkenmodell für die Propellerströmung zurückgreifen, das wir bereits in Kap. III,B, Ziff. 2, kennengelernt haben. Begnügt man sich mit einer im Mittelpunkt des Propellers angeordneten Einzelsenke der Intensität $Q > 0$, so ist nach Gl. (III,32)

$$Q = \pi \, R_a^2 \, u_0 \, (\sqrt{1 + c_S} - 1). \tag{88}$$

Nunmehr ist das Geschwindigkeitspotential einer solchen Senke unter Berücksichtigung der stationären Oberflächenrandbedingung (4) zu berechnen, denn das Senkenmodell liefert natürlich nur einen stationären Mittelwert für die Propellerströmung. Dabei ist es zweckmäßig, für das Potential

$$\Phi_Q^{(1)} = \frac{Q}{4\pi} \frac{1}{\sqrt{x^2 + y^2 + z^2}} \tag{89}$$

einer Senke im unbegrenzten Medium die Integraldarstellung[1] zu benutzen:

$$\Phi_Q^{(1)} = \frac{Q}{8\pi^2} \int\limits_{-\pi}^{\pi} d\vartheta \int\limits_0^\infty e^{-y\sigma + i(x\cos\vartheta + z\sin\vartheta)\sigma} \, d\sigma = \frac{Q}{8\pi^2} \int\limits_0^{\pi/2} \frac{d\vartheta}{y - ix\cos\vartheta - iz\sin\vartheta} +$$

$$+ \frac{Q}{8\pi^2} \int\limits_0^{\pi/2} \frac{d\vartheta}{y - ix\cos\vartheta + iz\sin\vartheta} + \frac{Q}{8\pi^2} \int\limits_0^{\pi/2} \frac{d\vartheta}{y + ix\cos\vartheta - iz\sin\vartheta} +$$

$$+ \frac{Q}{8\pi^2} \int\limits_0^{\pi/2} \frac{d\vartheta}{y + ix\cos\vartheta + iz\sin\vartheta} \qquad (y > 0). \tag{90}$$

Die Identität der beiden Darstellungen (89) und (90) bestätigt man leicht, da die Integration über ϑ z. B. mit der Substitution $\sin^2 \vartheta = 1/\psi$ elementar ausgeführt werden kann. Das gesuchte Potential wird (ähnlich wie beim Wirbel in Abschn. A, Ziff. 1) aus vier Anteilen zusammengesetzt

$$\Phi_Q = \Phi_Q^{(1)} + \Phi_Q^{(2)} + \Phi_Q^{(3)} + \Phi_Q^{(4)}. \tag{91}$$

Dabei ist

$$\Phi_Q^{(2)} = -\frac{Q}{4\pi} \frac{1}{\sqrt{x^2 + (y - 2y_0)^2 + z^2}}$$

$$= -\frac{Q}{8\pi^2} \int\limits_{-\pi}^{\pi} d\vartheta \int\limits_0^\infty e^{-(2y_0 - y)\sigma + i(x\cos\vartheta + z\sin\vartheta)\sigma} \, d\sigma; \tag{92}$$

$$\Phi_Q^{(3)} = -\frac{Q}{4\pi^2} \varkappa_0 \int\limits_{-\pi}^{\pi} \frac{d\vartheta}{\cos^2\vartheta} \int\limits_0^\infty \frac{e^{-(2y_0 - y)\sigma + i(x\cos\vartheta + z\sin\vartheta)\sigma}}{\sigma - \dfrac{\varkappa_0}{\cos^2\vartheta}} \, d\sigma \quad \left(\varkappa_0 = \frac{g}{u_0^2}\right); \tag{93}$$

$$\Phi_Q^{(4)} = \frac{Q}{\pi} \int\limits_0^{\pi/2} \frac{\varkappa_0}{\cos^2\vartheta} \, e^{-\frac{\varkappa_0(2y_0 - y)}{\cos^2\vartheta}} \sin\left(\frac{\varkappa_0 x}{\cos\vartheta}\right) \cos\left(\frac{\varkappa_0 z\sin\vartheta}{\cos^2\vartheta}\right) d\vartheta. \tag{94}$$

---

[1] DICKMANN, H. E.: Schiffskörpersog, Wellenwiderstand eines Propellers und Wechselwirkung mit Schiffswellen. Ing.-Arch. 9 (1938) 452.

Der für sich allein der Randbedingung (4) genügende Potentialanteil $\Phi_Q^{(4)}$ ergibt sich aus der Überlegung, daß in einiger Entfernung vor dem Propeller keine wellenförmige Deformation der Wasseroberfläche auftreten kann[1]. Für die Auswertung von $\Phi_Q^{(3)}$ wird die Formel (11) verwendet. Aus (91) und (30) folgt dann für die Form der Wasseroberfläche:

$$Y = -\frac{Q}{2\pi^2 u_0} \int\limits_0^{\pi/2} \left[\frac{x\cos\vartheta + z\sin\vartheta}{y_0^2 + (x\cos\vartheta + z\sin\vartheta)^2} + \frac{x\cos\vartheta - z\sin\vartheta}{y_0^2 + (x\cos\vartheta - z\sin\vartheta)^2}\right] \times$$

$$\times \frac{d\vartheta}{\cos\vartheta} - \frac{Q}{4\pi^2 u_0}\varkappa_0 \times$$

$$\times \int\limits_0^{\pi/2} \left\{ i\, e^{-\frac{\varkappa_0}{\cos^2\vartheta}(y_0 - ix\cos\vartheta - iz\sin\vartheta)} \left[E_i\left(\frac{\varkappa_0}{\cos^2\vartheta}(y_0 - ix\cos\vartheta - iz\sin\vartheta)\right) + \pi i\right] + \right.$$

$$+ i\, e^{-\frac{\varkappa_0}{\cos^2\vartheta}(y_0 - ix\cos\vartheta + iz\sin\vartheta)} \left[E_i\left(\frac{\varkappa_0}{\cos^2\vartheta}(y_0 - ix\cos\vartheta + iz\sin\vartheta)\right) + \pi i\right] -$$

$$- i\, e^{-\frac{\varkappa_0}{\cos^2\vartheta}(y_0 + ix\cos\vartheta - iz\sin\vartheta)} \left[E_i\left(\frac{\varkappa_0}{\cos^2\vartheta}(y_0 + ix\cos\vartheta - iz\sin\vartheta)\right) + \pi i\right] -$$

$$\left. - i\, e^{-\frac{\varkappa_0}{\cos^2\vartheta}(y_0 + ix\cos\vartheta + iz\sin\vartheta)} \left[E_i\left(\frac{\varkappa_0}{\cos^2\vartheta}(y_0 + ix\cos\vartheta + iz\sin\vartheta)\right) + \pi i\right] \right\} \times$$

$$\times \frac{d\vartheta}{\cos^3\vartheta} - \frac{Q}{\pi u_0}\varkappa_0 \int\limits_0^{\pi/2} e^{-\frac{\varkappa_0 y_0}{\cos^2\vartheta}} \cos\left(\frac{\varkappa_0 x}{\cos\vartheta}\right) \cos\left(\frac{\varkappa_0 z\sin\vartheta}{\cos^2\vartheta}\right) \frac{d\vartheta}{\cos^3\vartheta} + y_0. \quad (95)$$

Der Integrand in (95) ist bei $\vartheta = \pi/2$ stetig. Für $x \gg R_a$ bleibt nur noch das Doppelte des letzten Integrals übrig.

Von besonderem praktischen Interesse (man denke an das auf S. 228 erwähnte Problem der Luftansaugung) ist die Absenkung der Wasseroberfläche direkt über dem Propeller:

$$\left(\frac{Y}{y_0} - 1\right)_{\substack{x=0 \\ z=0}} = -\left(\frac{R_a}{y_0}\right)^2 (\sqrt{1 + c_S} - 1)\, \varkappa_0\, y_0 \int\limits_0^{\pi/2} e^{-\frac{\varkappa_0 y_0}{\cos^2\vartheta}} \frac{d\vartheta}{\cos^3\vartheta}. \quad (96)$$

Formel (96) wurde von DICKMANN[1] numerisch ausgewertet. Abb. 21 zeigt das Ergebnis für einige Schubbelastungsgrade und (R_a/y_0)-Werte (vgl. auch Abb. 17). Natürlich hat die auf dem einfachen Senkenmodell basierende (und auch nur für kleinere Schubbelastungsgrade $c_S \lessgtr 2$ anwendbare) Relation (96) nur den Charakter einer relativ groben Näherung. Immerhin geht aus Abb. 21 deutlich hervor, daß die durch den Propeller bedingte Absenkung der Wasseroberfläche beachtliche

---

[1] DICKMANN [Ing.-Arch. 9 (1938) 452] verwendet in seiner Arbeit noch den veralteten Begriff der „Scheinreibung" und kommt dadurch zu einer etwas anderen, aber analytisch natürlich äquivalenten Darstellung des Geschwindigkeitspotentials Φ_Q.

Werte erreichen kann; sie ist erwartungsgemäß um so größer, je größer die Belastung des Propellers und je kleiner sein Abstand von der Oberfläche ist. Die quantitativen Resultate sind mit einer gewissen Vorsicht zu werten, z. B. ergibt sich für $c_S = 2$; $R_a/y_0 = 0{,}95$; $\varkappa_0\, y_0 = \frac{1}{3}$, daß die Propellerscheibe schon zu etwa 10% bis 15% aus dem Wasser austauchen würde; in einem solchen Fall sind aber die dem Senkenmodell zugrunde liegenden Voraussetzungen nicht mehr erfüllt, und zwar weder die gleichmäßige Schubverteilung über die Propellerscheibe noch der angenommene Abstand von der Wasseroberfläche. Es erscheint

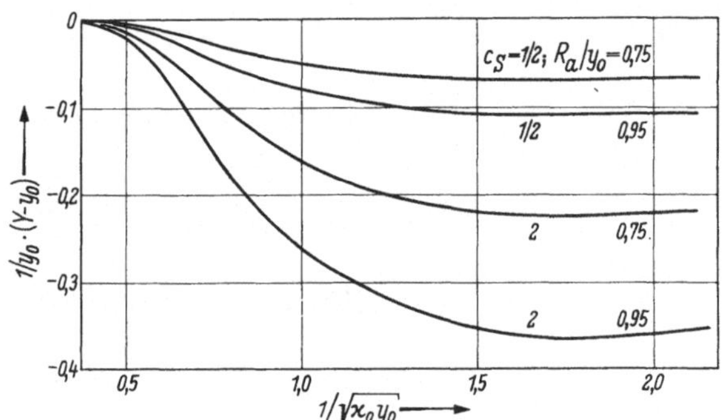

Abb. 21. Absenkung der Wasseroberfläche direkt über einem Propeller für einige Schubbelastungsgrade und R_a/y_0-Werte nach DICKMANN.

jedoch wenig sinnvoll, eine Verbesserung der Genauigkeit der Ergebnisse etwa mit einer angepaßten Iterationsrechnung (wie sie sich bei ähnlichen Fällen in der Theorie der Unterwassertragflügel bewährt hat, vgl. Abschn. A, Ziff. 2c) anzustreben, solange nur das einfache Senkenmodell für die Propellerströmung benutzt wird. Wirklich zuverlässige quantitative Ergebnisse kann erst eine reguläre Wirbeltheorie des Schraubenpropellers mit der vollständigen Oberflächenrandbedingung (2') liefern, die zur Zeit noch nicht vorliegt.

Für normale Handelsschiffe liegt der Wert der Froudeschen Zahl $\dfrac{1}{\sqrt{\varkappa_0 y_0}}$ etwa zwischen 0,9 und 1,5.[1]

Am Ort der Senke ($x = y = z = 0$) besteht gemäß (91) eine Geschwindigkeit

$$\frac{\partial \Phi_Q}{\partial x}\bigg|_0 = u_0 \left(\sqrt{1 + c_S} - 1\right) R_a^2 \varkappa_0^2 \int\limits_0^{\pi/2} e^{-\frac{2\,\varkappa_0\, y_0}{\cos^2 \vartheta}}\, \frac{d\vartheta}{\cos^3 \vartheta}\,, \qquad (97)$$

---

[1] Dieser Wert ist nicht zu verwechseln mit der in Ziff. 2 erwähnten hohen Froudeschen Zahl, die für die Wirbelverteilung des einzelnen Propellerflügels maßgebend ist; für diese letztere ist nämlich die Umfangsgeschwindigkeit des Flügels entscheidend.

in x-Richtung, die allein durch das Wellensystem an der Wasseroberfläche hinter dem Propeller bedingt ist. Durch die Geschwindigkeit (97) wird nach einem bekannten Satz von BETZ[1] eine Kraft

$$\Delta S_W = \varrho\, Q\, \frac{\partial \Phi_Q}{\partial x}\Big|_0 = S\, \frac{1}{c_S}\left(\sqrt{1 + c_S} - 1\right)^2 \left(\frac{R_a}{y_0}\right)^2 2\varkappa_0^2 y_0^2 \int\limits_0^{\pi/2} e^{-\frac{2\varkappa_0 y_0}{\cos^2 \vartheta}}\, \frac{d\vartheta}{\cos^3 \vartheta}$$

$$(98)$$

in positiver x-Richtung auf die Senke ausgeübt. Diese kann nach DICKMANN[2] als Wellenwiderstand des Propellers, d. h. als die vom Propeller zur Erzeugung des Wellensystems zusätzlich aufzubringende Kraft

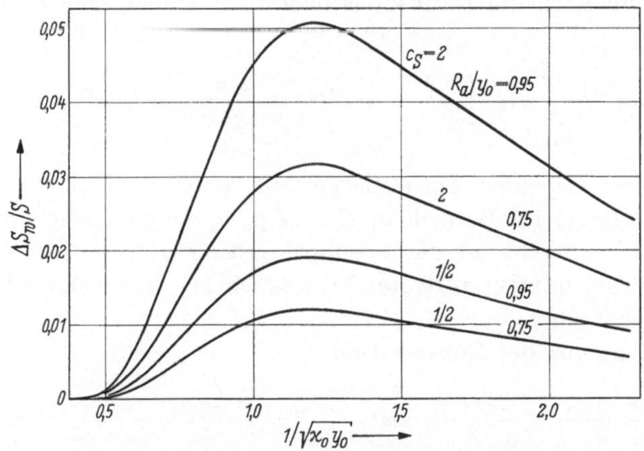

Abb. 22. Verhältnis der vom Propeller zur Erzeugung der Oberflächenwellen aufzubringenden Zusatzkraft zum Propellerschub für einige C_S- und R_a/y_0-Werte nach DICKMANN.

angesehen werden. In Abb. 22 ist das Verhältnis $\Delta S_W/S$ ($S =$ Propellerschub) für einige c_S- und R_a/y_0-Werte dargestellt; dieses gibt einen Anhaltspunkt für die Verschlechterung des Propellerwirkungsgrades durch die an der Wasseroberfläche erzeugten Wellen. Das in Abb. 22 enthaltene Ergebnis entspricht qualitativ durchaus der Erwartung; es zeigt eine Zunahme von ΔS_W mit steigendem c_S und R_a/y_0. Über die quantitative Zuverlässigkeit des Ergebnisses muß das gleiche gesagt werden wie bei Formel (96) bzw. Abb. 21; d. h. als quantitativ ungefähr richtig können die mit Gl. (98) gewonnenen Resultate auch für kleine Schubbelastungsgrade c_S nur dann angesehen werden, wenn sich nicht nachträglich auf Grund der Formel (96) herausstellt, daß der Propeller aus dem Wasser austauchen würde. In diesen Fällen zeigt das in Abb. 22

---

[1] BETZ, A.: Singularitätenverfahren zur Ermittlung der Kräfte und Momente auf Körper in Potentialströmung. Ing.-Arch. 3 (1932) 454.

[2] Ing.-Arch. 9 (1938) 452.

enthaltene Ergebnis, daß der Einfluß des Oberflächenwellensystems auf den Propellerschub sehr klein ist (unter 3%); infolgedessen erscheint es gerechtfertigt, bei der Untersuchung der Wirbelverteilung der Propellerflügel den Einfluß der Schwerkraft zu vernachlässigen, so wie es in Ziff. 2 getan wurde.

Anhang

Wie bereits mehrfach im Text der vorangehenden Kapitel angekündigt, soll nun noch die Auflösungstheorie für Integralgleichungen vom Typ

$$F(x) = \frac{1}{\pi} \int\limits_{a_1}^{a_2} y(\xi) \left\{ \frac{1}{x-\xi} + G(x) \ln \frac{2|x-\xi|}{a_2-a_1} + H(x,\xi) \right\} d\xi \qquad (1)$$

in zusammenhängender Form dargestellt werden.[1] Dabei sind $F(x)$, $G(x)$ und $H(x,\xi)$ im Bereich $a_1 \leq x$, $\xi \leq a_2$ vorgegebene und stetige Funktionen.[2] Gesucht ist die Lösungsfunktion $y(\xi)$. In Gl. (1) ist als Sonderfall die häufig auftretende einfachere Integralgleichung mit $G(x) \equiv 0$ enthalten.

Wir gehen mit der Substitution

$$x = \frac{a_2+a_1}{2} - \frac{a_2-a_1}{2} \cos t; \qquad \xi = \frac{a_2+a_1}{2} - \frac{a_2-a_1}{2} \cos \tau$$

$$(0 \leq t, \tau \leq \pi) \qquad (2)$$

zu trigonometrischen Formen über, multiplizieren Gl. (1) mit $\sin t$ und setzen zur Abkürzung

$$\eta(\tau) = \sin \tau \, y(\xi). \qquad (3)$$

Damit erhalten wir aus (1)

$$\sin t \, F(t) = \frac{1}{\pi} \int\limits_{0}^{\pi} \eta(\tau) \left\{ \frac{\sin t}{\cos \tau - \cos t} + \frac{a_2-a_1}{2} \sin t \, G(t) \ln |\cos \tau - \cos t| + \right.$$

$$\left. + \frac{a_2-a_1}{2} \sin t \, H(t,\tau) \right\} d\tau. \qquad (4)$$

---

[1] Die Bezeichnungen F, G, x, t usw., die hier im Anhang verwendet werden, haben nichts mehr mit den in Kap. I bis V gleich bezeichneten Größen zu tun, sondern sind lediglich als mathematische Symbole bzw. Variable zu betrachten.

[2] Für alle in diesem Zusammenhang auftretenden rein mathematischen Fragen verweisen wir auf W. Schmeidler: Integralgleichungen mit Anwendungen in Physik und Technik, Leipzig 1950.

Die bekannten und stetigen Funktionen in Gl. (4) werden nun mittels harmonischer Analyse im Bereich $0 \leq t, \tau \leq \pi$ durch Fourier-Polynome in der Form approximiert[1]:

$$\sin t\, F(t) = \sum_{\lambda=1}^{N-1} f_\lambda \sin \lambda t; \tag{5}$$

$$\frac{a_2 - a_1}{2} \sin t\, G(t) = \sum_{\lambda=1}^{P-1} g_\lambda \sin \lambda t; \tag{6}$$

$$\frac{a_2 - a_1}{2} \sin t\, H(t, \tau) = \sum_{\lambda=1}^{M-1} \sum_{\mu=0}^{M} b_{\lambda\mu} \sin \lambda t \cos \mu \tau. \tag{7}$$

Dabei ist

$$f_\lambda = \frac{2}{N} \sum_{j=1}^{N-1} \left(\sin t_j\, F(t_j)\right) \sin \lambda t_j \qquad \left(t_j = \frac{j\pi}{N};\quad \lambda = 1, \ldots, N-1\right) \tag{8}$$

und entsprechend g_λ, während für $b_{\lambda\mu}$ die Berechnungsformel gilt:

$$b_{\lambda\mu} = \frac{4}{M^2} \sum_{j=1}^{M-1} \sin \lambda t_j \times$$

$$\times \left\{ \sum_{k=1}^{M-1} \sin t_j\, H(t_j, \tau_k) \cos \mu \tau_k + \frac{\sin t_j}{2} \left[H(t_j, 0) + (-1)^\mu H(t_j, \pi)\right] \right\} \frac{a_2 - a_1}{2}$$

$$(\lambda, \mu = 1, \ldots, M-1, \quad t_j = j\pi/M, \quad \tau_k = k\pi/M). \tag{9}$$

Für $\mu = 0$ und $\mu = M$ ist die Hälfte des sich aus Gl. (9) ergebenden Wertes zu nehmen.

Die Zahl der bei der Approximation durch die Fourier-Polynome gemäß Gl. (5), (6) und (7) notwendigen Glieder, d. h. also der Wert der Zahlen N, P, M, hängt von der gewünschten Genauigkeit und der speziellen Gestalt der zu approximierenden Funktionen ab. Bei den in Kap. I bis V behandelten Problemen wird in der Regel $N \leq 6$ und $M = 6$ sein. Für P dürfte die Begrenzung $P \leq 4$ ausreichen. Damit erhalten wir die Integralgleichung (4) in der Form

$$\sum_{\lambda=1}^{N-1} f_\lambda \sin \lambda t = \frac{1}{\pi} \int_0^\pi \eta(\tau) \left\{ \frac{\sin t}{\cos \tau - \cos t} + \sum_{\lambda=1}^{P-1} g_\lambda \sin \lambda t \ln |\cos \tau - \cos t| + \right.$$

$$\left. + \sum_{\lambda=1}^{M-1} \sum_{\mu=0}^{M} b_{\lambda\mu} \sin \lambda t \cos \mu \tau \right\} d\tau. \tag{10}$$

Für die Lösung η wird der Ansatz

$$\eta(\tau) = \sum_{\mu=0}^{M} \eta_\mu \cos \mu \tau \tag{11}$$

---

[1] Siehe Fußnote 2 auf S. 242.

gemacht. Unter Benutzung der beiden Integralformeln[1]

$$\frac{1}{\pi}\int\limits_0^\pi \frac{\cos\mu\,\tau\,d\tau}{\cos\tau - \cos t} = \frac{\sin\mu\,t}{\sin t}\,;$$

$$\frac{1}{\pi}\int\limits_0^\pi \cos\mu\,\tau\,\ln|\cos\tau - \cos t|\,d\tau = \begin{cases} -\ln 2 & \mu = 0 \\ -\dfrac{1}{\mu}\cos\mu\,t & \mu \geq 1 \end{cases}$$

(12)

geht die Integralgleichung (10) durch Koeffizientenvergleich in $\sin\lambda\,t$ in das folgende lineare Gleichungssystem zur Berechnung der M Fourier-Koeffizienten η_λ $(\lambda = 1, \ldots, M)$ der Lösung (11), (3) über:

$$\eta_\lambda + \frac{1}{2}\sum_{\mu=1}^{M} b_{\lambda\mu}\,\eta_\mu + \frac{1}{2}\sum_{\mu=1}^{P-1} g_\mu\frac{\eta_{\lambda+\mu}}{\lambda+\mu} - \frac{1}{2}{\sum_{\mu=1}^{P-1}}' g_\mu\frac{\eta_{|\lambda-\mu|}}{|\lambda-\mu|}$$
$$= f_\lambda - \eta_0(b_{\lambda 0} - g_\lambda\ln 2). \tag{13}$$

Dabei bedeutet der Strich am Summenzeichen, daß der Wert $\mu = \lambda$ auszulassen ist. Bei den in der abgekürzten Form (13) geschriebenen M Gleichungen sind alle Größen Null, die gemäß unseren Ansätzen (5), (6), (7) und (11) nicht vorkommen. Zum Beispiel ist $b_{\lambda\mu} \equiv 0$, $\eta_\mu \equiv 0$ für $\mu > M$ und $\lambda \geq M$. Die M-te Gl. (13) lautet somit

$$\eta_M - \frac{1}{2}\sum_{\mu=1}^{P-1} g_\mu\frac{\eta_{|M-\mu|}}{|M-\mu|} = 0\,.$$

Der Koeffizient η_0 bleibt bei der Auflösung des Gleichungssystems (13) zunächst unbestimmt. Er ist durch eine physikalische Bedingung festgelegt, und zwar sind hier zwei verschiedene Fälle zu unterscheiden:

1. Wenn die Integralgleichung (1) zur Berechnung der Verteilung der Wirbeldichte $\gamma(\xi)$ in Flügeltiefenrichtung dient, also $y = \gamma$ ist (wie auf S. 73, 162 und 213), so muß η_0 aus der Abflußbedingung an der Flügelhinterkante

$y(a_1) = 0$ oder $y(a_2) = 0$ (a_1 oder a_2 ist die Hinterkantenkoordinate) bestimmt werden. η_0 hängt dann mit der Gesamtzirkulation Γ des betreffenden Flügelschnittes durch die Relation zusammen:

$$\Gamma = \frac{a_2 - a_1}{2}\,\pi\,\eta_0\,. \tag{14}$$

2. Wenn die Integralgleichung (1) zur Berechnung der Flügelzirkulation in Spannweitenrichtung $\Gamma(\xi)$ dient (wie auf S. 40, 188 und 225), so ist

$$\eta_0 = 0\,, \tag{15}$$

da die Flügelzirkulation an den Flügelenden verschwindet [$\Gamma(a_1) = 0$, $\Gamma(a_2) = 0$] und $y = \dfrac{d\Gamma}{d\xi}$ ist mit $\int\limits_{a_1}^{a_2} y\,d\xi = 0$.

---

[1] Vgl. W. Schmeidler: Integralgleichungen, S. 48 und 67.

In der hier dargestellten Auflösungstheorie für die Integralgleichung (1) ist die Lösungsmethode für die einfachere Integralgleichung mit $G \equiv 0$ natürlich mit enthalten; man braucht in diesem Fall nur in allen Formeln und insbesondere in dem Gleichungssystem (13) zu setzen: $g_\mu \equiv 0, (\mu = 1, \ldots, P - 1)$.

Abschließend bemerken wir noch:

Strenggenommen führt die Integralgleichung (10) auf ein unendliches Gleichungssystem für die Fourier-Koeffizienten η_λ der Lösung (11). Wir haben uns bei (13) mit dem endlichen Abschnitt der ersten M Gleichungen dieses unendlichen Systems begnügt; man erhält damit in der Regel eine für die auftretenden Probleme ausreichend genaue Lösung. Die $(M + 1)$-te Gleichung, die wir nicht mehr berücksichtigt haben, würde lauten

$$\sum_{\mu = 1}^{P-1} g_\mu \frac{1}{M + 1 - \mu} \eta_{M + 1 - \mu} = 0.$$

Diese Relation ist übrigens im Fall $G \equiv 0$ identisch erfüllt, so daß die Auflösung der vereinfachten Integralgleichung (10) mit $G \equiv 0$ exakt auf ein endliches Gleichungssystem führt.

Um sich im Fall $G \neq 0$ einen Überblick über die Genauigkeit der aus dem Gleichungssystem (13) erhaltenen Lösung (11) zu verschaffen, kann man folgendermaßen vorgehen:

Mit den aus (13) erhaltenen η_μ-Werten approximieren wir den Ausdruck

$$\frac{1}{\pi} \int_0^\pi \eta(\tau) \sum_{\lambda = 1}^{P-1} g_\lambda \sin \lambda\, t \ln |\cos \tau - \cos t|\, d\tau$$

$$= -\left(\eta_0 \ln 2 + \sum_{\mu = 1}^{M} \frac{1}{\mu} \eta_\mu \cos \mu\, t \right) \sum_{\lambda = 1}^{P-1} g_\lambda \sin \lambda\, t = \sum_{\lambda = 1}^{M-1} h_\lambda \sin \lambda\, t$$

durch ein Fourier-Polynom, dessen Koeffizienten h_λ durch harmonische Analyse leicht zu bestimmen sind. Damit führt die Integralgleichung (10) durch Koeffizientenvergleich in $\sin \lambda\, t$ exakt auf das endliche Gleichungssystem

$$\eta_\lambda + \frac{1}{2} \sum_{\mu = 1}^{M-1} b_{\lambda \mu} \eta_\mu = f_\lambda - h_\lambda - \eta_0\, b_{\lambda 0}. \tag{16}$$

Für die Bestimmung des Koeffizienten η_0 gilt dabei das gleiche wie vorher.

Vergleicht man die aus dem System (16) berechnete Lösung

$$\eta(\tau) = \sum_{\mu = 0}^{M-1} \eta_\mu \cos \mu\, \tau$$

mit der vorher aus (13) erhaltenen, so hat man eine gute Übersicht über die erreichte Genauigkeit; gegebenenfalls kann das arithmetische Mittel beider Lösungen genommen werden.

Namen- und Sachverzeichnis